"十二五"普通高等教育本科国家级规划教材

新编基础物理学

（第三版） （下册）

王少杰　顾　牡　吴天刚／主　编

杨桂娟　李　辉／副主编

科学出版社

北　京

内容简介

本书是教育部“十二五”普通高等教育本科国家级规划教材，2009年被教育部列为普通高等教育精品教材．本书依照教育部最新颁布的大学物理课程教学基本要求编写，书中系统阐述了大学物理学的基本概念、基本理论和基本方法，并融入作者多年教学经历所积累的成功经验．编写理念上，强调培养学生物理思想和物理方法；内容选取上，根据“保证宽度、加强近代、联系实际、涉及前沿”的原则，强调精炼适当；编写风格上，力求深入浅出、简洁流畅．考虑当前学生学习和教师教学特点，本书配备了习题分析与解答，学习指导与能力训练以及电子教案等资源，以备选用．全书分两册，上册包括力学篇，机械振动、机械波篇和热学篇；下册包括电磁学篇，光学篇和量子物理基础篇．值得一提的是，本书在有关章节中适当引入计算机数字技术应用案例，以引导学生自主式、研究式学习，以期激发学生的学习兴趣；同时在本书的每章均设置二维码，让学生自主扫描获得动画、视频和演示实验等资料，从而拓展大学物理的教学内容，培养学生探索精神和创新意识．

本书适合高等学校工科各专业学生学习使用，也可作为教师和相关人员的参考用书．

图书在版编目（CIP）数据

新编基础物理学．下册 / 王少杰，顾牡，吴天刚主编．—3版．—北京：科学出版社，2019.12

“十二五”普通高等教育本科国家级规划教材

ISBN 978-7-03-064043-7

Ⅰ．①新… Ⅱ．①王… ②顾… ③吴… Ⅲ．物理学 - 高等学校 - 教材 Ⅳ．O4

中国版本图书馆 CIP 数据核字 (2019) 第 294175 号

责任编辑：窦京涛 昌 盛 / 责任校对：杨聪敏

责任印制：师艳茹 / 封面设计：华路天然工作室

科学出版社 出版

北京东黄城根北街16号

邮政编码：100717

http://www.sciencep.com

北京中科印刷有限公司 印刷

科学出版社发行 各地新华书店经销

*

2009年 1 月第 一 版 开本：787×1092 1/16

2019年 12月第 三 版 印张：17 1/4

2024年 1 月第十八次印刷 字数：403 000

定价：49.00元

（如有印装质量问题，我社负责调换）

重印修订说明

党的二十大报告明确提出要加强教材建设和管理，要推进教育数字化，建设全民终身学习的学习型社会、学习型大国．本书自2009年出版以来，历经三版，始终注重强化教材的育人功能，强调教材的先进性、科学性和适用性，顺应高校大学物理课程教学的发展趋势，目前已被全国数十所高校选作教材或参考书，深受广大师生的好评．期间编者也陆续收到不少师生对本书的反馈意见，提出一些修改建议．为进一步提高教材质量，创新教材的新形态呈现方式，同时将同济大学在大学物理课程教学中数字化改革成果反映在教材中，本次重印我们主要做了以下修订工作：

1. 在保留原有32个动画、演示物理实验视频资源的基础上，精选新增了10个HTML5动画资源，主要涉及力学、电磁学、光学等模块，并合理分布在相关章节中．这些新增资源通过设置可调变量，进一步增强学生在学习过程中的互动性和体验度，拓展了新形态教材的互动性，有利于提升学生的学习兴趣，加深学生对物理概念的理解程度，培养学生的探索精神和创新意识．

2. 修正了存在的一些印刷错误及个别欠准确的词句，使得全书表述更加准确规范，文句更加流畅．

限于编者水平有限，书中难免存在不足之处，真诚地欢迎广大师生对教材提出宝贵意见和建议．

编　者

2023年12月

第三版前言

《新编基础物理学》从初版至今不知不觉已过去十五个年头，在此期间我们通过各种机会，广泛听取广大师生对本书的意见和建议，许多教师认为，本书内容选取精当，例题和习题设置合理，文字表述准确科学，图片选择和教育技术运用新颖，是一本既符合大学物理教学基本要求，又适应当前高等教育发展趋势，通俗易懂、好教好学，适合大多数普通高等院校各类专业大学物理课程教学需要的优秀教材，本书经过十余年的历练和实践，获得社会广泛的好评和赞扬，已经成为国内同类大学物理教材中最畅销的教材之一．

本次修订是在2014年全彩版基础上完成的．为了适应学生知识、能力、素质的协调发展和有机融合的需求，将大学物理打造成一流课程，我们根据教学内容反映前沿性和时代性、教学形式体现先进性和互动性、教学过程要有探索性和思维性的规划，对全书重新进行审视调整．在保持全书原有风格和特色基础上，为适应高等教育教学模式的改革趋势，实现教育信息化必须更好地为教学模式的改革服务的理念，此次修订我们做了以下工作：

1．在教育技术的应用上，除了保留原有计算机数字技术应用案例，以引导学生自主式、研究式学习，不断培养学生运用信息技术解决问题的能力外，本书对原有的16个动画、视频和演示实验重新审视并做了调整，修订了其中的两个，同时又增加了16个演示实验视频，从教学形式和教学过程上做到静态和动态、文字和图像、个性和互动的有机结合，从而既扩展了大学物理的教学内容和研究方法，又培养了学生的探索精神和创新意识．

2．对原书中出现的印刷错误及个别欠准确的词句做了改正，对文字做了进一步润色，使全书文句更加流畅，表述更加准确科学．

3．对全书所有物理量的名称和符号，以1993年国家技术监督局发布的国家标准《量和单位》、2019 年全国科学技术名词审定委员会公布的《物理学名词》为准．基本物理常量值均采用 2010 年国际科技数据委员会公布的物理常量的推荐值．

参加本书改编工作的有同济大学王少杰、顾牡、吴天刚、刘海兰，同济大学浙江学院刘钟毅，大连海洋大学杨桂娟，河南农业大学李辉、李聪，华北水利水电大学王玉生，沈阳航空航天大学徐世峰．吴天刚和刘海兰为本书新增了 16 个物理演示实验视频并合理地设置在各章．最后由主编王少杰、顾牡、吴天刚统稿、核定；本书引用了同济大学宋志怀、赵敏主编的《物理演示实验视频》光盘中若干视频，在此表示衷心的感谢!

本书的改编得到了同济大学本科生院、同济大学物理科学与工程学院、同济大学国家工科物理课程教学基地及物理教研室的大力关心和支持，科学出版社高教数理分社社长昌盛和编辑窦京涛为本书的改编和出版倾注了大量精力，使本书稿质量得以进一步提高，在此编者一并致以深深的谢意．

限于编者水平有限，尽管多次审校，书中难免存在不足之处，真诚地欢迎广大师生提出宝贵意见和建议．

编　者

2019 年 12 月

于同济瑞安楼

第二版前言

《新编基础物理学》自2009年1月面世以来，历时五载，深得广大师生厚爱，并被全国数十所高校选作教材或参考书，获得社会广泛的好评和赞扬．同时被列为教育部“十二五”普通高等教育本科国家级规划教材、教育部普通高等教育“十一五”国家级规划教材及普通高等教育精品教材．在此编者深表感谢！

本书是在2009年版基础上修订而成的，修订时，在保持原有风格和特色基础上，对全书教学内容、例题设置、习题安排、图片选择以及教育技术的运用等均重新进行了审视、调整和挖掘，从而紧跟我国高等教育发展日新月异的新形势．为此我们作了以下工作：

1．在教学内容的设置上遵循让学生深刻理解物理思想、明晰物理图像、建立正确物理概念、贴近社会实际的原则，设置了适合大多数普通高等院校学生实际的教学内容和习题安排．如重点改写了狭义相对论，删去了高速物体的视觉效应、几何光学等内容；调整和撤换了近1/5的习题，使学生通过作业更贴近工程实际和日常生活，增加了若干能激发学生学习兴趣的图片、动画和视频等．

2．在教育技术应用上，一是增加了计算机数字技术应用的案例，在有关章节中适当地引入数值计算问题，以引导学生自主式、研究式学习，培养学生运用信息技术工具解决问题的能力，二是在每章均设置了二维码，让学生自主扫描获得动画、视频、物理演示实验等内容，从而拓展了大学物理的教学内容和研究方法，培养了学生的探索精神和创新意识．

3．在版式设计上，本书采用全彩色印刷，并以图文并茂，色彩艳丽、赏心悦目的效果展示于读者，从而进一步激发学生学习和阅读的兴趣．

4．进一步改正了原书中出现的印刷错误及个别欠确切的内容和词句，并对文字作了进一步润色，从而使全书文句通畅、通俗易懂、好教好学.

参加本书改编工作的有同济大学顾牡、王祖源、吴天刚、倪忠强、王少杰；同济大学浙江学院刘钟毅；大连海洋大学杨桂娟；湖北汽车工业学院罗时军；河南农业大学李聪、李辉；华北水利水电大学凌虹；上海第二工业大学滕琴等老师，他们对本书的改编提出了若干有价值的意见和建议. 倪忠强、吴天刚电脑绘制了全书所有的插图并选配了若干精致的彩色图片；吴天刚还为全书每章设置了二维码；最后由主编王少杰、顾牡、吴天刚统稿、核定 . 另外，刘钟毅、杨桂娟、吴天刚等老师为本书研制了电子教案；王祖源、滕琴、刘钟毅等老师为本书编写了学习指导和能力训练；吴天刚、杨桂娟等老师为本书编写了习题分析和解答，在此表示由衷的感谢!

本书的改编得到同济大学教务处的资助，被列为同济大学“十二五”规划教材，本书始终得到同济大学国家工科物理课程教学基地，同济大学物理科学与工程学院，物理教研室的关注和支持，科学出版社高教数理分社社长昌盛和本书责任编辑窦京涛为本书的出版付出了诸多心血，在此一并表示衷心的感谢!

由于编者学识水平和教学经验所限，虽经多次审校，限于时间紧迫，不当之处在所难免，敬请广大教师、读者指正.

编　者
2013 年 11 月
于同济瑞安楼

第一版前言摘录

本教材是参照教育部高等学校物理学与天文学教学指导委员会物理基础课程教学指导分委会于2008年颁布的《理工科类大学物理课程教学基本要求》（以下简称《教学基本要求》），在原教材《基础物理学》（获2007年度上海市优秀教材奖）基础上重新改编而成的．改编时在基本保留原有特色和风格的基础上，结合当前高等教育新形势，对全书的内容作了重新审视及必要的调整和增删，以使本教材成为一本既符合大学物理《教学基本要求》，又适应教育发展趋势，适合大多数普通高等院校各类专业的物理教学需要的优秀教材．

非物理类专业的大学生学习物理学的目的在于：使学生对物理学的基本概念、基本理论和基本方法有比较系统的认识和正确的理解，并为进一步学习打下必要而坚实的基础．同时，着力培养学生树立科学的世界观，增强学生分析问题和解决问题的能力，培养学生的探索精神和创新意识，以实现学生知识、能力、素质的协调发展．

改编后，全书共6篇17章，分上、下两册出版，上册包括第1篇力学，第2篇机械振动、机械波和第3篇热学，下册包括第4篇电磁学、第5篇光学和第6篇量子物理基础．书中凡冠以“*”号的章、节、习题供教师根据课时数和专业需求选用．经适当选择后，本书可作为100～140学时理工科大学物理课程的教材，也可供相关专业的师生选用和参考．

参加本书改编工作的有同济大学顾牡、王少杰，大连交通大学邱明辉，大连水产学院杨桂娟，湖北汽车工业学院罗时军，河南农业大学赵安庆，北京服装学院施昌勇和上海第二工业大学刘传先、滕琴等．上述各位老师分工合作，对各人所承担的章、节内容和习题，逐字逐句精心审视、提炼，提出了许多有价值的改编意见和建议，最后由主编王少杰、顾牡统稿核定.

本书改编、出版过程中，始终得到同济大学教务处，同济大学国家工科物理课程教学基地和科学出版社数理分社的关注、帮助和支持，昌盛、胡云志担任本书责任编辑，为本书的出版，付出了辛勤的汗水，并作了出色的工作，在此一并表示诚挚的谢意.

限于时间紧迫，编著水平有限，虽经多次审校，教材中缺点、错误及不当之处在所难免，恳请专家、同行和读者斧正.

编　者

2008 年 10 月

目　录

第 5 篇 光学

第 14 章 波动光学

第 6 篇 量子物理基础

第 15 章 早期量子论

第 16 章 量子力学简介

第4篇 电磁学

电磁学 (electromagnetism) 主要是研究电荷 (electric charge)、电场 (electric field) 和磁场 (magnetic field) 的基本性质、基本规律以及它们之间相互联系的科学．**电磁运动**是物质的一种基本运动形式．

在 1820 年以前，人们对电现象和磁现象是分别进行研究的，直到丹麦物理学家奥斯特 (H. C. Oersted，1777 ～ 1851) 发现了电流的磁效应后才结束了这种状态．1831 年，英国物理学家法拉第 (M. Faraday，1791 ～ 1867) 发现了电磁感应现象及其规律，将人类关于电、磁之间联系的认识推到了一个新阶段．1865 年，英国物理学家麦克斯韦 (J. C. Maxwell，1831 ～ 1879) 在《电磁场的动力学理论》中总结了前人研究电、磁现象的成果，提出了感生电场和位移电流假说，建立了完整的电磁场理论基础——麦克斯韦方程组．根据这个方程组，麦克斯韦预言了电磁波的存在，并计算出电磁波在真空中的传播速度等于光在真空中的传播速度．1888 年，德国物理学家赫兹 (H. R. Hertz，1857 ～ 1894) 从实验上证实了电磁波的存在．100 多年来，随着科学技术的飞跃发展，人们又从许多方面更加充分地证实了麦克斯韦方程组的正确性．

目前，电磁学的发展有两个重要方面：一方面是电磁学规律被用来解决各种各样的实际问题．可以毫不夸张地说，当代高新技术和物质文明一刻也离不开电磁学的应用．另一方面是理论基础方面，更深入地研究电磁相互作用，使它成为更普遍的理论．1967 年，温伯格 (S. Weinberg，1933 ～ 2021) 和萨拉姆 (A. Salam，1926 ～ 1996) 在格拉肖 (S. L. Glashow，1932 ～) 理论的基础上，先后提出了电磁相互作用和弱相互作用统一的规范理论，并为实验所证实，即电磁相互作用和弱相互作用只是同一种相互作用——电弱相互作用的两种表现形式．物理学家正试图找出一个“超统一理论”，即能理解一切物理现象的基本规律．这种巨大的综合性工作，正等待着物理学家们去探索．

头发在范德格拉夫起电机的非均匀强电场作用下，受到静电力而竖起

静电现象

第9章 电荷与真空中的静电场

任何电荷的周围都存在着电场，相对于观察者来说静止的电荷在其周围激发的电场称为静电场. 静电场是电磁学中首次遇到的一个矢量场，它是研究电磁学的基础. 本章主要研究真空中的静电场的基本性质与规律.

9.1 电荷　库仑定律

9.1.1 电荷的量子化

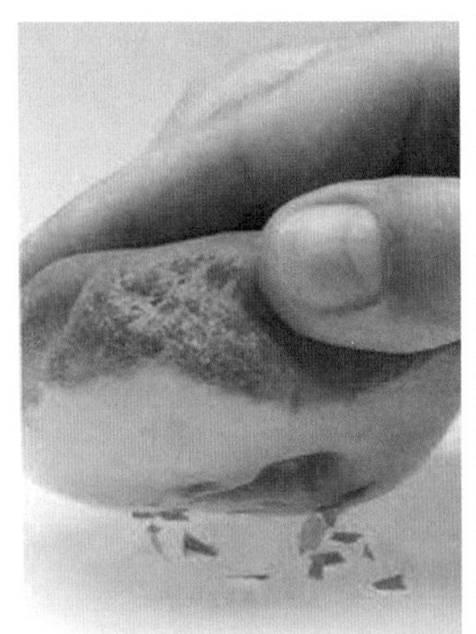
琥珀摩擦后可以吸引小碎纸屑

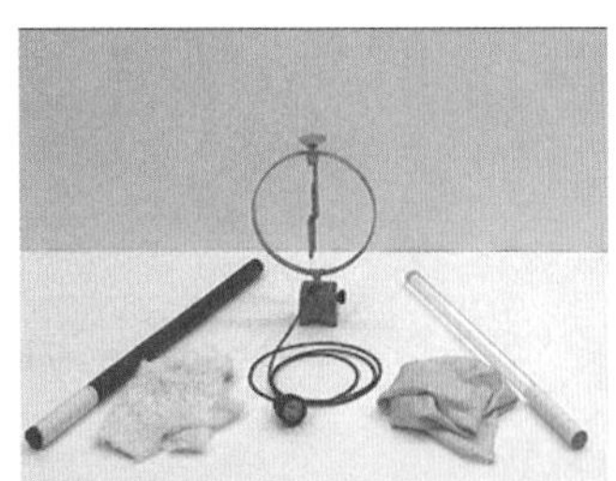
玻璃棒经丝绸摩擦后带正电，硬橡胶棒由毛皮摩擦后带负电

人类认识电现象，开始于对摩擦起电 (electrification by friction) 现象的观察，中国古书上曾有“琥珀拾芥”的记载，也就是说，经过摩擦的琥珀能够吸引轻小的物体．后来，人们发现经毛皮摩擦过的橡胶棒和经丝绸摩擦过的玻璃棒也具有这种性质，我们说它们带了电 (electricity)，或者说带有了电荷 (electric charge)．美国物理学家富兰克林 (B. Franklin，1706 ～ 1790) 首先以正电荷、负电荷的名称来区分两种电荷，并在实验的基础上指出，自然界中只存在正负两种电荷，同种电荷相互排斥，异种电荷相互吸引．带电的物体称为带电体，带电体所带电荷的多少叫电量 (electric quantity)，用符号 Q 或 q 表示，在国际单位制中，其单位为库 [仑](C)．正电荷的电量取正值，负电荷的电量取负值．

实验还证明，在自然界中，电荷是以一个基本单元的整数倍出现的．目前，我们认为电荷的一个基本单元就是一个电子所带电量的绝对值，常以 e 表示，即

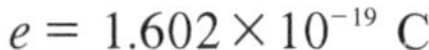

$$e = 1.602\times10^{-19}\ \mathrm{C}$$

带电体所带的电量只能是 $q = ne(n = 0, \pm1, \pm2, \cdots)$．电荷的这种只能取离散的、不连续的量值的性质，叫做电荷的量子化 (charge quantization)．即物体所带的电量不可能连续地取任意量值．

近年来，理论上已提出可能存在更小的电荷单元，即所谓的分数电荷，但实验上并未发现．由于电子的电量是很小的，而在一般的实验中，电量的变化都涉及大量电子的迁移，在宏观上，我们通常近似地认为电量可以连续变化．

9.1.2 电荷守恒定律

大量的实验表明，一个孤立系统 (即与外界无电荷交换的系统) 的总电荷数 (正负电荷的代数和) 保持不变，即电荷既不能被创造，也不能被消灭，它只能从一个物体转移到另一个物体，或者从物体的一个部分转移到物体的另一部分，这个定律称为电荷守恒定律 (law of conservation of charge)．例如，用不带电的丝绸与玻璃棒摩擦使玻璃棒带正电，同时丝绸上必定带有等量的负电．摩擦前的丝绸和玻璃棒都不带电，电荷的代数和为零，后来，尽管两者都带了电，但电荷的代数和仍为零．电荷守恒定律是自然界的基本守恒定律之一．

9.1.3 真空中的库仑定律

带电体之间的相互作用十分复杂，它不仅与带电体的电量、体积、形状以及带电体之间的相对位置有关，而且还与带电体的电荷分布以及周围介质的性质有关．在这里，我们只讨论真空中静止的点电荷之间的相互作用．所谓点电荷，是指大小和形状可忽略不计的带电体，即可以把带电体看成是一个带电荷的几何点．与力学中质点概念一样，点电荷是一个理想的物理模型．

库仑 (Charise Augustin de Coulomb 1736 ～ 1806)，法国工程师、物理学家

1785 年，法国科学家库仑通过扭秤实验总结出一条规律：真空中两个静止的点电荷之间存在着相互作用力，其大小与两点电荷的电量乘积成正比，与两点电荷间的距离平方成反比；作用力的方向沿着两点电荷的连线，同性电荷互相排斥，异性电荷互相吸引．这一结论称为库仑定律 (Coulomb's law)，其数学表达式为

$$F = k\frac{q_1 q_2}{r^2}$$

为了同时表示力 $\boldsymbol{F}$ 的大小和方向，可以将上式写成矢量式，即

$$\boldsymbol{F} = k\frac{q_1 q_2}{r^2}\boldsymbol{e}_r$$

式中，k 为比例系数，q_1，q_2 分别表示两个点电荷的电量，r 表示两个点电荷间的距离，$\boldsymbol{e}_r$ 表示由施力电荷指向受力电荷径矢 $\boldsymbol{r}$ 的单位矢量．在国际单位制中，力的单位为牛 [顿](N)，电量的单位为库 [仑](C)，距离的单位为米 (m)，用实验测得比例系数为

$$k = 8.988\,0\times10^9\ \mathrm{N\cdot m^2\cdot C^{-2}}$$

为了今后计算方便，也可以用另一常量 ε_0 替换常量 k，令

$$k = \frac{1}{4\pi\varepsilon_0}$$

于是库仑定律又可写成

$$\boldsymbol{F} = \frac{1}{4\pi\varepsilon_0}\frac{q_1 q_2}{r^2}\boldsymbol{e}_r \tag{9-1}$$

式中，ε_0 为真空电容率 (permittivity of vacuum)，又称真空介电常量，其值为

$$\varepsilon_0 = \frac{1}{4\pi k} = 8.85\times10^{-12}\ \mathrm{C^2\cdot N^{-1}\cdot m^{-2}}$$

从表面看，引入“4π”因子使库仑定律形式变得复杂了．然而，在今后将会看到，经常遇到的电磁学公式却因此不出现“4π”因子而变得简单些．这种做法称为单位制的有理化．

我们称静止电荷之间的相互作用力 $\boldsymbol{F}$ 为静电力 (electrostatic force) 或库仑力．应当注意，式 (9-1) 只适用于计算真空中两个静止的点电荷之间的静电力，对于一般的带电体不能简单地应用．为了计算两个带电体之间的静电力，应先将带电体分解成许多可看成点电荷的电荷元．利用式

(9-1) 求出每一对电荷元间的作用力，再应用力的叠加原理，便可计算出两个带电体间的静电力.

实验表明，当两静止点电荷之间的距离在 $10^{-17} \sim 10^{7}$ m 时，库仑定律仍然成立. 此时，满足牛顿第三定律.

9.2 电场和电场强度

9.2.1 电场

大家知道，要想推动或拉动一个物体，就必须直接或通过某种媒介和它接触. 例如，从井里往上提水，我们是用手拉住绳子，绳子的另一端系住水桶，绳子就是传递作用力的媒介.

电荷之间是如何进行作用的呢？历史上曾经有过两种不同观点的长期争论. 一种称为超距作用 (action at a distance) 观点，即认为电荷之间的作用力不需要媒介传递，也不需要时间，而是从一个带电体瞬时地到达另一个带电体的. 这种观点，可形象地表示为

$$\text{电荷} \rightleftharpoons \text{电荷}$$

另一种是近距作用 (short-range action) 观点，即认为任一电荷都在自己的周围空间激发电场，两个带电体间的相互作用是通过媒介，即电场来传递的，也可形象地表示为

$$\text{电荷} \rightleftharpoons \text{电场} \rightleftharpoons \text{电荷}$$

大量的科学实验证明，近距作用观点是正确的. 电场是一种客观存在的特殊物质，它与普通的实物物质一样，也具有能量、质量与动量，但它又与普通的实物物质不同. 例如，几个电场可以占据一个空间，电场和实物也可以共占一个空间，即电场具有“可侵入性”. 而实物却不一样.

本章只讨论相对于观测者静止的电荷在其周围空间激发的电场，称为静电场 (electrostatic field).

9.2.2 电场强度

电场的一个重要的性质，是对放入其中的电荷施加力的作用，我们就可以从这一性质出发，对静电场进行定量的分析讨论. 首先，我们在电场中放入电量为 q_0 的一个点电荷作为试验电荷 (testing charge)，检测它在场中各点所受到的静电力. 所谓试验电荷必须具备两个条件：首先，它的电量必须足够小，不致影响待探测电场的分布；其次，它的几何尺寸必须很小，可以看成是点电荷. 这是因为空间各点的电场一般是不同的，若试验电荷不是点电荷，探测到的将不是该点的电场的情况，而是该点所在区域内电场的平均情况. 实验发现，在电场中的不同位置，试验电

荷 q_0 所受静电力的大小和方向一般并不相同．如图 9-1 所示，显然，试验电荷 q_0 所受静电力不仅与试验电荷所在电场的性质有关，还与试验电荷本身所带的电量有关．

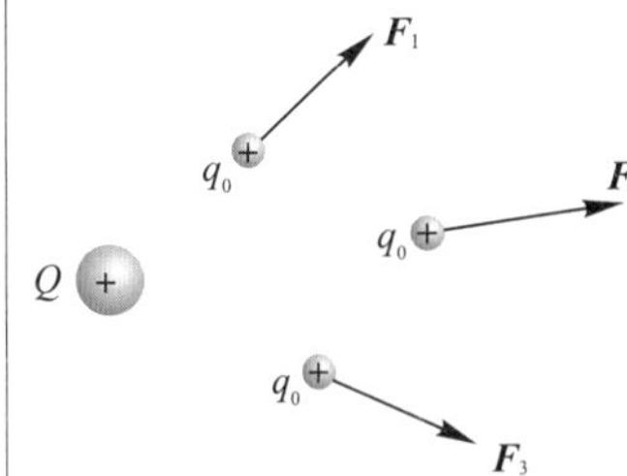

图 9-1 试验电荷 q_0 在电场中受力的情况

若直接用 q_0 受到的电场力 $\boldsymbol{F}$ 来描述电场显然是不恰当的．然而，实验表明，对电场中任一确定点来说，试验电荷所受的力 $\boldsymbol{F}$ 与它的电量 q_0 的比值 $\dfrac{\boldsymbol{F}}{q_0}$ 是一个确定的常矢量，与试验电荷的大小、正负无关，只与该场点的位置有关．可见比值 $\dfrac{\boldsymbol{F}}{q_0}$ 揭示了电场的性质，我们将它定义为电场强度 (electric field strength)，简称场强，用 $\boldsymbol{E}$ 来表示，即

$$\boldsymbol{E}=\frac{\boldsymbol{F}}{q_0} \tag{9-2}$$

式 (9-2) 说明，电场中某点的电场强度 E 的大小，等于单位试验电荷在该点所受到的电场力的大小，其方向与正的试验电荷受力方向相同．

在国际单位制中，电场强度的单位为牛 [顿] • 库 [仑]$^{-1}$($\mathrm{N \cdot C^{-1}}$)，或伏 [特] • 米$^{-1}$($\mathrm{V \cdot m^{-1}}$)．

一般来说，空间各处的电场强度 $\boldsymbol{E}$ 的大小和方向并不相同，$\boldsymbol{E}$ 是空间坐标的矢量函数．若 $\boldsymbol{E}$ 的大小和方向均与空间坐标无关，这种电场则称为均匀电场，或称匀强电场．

9.2.3 点电荷与点电荷系的电场强度

1．点电荷的电场强度

设真空中的静电场是由电量为 q 的点电荷产生的，现将电量为 q_0 的试验电荷置于电场中的 P 点，该点到 q 的距离为 r．根据库仑定律，试验电荷 q_0 受到的电场力为

$$\boldsymbol{F}=\frac{1}{4\pi\varepsilon_0}\frac{qq_0}{r^2}\boldsymbol{e}_r$$

式中，$\boldsymbol{e}_r$ 是由点电荷 q 指向点 P 的单位矢量，即 $\boldsymbol{e}_r=\dfrac{\boldsymbol{r}}{r}$．由场强的定义式 (9-2) 可得 P 点的电场强度为

$$\boldsymbol{E}=\frac{1}{4\pi\varepsilon_0}\frac{q}{r^2}\boldsymbol{e}_r \tag{9-3}$$

由式 (9-3) 可知，点电荷周围的电场是不均匀的，但具有球对称性，在以点电荷 q 为球心，r 为半径的球面上，各点的场强大小相等，方向与球面垂直并沿半径方向．当 $q>0$ 时，$\boldsymbol{E}$ 与 $\boldsymbol{e}_r$ 的方向相同；当 $q<0$ 时，$\boldsymbol{E}$ 与 $\boldsymbol{e}_r$ 方向相反．

2．点电荷系的电场强度

若将试验电荷 q_0 置于由 n 个点电荷 q_1，q_2，…，q_n 共同产生的静电场中，考察场内的某点 P，以 $\boldsymbol{F}_1$，$\boldsymbol{F}_2$，…，$\boldsymbol{F}_n$ 分别表示 q_1，q_2，…，q_n 单独存在时对 q_0 的作用力，则按力的叠加原理，q_0 受到的合力 $\boldsymbol{F}$ 为

$$\boldsymbol{F} = \boldsymbol{F}_1 + \boldsymbol{F}_2 + \cdots + \boldsymbol{F}_n$$

将上式两端分别除以 q_0，得

$$\frac{\boldsymbol{F}}{q_0} = \frac{\boldsymbol{F}_1}{q_0} + \frac{\boldsymbol{F}_2}{q_0} + \cdots + \frac{\boldsymbol{F}_n}{q_0}$$

于是有

$$\boldsymbol{E} = \boldsymbol{E}_1 + \boldsymbol{E}_2 + \cdots + \boldsymbol{E}_n = \sum_{i=1}^{n} \boldsymbol{E}_i = \frac{1}{4\pi\varepsilon_0}\sum_{i=1}^{n}\frac{q_i}{r_i^2}\boldsymbol{e}_i \tag{9-4}$$

式中，$\boldsymbol{e}_i$ 为 $\boldsymbol{r}_i$ 的单位矢量，即 $\boldsymbol{e}_i = \frac{\boldsymbol{r}_i}{r_i}$. 由此可见，**点电荷系在某一点产生的场强，等于每一个点电荷单独存在时在该点分别产生的场强的矢量和**. 这一结论称为**电场强度叠加原理** (superpostition principle of electric field strength). 这是电场的基本性质之一，利用这一原理可以计算任意带电体的场强，因为任意带电体都可以看成是许多点电荷的集合.

3. 连续分布的任意带电体场强

当带电体不能当作点电荷处理时，我们必须考虑其大小和形状，并将带电体上的电荷看成是连续分布的. 设想将带电体分割成许多微小的电荷元 dq，则每一电荷元都可看成是点电荷，于是，任一电荷元在给定点 P 处产生的场强为

$$\mathrm{d}\boldsymbol{E} = \frac{1}{4\pi\varepsilon_0}\frac{\mathrm{d}q}{r^2}\boldsymbol{e}_r$$

式中，r 和 $\boldsymbol{e}_r$ 分别为从电荷元 dq 到 P 点的距离和单位矢量. 根据场强叠加原理，带电体产生的电场强度为

$$\boldsymbol{E} = \int \mathrm{d}\boldsymbol{E} = \frac{1}{4\pi\varepsilon_0}\int_V \frac{\mathrm{d}q}{r^2}\boldsymbol{e}_r \tag{9-5}$$

上式为矢量积分式，$\int_V$ 表示对整个带电体占有空间的全部电量积分.

根据带电体电荷分布的情况，我们引入电荷密度的概念进行描述，可引入三种电荷分布模型. 如图 9-2 所示.

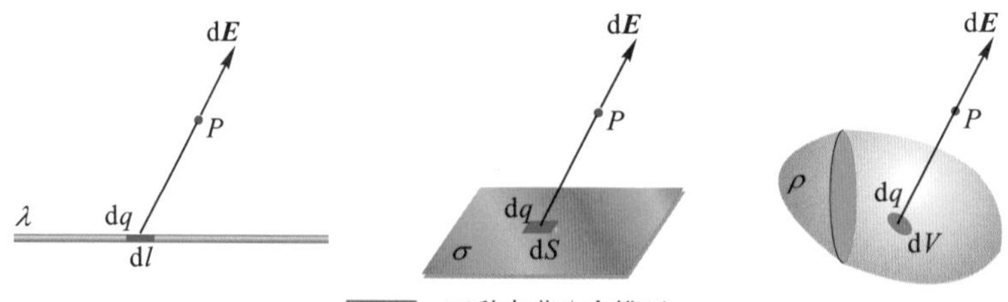

图 9-2　三种电荷分布模型

若电荷连续分布在一条细线上，线的粗细可以忽略不计，我们将单位长度上所带的电量称为电荷线密度，通常用 λ 表示. 电荷线密度定义为

$$\lambda = \lim\frac{\Delta q}{\Delta l} = \frac{\mathrm{d}q}{\mathrm{d}l}$$

式中，dq 为线元 dl 上的电量，λ 的单位为库 [仑] · 米 $^{-1}$(C · m^{-1}).

若电荷分布在厚度可以忽略的面上，则定义单位面积上所带的电量为电荷面密度，通常用 σ 表示，即电荷面密度定义为

$$\sigma = \lim \frac{\Delta q}{\Delta S} = \frac{\mathrm{d}q}{\mathrm{d}S}$$

式中，$\mathrm{d}q$ 为面元 $\mathrm{d}S$ 上的电量，σ 的单位为库[仑]·米$^{-2}$($\mathrm{C\cdot m^{-2}}$).

若电荷分布在一个体积内，则定义单位体积内所带的电量为电荷体密度，通常用 ρ 表示，电荷体密度定义为

$$\rho = \lim \frac{\Delta q}{\Delta V} = \frac{\mathrm{d}q}{\mathrm{d}V}$$

式中，$\mathrm{d}q$ 为体元 $\mathrm{d}V$ 上的电量，ρ 的单位为库[仑]·米$^{-3}$($\mathrm{C\cdot m^{-3}}$).

必须指出，只有当电荷均匀分布时，λ，σ，ρ 才为常量，而一般情况下是变量．于是，线、面、体分布的连续带电体在场点 P 处的场强计算公式由式 (9-5) 可以分别具体地表示为

$$\boldsymbol{E} = \frac{1}{4\pi\varepsilon_0}\int_l \frac{\lambda \mathrm{d}l}{r^2}\boldsymbol{e}_r \tag{9-6}$$

$$\boldsymbol{E} = \frac{1}{4\pi\varepsilon_0}\int_S \frac{\sigma \mathrm{d}S}{r^2}\boldsymbol{e}_r \tag{9-7}$$

$$\boldsymbol{E} = \frac{1}{4\pi\varepsilon_0}\int_V \frac{\rho \mathrm{d}V}{r^2}\boldsymbol{e}_r \tag{9-8}$$

应当注意，由于 $\boldsymbol{E}$ 是矢量，在具体计算时，必须先将矢量积分分解为沿某些坐标轴方向上的分量式，然后对每个分量积分，最后得到合场强 $\boldsymbol{E}$．比如，在直角坐标系中可写成

$$E_x = \int \mathrm{d}E_x, \quad E_y = \int \mathrm{d}E_y, \quad E_z = \int \mathrm{d}E_z$$

最后求得合场强 $\boldsymbol{E}$ 为

$$\boldsymbol{E} = E_x\boldsymbol{i} + E_y\boldsymbol{j} + E_z\boldsymbol{k}$$

9.2.4 电场强度的计算

例 9-1

电偶极子的场强．设两个等量异号的点电荷 $-q$ 和 $+q$ 相距为 l，若所求场点到这两个点电荷中心的距离 $r \gg l$ 时，则称这两个点电荷构成的系统为电偶极子 (electric dipole)．连接这两个电荷的直线，称为电偶极子轴线，轴线的正方向为从负电荷指向正电荷的径矢 $\boldsymbol{l}$ 的方向，如图 9-3 所示．电量与径矢的乘积定义为电偶极矩 (electric dipole moment)(简称电矩)，用 $\boldsymbol{p}_\mathrm{e}$ 表示，即

$$\boldsymbol{p}_\mathrm{e} = q\boldsymbol{l} \tag{9-9}$$

电偶极子是一个很重要的物理模型，在研究电介质极化、电磁波的发射和吸收，以及中性分子之间相互作用等问题时都要用到它．下面讨论电偶极子中垂线上的场强．

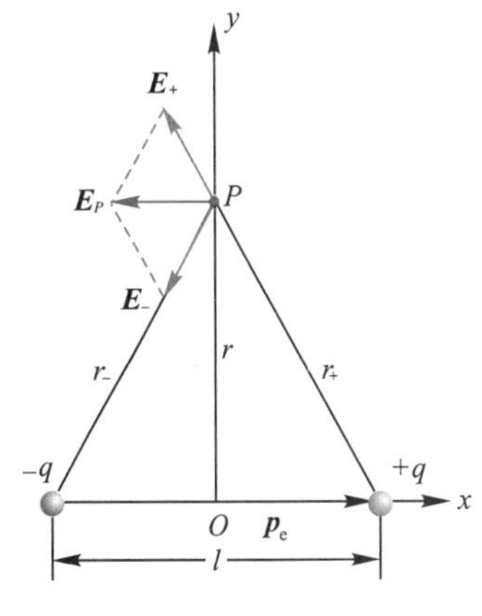

图 9-3 电偶极子的场强

解 如图 9-3 所示，设 P 为电偶极子中垂线上任一点，到 $-q$ 和 $+q$ 的距离分别为 r_- 和 r_+，在 P 点产生的场强分别为 $\boldsymbol{E}_-$ 和 $\boldsymbol{E}_+$，P 点到电偶极子中心 O 的距离为 r，$-q$ 到 $+q$ 的径矢为 $\boldsymbol{l}$，当 $r \gg l$ 时，$r \approx r_- \approx r_+$．据式 (9-3) 得 $-q$ 和 $+q$ 在 P 点的场强为

$$\boldsymbol{E}_- = \frac{1}{4\pi\varepsilon_0}\frac{q}{\left(r^2+\frac{l^2}{4}\right)}\boldsymbol{e}_{r_-} \approx \frac{1}{4\pi\varepsilon_0}\frac{q}{r^2}\boldsymbol{e}_{r_-}$$

$$\boldsymbol{E}_+ = \frac{1}{4\pi\varepsilon_0}\frac{q}{\left(r^2+\frac{l^2}{4}\right)}\boldsymbol{e}_{r_+} \approx \frac{1}{4\pi\varepsilon_0}\frac{q}{r^2}\boldsymbol{e}_{r_+}$$

式中，$\boldsymbol{e}_{r_-}$、$\boldsymbol{e}_{r_+}$ 表示从 $-q$、$+q$ 分别指向 P 点的径矢的单位矢量．根据场强叠加原理，P 点的合场强为

$$\boldsymbol{E} = \boldsymbol{E}_+ + \boldsymbol{E}_-$$

取图 9-3 所示坐标系，合场强沿坐标的分量为

$$E_x = -(E_+\cos\alpha + E_-\cos\alpha) = -2E_+\cos\alpha$$

$$E_y = E_+\sin\alpha - E_-\sin\alpha = (E_+ - E_-)\sin\alpha = 0$$

因为

$$\cos\alpha = \frac{l}{2\sqrt{r^2+\frac{l^2}{4}}} \approx \frac{l}{2r}$$

所以

$$\boldsymbol{E} = E_x\boldsymbol{i} = -2E_+\cos\alpha\boldsymbol{i} \approx -2E_+\frac{l}{2r}\boldsymbol{i} = -\frac{ql}{4\pi\varepsilon_0 r^3}\boldsymbol{i}$$

因为 $\boldsymbol{p}_e=q\boldsymbol{l}$，所以，上式可写为

$$\boldsymbol{E} = -\frac{\boldsymbol{p}_e}{4\pi\varepsilon_0 r^3} \tag{9-10}$$

式中，负号表示 $\boldsymbol{E}$ 与 $\boldsymbol{p}_e$ 方向相反．

上述计算结果表明，电偶极子的场强与距离 r 的三次方成反比，它要比点电荷的场强随 r 递减的速度快得多．

例 9-2

求均匀带电细棒的场强分布．设有一长为 l 的细棒，均匀带电为 q，棒外一点 P 到棒的垂直距离为 a，P 点和细棒两端的连线与细棒之间的夹角分别为 θ_1 和 θ_2．如图 9-4 所示，求 P 点的场强．

解 建立如图 9-4 所示的直角坐标系 xOy，在距原点 O 为 y 处取线元 $\mathrm{d}y$，其电量为 $\mathrm{d}q$(可视为点电荷)，则

$$\mathrm{d}q = \lambda\mathrm{d}y$$

式中，λ 为电荷线密度．设 $\mathrm{d}y$ 到 P 的距离为 r，则 $\mathrm{d}q$ 在 P 点处产生的场强为

$$\mathrm{d}\boldsymbol{E} = \frac{1}{4\pi\varepsilon_0}\frac{\lambda\mathrm{d}y}{r^2}\boldsymbol{e}_r$$

根据场强的叠加原理，就可以求出合场强

$$\boldsymbol{E} = \int\mathrm{d}\boldsymbol{E}$$

把上述矢量积分化为标量积分，根据所建坐标系，有

$$\mathrm{d}E_x = \mathrm{d}E\sin\theta = \frac{\lambda\mathrm{d}y}{4\pi\varepsilon_0 r^2}\sin\theta$$

$$\mathrm{d}E_y = \mathrm{d}E\cos\theta = \frac{\lambda\mathrm{d}y}{4\pi\varepsilon_0 r^2}\cos\theta$$

式中，y、r、θ 都是变量，需要统一变量．由图 9-4 中的几何关系得

$$r = \frac{a}{\sin\theta} = a\csc\theta$$

$$y = -a\cot\theta$$

$$\mathrm{d}y = a\csc^2\theta\mathrm{d}\theta$$

将 r 及 $\mathrm{d}y$ 的表达式代入上面的 $\mathrm{d}E_x$、$\mathrm{d}E_y$ 中，有

$$\mathrm{d}E_x = \frac{\lambda}{4\pi\varepsilon_0 a}\sin\theta\mathrm{d}\theta, \quad \mathrm{d}E_y = \frac{\lambda}{4\pi\varepsilon_0 a}\cos\theta\mathrm{d}\theta$$

通过积分可得

$$E_x = \int_{\theta_1}^{\theta_2}\mathrm{d}E_x = \frac{\lambda}{4\pi\varepsilon_0 a}\int_{\theta_1}^{\theta_2}\sin\theta\mathrm{d}\theta$$

$$= \frac{\lambda}{4\pi\varepsilon_0 a}(\cos\theta_1 - \cos\theta_2)$$

$$E_y = \int_{\theta_1}^{\theta_2}\mathrm{d}E_y = \frac{\lambda}{4\pi\varepsilon_0 a}\int_{\theta_1}^{\theta_2}\cos\theta\mathrm{d}\theta$$

$$= \frac{\lambda}{4\pi\varepsilon_0 a}(\sin\theta_2 - \sin\theta_1)$$

从而得合场强

$$\boldsymbol{E} = E_x\boldsymbol{i} + E_y\boldsymbol{j}$$

更进一步地，我们可以得到：

若 $a \ll l$，即 P 点无限靠近直棒，这时带电直棒可看成无限长直线，即 $l\to\infty$，则可用 $\theta_1=0$ 和 $\theta_2=\pi$ 代入得

$$E_x = \frac{\lambda}{2\pi\varepsilon_0 a} \qquad (9\text{-}11)$$
$$E_y = 0$$

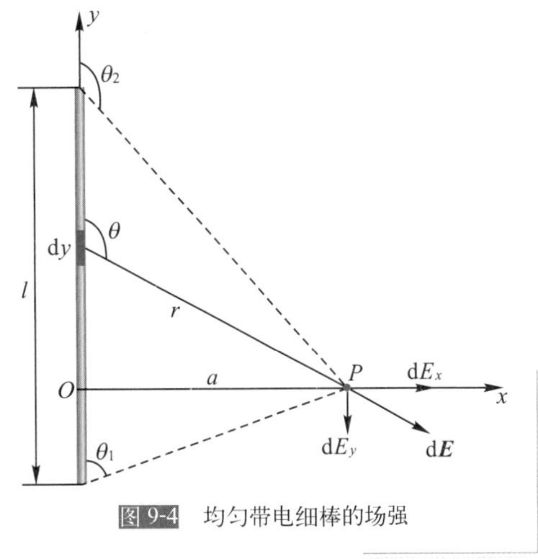

图 9-4　均匀带电细棒的场强

例 9-3

均匀带电细圆环轴线上的场强分布．设半径为 R，带电荷量为 $+q$ 的均匀带电细圆环，求其轴线上任一点的场强．

解　取如图 9-5 所示的坐标系，设 P 点距离原点 O(环心) 为 x，在环上取电荷元 $\mathrm{d}l$，其上所带的电量为

$$\mathrm{d}q = \lambda\mathrm{d}l = \frac{q}{2\pi R}\mathrm{d}l$$

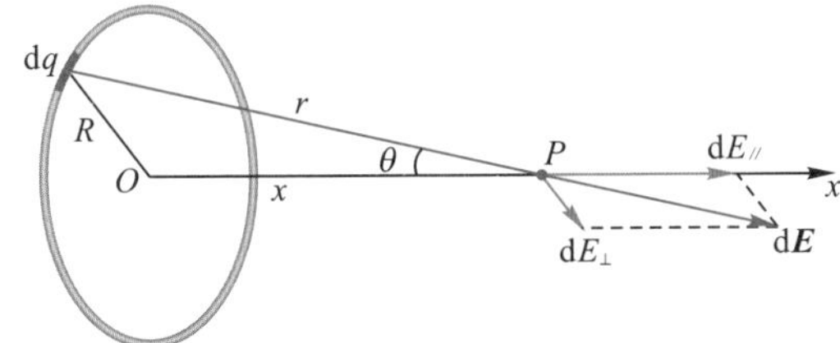

图 9-5　均匀带电细圆环轴线上的场强

$\mathrm{d}q$ 在 P 点产生的场强大小为

$$\mathrm{d}E = \frac{1}{4\pi\varepsilon_0}\frac{\lambda\mathrm{d}l}{r^2}$$

由于电荷分布的对称性，圆环上各电荷元在 P 点激起的电场强度 $\mathrm{d}\boldsymbol{E}$ 的分布也具有对称性．即 $\mathrm{d}\boldsymbol{E}$ 的大小相等，而方向则分别沿顶角为 2θ 的圆锥面的母线方向．因此，$\mathrm{d}\boldsymbol{E}$ 垂直于 x 轴方向的分量 $\mathrm{d}E_{\perp}$将相互抵消，故直接得到

$$E_{\perp} = 0$$

但 $\mathrm{d}\boldsymbol{E}$ 沿 x 轴的分量 $\mathrm{d}E_{/\!/}$ 由于都具有相同的方向而相互叠加．因此，P 点场强大小为

$$E = \int \mathrm{d}E_{/\!/} = \int\frac{\lambda\cos\theta\mathrm{d}l}{4\pi\varepsilon_0 r^2} = \frac{\lambda\cos\theta}{4\pi\varepsilon_0 r^2}\int_0^{2\pi R}\mathrm{d}l$$

$$= \frac{q}{4\pi\varepsilon_0 r^2}\cos\theta = \frac{qx}{4\pi\varepsilon_0\sqrt{(x^2+R^2)^3}} \qquad (9\text{-}12)$$

当 $q>0$ 时，$\boldsymbol{E}$ 的方向沿 x 轴的正方向，可见均匀带电圆环轴线上任一点处的电场强度，是该点到环心 O 的距离 x 的函数，即$E = E(x)$．

进一步可以得到：

(1) 若 $x \gg R$，则 $(x^2+R^2)^{3/2}\approx x^3$，这时有 $E\approx\dfrac{q}{4\pi\varepsilon_0 x^2}$．此结果说明，远离环心处，其电场可等效于环上电荷全部集中在环心处的点电荷的电场．

(2) 若 $x=0$，则 $E=0$，即在环心处的场强为零．

(3) 由 $\dfrac{\mathrm{d}E}{\mathrm{d}x}=0$，可求出轴线上场强极大处的位置 $x=\pm\dfrac{\sqrt{2}}{2}R$．

例 9-4

均匀带电薄圆盘轴线上场强分布．设一半径为 R，电荷面密度为 σ 的均匀带电薄圆盘．求其轴线上的场强分布．

解　取如图 9-6 所示坐标系．带电圆盘可看成由许多带电细圆环组成，取半径为 r，宽为 $\mathrm{d}r$ 的细圆环，此环带有电荷为

$$\mathrm{d}q = \sigma \mathrm{d}S = \sigma \cdot 2\pi r \mathrm{d}r$$

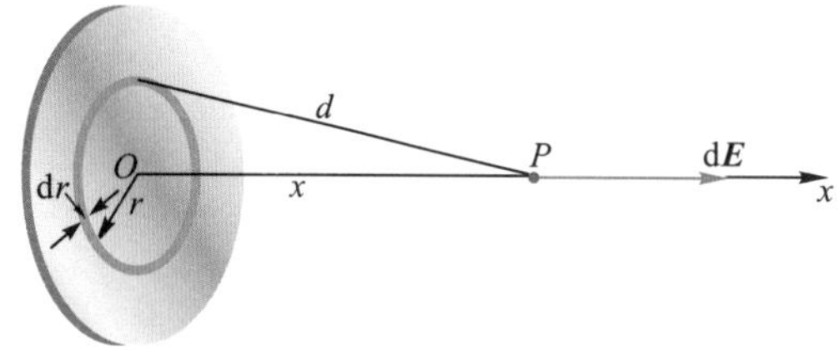

图 9-6　均匀带电薄圆盘轴线上场强

由式 (9-12) 可知，此细圆环在 P 点场强大小为

$$\mathrm{d}E = \frac{x\mathrm{d}q}{4\pi\varepsilon_0\sqrt{(x^2+r^2)^3}} = \frac{\sigma \cdot 2\pi r\mathrm{d}r \cdot x}{4\pi\varepsilon_0\sqrt{(x^2+r^2)^3}}$$

由于各个带电细圆环在 P 点的场强的方向都是沿着 x 轴方向的，所以带电圆盘在 P 点的场强也是沿着 x 轴方向的，其大小为

$$E = \int \mathrm{d}E = \frac{\sigma \cdot 2\pi x}{4\pi\varepsilon_0}\int_0^R \frac{r\mathrm{d}r}{\sqrt{(x^2+r^2)^3}}$$

$$= \frac{\sigma}{2\varepsilon_0}\left(1 - \frac{x}{\sqrt{x^2+R^2}}\right) \tag{9-13}$$

通过本例进一步讨论，我们可以得到：

(1) 当 $x \ll R$ 时，此时从 P 点看来圆盘可视为是无限大平面．显然有

$$E = \frac{\sigma}{2\varepsilon_0} \tag{9-14}$$

这表明无限大均匀带电平面，在空间所产生电场的场强大小处处相等，而方向垂直于平面．若 $\sigma > 0$，则 $\boldsymbol{E}$ 从带电平面指向两侧；若 $\sigma < 0$，则 $\boldsymbol{E}$ 从两侧指向带电平面．

(2) 当 P 点离圆盘很远，即 $x \gg R$ 时，首先将式 (9-13) 中 $x/\sqrt{x^2+R^2}$ 写成 $(1+R^2/x^2)^{-1/2}$，再按二项式展开并略去高次项，有

$$\left(1+\frac{R^2}{x^2}\right)^{-\frac{1}{2}} \approx 1 - \frac{1}{2}\frac{R^2}{x^2}$$

于是，由式 (9-13) 得

$$E \approx \frac{\sigma R^2}{4\varepsilon_0 x^2}$$

此时，若整个圆盘带电量为 q，则上式中 $\sigma = q/(\pi R^2)$．所以

$$E \approx \frac{q}{4\pi\varepsilon_0 x^2}$$

这个结果说明，距离圆盘很远处的场强，与电荷集中在圆盘中心的点电荷所产生的场强相同．

9.3 电通量　真空中静电场的高斯定理

9.3.1 电场线

为了形象地描绘电场中的场强分布，我们设想在电场中可画出一系列曲线，使曲线上每一点的切线方向与该点的场强 $\boldsymbol{E}$ 的方向一致，如图 9-7 所示．这些曲线称为电场线 (electric field line)，又称电力线，简称 E 线．为了使电场线同时能表示出各点场强的大小，绘制的曲线必须有疏密．我们规定：使在垂直于场强方向的面积元 $\mathrm{d}S_\perp$ 上通过的电场线数 $\mathrm{d}N$ 正比于该点场强 E 的大小，即满足关系

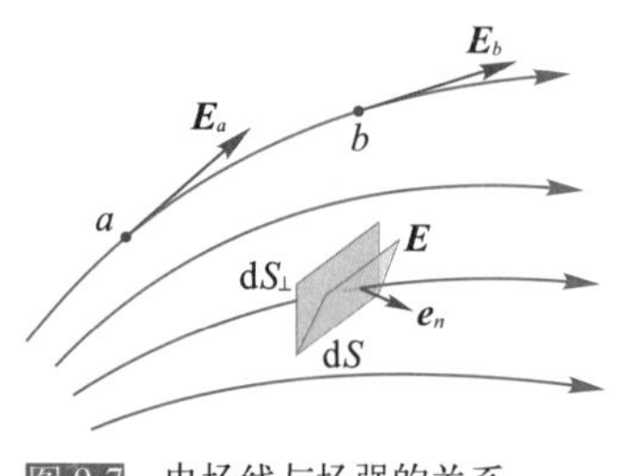

图 9-7　电场线与场强的关系

$$E = \frac{\mathrm{d}N}{\mathrm{d}S_{\perp}} \tag{9-15}$$

式中，$\frac{\mathrm{d}N}{\mathrm{d}S_{\perp}}$亦称**电场线密度**．由上述规定可知，电场线稠密处的场强大，电场线稀疏处的场强小．均匀电场的电场线是一些方向一致，场线间距相等的平行直线．图 9-8 给出了几种常见电场的电场线．

从图 9-8 中可以看出，静电场的电场线具有如下的特点：

(1) 电场线起于正电荷（或无穷远），终止于负电荷（或无穷远），不会在无电荷处中断．

(2) 任意两条电场线都不会相交．

电场线动画

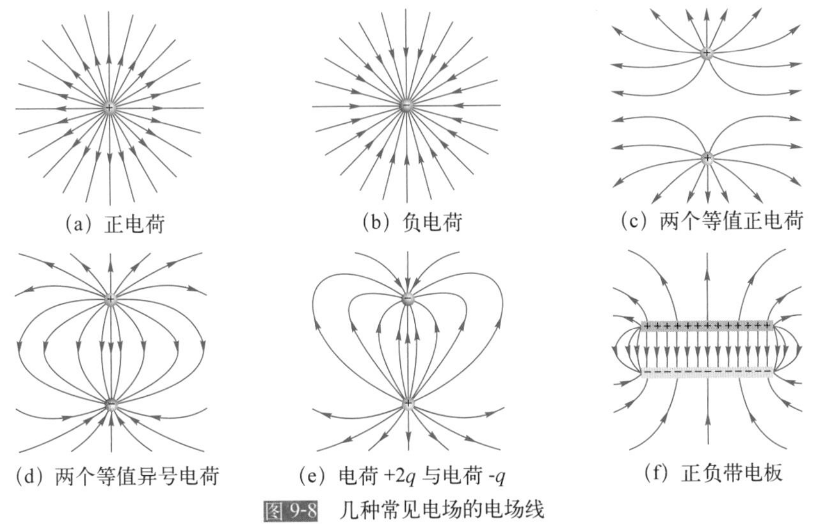

(a) 正电荷　(b) 负电荷　(c) 两个等值正电荷

(d) 两个等值异号电荷　(e) 电荷 +2q 与电荷 -q　(f) 正负带电板

图 9-8　几种常见电场的电场线

(3) 静电场电场线不形成闭合曲线．

应该指出的是，电场线是人为设想的一种辅助曲线，并非电场中真有这种曲线存在．

电场线可以通过计算机编程画出来．在平面上，电场线上任意一点 P 处切线的斜率 $\frac{\mathrm{d}y}{\mathrm{d}x} = \frac{\sin\alpha}{\cos\alpha}$（$\alpha$ 为切线与 x 轴的角），取 P 点无穷小线元为 ds，则

$$\mathrm{d}x = \mathrm{d}s \cdot \cos\alpha$$

$$\mathrm{d}y = \mathrm{d}s \cdot \sin\alpha$$

设 P 点电场强度大小为 E，电场强度的两个分量为 E_x 和 E_y，因为电场强度平行于切线，则

$$\sin\alpha = \frac{E_y}{E}, \qquad \cos\alpha = \frac{E_x}{E}$$

所以有

$$x(i+1) = x(i) + \mathrm{d}s \cdot \cos\alpha$$

$$y(i+1) = y(i) + \mathrm{d}s \cdot \sin\alpha$$

ds 可根据作图的精度而定．

以下为图 9-8(c) 所示两等值正电荷的电场线的源程序．

```
float  Ex,Ey,E ;                              // 定义电场强度变量.
```

```
float  R=0.6, q=40,l=15 ;                     // 定义点电荷半径、电量和两电荷的间距.
float  ds=0.1 ;                               // 定义作图的精度 ds.
float  N=20 ;                         // 定义画电场线的数目.
float  r1,r2 ;                                // 定义两个电荷分别到 P 点距离的 3 次方.
float  ll  ;                                  // 定义电荷位置.
for(int k=0;k<2;k=k+1)                        // 从两个电荷分别画电场线.
{  if(k==0)ll=l/2;                            // x=l/2 处的电荷.
   else    ll=-l/2;                           // x=-l/2 处的电荷.
 for(float i=0;i<N;i=i+1)                     // 每个电荷画 N 条电场线.
   {  DW::OpenGL::DW_BeginLineStrip();        // 开始准备画电场线.
      x=R*cos(i*2*PI/N)+ll;           // 第一点 x 坐标.
      y=R*sin(i*2*PI/N);                      // 第一点 y 坐标.
      DW::OpenGL::DW_LineTo(toP(x,y,0));      // 画第一点.
      for( int j=0; j<=1000;j++)
        {  r1= pow ((float)((x-l/2)*(x-l/2)+y*y),(float)1.5);      // 计算 x=l/2 电荷到 P 点距离的
                                                                 3 次方.
           r2= pow ((float)((x+l/2)*(x+l/2)+y*y),(float)1.5);      // 计算 x=-l/2 电荷到 P 点距离
                                                                 的 3 次方.
           Ex=9*q*(x-l/2)/r1+9*q*(x+l/2)/r2;                       // 计算电场强度 x 分量.
           Ey=9*q*y/r1+9*q*y/r2;                       // 计算电场强度 x 分量.
           E=sqrt(Ex*Ex+Ey*Ey);                        // 计算电场强度大小.
           x=x+ds*Ex/E;                                            // 计算下一点 x 坐标.
           y=y+ds*Ey/E;                                            // 计算下一点 y 坐标.
           if(abs(x)>25||abs(y)>20)j=1001;                         // 超出屏幕停止计算.
           DW::OpenGL::DW_LineTo(toP(x,y,0));          // 画下一点.
        }
      DW::OpenGL::DW_EndDraw();                                    // 结束画线.
   }
}
```

注：DW::OpenGL 所在行为调用物理教学数字化平台的函数.

9.3.2 电通量

通过电场中某一给定面的电场线的总条数称为通过该面的电通量(electric flux). 用符号 Φ_e 表示.

由式 (9-15) 可得，穿过 $dS_\perp$ 面的电通量 $d\Phi_e$ 为

$$d\Phi_e = dN = E dS_\perp$$

其中 $dS_\perp$ 面与 $\boldsymbol{E}$ 垂直.

如果所取的面与该处场强 $\boldsymbol{E}$ 不垂直，则需考虑面元 dS 在垂直于 $\boldsymbol{E}$ 方

向上投影面积 $\mathrm{d}S_{\perp}$．设面元 $\mathrm{d}S$ 的法线 $\boldsymbol{n}$ 的方向和电场线的方向的夹角为 θ，于是 $\mathrm{d}S_{\perp}=\mathrm{d}S\cos\theta$，如图 9-9 所示．很明显，通过 $\mathrm{d}S_{\perp}$ 和 $\mathrm{d}S$ 的电场线条数是相等的．因此，可得通过 $\mathrm{d}S$ 的电通量为

$$\mathrm{d}\Phi_{\mathrm{e}}=E\mathrm{d}S_{\perp}=E\mathrm{d}S\cos\theta \tag{9-16}$$

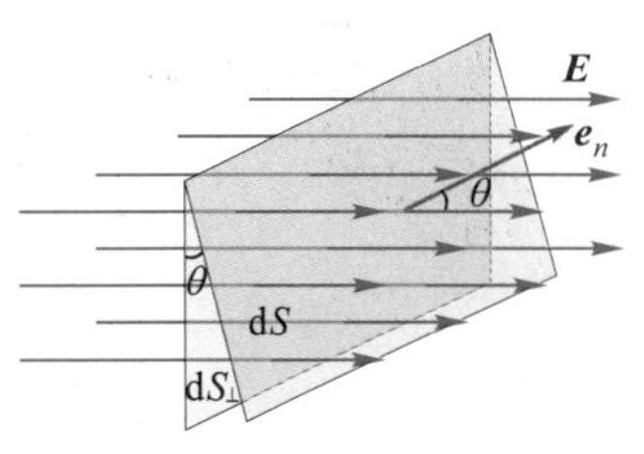

图 9-9 电通量

我们定义一个矢量，称为面元矢量，用 $\mathrm{d}\boldsymbol{S}$ 表示，且

$$\mathrm{d}\boldsymbol{S}=\mathrm{d}S\boldsymbol{e}_n$$

式中，$\boldsymbol{e}_{\mathrm{n}}$ 为单位法向矢量．$\mathrm{d}\boldsymbol{S}$ 的大小就是面元的面积 $\mathrm{d}S$，方向是其法线方向．则式 (9-16) 可表示为

$$\mathrm{d}\Phi_{\mathrm{e}}=E\mathrm{d}S\cos\theta=\boldsymbol{E}\cdot\mathrm{d}\boldsymbol{S} \tag{9-17}$$

如果我们考虑的不是面元，而是任意曲面 S，且此曲面上的场强不均匀，即在曲面 S 上的不同位置处，$\boldsymbol{E}$ 的大小和方向都不同，法线 $\boldsymbol{n}$ 的方向也各不相同．为了计算 S 曲面上的电通量 Φ_{e}，必须将 S 面分割成许多小块面元，其中任意一个面元 $\mathrm{d}S$ 上的电通量满足式 (9-17)，则通过整个曲面上的电通量就是所有面元上的电通量的代数和，在面元分割得无限小的情况下，上述求和可用面积分来表示

$$\Phi_{\mathrm{e}}=\int_S\boldsymbol{E}\cdot\mathrm{d}\boldsymbol{S}=\int_S E\cos\theta\mathrm{d}S \tag{9-18}$$

式中，$\int_S$ 表示对整个曲面 S 进行积分．如果曲面是闭合曲面，式 (9-18) 可写成

$$\Phi_{\mathrm{e}}=\oint_S\boldsymbol{E}\cdot\mathrm{d}\boldsymbol{S}=\oint_S E\cos\theta\mathrm{d}S \tag{9-19}$$

式中，$\oint_S$ 表示对闭合曲面 S 进行积分．

电通量是标量，但有正负．当 $0\leqslant\theta\leqslant\frac{\pi}{2}$ 时，$\Phi_{\mathrm{e}}>0$；当 $\frac{\pi}{2}\leqslant\theta\leqslant\pi$ 时，Φ_{e} 为负．对于不闭合曲面，我们可任意选定曲面法线的正方向，并相应决定 Φ_{e} 的正负．若是闭合曲面，因为闭合曲面把空间分成内外两部分，为此通常规定：垂直曲面向外为法线矢量 e_n 的正方向．因此，从闭合曲面穿出的电通量为正，反之为负．如图 9-10 所示，在 $\mathrm{d}S_1$ 处，$0\leqslant\theta\leqslant\frac{\pi}{2}$，$\mathrm{d}\Phi_{\mathrm{e}}$ 为正，表示有电场线穿出．在 $\mathrm{d}S_2$ 处，$\frac{\pi}{2}\leqslant\theta\leqslant\pi$，$\mathrm{d}\Phi_{\mathrm{e}}$ 为负．表示有电场线穿进．所以，应当注意，式 (9-19) 中的 Φ_{e} 是指通过闭合曲面电通量的代数和，也即净穿出闭合曲面电场线的总条线．如果通过闭合曲面的电通量为零，并不表示一定没有电场线穿过该闭合曲面，更非曲面上的场强 $\boldsymbol{E}$ 处处为零．

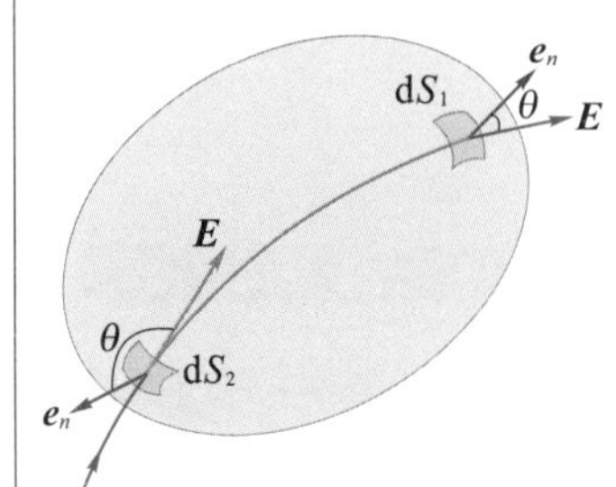

图 9-10 电通量的正负

9.3.3 真空中静电场的高斯定理

前面，我们阐述了电通量的概念，这里我们将进一步阐明电通量与电荷量之间的关系，这就是著名的高斯定理 (Gauss’ s theorem)．此定理

高斯 (C. F. Gauss，1777 ~ 1855) 德国数学家、天文学家和物理学家．被认为是人类有史以来最伟大的数学家之一，他在天文学、大地测量学和电磁学的实际应用方面也做出了重要的贡献

可表述为：在真空静电场中，通过任意闭合曲面的电通量等于该曲面所包围的所有电量的代数和的 $1/\varepsilon_0$ 倍．其数学表达式为

$$\Phi_e = \oint_S \boldsymbol{E} \cdot \mathrm{d}\boldsymbol{S} = \frac{1}{\varepsilon_0}\sum_i q_i \tag{9-20}$$

式中，闭合曲面 S 习惯上称为高斯面．

必须指出，静电场的高斯定理表达式 (9-20) 中的场强 $\boldsymbol{E}$ 是闭合曲面 S 上某点的场强，它是由闭合面内、外的所有电荷共同产生的合场强，并非只由闭合曲面内的电荷产生的．而电场强度对任意闭合曲面的电通量，只取决于该闭合面所包围的电量的代数和，与曲面外的电荷量无关．

高斯定理表明，若闭合面内有正电荷，则它对闭合曲面贡献的电通量是正的，即有电场线从它发出并穿出闭合曲面，所以正电荷称为静电场的源头；若闭合曲面内有负电荷时，则它对闭合曲面贡献的电通量是负的，即有电场线穿入闭合曲面而终止于它，所以，负电荷称为静电场的尾闾．即正电荷是发出电通量的源，负电荷是吸收电通量的闾 (负源)，具有这种性质的场称为有源场，因此，静电场是有源场．

另外，虽然高斯定理源于库仑定律，但它的适用范围更广．库仑定律只适用于静电场，而高斯定理不仅适用于静电场，而且还适用于变化的电场，因此，它是电磁场理论的基本定理之一．

9.3.4 高斯定理的应用

一般情况下，根据式 (9-20) 高斯定理并不能把电场中各点的场强确定下来．但是，当电荷分布具有某些特殊的对称性时，用高斯定理来计算场强，却要比用点电荷场强公式和场强叠加原理计算简便得多．下面举几个电荷分布具有对称性的简单例子来说明应用高斯定理计算场强的方法．

例 9-5

求均匀带电球面的电场分布．已知球面半径为 R，所带电量为 Q，如图 9-11 所示．

解　在球面外任取一点 P，P 点到球心 O 的距离为 r，如图 9-11 所示，现按下列步骤求解：

(1) 对称性分析．由于电荷均匀分布在球面上，具有球对称性，所以场强分布也具有球对称性，即场强的方向总是沿着半径方向，而在距球心等距的若干球面上，同一球面上各点场强的大小显然应该相等．

(2) 选取高斯面．根据场强分布具有对称性的特点，过 P 点作以 O 为球心，r 为半径的辅助球面 S (称高斯面)．

(3) 计算通过高斯面 S 的电通量．设球面上的场强为 $\boldsymbol{E}$，球面上任一面元矢量 $\mathrm{d}\boldsymbol{S}$ 的法向处处与 $\boldsymbol{E}$ 同向 (或反向)，则 $\cos\theta = 1$，故通过 S 面的电通量为

$$\Phi_e = \oint_S \boldsymbol{E} \cdot \mathrm{d}\boldsymbol{S} = \oint_S E\cos\theta \mathrm{d}S = E\oint_S \mathrm{d}S = 4\pi r^2 E$$

(4) 根据高斯定理求解．据高斯定理 $\Phi_e = 4\pi r^2 E = \dfrac{Q}{\varepsilon_0}$，所以

$$E=\frac{Q}{4\pi\varepsilon_0 r^2},\quad r>R \tag{9-21a}$$

式中，$\boldsymbol{E}$ 的方向沿半径方向．

同理，可在球面内任取一点 P'，过该点以 r 为半径取高斯面 S'，则以上分析同样适用，通过 S' 面的电通量为 $\Phi_e=E\cdot 4\pi r^2=0$，所以

$$E=0,\quad r<R \tag{9-21b}$$

由此可见，均匀带电球面在外部空间产生的电场，与电荷全部集中在球心处的一个点电荷产生的电场一样，而球面内部的场强处处为零．场强 $\boldsymbol{E}$ 与距离 r 的关系如图 9-11 所示，显然，在球面上 ($r=R$) 场强的数值有个跃变．

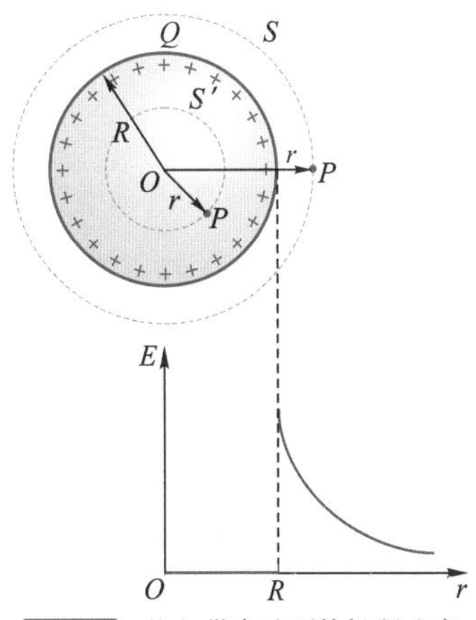

图 9-11 均匀带电球面的场强分布

若电荷 Q 均匀分布在半径为 R 的球体内，同理可根据高斯定理得到球体外场强随 r 变化的关系为

$$E=\frac{Q}{4\pi\varepsilon_0 r^2},\quad r>R \tag{9-22a}$$

球体内场强随 r 变化的关系为

$$E=\frac{Qr}{4\pi\varepsilon_0 R^3},\quad r<R \tag{9-22b}$$

如图 9-12 所示，场强在球面内外是连续变化的，读者可自己验证一下．

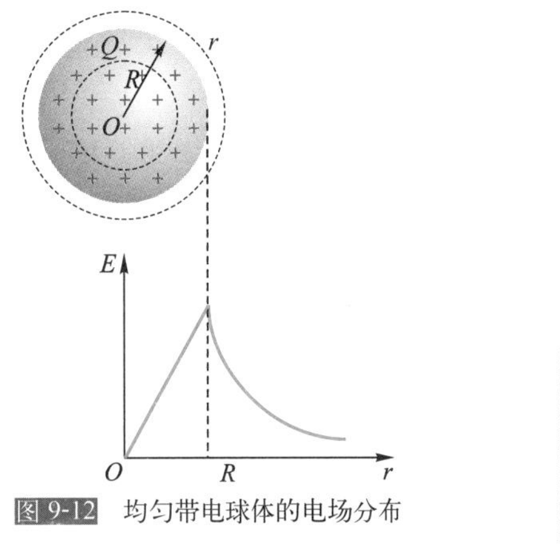

图 9-12 均匀带电球体的电场分布

例 9-6

求无限大均匀带电平板的电场分布．有一无限大均匀带电平板，它的面电荷密度为 σ，求距离平板为 r 处的某点的场强．

解 在平板左右两侧任取两对称点 P 和 P'，如图 9-13 所示．

(1) 对称性分析．由于平面是无限大且均匀带电的，根据式 (9-13) 知 P 点的场强方向只能是垂直于平面向左，P' 点的场强方向只能是垂直于平面向右，同时 P 点和 P' 点的场强大小必定相等．

(2) 选取圆柱形高斯面 S．根据场强的分布特点，以 P、P' 为轴作一圆柱面，使 P 和 P' 点分别位于两底面上，其轴线与无限大均匀带电平板垂直．

(3) 计算通过 S 的电通量．S 可分为三部分，即两底面 S_1，S_2(其大小均为 ΔS) 和侧面 S_3，在 S_1 和 S_2 上，场强与法线平行，S_3 上场强和法线垂直，因而，有

$$\Phi_e=\int_{S_1}E\cos\theta \mathrm{d}S+\int_{S_2}E\cos\theta \mathrm{d}S+\int_{S_3}E\cos\theta \mathrm{d}S$$
$$=E\Delta S+E\Delta S+0=2E\Delta S$$

(4) 运用高斯定理．由于高斯面 S 在带电平面上截出的面积也是 ΔS，因而被 S 包围的电量为 $\sigma\Delta S$，由高斯定理得

$$2E\Delta S=\frac{\sigma\Delta S}{\varepsilon_0}$$

从而得

$$E=\frac{\sigma}{2\varepsilon_0}$$

可见，“无限大”均匀带电平面两侧的电场是匀强电场．

利用上述结果，根据场强叠加原理，可以求得图 9-14 所示两“无限大”均匀带等量异号电荷的平行平面间的场强为

$$E=E_A+E_B=\frac{\sigma}{2\varepsilon_0}+\frac{\sigma}{2\varepsilon_0}=\frac{\sigma}{\varepsilon_0}$$

方向如该图所示．而在两板外侧的场强为

$$E=E_A-E_B=0$$

由此可见，均匀带等量异号电荷的平行板，在板面的线度远大于两板间距时，除了边缘附近外，电场全部集中于两板之间，而且是均匀场．

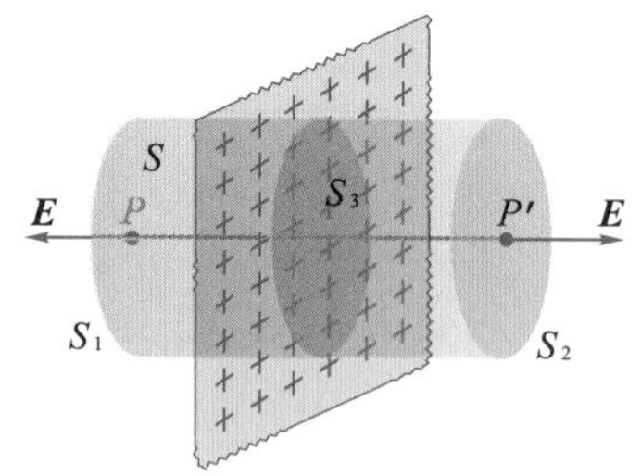

图 9-13　“无限大”均匀带电平板的电场

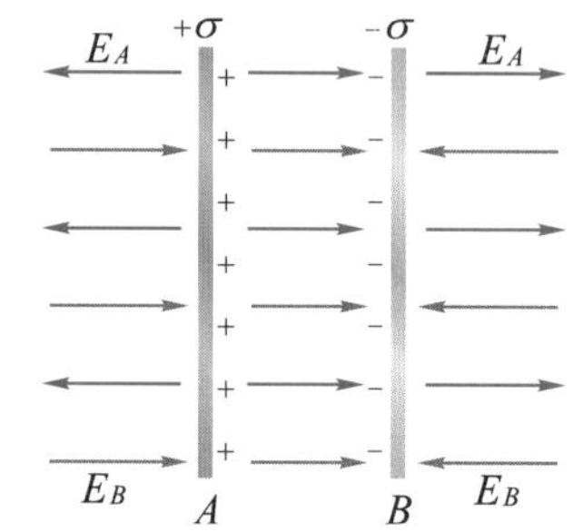

图 9-14　两无限大均匀带电平面的电场

由上面的例子可以看到，当电荷分布具有一定的对称性，如球对称、轴对称、面对称时，利用高斯定理计算带电系统的场强是很方便的．问题的关键是如何选择高斯面，通过以上几例可得出选取高斯面的原则是：

(1) 所求的场点必须在高斯面上．

(2) 高斯面是简单的几何面（球面、圆柱面或长方体面等）或是它们的组合．

(3) 在选取高斯面时，必须是在求 $\boldsymbol{E}$ 的部分高斯面上计算电通量时，可以将 $\boldsymbol{E}$ 从积分号中提出；而不求 $\boldsymbol{E}$ 的部分高斯面上电通量为零．

(4) 根据高斯定理计算整个高斯面的电通量及闭合面包围的电荷总量，从而求出场强．

在有些问题中虽然物体带电也具有某种对称性，但不一定都能用高斯定理求场强，如均匀带电圆盘，读者可自行思考．另外，尽管有些情况用高斯定理很难直接求出电场，但必须明确，高斯定理确是普遍成立的．

9.4 静电场力的功　真空中静电场的环路定理

前面我们从力的角度研究了静电场，根据电场对试验电荷的作用力，引入了场强的概念．本节将从功和能的角度研究静电场，讨论电荷在电场中移动时电场力做功的特点，并由此得出反映静电场重要性质的另一定理——环路定理，从而引进电势的概念．

9.4.1 静电场力做功的特点

我们知道，电荷在电场中无论运动还是静止，它都要受到电场力的作用．而当电荷在电场中移动时，电场力要对该电荷做功．我们先讨论在点电荷产生的电场中电场力做功的特点，然后再讨论在一般电场中的情况．

将试验电荷 q_0 放入点电荷 q 的电场中，让其沿任一路径从 a 点移至 b 点，如图 9-15 所示．电场力做的功可计算如下：我们将整个路径分成许多小段位移，取其中任一小段位移元 $\mathrm{d}\boldsymbol{l}$，由于小段位移元极短，它所在处的场强可视为恒量．故试验电荷 q_0 在 $\mathrm{d}\boldsymbol{l}$ 位移上所做的元功为

$$\mathrm{d}A = \boldsymbol{F}\cdot\mathrm{d}\boldsymbol{l} = q_0\boldsymbol{E}\cdot\mathrm{d}\boldsymbol{l} = qE\cos\theta\mathrm{d}l$$

式中，θ 为场强 $\boldsymbol{E}$ 和位移元 $\mathrm{d}\boldsymbol{l}$ 间的夹角，注意到 $\cos\theta\mathrm{d}l = \mathrm{d}r$，且 $E = q/(4\pi\varepsilon_0 r^2)$，因此，试验电荷从 a 点移动到 b 点时电场力所做的功为

$$A_{ab} = \int_a^b \mathrm{d}A = \frac{q_0 q}{4\pi\varepsilon_0}\int_{r_a}^{r_b}\frac{1}{r^2}\mathrm{d}r = \frac{q_0 q}{4\pi\varepsilon_0}\left(\frac{1}{r_a} - \frac{1}{r_b}\right) \tag{9-23}$$

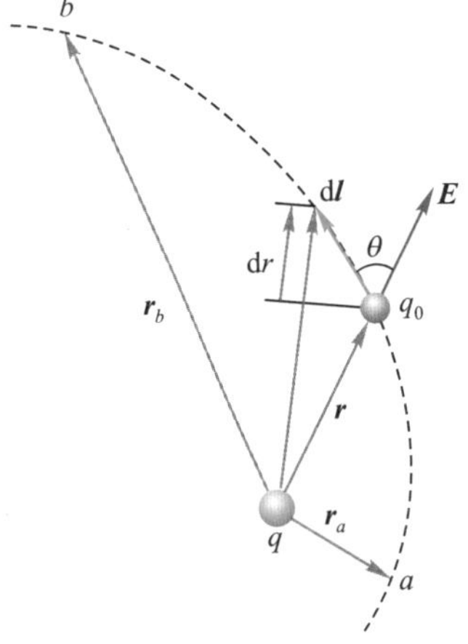

图 9-15 计算电场力做功用图

式中，r_a 与 r_b 分别为试验电荷 q_0 移动的起点和终点到场源电荷 q 的距离．可见，**在静止的点电荷的电场中，电场力所做的功与路径无关，仅与试验电荷的电量的大小及路径的起点和终点的位置有关．**

上述结论对于任何静电场也是适用的．因为任何静电场都可看成是由许多点电荷电场的叠加，试验电荷 q_0 在任何静电场中移动时，电场力所做的功等于各个点电荷电场力做功的代数和，即

$$\begin{aligned} A_{ab} &= \int_a^b q_0\boldsymbol{E}\cdot\mathrm{d}\boldsymbol{l} = q_0\int(\boldsymbol{E}_1 + \boldsymbol{E}_2 + \cdots + \boldsymbol{E}_n)\cdot\mathrm{d}\boldsymbol{l} \\ &= A_{1ab} + A_{2ab} + \cdots + A_{nab} = \sum_{i=1}^{n}\frac{q_0 q_i}{4\pi\varepsilon_0}\left(\frac{1}{r_{ia}} - \frac{1}{r_{ib}}\right) \end{aligned}$$

式中，r_{ia} 和 r_{ib} 分别为试验电荷 q_0 移动的起点和终点到场源电荷 q_i 的距离．由此得出结论：**试验电荷在任何静电场中移动时，电场力所做的功，仅与试验电荷电量的大小以及路径的起点和终点位置有关，而与路径无关．可见，静电力是保守力，静电场是保守力场．**

9.4.2 静电场的环路定理

静电场力做功与路径无关这一特性还可以表示成另一种形式．如图 9-16 所示，由于在任意静电场中，将试验电荷 q_0 从 a 点移动到 b 点时，无论沿 aMb 路径或 aNb 路径，电场力所做的功相等，即

$$\int_{aMb} q_0\boldsymbol{E}\cdot\mathrm{d}\boldsymbol{l} = \int_{aNb} q_0\boldsymbol{E}\cdot\mathrm{d}\boldsymbol{l}$$

但是

$$\int_{aMb} q_0\boldsymbol{E}\cdot\mathrm{d}\boldsymbol{l} = -\int_{bNa} q_0\boldsymbol{E}\cdot\mathrm{d}\boldsymbol{l}$$

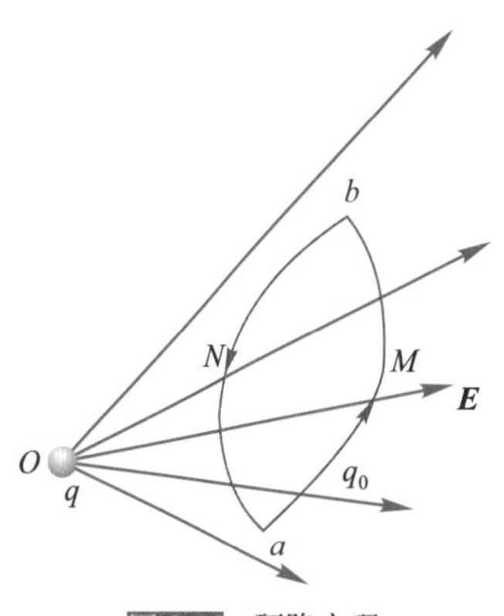

图 9-16 环路定理

所以

$$\int_{aMb} q_0 \boldsymbol{E} \cdot \mathrm{d}\boldsymbol{l} + \int_{bNa} q_0 \boldsymbol{E} \cdot \mathrm{d}\boldsymbol{l} = 0$$

或写成

$$\oint_L \boldsymbol{E} \cdot \mathrm{d}\boldsymbol{l} = 0 \tag{9-24}$$

积分 $\oint_L \boldsymbol{E} \cdot \mathrm{d}\boldsymbol{l}$ 通常称为静电场的环流，式中 L 为 $aMbNa$ 的闭合积分路径．式 (9-24) 表明，在静电场中，电场强度沿任意闭合回路的积分恒等于零，这个结论称为静电场的环路定理 (circuital theorem of electrostatic field)．高斯定理和环路定理是静电场的两条基本定理，反映了静电场的两个基本性质，前者说明静电场是有源场，后者说明静电场是有势场，或者说是保守力场．

9.5 电势

根据静电场力做功与路径无关的性质，我们可以引进电势 (electric potential) 的概念．电势是一个应用十分广泛的物理量，不仅在物理学中，而且在电工学、电路分析、电子线路等课程中都占有极其重要的地位，我们应当很好地掌握它．

9.5.1 电势能

在力学中曾指出，对于保守力场可以引进势能的概念．静电场是保守力场，因此，可以像在重力场中引进重力势能那样，在静电场中引进电势能 (electric potential energy) 的概念．设将试验电荷 q_0 放入静电场中的 a 点，此时，它便具有一定的电势能，记作 W_a．若将 q_0 从 a 点移至 b 点，与重力场类似，电场力所做的功在数值上也相应等于 q_0 电势能增量的负值，即

$$A_{ab} = \int_a^b q_0 \boldsymbol{E} \cdot \mathrm{d}\boldsymbol{l} = -(W_b - W_a) \tag{9-25}$$

式中，W_a 和 W_b 分别表示 q_0 在 a 点和 b 点的电势能．式 (9-25) 表明，若电场力做正功，则电势能减少，表示电荷 q_0 从电势能较高处移至电势能较低处．这种情况与重力势能的情况完全类似．

式 (9-25) 只能确定 q_0 在任意两点间的电势能之差，还不足以确定在任一点处的电势能．为了确定 q_0 在电场中任一点所具有的电势能的值，我们可选定一个参考点，规定在该参考点处的电势能为零．如设参考点为 b 点，即规定 W_b=0，根据式 (9-25) 得 a 点的电势能为

$$W_a = q_0 \int_a^b \boldsymbol{E} \cdot \mathrm{d}\boldsymbol{l} \tag{9-26}$$

式 (9-26) 可叙述为：点电荷 q_0 在电场中某点所具有的电势能，在数值上

就等于将 q_0 由该点移到电势能参考点时电场力所做的功.

与重力势能参考点的选取类似，电势能的参考点可以任选，但应以计算方便为原则. 当场源电荷分布在空间有限区域内时，通常取无限远处的电势能为零，即$W_\infty = 0$，则 q_0 在电场中任一点 P 的电势能便为

$$W_P = \int_P^\infty q_0 \boldsymbol{E} \cdot \mathrm{d}\boldsymbol{l} \tag{9-27}$$

在国际单位制中，电势能的单位是焦 [耳](J).

9.5.2 电势和电势差

应该注意，电势能是电场与电荷 q_0 这一系统所共有的能量. 式 (9-27) 表明，电势能不仅与电场有关，而且还与试验电荷 q_0 的电量成正比. 因此，我们不能用电势能这一物理量来描述电场的性质. 但是，比值 $\frac{W_P}{q_0}$ 却与试验电荷 q_0 无关，它反映了电场本身在 P 点的性质. 因此，我们定义电荷在电场中某点的电势能与它的电量的比值 $\frac{W_P}{q_0}$，称为该点的电势 (electric potential)，用符号 U_P 表示，则有

$$U_P = \frac{W_P}{q_0} = \int_P^\infty \boldsymbol{E} \cdot \mathrm{d}\boldsymbol{l} \tag{9-28}$$

前面我们选择无限远处的电势能为零，根据电势的定义，无限远处的电势亦为零 . 如果我们选择电场中其他位置 P_0 的电势为参考点，这时电势 U_P 的表达式可写成

$$U_P = \int_P^{P_0} \boldsymbol{E} \cdot \mathrm{d}\boldsymbol{l} \tag{9-29}$$

由此可见，电势是一个相对量，其数值与参考点的选择有关. 只有选定了参考点，电场中任一点的电势才有唯一确定的值. 在理论分析中，一般选无限远处作为电势的零点. 而在实际问题中，我们可以视讨论问题的方便，选择其他点或大地电势为零. 若令式 (9-28) 中 q_0 为一个单位正电荷，则 U_P 与 W_P 在数值上相等. 可见，电场中某点的电势，在数值上等于单位正电荷在该点处所具有的电势能；也等于将单位正电荷从该点移到无限远处 (或电势能为零的参考点处) 电场力所做的功.

电势是标量. 它与试验电荷是否存在无关，仅由电场本身的性质确定，当参考点选定后，电场中各点的电势是位置的单值函数，因此电势也叫电位. 在国际单位制中，电势的单位为伏 [特](V).

在实际应用中，重要的不是电场中某点电势的数值，而是某两点 a 和 b 之间的电势差 (electric potential difference)，或称电压 (voltage)，用符号 U_{ab} 表示，即

$$U_{ab} = U_a - U_b = \int_a^\infty \boldsymbol{E} \cdot \mathrm{d}\boldsymbol{l} - \int_b^\infty \boldsymbol{E} \cdot \mathrm{d}\boldsymbol{l} = \int_a^b \boldsymbol{E} \cdot \mathrm{d}\boldsymbol{l} \tag{9-30}$$

这就是说，静电场中 a、b 两点的电势差，在数值上等于将单位正电荷从

a 点移到 b 点时电场力所做的功.

由式 (9-30) 可见，虽然电势值与参考点的选择有关，但任意两点之间的电势差却与参考点的选择无关.

一个基本电荷 e 在电势差为 1 V 的两点间移动时，电场力对它所做功为 $A = 1.6\times10^{-19}$ J，从而使基本电荷获得 1.6×10^{-19} J 的能量. 在近代物理中把这一量值称为 1 eV，读作 1 电子伏特，即

$$1\ \text{eV} = 1.6\times10^{-19}\ \text{J}$$

eV 是能量的单位，它是我国选定的非国际单位制单位之一，允许在某些特定场合使用.

9.5.3 点电荷的电势　电势的叠加原理

1. 点电荷电场中的电势

设场源为点电荷 q，则离 q 为 r 处的任意点 P 点的电势可根据式 (9-28) 计算. 由于电场力做功与路径无关，所以我们可选取沿径矢方向至无限远的直线作为积分路径，即

$$U_P = \int_P^{\infty} \boldsymbol{E}\cdot \mathrm{d}\boldsymbol{l} = \int_r^{\infty} \frac{q}{4\pi\varepsilon_0 r^2}\mathrm{d}r = \frac{q}{4\pi\varepsilon_0 r} \tag{9-31}$$

这就是点电荷的电势公式. 式 (9-31) 表明，若场源电荷为正电荷，则空间各点电势为正值，离电荷 q 越远，电势越低；若场源电荷为负电荷，则空间各点电势为负值，离电荷 q 越远电势越高. 即不管是正电荷还是负电荷产生的电场，电势都是沿电场线的方向逐渐减低的.

2. 点电荷系电场中的电势

若在点电荷系 q_1，q_2，…，q_n 产生的电场中，根据电势定义和场强叠加原理，电场中某点 P 的电势为

$$\begin{aligned} U_P &= \int_P^{\infty} \boldsymbol{E}\cdot \mathrm{d}\boldsymbol{l} = \int_r^{\infty} (\boldsymbol{E}_1 + \boldsymbol{E}_2 + \cdots + \boldsymbol{E}_n)\cdot \mathrm{d}\boldsymbol{l} \\ &= U_{P_1} + U_{P_2} + \cdots + U_{P_n} \\ &= \sum_{i=1}^{n} U_{P_i} = \sum_{i=1}^{n} \frac{q_i}{4\pi\varepsilon_0 r_i} \end{aligned}$$

式中，U_{P_i} 为第 i 个点电荷单独存在时在 P 点产生的电势. r_i 为第 i 个点电荷 q_i 到 P 点的距离. 由此可见，在点电荷系电场中某点的电势，等于各点电荷单独产生的电势的代数和. 这就是静电场中的电势叠加原理 (superposition principle of electric potential).

若是连续分布的带电体，则可以应用积分代替求和. 首先把带电体分割成许多电荷元，设 dq 为任一电荷元，r 为 dq 到给定点 P 的距离，那么 P 点的电势为

$$U_P = \int_V \frac{1}{4\pi\varepsilon_0}\frac{\mathrm{d}q}{r} \tag{9-32}$$

式中，$\int_V$ 表示对整个带电体求积分.

9.5.4 电势的计算

综上所述，静电场中任一点的电势，通常可用两种方法计算，一种方法是已知电荷分布利用点电荷的电势公式，根据叠加原理求和(或积分)的方法求电势．这种方法比较普遍．另一种方法是在已知场强分布，或者已知电荷对称性分布可用高斯定理求场强的情况下，利用电势的定义式 (9-29) 求电势．通常将前者称为“叠加法”，后者称为“线积分法”．

当电场中有导体或电介质时，电荷分布往往也不能事先给定，这类问题将在第 10 章研究．下面我们举几个例题来说明电势的求法．

例 9-7

求电偶极子电场中任一点 P 的电势．已知电偶极子的两点电荷为 $\pm q$，相距为 l，如图 9-17 所示．

解 设 P 点到 $+q$ 与 $-q$ 的距离分别为 r_1 和 r_2．根据电势叠加原理，P 点电势应为 $+q$ 与 $-q$ 在该点产生的电势的代数和，即

$$U_P = U_1 + U_2 = \frac{1}{4\pi\varepsilon_0}\left(\frac{q}{r_1} - \frac{q}{r_2}\right) = \frac{q}{4\pi\varepsilon_0}\left(\frac{r_2 - r_1}{r_1 r_2}\right)$$

因为 $r \gg l$，则有 $r_2 - r_1 \approx l\cos\theta$，$r_1 r_2 \approx r^2$，因而

$$U_P = \frac{q}{4\pi\varepsilon_0}\frac{l\cos\theta}{r^2}$$

设 $\boldsymbol{e}_r$ 是径矢 $\boldsymbol{r}$ 指向 P 点的单位矢量，考虑到电偶极矩 $\boldsymbol{p} = q\boldsymbol{l}$，$\theta$ 是 $\boldsymbol{e}_r$ 和 $\boldsymbol{p}$ 的夹角，则上式可写成

$$U_P = \frac{\boldsymbol{p}\cdot\boldsymbol{e}_r}{4\pi\varepsilon_0 r^2} \tag{9-33}$$

这就是电偶极子的电势公式．

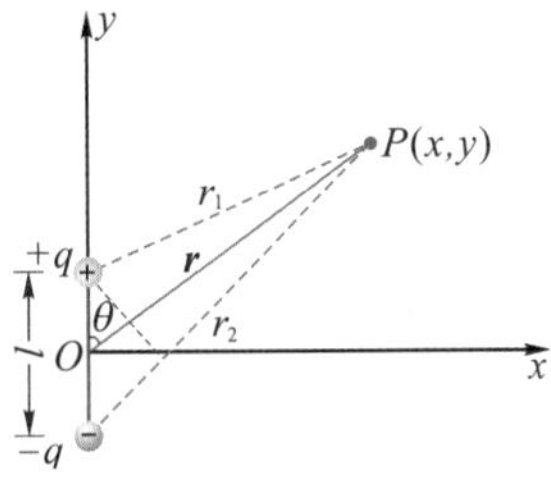

图 9-17 求电偶极子的电势

例 9-8

求半径为 R，均匀带电为 q 的细圆环轴线上一点的电势．

解法 1 从场强求电势．

由例 9-3 已知细圆环轴线上一点的场强大小为

$$E = \frac{qx}{4\pi\varepsilon_0\sqrt{(x^2+R^2)^3}}$$

$\boldsymbol{E}$ 的方向沿 x 轴方向，如图 9-18(a) 所示．选沿 x 轴进行积分，且取无限远处为电势零点，则任意点 P 点的电势为

$$U_P = \int_P^\infty \boldsymbol{E}\cdot \mathrm{d}\boldsymbol{l} = \int_x^\infty \frac{qx}{4\pi\varepsilon_0\sqrt{(x^2+R^2)^3}}\mathrm{d}x$$

$$= \frac{q}{4\pi\varepsilon_0\sqrt{x^2+R^2}}$$

解法 2　利用电势叠加原理.

在圆环上取一电荷元，$dq = \lambda dl = \dfrac{q dl}{2\pi R}$，将其代入式 (9-32) 得

$$U_P = \frac{1}{4\pi\varepsilon_0}\int_0^{2\pi R}\frac{q}{2\pi R}\frac{dl}{r} = \frac{q}{4\pi\varepsilon_0 r}$$

$$= \frac{q}{4\pi\varepsilon_0\sqrt{x^2+R^2}}$$

电势 U 随 x 变化的关系如图 9-18(b) 所示.

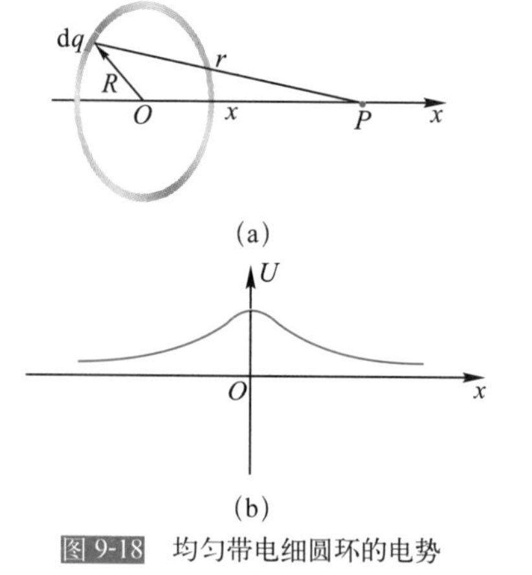

图 9-18　均匀带电细圆环的电势

例 9-9

求半径为 R，总电量为 q 的均匀带电球面的电势分布. 如图 9-19 所示，设 P 是任意一点，离球心的距离为 r，求 P 点的电势.

解　由于电荷分布具有对称性，很容易利用高斯定理求出均匀带电球面的场强为

$$\boldsymbol{E} = \begin{cases} \dfrac{q}{4\pi\varepsilon_0 r^2}\boldsymbol{e}_r, & r > R \\ 0, & r < R \end{cases}$$

根据电势的定义，并选积分路径沿径向，得 P 点的电势为

$$U_P = \int_P^\infty \boldsymbol{E}\cdot d\boldsymbol{r}$$

这需要分 P 点在球面外 ($r > R$) 和 P 点在球面内 ($r < R$) 两种情况来讨论.

先看 $r > R$ 的情况，这时有

$$U_P = \int_r^\infty \frac{q}{4\pi\varepsilon_0 r^2}dr = \frac{q}{4\pi\varepsilon_0 r}$$

再看 $r \leqslant R$ 的情况，这时球面内外场强公式不同，所以，计算球面内任一点的电势时，积分要分两段计算，即

$$U_P = \int_r^\infty \boldsymbol{E}\cdot d\boldsymbol{r} = \int_r^R \boldsymbol{E}\cdot d\boldsymbol{r} + \int_R^\infty \boldsymbol{E}\cdot d\boldsymbol{r}$$

$$= \int_R^\infty \frac{q}{4\pi\varepsilon_0 r^2}dr = \frac{q}{4\pi\varepsilon_0 R}$$

综上可知

$$U_P = \begin{cases} \dfrac{q}{4\pi\varepsilon_0 r}, & r > R \\ \dfrac{q}{4\pi\varepsilon_0 R}, & r \leqslant R \end{cases}$$

计算结果表明，球外电势与电量为 q 并位于球心的点电荷的电势相同，而球内各点的电势相等，并等于球面上的电势，即整个球是一个等势体. 电势 U 随 x 变化的关系如图 9-19 所示.

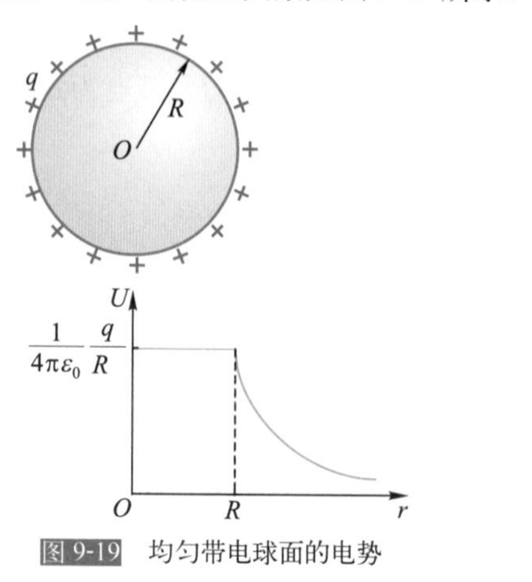

图 9-19　均匀带电球面的电势

9.6 电场强度和电势的关系

对于给定的静电场，我们既可以用场强矢量 $\boldsymbol{E}$，也可以用标量电势 U 来描述场中各点的性质，因此，这两个物理量之间必然存在某种确定的关系．下面我们将分别用图示法和解析法来研究这种关系．

9.6.1 等势面

在描述电场时，我们曾借助电场线使场强的分布形象化．同样，我们可以用绘制等势面的方法使电场中电势的分布形象化．一般说来，静电场中各点的电势是逐点变化的．但是，电场中也有许多点的电势是相等的．这些电势相等的点所构成的面，叫做等势面 (equipotential surface)．

电场线的疏密程度可以用来表示电场的强弱，这里我们也可以用等势面的疏密程度来表示电场的强弱．为此，对等势面的画法作如下规定：电场中任意两个相邻等势面之间的电势差都相等．根据这样的规定，如图 9-20 所示，我们画出了一些典型电场的等势面图形．图中实线代表电场线，虚线代表等势面．从图中可以看出，等势面愈密的地方，场强也愈大．分析各种等势面图可以知道，这两种图线之间有如下联系和性质．

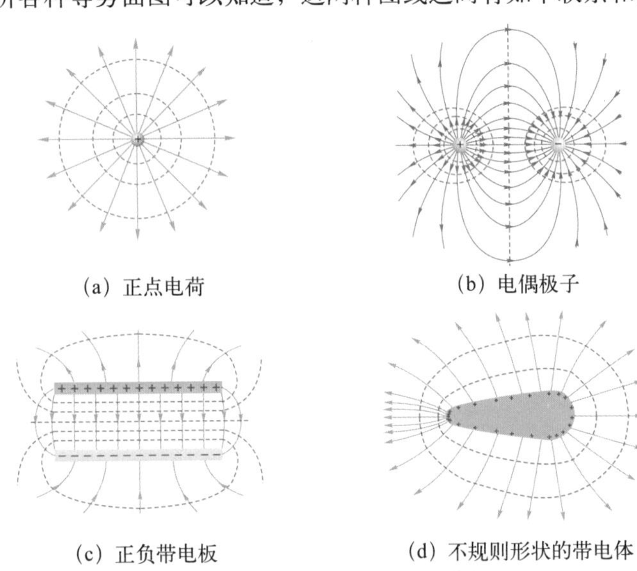

(a) 正点电荷　(b) 电偶极子　(c) 正负带电板　(d) 不规则形状的带电体

图 9-20　几种常见电场的等势面和电场线图

(1) 等势面和电场线处处正交．

设电场中等势面上 a 点的场强为 $\boldsymbol{E}$，将一试验电荷 q_0 从 a 点移动 $\mathrm{d}\boldsymbol{l}$ 至等势面上 b 点，如图 9-21 所示．则电场力做功为

$$\mathrm{d}A = q_0 \boldsymbol{E} \cdot \mathrm{d}\boldsymbol{l} = q_0 \mathrm{d}U$$

因为 a、b 在等势面上，故有 $\mathrm{d}U = 0$，所以 $\mathrm{d}A = 0$．但上式中 $\boldsymbol{E}$ 与 $\mathrm{d}\boldsymbol{l}$ 均不为零，故 $\boldsymbol{E} \perp \mathrm{d}\boldsymbol{l}$，也就是说等势面与电场线正交．

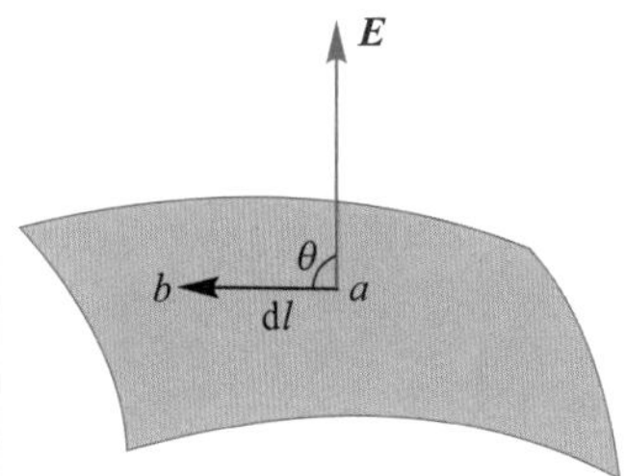

图 9-21　场强与等势面垂直

等势面与电场线正交的性质有其实用意义．对于一些理论上难于计算的不规则带电体产生的电场，可以采用实验的方法进行模拟测试．因电势比场强容易测试，故先绘制一系列等势面，再画出电场线，于是电场的分布便形象地显示出来了．

(2) 等势面密集的地方，场强较大，稀疏的地方场强较小．

(3) 电场线指向电势降落的方向．

9.6.2 电场强度与电势梯度

前面说明了场强与电势的定性关系．场强与电势的定量关系有积分形式与微分形式两种，式 (9-28) 是二者的积分关系．下面将讨论其微分关系．

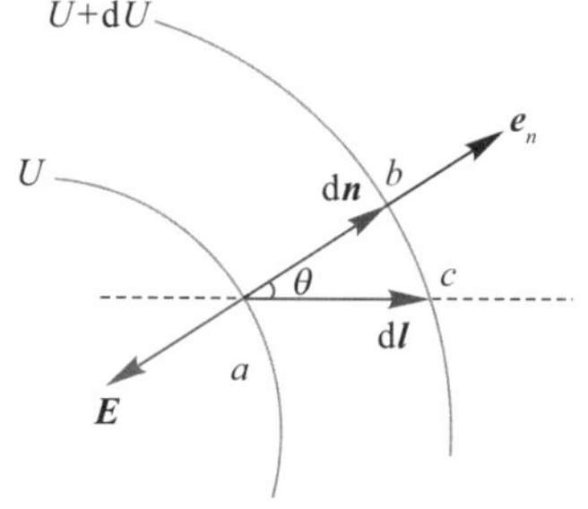

图 9-22　场强和电势梯度的关系

在静电场中取两个相距很近的等势面，其电势分别为 U 和 U+dU，且 d$U>0$．在等势面 a 上引一法线 $\boldsymbol{e}_n$，并规定指向电势升高方向为法线正方向，如图 9-22 所示．因两等势面很接近，可认为该法线也垂直等势面 b，且附近场强是均匀的，由于等势面总是与电场线正交，因此在 a 点处的电场强度方向必沿法线方向．假设 $\boldsymbol{E}$ 与 $\boldsymbol{e}_n$ 反向，当试验电荷 q_0 从 a 点做微小位移 d$\boldsymbol{l}$ 到 c 点时，场强在此方向上的分量为 E_l，电场力做功可表示为

$$\mathrm{d}A = q_0(U_a - U_c) = q_0\boldsymbol{E}\cdot\mathrm{d}\boldsymbol{l}$$

即

$$-\mathrm{d}U = E\cos(\pi-\theta)\mathrm{d}l = -E\cos\theta\mathrm{d}l = E_l\mathrm{d}l$$

则

$$E_l = -\frac{\mathrm{d}U}{\mathrm{d}l} \tag{9-34}$$

式 (9-34) 表示，电场中某点场强在任意方向上的分量等于电势在此方向上变化率的负值．负号表示场强方向指向电势降低的方向，与假设的方向一致．

从式 (9-34) 可以看出，电势的空间变化率是随 dl 的长度改变的，因此必然存在一个最大值，很显然，沿法线 $\boldsymbol{e}_n$ 方向最大．因为在两等势面间距离 dl 与 dn 相比，dn 的距离最短，若 E_n 为 $\boldsymbol{E}$ 在 $\boldsymbol{e}_n$ 方向的分量，根据式 (9-34) 便有

$$E_n = -\frac{\mathrm{d}U}{\mathrm{d}n} \tag{9-35}$$

由图 9-22 可知，$\mathrm{d}l=\mathrm{d}n/\cos\theta$，则式 (9-34) 可写成

$$\frac{\mathrm{d}U}{\mathrm{d}l} = \frac{\mathrm{d}U}{\mathrm{d}n}\cos\theta$$

这正是一个矢量的绝对值和它在某方向上投影之间的关系．这样，我们可以定义一个矢量：其大小为 dU/dn，方向指向电势升高的方向，这个矢

量称为电势梯度 (gradient of electric potential)，用 ∇U 或 grad$U$ 表示，即

$$\nabla U = \frac{dU}{dn}\boldsymbol{e}_n \tag{9-36}$$

因为场强在 $\boldsymbol{e}_n$ 方向上的分量即 E 本身，故从式 (9-35) 和式 (9-36) 可得

$$\boldsymbol{E} = -\frac{dU}{dn}\boldsymbol{e}_n = -\nabla U = -\text{grad}U \tag{9-37}$$

这就是场强和电势的微分关系. 即在电场中任一点的电场强度矢量，等于该点电势梯度矢量的负值，负号表示场强与电势梯度方向相反.

电势梯度的单位是伏·米$^{-1}$(V·m^{-1})，所以，场强也常用这一单位. 在直角坐标系中，电场强度 $\boldsymbol{E}$ 在三个坐标轴方向上的分量若为 E_x、E_y 和 E_z，则场强和电势的关系可表示为

$$E_x = -\frac{\partial U}{\partial x},\quad E_y = -\frac{\partial U}{\partial y},\quad E_z = -\frac{\partial U}{\partial z} \tag{9-38}$$

将式 (9-38) 中三个分量式合并为一个矢量式，有

$$\boldsymbol{E} = -\left(\frac{\partial U}{\partial x}\boldsymbol{i} + \frac{\partial U}{\partial y}\boldsymbol{j} + \frac{\partial U}{\partial z}\boldsymbol{k}\right) \tag{9-39}$$

式 (9-39) 表明，电场中某点的场强并非与该点的电势值相联系，而是与电势在该点的空间变化率相联系. 场强与电势的微分关系在实际应用上的重要性之一，在于它提供了一个计算场强的方法，即可以先求出电势随位置的变化关系，然后应用式 (9-37) 或式 (9-38)，通过求导即求得场强.

例 9-10

应用电势梯度的概念，计算均匀带电圆环轴线上任一点 P 处的场强.

解 由例 9-8 可知，均匀带电圆环轴线上的电势分布为

$$U_P = \frac{q}{4\pi\varepsilon_0\sqrt{x^2 + R^2}}$$

根据式 (9-36)，电场强度沿轴线的分布为

$$E = -\frac{dU}{dx} = -\frac{d}{dx}\left(\frac{q}{4\pi\varepsilon_0\sqrt{x^2 + R^2}}\right) = \frac{qx}{4\pi\varepsilon_0(x^2 + R^2)^{3/2}}$$

这一结果与例 9-3 中应用积分法计算的结果完全相同.

习题 9

9-1 两个小球都带正电，总共带有电荷 5.0×10^{-5} C，如果当两小球相距 2.0 m 时，任一球受另一球的斥力为 1.0 N. 试求：总电荷在两球上是如何分配的.

9-2 两根 6.0×10^{-2} m 长的丝线由一点挂下，每根丝线的下端都系着一个质量为 0.5×10^{-3} kg 的小球. 当这两个小球都带有等量的正电荷时，每根丝线都平衡在与铅垂线成 60° 角的位置上. 求每一个小球的电量.

9-3　在电场中某一点的场强定义为$\boldsymbol{E}=\dfrac{\boldsymbol{F}}{q_0}$，若该点没有试验电荷，那么该点是否存在电强？为什么？

9-4　直角三角形 ABC 如题图 9-4 所示，AB 为斜边，A 点上有一点电荷 $q_1=1.8\times10^{-9}$ C，B 点上有一点电荷 $q_2=-4.8\times10^{-9}$ C．已知 $BC=0.04$ m，$AC=0.03$ m，求 C 点电场强度 $\boldsymbol{E}$ 的大小和方向 ($\cos37°\approx0.8, \sin37°\approx0.6$)．

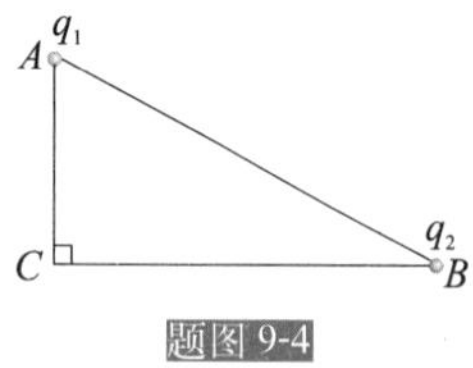

题图 9-4

9-5　两个点电荷 $q_1=4\times10^{-6}$ C，$q_2=8\times10^{-6}$ C 的间距为 0.1 m，求距离它们都是 0.1 m 处的电场强度 $\boldsymbol{E}$．

9-6　有一边长为 a 的如题图 9-6 所示的正六角形，4 个顶点都放有电荷 q，两个顶点放有电荷 $-q$．试计算图中在六角形中心 O 点处的场强．

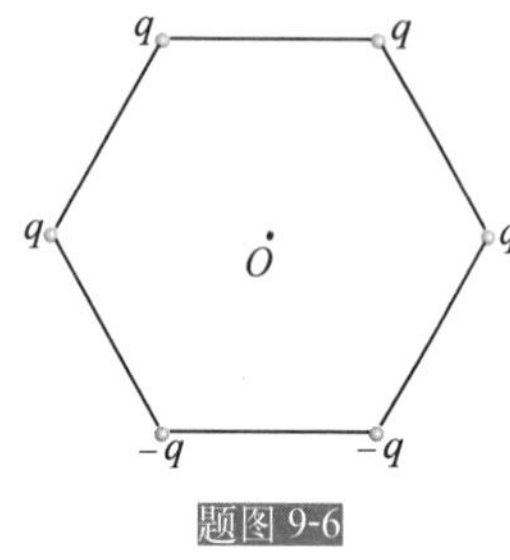

题图 9-6

9-7　电荷以线密度 λ 均匀地分布在长为 l 的直线上，求带电直线的中垂线上与带电直线相距为 R 的点的场强．

9-8　两个点电荷 q_1 和 q_2 相距为 l，若 (1) 两电荷同号；(2) 两电荷异号．求电荷连线上电场强度为零的点的位置．

9-9　无限长均匀带电直线，电荷线密度为 λ，被折成互成直角的两部分．试求如题图 9-9 所示的 P 点和 P' 点的电场强度．

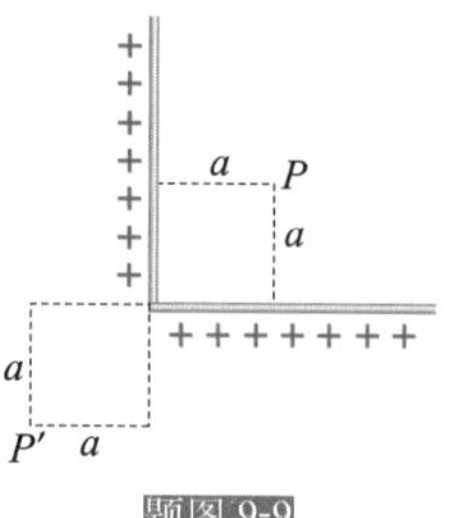

题图 9-9

9-10　无限长均匀带电棒 l_1 上的线电荷密度为 λ_1，l_2 上的线电荷密度为 $-\lambda_2$，l_1 与 l_2 平行，在与 l_1、l_2 垂直的平面上有一点 P，它们之间的距离如题图 9-10 所示，求 P 点的电场强度．

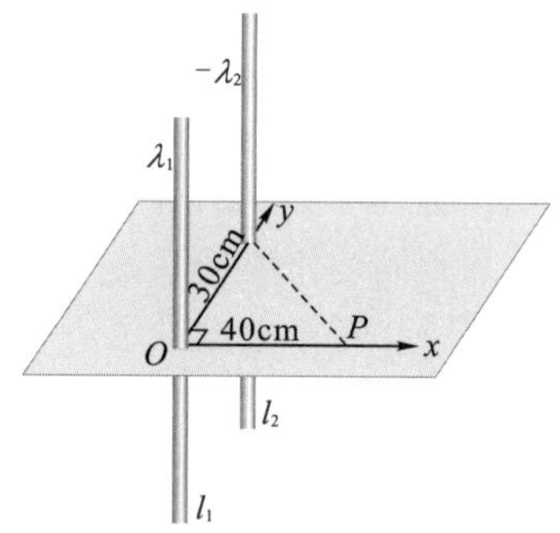

题图 9-10

9-11　一细棒被弯成半径为 R 的半圆形，其上部均匀分布有电荷 $+Q$，下部均匀分布电荷 $-Q$，如题图 9-11 所示．求圆心 O 点处的电场强度 $\boldsymbol{E}$．

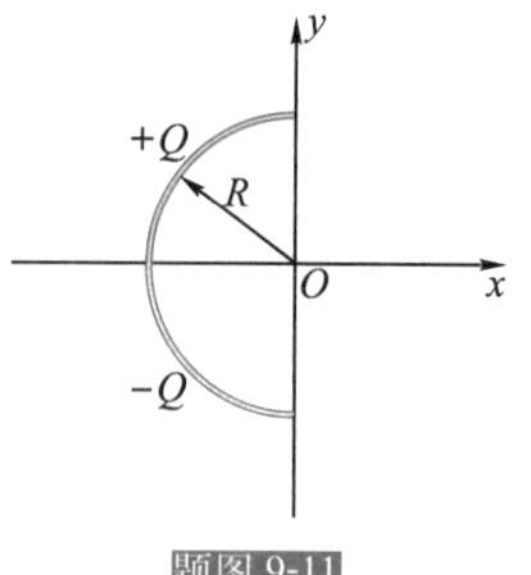

题图 9-11

9-12　一均匀带电球壳内半径 $R_1=6$ cm，外半径 $R_2=10$ cm，电荷体密度为 $\rho=2\times10^{-5}\ \mathrm{C\cdot m^{-3}}$，求：到球心距离 r 分别为 5 cm、8 cm、12 cm 处场点的场强．

9-13　两平行无限大均匀带电平面上的面电荷

密度分别为 $+\sigma$ 和 -2σ，如题图 9-13 所示，

(1) 求图中三个区域的场强 $\boldsymbol{E}_1$、$\boldsymbol{E}_2$、$\boldsymbol{E}_3$ 的表达式；

(2) 问若 $\sigma = 4.43\times10^{-6}\ \mathrm{C\cdot m^{-2}}$，那么，$\boldsymbol{E}_1$、$\boldsymbol{E}_2$、$\boldsymbol{E}_3$ 各多大？

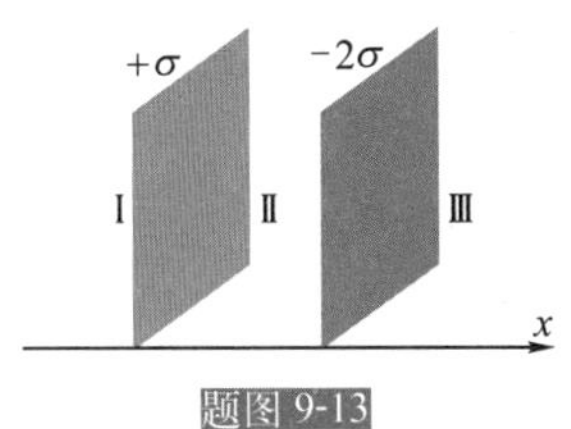

题图 9-13

9-14 点电荷 q 位于一边长为 a 的立方体中心，试求：(1) 在该点电荷的电场中穿过立方体的任一个面的电通量；(2) 若将该场源电荷移动到该立方体的一个顶点上，这时穿过立方体各面的电通量是多少？

9-15 一均匀带电半圆环，半径为 R，电量为 $+Q$，求环心处的电势.

9-16 一面电荷密度为 σ 的无限大均匀带电平面，若以该平面处为电势零点，求带电平面周围的电势分布.

9-17 如题图 9-17 所示，已知 $a = 8\times10^{-2}$ m，$b = 6\times10^{-2}$ m，$q_1 = 3\times10^{-8}$ C，$q_2 = -3\times10^{-8}$ C，D 为 q_1，q_2 连线中心，求：

(1)D 点和 B 点的电势；

(2)A 点和 C 点的电势；

(3) 将电量为 2×10^{-9} C 的点电荷 q_0 由 A 点移到 C 点，电场力所做的功；

(4) 将 q_0 由 B 点移到 D 点，电场力所做的功.

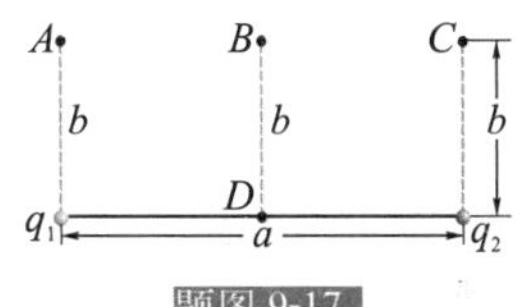

题图 9-17

9-18 如题图 9-18 所示，在 A、B 两点处放有电量分别为 $+q$、$-q$ 的点电荷，AB 间距离为 $2R$，现将另一正试验点电荷 q_0 从 O 点经过半圆弧移到 C 点，求移动过程中电场力做的功.

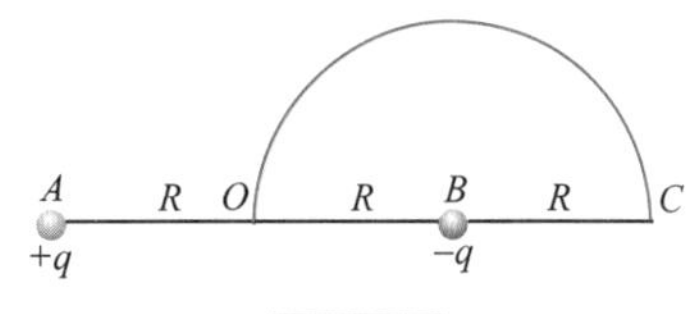

题图 9-18

9-19 两点电荷 $q_1 = 1.5\times10^{-8}$ C，$q_2 = 3.0\times10^{-8}$ C，相距 $r_1 = 42$ cm，要把它们之间的距离变为 $r_2 = 25$ cm，电场力做功为多少？

9-20 半径为 R_1 和 $R_2(R_2 > R_1)$ 的两无限长同轴圆柱面，单位长度上分别带有电量 λ 和 $-\lambda$，试求：

(1) 空间场强分布；

(2) 两圆柱面之间的电势差.

9-21 在半径为 R_1 和 R_2 的两个同心球面上分别均匀带电 q_1 和 q_2，求在 $0 < r < R_1$，$R_1 < r < R_2$，$r > R_2$ 三个区域内的电势分布.

闪电是云与云之间、云与地之间和云体内各部位之间的强烈放电. 一道闪电的长度可能只有数百米，但也最长可达数千米以上

第10章 导体和电介质中的静电场

第9章我们研究了真空中的静电场，本章将研究导体和电介质中的静电场. 在物质世界中，有一类物质，如大多数金属，酸、碱、盐的水溶液，潮湿的土壤，人体等，它们很容易让电流通过，这类物质称为导体（conductor）. 另一类物质，如玻璃、陶瓷、云母、橡胶、塑料等，它们不容易让电流通过，这类物质称为绝缘体 (insulator) 或电介质（dielectric）. 此外，还有导电性介于导体和电介质之间的各种过渡性物质称为半导体 (semiconductor). 物质导电性的差别主要在于其微观结构的不同，当它们处于静电场中时，与静电场之间的相互作用显然也是不同的.

10.1 静电场中的导体

导体有固、液、气态等不同形态的物质，它们之所以能够导电是因其内部存在大量的自由电荷．金属导体中的自由电荷是**自由电子** (free electron)；酸、碱、盐的水溶液以及各种电离气体中的自由电荷是正负离子．

在电场的作用下，自由电子可以在导体内部移动，因此，电荷很容易在导体内从一处转移到另一处，这就是导体容易导电的原因．下面我们以各向同性的均匀金属导体为例讨论其与静电场的相互作用．

10.1.1 导体的静电平衡

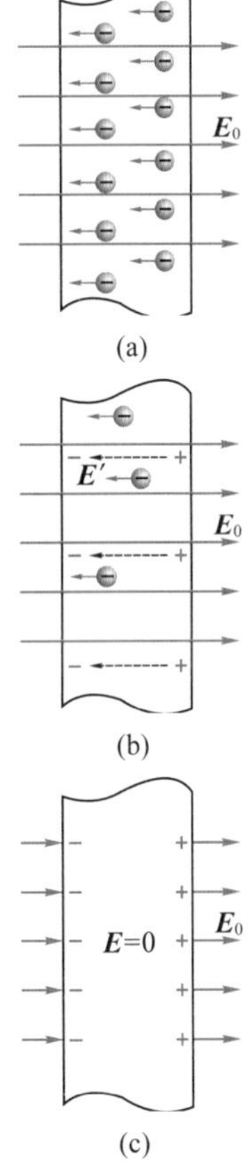

图 10-1 静电感应

在没有外电场时，自由电子做热运动并在导体内均匀分布，所以，整个导体对外不显电性．若将导体放入场强为 $\boldsymbol{E}_0$ 的外电场中，如图 10-1(a) 所示，导体内的自由电子将在外电场力的作用下，作定向漂移运动，引起导体内的电荷重新分布，最终将在导体外表面两端产生等量异号电荷，这就是导体的**静电感应** (electrostatic induction) 现象，由静电感应产生的正、负电荷称为**感应电荷** (induced charge)，感应电荷也会产生电场，称为**附加电场** (second electric field)，用 $\boldsymbol{E}'$ 来表示，方向应与 $\boldsymbol{E}_0$ 相反，如图 10-1(b) 所示．因此，导体内部的场强应为上述两种场强的叠加，即

$$\boldsymbol{E} = \boldsymbol{E}_0 + \boldsymbol{E}'$$

显然，导体中的自由电子将在 $\boldsymbol{E}_0$ 的作用下向图 10-1(b) 中左方运动，使左端的自由电子不断增加，而导体右侧相应出现的等量正电荷亦同时增加，因而，附加电场 $\boldsymbol{E}'$ 也随之增大．容易理解，当 $\boldsymbol{E}_0 = -\boldsymbol{E}'$，即导体内 $\boldsymbol{E} = \boldsymbol{0}$ 时，导体内的自由电子将停止定向移动，如图 10-1(c) 所示．这时，我们就说导体达到了**静电平衡** (electrostatic equilibrium)．导体建立静电平衡状态所需的时间很短 (约 10^{-6} s)，一般来说，附加电场 $\boldsymbol{E}'$ 不仅可以使导体内部的合场强为零，而且影响原来的电场 $\boldsymbol{E}_0$，改变了其电场分布．

根据上面的讨论可知，导体达到静电平衡 (导体内部合场强 $\boldsymbol{E} = \boldsymbol{0}$) 的条件是：

(1) **导体内部的场强处处为零** (否则电子的定向运动不会停止)；

(2) **导体表面的场强处处垂直于导体表面** (否则电子将会在场强沿表面分量的作用下，做定向运动)．

由式 (9-30) 知，导体中任意两点的电势差为

$$U_A - U_B = \int_A^B \boldsymbol{E} \cdot \mathrm{d}\boldsymbol{l} = 0$$

即

$$U_A = U_B$$

这就是说，处于静电平衡中的导体，其内部任意两点的电势相等，整个

导体为一等势体，其表面为一等势面.

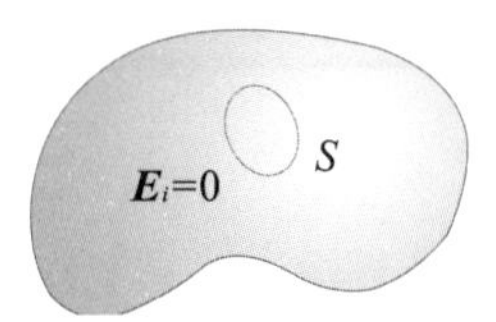

图 10-2　实心导体

10.1.2 静电平衡时导体上的电荷分布

利用高斯定理及其电荷守恒定律容易证明，静电平衡时，导体有以下特点：

(1) 导体的净电荷只能分布在其外表面.

现分两种情况来讨论．第一种情况是实心导体，如图 10-2 所示，在处于静电平衡的实心导体内任取一高斯面 S(图中虚线)，由高斯定理可知，穿过闭合曲面 S 的电通量为

$$\Phi_e = \oint_S \boldsymbol{E}\cdot \mathrm{d}\boldsymbol{S} = \frac{1}{\varepsilon_0}\sum_i q_i$$

根据导体的静电平衡条件 (1)，S 面上的 $\boldsymbol{E}$ 处处为零，因此 $\Phi_e = \oint_S \boldsymbol{E}\cdot \mathrm{d}\boldsymbol{S} = 0$，即 S 面内电荷代数和 $\sum_i q_i = 0$．由于高斯面 S 在导体内是任意选取的，所以，可以设想将 S 面选在导体内部任意处，且可收缩到任意小．由此得出结论：静电平衡时，导体内部处处无净电荷，净电荷只能分布在它的外表面上.

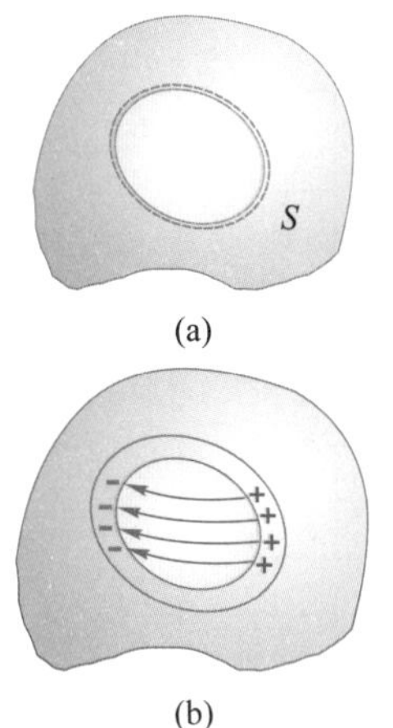

图 10-3　空腔导体

第二种情况是空腔导体．先讨论空腔内无带电体的情况．如图 10-3(a) 所示，在导体的内部作一包围空腔的高斯面 S(用虚线表示)．由于处于导体中的 S 面上的 $\boldsymbol{E}$ 处处为零，故通过 S 面的电通量为零，由高斯定理我们知道空腔带电有两种可能，即在空腔的内表面上，一种是没有电荷分布［图 10-3(a)］，另一种是分布着等量异号电荷，使电场线在腔内从正电荷出发，终止于负电荷［图 10-3(b)］．但后一种情况与静电平衡时的导体应为等势体相矛盾，是不可能的，故图 10-3(a) 表示的在空腔的内表面上没有电荷分布的情况成立．这就是说，腔内无带电体的空腔导体其电荷只能分布在导体的外表面.

若空腔内有带电体，利用高斯定理及电荷守恒定律同样可以证明，导体上的净电荷仅分布在其外表面．其具体的电荷分布为：空腔内表面的净电荷与空腔内的带电体电荷等量异号；空腔外表面的电荷为空腔内带电体的电荷与原空腔导体带电量的代数和．有兴趣的读者请自行证明.

(2) 导体表面附近的场强 E 的大小和该点处面电荷密度 σ 的关系是

$$E = \frac{\sigma}{\varepsilon_0}$$

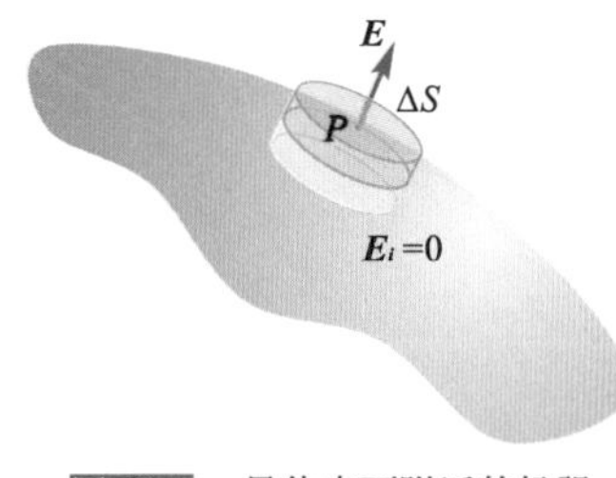

图 10-4　导体表面附近的场强

这一规律亦可由高斯定理得出．在导体表面之外近邻处任取一点 P，其场强为 $\boldsymbol{E}$，如图 10-4 所示．过 P 点作一平行于导体表面的面元 ΔS，以 ΔS 为底，作一轴线垂直导体表面的圆柱形高斯面，并使其另一底面在导体内部，由于导体内部场强为零，外部场强与圆柱侧面平行，所以通过此高斯面的电通量就是通过面 ΔS 的电通量 $E\Delta S$，若以 σ 表示 P 点附近导体表面上的电荷面密度，则高斯面内的电荷就等于 $\sigma\Delta S$，根据高斯定

理得

$$\oint_S \boldsymbol{E} \cdot \mathrm{d}\boldsymbol{S} = \frac{\sigma \Delta S}{\varepsilon_0}$$

由此得

$$E = \frac{\sigma}{\varepsilon_0} \tag{10-1}$$

式中，E 为所有电荷在该点产生的合场强的大小．

(3) 若导体是孤立的，则导体表面曲率大的地方（表面凸出而尖锐的地方），电荷面密度 σ 也大，反之，曲率小的地方 σ 也小．

该规律可通过大量的实验现象分析得出．对于一个有尖端或有毛刺的导体，其尖端部位曲率非常大，当导体带电时，尖端附近的场强特别强，周围空气就可能被电离从而使空气被击穿，于是导体上的电荷就会向空气中泄放，这种空气被"击穿"而产生的放电现象称为尖端放电(point discharge)或尖端效应．尖端放电时，在尖端物体周围往往笼罩着一层光晕，称为电晕(corona)．电晕放电要损耗很多能量，所以高压输电线，一般采用表面光滑的粗导线；高压设备的零部件一般都做成光滑的球形面．

图 10-5 为一种演示尖端放电效应的装置，在一根金属针尖附近放一支点燃的蜡烛，若使金属针带正电，针尖附近便产生强电场使空气电离，负离子及电子被吸向金属针，并被中和，正离子则在电场力作用下背离针尖而激烈运动，由于这些离子的速度很大，可形成一股"电风"，将右边的烛焰吹灭．

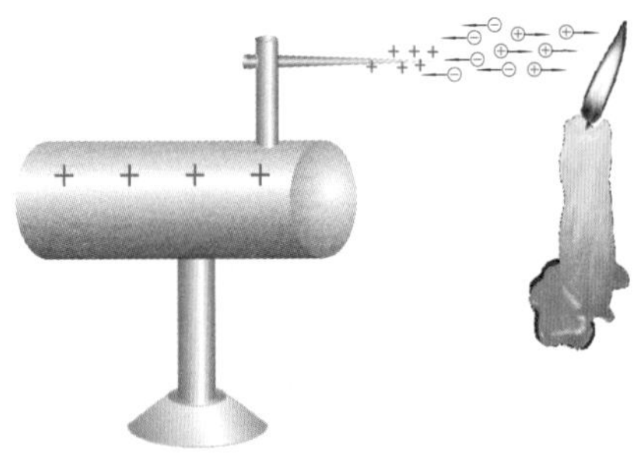

图 10-5 电风

尖端放电也有可利用的一面，避雷针就是一个典型的例子．利用其尖端的场强大，空气被电离，从而形成放电通道，使云地间的电流通过与避雷针连接的接地导线流入地下，从而避免建筑物遭受雷击的破坏．

10.1.3 静电屏蔽

如上所述，处在电场中的空腔导体，若腔内无电荷，达到静电平衡时，腔内电场 $\boldsymbol{E} = 0$．这时由于达到静电平衡状态，导体壳外部的电荷产生的外电场与导体外表面上的电荷产生的电场，在导体内部与空腔处恰好相互抵消，因而从效果上看，导体壳对其所包围的空腔起到了"保护作用"——

尖端放电

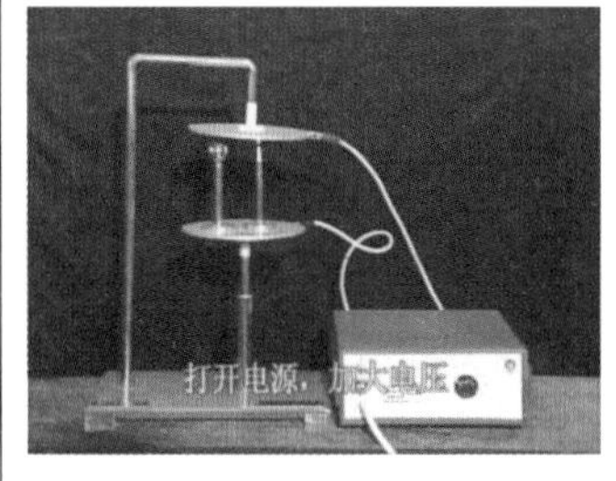

导体尖端的电荷特别密集，尖端附近的电场特别强，就会发生尖端放电

静电屏蔽动画

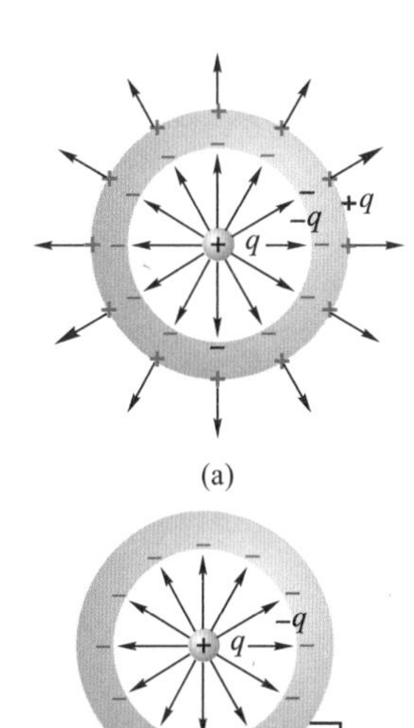

图 10-6 静电屏蔽

法拉第笼演示

使其免受外界电场的影响．这种现象称为静电屏蔽 (electrostatic screening)．

当导体壳的空腔内有带电体时，由于静电感应，会使空腔内、外表面分别感应出等量的异号电荷，如图 10-6(a) 所示．导体外表面上的感应电荷对导体外部的电场必然会产生影响，如果将导体接地，则导体外表面上的电荷会由于接地而中和，其电场便相应地消失，如图 10-6(b) 所示．因而从效果上看，导体壳对其所包围的电荷起到了屏蔽作用——使外部电场不受导体壳所包围的电荷的影响，这种现象亦称静电屏蔽．

静电屏蔽的实际应用非常广泛．例如，为了不使精密电磁测量仪器受到外界电场的干扰，常在仪器外面加上金属外壳或金属网状外罩．又如，为了不使高压设备影响其他仪器的正常工作，常将设备的金属外壳接地等．

例 10-1

如图 10-7 所示，半径为 R_1，带电量为 q 的金属球，被另一同心的、内外半径分别为 R_2、R_3 的金属球壳所包围，球壳的带电量为 Q_0，求：

(1) 金属球壳内外表面的电量；

(2) 球与球壳间的电势差；

(3) 当球与球壳接触而达到静电平衡后，其电势差又如何？

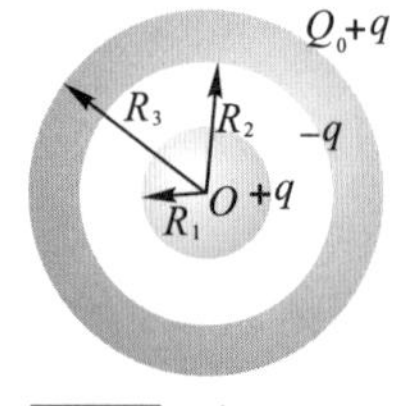

图 10-7　例 10-1 图

解　(1) 根据静电平衡条件和电荷守恒定律，此时导体空腔上的电荷分布为：金属球壳内表面带电量为 $-q$，外表面带电量为 Q_0+q．

(2) 注意到球与球壳上的电荷分布具有球对称性，应用高斯定理容易求得球与球壳间的场强大小为

$$E=\frac{q}{4\pi\varepsilon_0 r^2},\quad R_1<r<R_2$$

由式 (9-30) 可以求得球与球壳间的电势差为

$$U=\int_{\text{球}}^{\text{球壳}}\boldsymbol{E}\cdot\mathrm{d}\boldsymbol{l}=\int_{R_1}^{R_2}\frac{q}{4\pi\varepsilon_0 r^2}\mathrm{d}r=\frac{q}{4\pi\varepsilon_0}\left(\frac{1}{R_1}-\frac{1}{R_2}\right)$$

上式表明，球与球壳间的电势差仅与金属球上的电量有关，而与外球壳的带电量无关．

(3) 若将金属球与球壳的内表面接触，则两者便成为一个整体，球与球壳上的电量发生中和，球壳内表面不带电，外表面上仍带电 Q_0+q，球与球壳间没有电势差，即为一等势体．

10.2 电容及电容器

电容是电学中一个重要的物理量，它反映了导体的储电和储能本领．电容器是由两个用绝缘物质隔开的金属导体组成的一种常用的电工学和电子学元件．电容器不仅可以储存电荷，还可以储存能量．

10.2.1 孤立导体的电容

孤立导体是指其他导体与带电体都离它足够远时的导体．设真空中有一个电量为 q，半径为 R 的孤立导体球，如取无限远处电势为零，则它的电势为 $U=\dfrac{q}{4\pi\varepsilon_0 R}$．对于给定的孤立导体球，比值 $\dfrac{q}{U}=4\pi\varepsilon_0 R$，是一个仅与导体的形状、大小有关的常量，与其所带的电量、电势无关．这是孤立导体球的一个重要的电学性质．理论和实验证明，任何孤立导体都具有这一性质，因此，我们定义孤立导体的电量 q 与其电势 U 的比值为孤立导体的电容 (capacitance)，用 C 表示，即

$$C=\frac{q}{U} \tag{10-2}$$

式 (10-2) 的物理意义是导体电势每升高 1 个单位所需的电量．可见电容 C 是表征导体容电能力的一个物理量．

电容的单位为法［拉］(F)．当导体所带的电量为 1 库［仑］(C)，相应的电势为 1 伏［特］(V) 时，其电容就是 1 法［拉］，即 1 F = 1 库［仑］•伏［特］$^{-1}$(C • V^{-1})．

若将地球看成一半径为 R 的孤立的导体球，其电容

$$C_{地}=4\pi\varepsilon_0 R=7.08\times10^{-4}\ \text{F}$$

庞大地球的电容还远远不到 1 法［拉］，可见，法［拉］单位太大，在实际应用中，经常用微法 (μF) 和皮法 (pF)，其关系为

$$1\text{F}=10^{6}\mu\text{F}=10^{12}\ \text{pF}$$

10.2.2 电容器的电容

实际的导体往往不是孤立的，周围还常常存在着别的导体，且必然存在着静电感应现象，这时，电场的分布将与孤立带电体情况不同，导体的电势不仅与它所带的电量有关，而且还与其他导体的位置、形状及所带电量有关．也就是说，其他导体的存在将会影响导体的电容．在实际应用中，常常设计一种组合，使其电容量大而体积小，且其电容不受外界的影响，电容器 (capacitor) 就是这种组合．

设有两个导体 A 和 B 组成电容器 (常称导体 A 和 B 为电容器极板)，若 A 和 B 分别带有等量异号电荷 $\pm q$，其电势分别为 U_A 和 U_B．我们定义：一个极板的电量与两极板间相应的电势差之比为电容器的电容，即

$$C=\frac{q}{U_{AB}} \tag{10-3}$$

孤立导体从本质上讲也是电容器，只不过它的另一个导体在电势为零的无限远处，而且其电容易受环境影响．

电容器是现代电工技术和电子技术中的重要元件，其大小、形状不一，

种类繁多，有大到比人还高的巨型电容器，也有小到肉眼无法看见的微型电容器．在超大规模集成电路中，每平方厘米范围内可以容纳数以万计的电容器，而随着纳米材料的发展，还将会出现更微小的电容器．

电容器的品种

10.2.3 几种常见的电容器

在实际应用中，常见的电容器有平行板电容器、圆柱形电容器和球形电容器．

1．平行板电容器

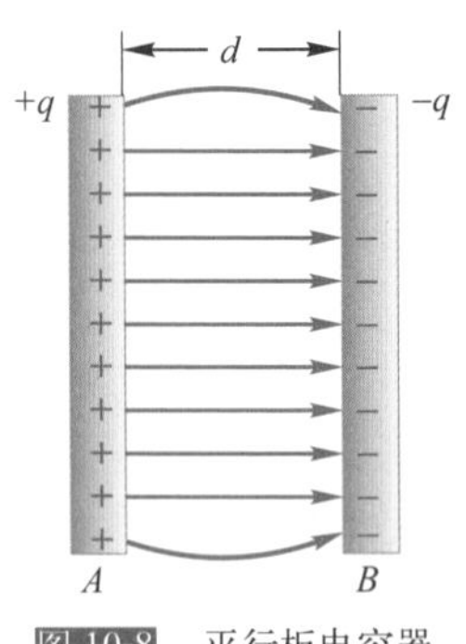

图 10-8　平行板电容器

如图 10-8 所示，平行板电容器是由两块大小相等、相距很近、平行放置的极板组成．设两极板的面积为 S，极板间距为 d，两板所带电量分别为 $+q$ 和 $-q$，由于两极板很近，故可把两极板看成无限大平面，因而可忽略边缘效应．若面电荷密度为 σ，则两板间的场强大小为

$$E=\frac{\sigma}{\varepsilon_0}=\frac{q}{\varepsilon_0 S}$$

根据场强与电势差的关系式，可得两板之间的电势差为

$$U_{AB}=\int_A^B \boldsymbol{E}\cdot\mathrm{d}\boldsymbol{l}=Ed=\frac{qd}{\varepsilon_0 S}$$

由电容器电容的定义，可得真空中的平行板电容器的电容为

$$C=\frac{q}{U_{AB}}=\frac{\varepsilon_0 S}{d} \tag{10-4}$$

可见，真空中平行板电容器的电容与板的面积 S 成正比，与两板之间的距离 d 成反比．即仅与电容器的结构有关，而与电容器是否带电无关．

2．圆柱形电容器

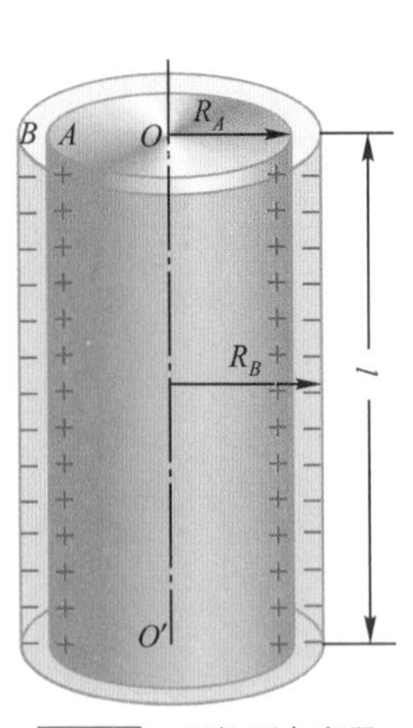

图 10-9　圆柱形电容器

圆柱形电容器是由两个同轴的导体圆柱面所组成，如图 10-9 所示．设内外圆柱面的半径分别为 R_A、R_B，圆柱面长为 l，当 $l\gg(R_B-R_A)$ 时，可忽略两端的边缘效应，视为“无限长”圆柱．

若两圆柱面分别带电为 $+q$ 和 $-q$，则柱面上单位长度所带的电量为 $\lambda=\frac{q}{l}$．当电容器处于真空中时，由高斯定理可以求得，两圆柱面间离轴为 r 处的场强大小为

$$E=\frac{\lambda}{2\pi\varepsilon_0 r},\quad R_A<r<R_B$$

根据场强与电势差的关系可得

$$U_{AB}=\int_{R_A}^{R_B}\boldsymbol{E}\cdot\mathrm{d}\boldsymbol{r}=\int_{R_A}^{R_B}\frac{\lambda}{2\pi\varepsilon_0 r}\mathrm{d}r=\frac{\lambda}{2\pi\varepsilon_0}\ln\frac{R_B}{R_A}$$

于是有

$$C=\frac{q}{U_{AB}}=\frac{\lambda l}{U_{AB}}=\frac{2\pi\varepsilon_0 l}{\ln(R_B/R_A)} \tag{10-5}$$

可见，圆柱形电容器的电容量仅与它的几何结构有关.

3．球形电容器

球形电容器是由半径分别为 R_A 和 R_B 的两个同心金属球壳构成，如图 10-10 所示. 设内外球壳分别带电为 $+q$ 和 $-q$，利用高斯定理，不难求得两球壳之间的场强大小为

$$E=\frac{q}{4\pi\varepsilon_0 r^2},\quad R_A<r<R_B$$

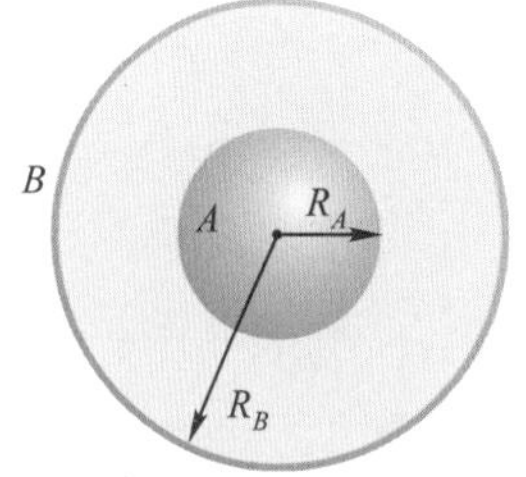

图 10-10　球形电容器

场强方向沿径向. 两球壳之间的电势差为

$$U_{AB}=\int_{R_A}^{R_B}\boldsymbol{E}\cdot\mathrm{d}\boldsymbol{r}=\frac{q}{4\pi\varepsilon_0}\int_{R_A}^{R_B}\frac{\mathrm{d}r}{r^2}=\frac{q}{4\pi\varepsilon_0}\left(\frac{1}{R_A}-\frac{1}{R_B}\right)$$

因此，可得真空中球形电容器电容为

$$C=\frac{q}{U_{AB}}=\frac{4\pi\varepsilon_0 R_A R_B}{R_B-R_A} \tag{10-6}$$

当 $R_B\to\infty$ 时，$C\to 4\pi\varepsilon_0 R_A$，即为孤立导体球的电容. 当 $d=R_B-R_A$ 很小时，$R_AR_B\approx R_A^2$，而 $4\pi R_A^2=S$ 为极板的面积，于是

$$C=\frac{4\pi\varepsilon_0 R_A^2}{d}=\frac{\varepsilon_0 S}{d}$$

与平行板电容器的电容式 (10-4) 相同.

从上面的例子我们可以归纳出计算电容器电容的步骤是：先假设电容器两极板分别带电荷 $+q$ 和 $-q$，求出两极板间的场强分布，再由场强和电势差的关系求得两极板间的电势差，然后利用电容器的定义式 (10-3) 求出电容.

在实际应用中，一个电容器的性能指标由两个参数来表示，即电容值和耐压值. 例如，100 μF、50 V，500 pF、100 V. 其中，100 μF、500 pF 表示电容器的电容值，而 50 V、100 V 则表示电容器的耐压值. 电容器的耐压值是指电容器可能承受的最大电压. 使用电容器时，所加电压不能超过耐压值，否则就会由于太大的场强，而使电容器击穿. 在实际电路中，若遇到单个的电容器的电容量或耐压值不能满足要求时，可采用串联和并联的方式来达到目的.

10.2.4 电容器的串联和并联

1．电容器的串联

将 n 个电容器 C_1，C_2，…，C_n 按照图 10-11 所示的方式连接时称为

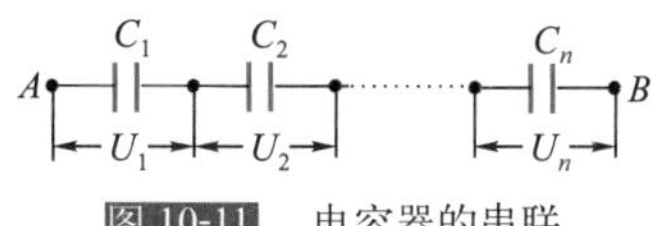

图 10-11　电容器的串联

电容器的串联．其中每个电容器的一个极板与另一个电容器的极板相接，电源接在 A、B 两端．

由静电感应可知，每个电容器所带的电量均相等并且等于 A、B 间电容器组的总电量 q，总电压 U 等于各个电容器的电压之和．若以 C 表示电容器组的总电容，则可以证明，对于串联电容器来说，有

$$\frac{1}{C}=\frac{1}{C_1}+\frac{1}{C_2}+\cdots+\frac{1}{C_n} \tag{10-7}$$

即电容器串联的总电容的倒数等于各个电容的倒数之和．

2．电容器的并联

将 n 个电容器 C_1，C_2，…，C_n 按照图 10-12 所示的方式连接时称为电容器的并联．其中每个电容的一个极板接到共同点 A，另一极板接到共同点 B，在 A、B 间接电源后，各电容器两极板间的电压相等，即

$$U_{AB}=U_1=U_2=\cdots=U_n$$

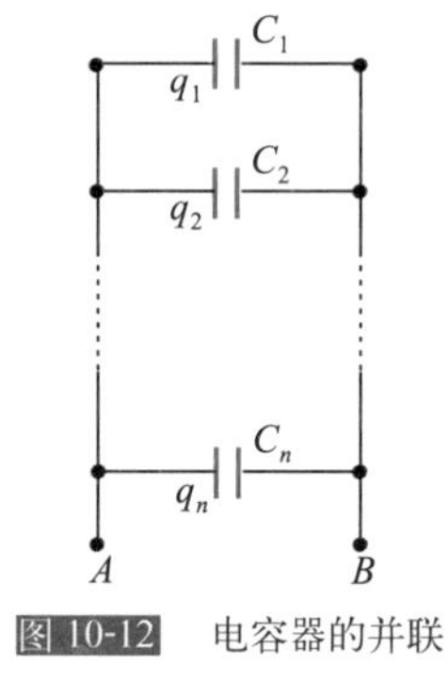

图 10-12　电容器的并联

而总电量 q 为各电容器所带的电量之和，可以证明，其总电容为

$$C=C_1+C_2+\cdots+C_n \tag{10-8}$$

即电容器并联后的总电容等于各个电容之和．

电容器串联起来的特点是总电容量小于每个电容器的电容，但由于每个电容器所承受的电压小于总电压，即串联提高了耐压性．当电容器并联时，其特点是总电容量增大，而每个电容器上的电压都等于电路 A、B 两端的电压，所以，电容器组的耐压能力只能和其中耐压能力最低的那个电容器的耐压值相等，受到了一定的限制．在实际中可根据电路的要求采取并联或串联，特殊需要的电路还可采用混联方法．

例 10-2

如图 10-13 所示，分别标有 200 pF、500 V 和 300 pF、900 V 的两个电容器 C_1、C_2 串联起来后，总电容是多少？如果 A、B 两端加上 1 000 V 的电压，电容器是否会被击穿？

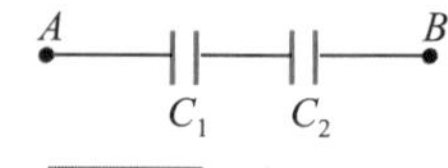

图 10-13　例 10-2 图

解　根据电容器的串联公式 (10-7)，可得串联后的总电容 C 为

$$\frac{1}{C}=\frac{1}{C_1}+\frac{1}{C_2}$$

因此串联后的总电容为

$$C=\frac{C_1C_2}{C_1+C_2}=\frac{600}{5}=120(\mathrm{pF})$$

因串联后每个电容器上所带的电量均为 q，据电容器的定义可知

$$U_1=\frac{q}{C_1},\quad U_2=\frac{q}{C_2}$$

由此可得

$$\frac{U_1}{U_2}=\frac{C_2}{C_1}=\frac{3}{2} \tag{①}$$

又因串联后总电压等于各个电容器的电压之和，即

$$U_1+U_2=1000\ \mathrm{V} \tag{②}$$

联立式①、式②可解得U_1 = 600 V，U_2 = 400 V，由于加在C_1上的电压为600 V，已超过了其耐压值500 V，因此，C_1将被击穿．当C_1被击穿成为导体后，外加1 000 V电压全部加在了C_2两端，超过其耐压值900 V，这时，C_2也将被击穿．

*10.3 静电场中的电介质

凡绝缘的物质均称为电介质．电介质的内部没有可以自由移动的电荷，因而不具有导电性．本节主要讨论各向同性的均匀电介质．

10.3.1 电介质的极化

在电介质的原子中，电子与原子核结合得十分紧密，电子不易脱离原子核而处于束缚状态，如果将电介质置于静电场中，电介质原子中的原子核与电子在场力作用下，只能在原子的范围内做微观的相对位移．

各向同性的电介质，按其分子电结构的差异可分为两类：一类电介质，如H_2、N_2、O_2、CO_2、CH_4等，每个分子的正负电荷中心重合，这类分子叫做**无极分子**(nonpolar molecule)；另一类电介质，分子的正负电荷的中心不重合，称为**极性分子**(polar molecule)，如H_2O、HCl、NH_3、CO等，其分子中的正、负电荷中心相互错开，相当于一对电偶极子，并形成一定的电偶极矩，称作为分子的**固有电矩**(intrinsic electric moment)．

在无外电场时，无极分子的正、负电荷中心重合，分子对外不显电性，因而整个无极分子电介质宏观上也呈电中性．

当有外电场$\boldsymbol{E}_0$存在时，电场力将使无极分子的正、负电荷中心产生相对位移，即每个分子都被“拉长”，形成电偶极子，产生的电偶极矩称为**感生电矩**(induced electric moment)，如图10-14(a)所示．感生电矩的方向与场强方向平行，从宏观上看，在电介质内部，每个分子都是一个电偶极子，且排列均匀，相邻电偶极子的正、负电荷相互靠近，电性中和，使得电介质内部各处仍然保持电中性．如图10-14(b)所示．但在和外电场垂直的两个介质表面上出现了等量异号电荷．这种电荷与导体中的自由电荷不同，它们不能在电介质内部自由运动，也不能离开电介质，故称为**束缚电荷**(bound charge)或**极化电荷**(polarization charge)．我们把这种在外电场作用下电介质表面出现正负电荷的现象称为电介质的**极化**(polarization)．这种极化是由于正负电荷中心发生位移引起的，又叫做**位移极化**(displacement polarization)．显然，外电场越强，正、负电荷中心的位移就越大，分子的电矩量值亦随之增大，电介质界面上的极化电荷就越多，即电介质的极化程度就越高．

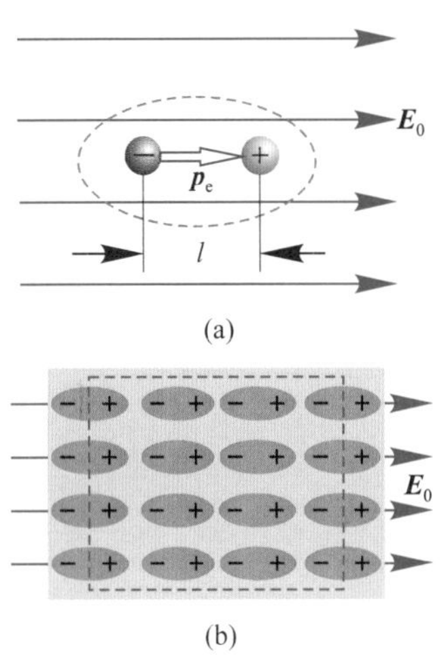

图10-14 无极分子的位移极化

对于有极分子来说，由于正负电荷的中心不重合，所以，每个分子都有一定的等效电矩．在无外电场的情况下，由于分子的热运动，这些电矩的方向是完全混乱的，因而，从整体上看，有极分子的电介质对外不呈电性，如图 10-15(a) 所示．当有外电场作用时，每个分子的电矩都要在外电场作用下转动，其方向趋于与场强的方向一致，如图 10-15(b)．由于分子热运动的干扰，并不是所有分子都很整齐地按照外电场的方向排列．但随着分子的转向与排列，在垂直于外电场的介质两端面上也产生极化电荷（也称束缚电荷），如图 10-15(c) 所示．这种极化是由于电偶极子转向而产生的，故叫做取向极化 (orientation polarization)．

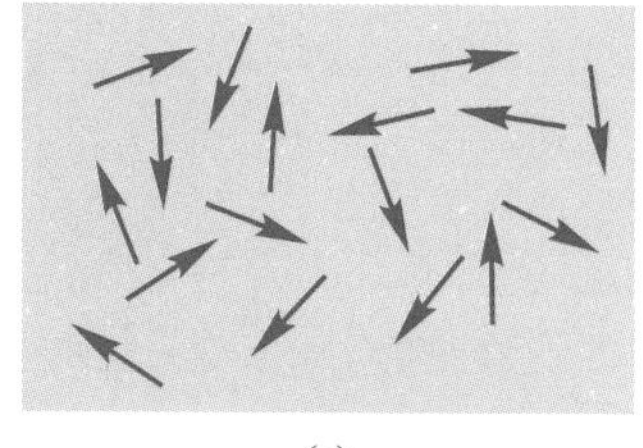

(a)

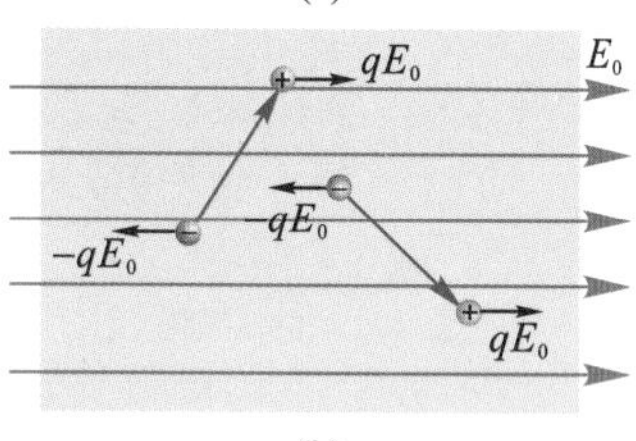

(b)

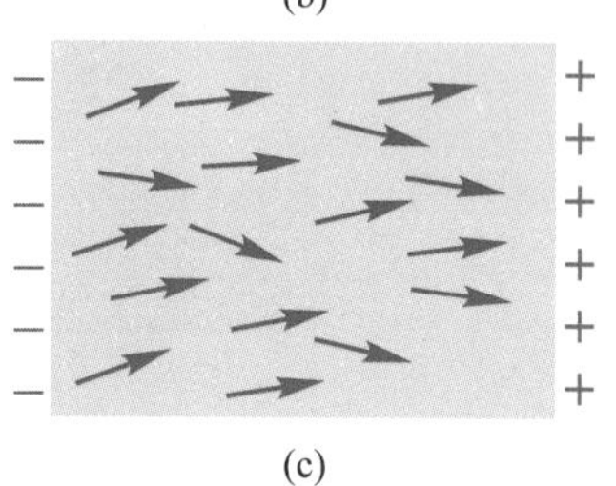

(c)

图 10-15　有极分子的取向极化

需要指出的是，位移极化在任何电介质中都存在，而取向极化是由有极分子构成的电介质所独有的．但是在有极分子构成的电介质中，取向极化效应比位移极化强得多（约大 1 个数量级），因而它是主要的．

综上所述，无论是哪一类电介质，在外电场的作用下电介质表面都会出现极化现象并出现极化电荷，因此，在以后的讨论中将不再区分两类电介质．

10.3.2 电介质对电容器电容的影响

电介质被电场极化后，产生了束缚电荷，这些束缚电荷又产生附加电场 $\boldsymbol{E}'$．这时，电介质内部的电场 $\boldsymbol{E}=\boldsymbol{E}_0+\boldsymbol{E}'$．因为附加电场 $\boldsymbol{E}'$ 的方向与原电场 $\boldsymbol{E}_0$ 的方向相反，所以，附加电场 $\boldsymbol{E}'$ 使原电场 $\boldsymbol{E}_0$ 在电介质内受到削弱，但合场强并不等于零．

实验表明，在电容器极板上电量 q 不变的前提下，两极板间真空时的电压 U_0 是两极板充满某种电介质时的电压 U 的 ε_r 倍，即

$$U_0=\varepsilon_r U \tag{10-9}$$

所以，当电容器的极板间充满电介质时，根据电容的定义有

$$C=\frac{q}{U}=\frac{q}{U_0/\varepsilon_r}=\varepsilon_r\frac{q}{U_0}=\varepsilon_r C_0 \tag{10-10}$$

式中，ε_r 称为该电介质的相对电容率 (relative permittivity)，亦称相对介电常量，它是表征电介质本身特性的物理量．在真空中，$\varepsilon_r=1$．除真空外，各种电介质的 ε_r 值都大于 1（空气的 ε_r 接近于 1），表 10-1 列出了一些电介质的 ε_r 值．

表 10–1　几种电介质的相对电容率

电介质	相对电容率 ε_r	电介质	相对电容率 ε_r
真空	1	陶瓷	6
空气（20℃，101.3kPa）	1.00055	云母	4 ~ 7
玻璃（25℃）	5 ~ 10	木材	2.2 ~ 3.7
水（20℃，101.3kPa）	80	纸	3.5
聚乙烯	2.3	变压器油（20℃）	2.24

式 (10-10) 表明，充满某种电介质的电容器，其电容是真空中电容器

电容的 ε_r 倍．由于 $\varepsilon_r > 1$，故可通过给电容器充填电介质的方法来增加电容器的电容．

10.3.3 电介质中的静电场

下面我们以平行板电容器这一特例来讨论电介质内部的场强．

如图 10-16 所示，设平行板电容器两极板上电荷的面密度为 $\pm\sigma_0$，其产生的场强为 $\boldsymbol{E}_0$，两板间距为 d，其间充满了相对介电常数为 ε_r 的电介质，电介质极化后产生的束缚电荷面密度为 $\pm\sigma'$，附加电场为 $\boldsymbol{E}'$，方向与 $\boldsymbol{E}_0$ 相反，所以，两极板间的总场强 $\boldsymbol{E}$ 的大小为

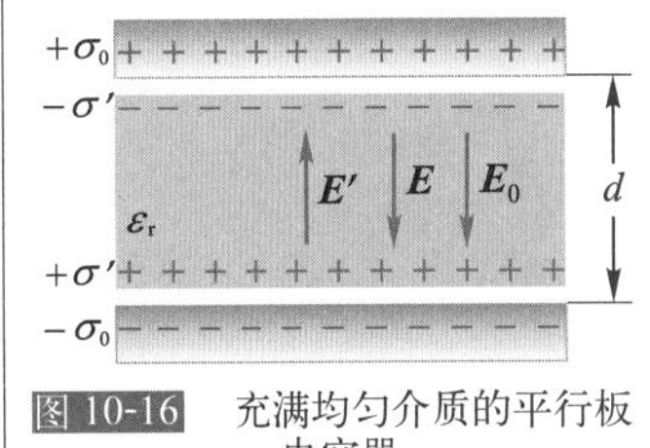

图 10-16 充满均匀介质的平行板电容器

$$E = E_0 - E' = \frac{1}{\varepsilon_0}(\sigma_0 - \sigma')$$

方向与 $\boldsymbol{E}_0$ 方向相同．可见，束缚电荷的电场，使原电场受到削弱，从而导致极板间电压的减少，电容值的增大，这与实验结果是一致的．

对于平行板电容器，有

$$U_0 = E_0 d,\quad U = Ed$$

由式 (10-9) 可知

$$U_0 = E_0 d = \varepsilon_r U = \varepsilon_r (Ed)$$

于是有

$$E = \frac{E_0}{\varepsilon_r} \tag{10-11}$$

或写成矢量式

$$\boldsymbol{E} = \frac{\boldsymbol{E}_0}{\varepsilon_r}$$

上式说明，在保持电容器两极板所带电量不变的情况下，充满电介质时的总场强为真空中场强的 $\frac{1}{\varepsilon_r}$ 倍．

必须指出：电介质中场强削弱为真空中场强的 $1/\varepsilon_r$，式 (10-11) 是从平行板电容器充满均匀电介质，且当极板上电量保持不变的特例下得出的，这一结论不是普遍成立的，但电介质内部的场强总是削弱这一现象却是普遍的．

由平行板电容器这一特例可知，图 10-16 所示的电容器中的场强大小为 $E = \frac{1}{\varepsilon_0}(\sigma_0 - \sigma')$，根据式 (10-11) 知 $E = \frac{E_0}{\varepsilon_r} = \frac{\sigma_0}{\varepsilon_r\varepsilon_0}$，故有

$$\frac{1}{\varepsilon_0}(\sigma_0 - \sigma') = \frac{\sigma_0}{\varepsilon_r\varepsilon_0}$$

于是得到平行板电容器中，电介质极化后的束缚电荷密度为

$$\sigma' = \left(1 - \frac{1}{\varepsilon_r}\right)\sigma_0 \tag{10-12}$$

由上式可知，ε_r 愈大，σ' 就愈大，极化的效果愈加明显．

10.3.4 电介质中的高斯定理

由第 9 章可知，应用高斯定理求场强时，需计算高斯面内电荷的代数和．当有电介质存在时，除了要计算导体上自由电荷的代数和 $\sum q_i$ 之外，还要计算电介质上的束缚电荷代数和 $\sum q_i'$，即式 (9-19) 表示的高斯定理应改写为

$$\oint_S \boldsymbol{E} \cdot \mathrm{d}\boldsymbol{S} = \frac{1}{\varepsilon_0}\left(\sum q_i + \sum q_i'\right) \tag{10-13}$$

由于束缚电荷 q_i' 的分布是未知的，且束缚电荷 q_i' 的分布与 $\boldsymbol{E}$ 的空间分布有关，即上式两边均与 $\boldsymbol{E}$ 有关，这就不容易直接应用式 (10-13) 来求解 $\boldsymbol{E}$，为了解决这一困难，我们引入一辅助物理量 $\boldsymbol{D}$，称为电位移矢量 (electric displacement vector)，从而可得到介质中的高斯定理．

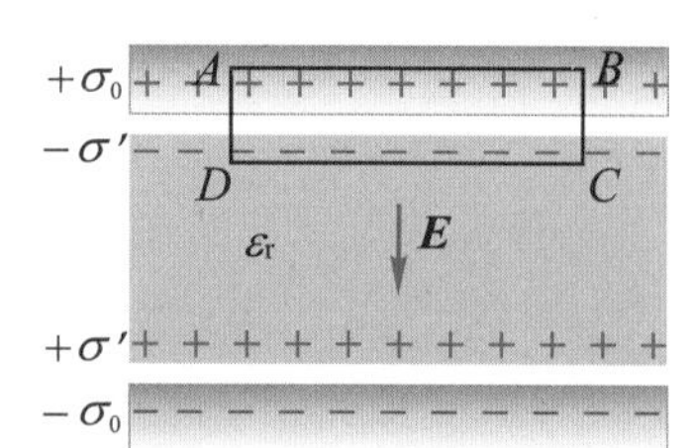

图 10-17　电介质中的高斯定理

如图 10-17 所示，设一平板电容器，两极板上的自由电荷面密度分别为 $+\sigma_0$ 和 $-\sigma_0$，极板间充满了相对电容率为 ε_r 的均匀各向同性电介质，选取如图所示的长方体形高斯面，上底面 AB，下底面 CD，均与导体表面平行，且面积均为 S，侧面与导体表面垂直，显然，高斯面内的自由电荷代数和为 $\sum q_i = \sigma_0 S$，束缚电荷代数和 $\sum q_i' = -\sigma' S$，故高斯面内的电荷代数和为

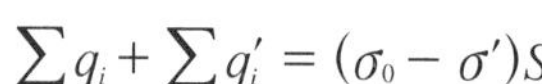

$$\sum q_i + \sum q_i' = (\sigma_0 - \sigma')S$$

由式 (10-12) 知，$\sigma' = \left(1 - \dfrac{1}{\varepsilon_r}\right)\sigma_0$，于是有

$$\sum q_i + \sum q_i' = \frac{\sigma_0 S}{\varepsilon_r} = \frac{\sum q_i}{\varepsilon_r}$$

这时，在图 10-17 所示的情况下，式 (10-13) 可写成

$$\oint_S \boldsymbol{E} \cdot \mathrm{d}\boldsymbol{S} = \frac{1}{\varepsilon_r \varepsilon_0}\sum q_i$$

或

$$\oint_S \varepsilon_0 \varepsilon_r \boldsymbol{E} \cdot \mathrm{d}\boldsymbol{S} = \sum q_i \tag{10-14}$$

令

$$\boldsymbol{D} = \varepsilon_0 \varepsilon_r \boldsymbol{E} = \varepsilon \boldsymbol{E} \tag{10-15}$$

为电位移矢量，简称 $\boldsymbol{D}$ 矢量．式中，$\varepsilon = \varepsilon_0 \varepsilon_r$，称为电介质的电容率，又称介电常量．$\boldsymbol{E}$ 是有介质时的总场强．式 (10-15) 说明 $\boldsymbol{D}$ 与 $\boldsymbol{E}$ 是点点对应关系，即某点的 $\boldsymbol{D}$ 等于该点的 $\boldsymbol{E}$ 与该点的 ε 的乘积，二者的方向相同．

在国际单位制中电位移的单位是 $\mathrm{C \cdot m^{-2}}$．

为了形象地表示 $\boldsymbol{D}$ 矢量，可仿照引进电场线的方法，在电场中引进电位移线，电位移线是空间的一些曲线，曲线上任一点的切线方向，就是该点电位移矢量 $\boldsymbol{D}$ 的方向，并约定垂直于电位移矢量的单位面积上穿过的电位移线数目，等于该点 $\boldsymbol{D}$ 的大小．同样，通过电场中任一面积的电位移线的总数定义为该面积上的电位移通量，根据式 (10-14) 可得

$$\Phi_D = \oint_S \boldsymbol{D} \cdot \mathrm{d}\boldsymbol{S} = \sigma_0 S = \sum_{i=1}^{n} q_i \tag{10-16}$$

式中 $\oint_S \boldsymbol{D} \cdot \mathrm{d}\boldsymbol{S}$ 表示通过闭合曲面 S 的电位移通量 (electric displacement flux)，$\sum_{i=1}^{n} q_i$ 为闭合曲面内所包围的自由电荷的代数和．式 (10-16) 称为有电介质时的高斯定理．即通过任意闭合面曲面 S 的电位移通量等于闭合曲面内所包围的自由电荷的代数和．虽然这一结论是从平行板电容器充满各向同性均匀电介质这一特殊情况得到的，但是它是普遍适用的，是静电场的基本定律之一．

应当指出，式 (10-16) 只是表明穿过高斯面的 $\boldsymbol{D}$ 通量仅由高斯面内的自由电荷的代数和决定，并不能确定高斯面上任意一点的 $\boldsymbol{D}$．原则上讲，高斯面上任意一点的 E 是由高斯面内、外的自由电荷与极化电荷共同决定的．由式 (10-15) 可知，$\boldsymbol{D}$ 亦如此．但是，当自由电荷与电介质的分布具有某些对称性时，选择适当的高斯面，可以很容易求出 $\boldsymbol{D}$，再通过 $\boldsymbol{D} = \varepsilon_0 \varepsilon_r \boldsymbol{E}$ 便可求出 $\boldsymbol{E}$．

例 10-3

如图 10-18 所示，一平行板电容器极板面积 $S = 100\ \mathrm{cm}^2$，极板间距 $d = 1.00\ \mathrm{cm}$，将其接入 100 V 电源上充电，稳定后切断电源，再插入电介质板，其面积亦为 $100\ \mathrm{cm}^2$，厚度为 $b = 0.05\ \mathrm{cm}$，相对电容率 $\varepsilon_r = 7.00$，求：

(1) 导体板与电介质间空隙中的 $\boldsymbol{D}_0$、$\boldsymbol{E}_0$；

(2) 电介质中的 $\boldsymbol{D}$、$\boldsymbol{E}$；

(3) 两导体板间的电压 U．

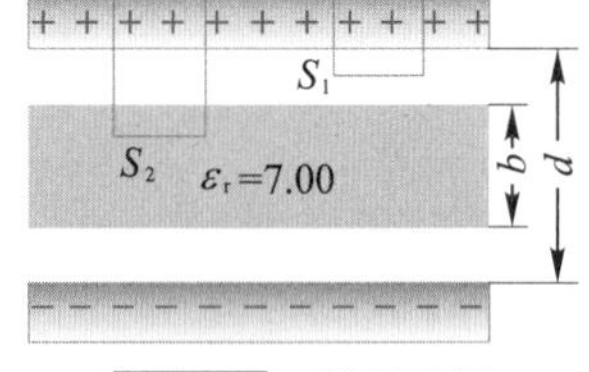

图 10-18　例 10-3 图

解　电源切断后，极板上的自由电荷 q_0 保持不变，其值为

$$q_0 = C_0 U_0 = \frac{\varepsilon_0 S}{d} U_0 = \frac{8.85 \times 10^{-12} \times 100 \times 10^{-4}}{1.00 \times 10^{-2}} \times 100 = 8.85 \times 10^{-10}(\mathrm{C})$$

(1) 如图 10-18 所示，作一闭合圆柱面 S_1，其底面积为 ΔS，轴线与板面垂直，上底在极板中，下底在空隙中，则穿过圆柱面 S_1 的 $\boldsymbol{D}$ 通量为

$$\Phi_D = \oint_{S_1} \boldsymbol{D}_0 \cdot \mathrm{d}\boldsymbol{S} = D_0 \Delta S = q = \sigma_0 \Delta S$$

于是有

$$D_0 = \sigma_0 = \frac{q_0}{S} = \frac{8.85 \times 10^{-10}}{100 \times 10^{-4}} = 8.85 \times 10^{-8}(\mathrm{C \cdot m^{-2}})$$

$$E_0 = \frac{D_0}{\varepsilon_0} = \frac{8.85 \times 10^{-8}}{8.85 \times 10^{-12}} = 1.00 \times 10^{4}(\mathrm{V \cdot m^{-1}})$$

(2) 在图 10-18 中作闭合圆柱面 S_2，其底面积为 ΔS，圆柱面轴线垂直于极板，上底仍在极板中，下底在电介质中，则穿过曲面 S_2 的 $\boldsymbol{D}$ 通量 $\Phi_D = D\Delta S$，由介质中的高斯定理可得

$$D = \sigma_0 = D_0 = 8.85 \times 10^{-8}(\mathrm{C \cdot m^{-2}})$$

故电介质中的场强值为

$$E = \frac{D}{\varepsilon_r \varepsilon_0} = \frac{8.85 \times 10^{-8}}{7 \times 8.85 \times 10^{-12}} = 1.43 \times 10^{3}(\mathrm{V \cdot m^{-1}})$$

(3) 据电势与场强的关系可得，插入电介质后，两极板间的电压为

$$
\begin{aligned}
U &= E_0(d-b)+Eb \\
&= 1.00\times10^4\times(1.00-0.50)\times10^{-2}+ \\
&\quad 1.43\times10^3\times0.50\times10^{-2} \\
&= 57.2(\mathrm{V})
\end{aligned}
$$

10.4 静电场的能量

在第 9 章中，我们曾指出，电场是一种特殊物质，它具有能量、动量、质量等，这些都是物质的普遍属性，本节我们来研究静电场的能量和能量密度.

10.4.1 电容器储存的能量

任何带电过程都是电荷之间相对移动的过程. 电容器的带电过程，就相当于不断地把微小电荷 $\mathrm{d}q$ 从负极板移至正极板的过程. 结果使电容器两极板分别带上等量异号电荷，在这迁移电荷的过程中，外界必须不断地做功，外界能源所供给的能量就转变为电容器的电能.

设电容为 C 的平行板电容器，在某一时刻所带电量为 q，两极板之间的电势差为 U，且 $q=CU$，若此时继续将电量为 $\mathrm{d}q$ 的电荷从负极板移至正极板，如图 10-19 所示，外力做功为

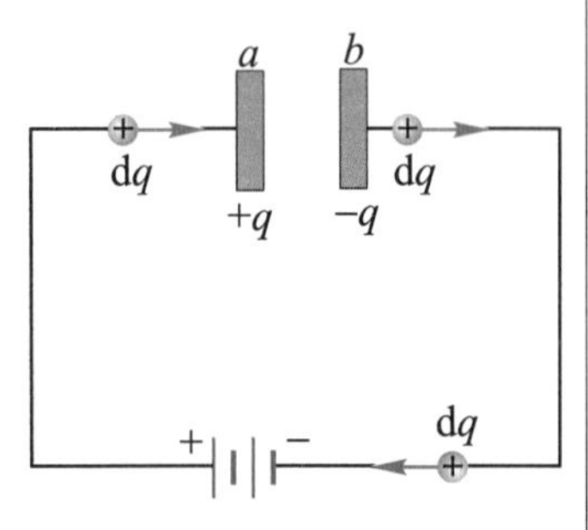

图 10-19　电容器的充电

$$\mathrm{d}A = U\mathrm{d}q = \frac{q}{C}\mathrm{d}q$$

所以，电容器上电荷由 0 开始充电到 Q 时，外力所做的总功为

$$A = \frac{1}{C}\int_0^Q q\mathrm{d}q = \frac{Q^2}{2C} \tag{10-17}$$

它等于电容器储存的静电电势能. 静电电势能简称静电能 (electrostatic energy). 以 W_e 表示，即

$$W_e = \frac{1}{2}\frac{Q^2}{C} = \frac{1}{2}QU = \frac{1}{2}CU^2 \tag{10-18}$$

这就是电容器的储能公式，不论电容器结构如何，这一结果都是正确的. 我们还可从公式中看到，当 U 不变时 (接电源的情况)，C 增大，则 W_e 增大，从这个意义上来说，电容器是一种储能元件，在工农业生产和科学中被广泛地应用. 例如，电焊机就是利用电容器储存的能量在短时间内释放出来，将被焊金属片在极小的局部区域熔化而把它们焊接在一起. 又如，我们摄影用的闪光灯，把电容器的能量在短时间内，通过特别的灯释放出来，而获得强烈的闪光.

10.4.2 静电场的能量

电容器是一种储能元件，那么，电容器的电能是带电体本身所具有的，还是带电体所形成的电场所具有的？也就是说，电能是储存在带电体上，还是储存在电场中？对于这个问题，在静电场的情况下无法作出判断，因为静电场总是与产生它的电荷联系着，但在发现了电磁波后，人们发现，变化的场可以脱离电荷独立存在，而且场的能量是以电磁波的形式在空间传播的，该能量已被成功地应用于无线电通信技术等领域中，大量的事实证明了能量是储存在场中的观点是正确的.

于是从场的观点出发，式 (10-18) 还可以演变成另一种形式，由于在平行板电容器中有

$$E = \frac{\sigma}{\varepsilon} = \frac{Q}{\varepsilon S}$$

而电容为

$$C = \frac{\varepsilon S}{d}$$

因此

$$W_e = \frac{1}{2}\frac{Q^2}{C} = \frac{1}{2}\frac{\varepsilon^2 S^2 d}{\varepsilon S}E^2 = \frac{1}{2}\varepsilon E^2 Sd$$

式中，$Sd = V$ 为平板电容器的体积，于是

$$W_e = \frac{1}{2}\varepsilon E^2 V \tag{10-19}$$

式 (10-19) 显然是在电场均匀的情况下得到的，在电场不均匀的情况下，电场的能量分布情况也不均匀，此时可以引进能量密度来描述，所谓能量密度 (energy density)，是指单位体积内的能量，用 w_e 表示，即

$$w_e = \frac{W_e}{V} = \frac{1}{2}\varepsilon E^2 \tag{10-20}$$

式 (10-20) 是普遍适用的. 对于非均匀电场，能量密度 w 是随空间各点而变化的，若要计算某一体积 V 中的能量，必须把整个体积分成许多体积元 $\mathrm{d}V$，在 $\mathrm{d}V$ 中我们认为各点的 w_e 均相同，则有

$$\mathrm{d}W_e = w_e \mathrm{d}V$$

然后把所有体积元中的能量累加起来，即

$$W_e = \int_V \mathrm{d}W_e = \int_V w_e \mathrm{d}V = \int_V \frac{1}{2}\varepsilon E^2 \mathrm{d}V \tag{10-21}$$

式中，V 为整个电场的体积.

例 10-4

如图 10-20 所示，A 是半径为 R 的导体球，带有电量 q，球外有一不带电的同心导体球壳 B，其内、外半径分别为 a 和 b，求这一带电系统的电场能量.

解　应用高斯定理，可以求出该系统的场强分布

$$E=\begin{cases}\dfrac{q}{4\pi\varepsilon_0 r^2}, & R<r<a,\ r>b\\[2ex] 0, & r<R,\ a<r<b\end{cases}$$

式中，r 为从球心 O 到任一场点的距离，以 O 为中心作一半径为 r、厚度为 $\mathrm{d}r$ 的薄球壳，其体积 $\mathrm{d}V=4\pi r^2\mathrm{d}r$，考虑到 $\varepsilon_r=1$，则储存的能量

$$\mathrm{d}W_e=w_e\mathrm{d}V=\left(\frac{1}{2}\varepsilon_0\varepsilon_r E^2\right)4\pi r^2\mathrm{d}r$$
$$=\begin{cases}\dfrac{q^2\mathrm{d}r}{8\pi\varepsilon_0 r^2}, & R<r<a,\ r>b\\[2ex] 0, & r<R,\ a<r<b\end{cases}$$

故带电系统的电场所储存的能量为

$$W_e=\int_V \mathrm{d}W_e$$
$$=\int_R^a\frac{q^2}{8\pi\varepsilon_0 r^2}\mathrm{d}r+\int_b^\infty\frac{q^2}{8\pi\varepsilon_0 r^2}\mathrm{d}r$$
$$=\frac{q^2}{8\pi\varepsilon_0}\left(\frac{1}{R}-\frac{1}{a}+\frac{1}{b}\right)$$

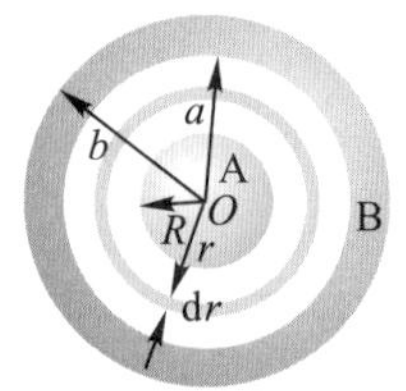

图 10-20　例 10-4 图

习题 10

10-1　如题图 10-1 所示，三块平行的金属板 A，B 和 C，面积均为 200 cm^2，A 与 B 相距 4 mm，A 与 C 相距 2 mm，B 和 C 两板均接地，若 A 板所带电量 $Q=3.0\times10^{-7}$ C，忽略边缘效应，求：

(1) B 和 C 上的感应电荷；

(2) A 板的电势（设地面电势为零）.

10-2　如题图 10-2 所示，平行板电容器充电后，A 和 B 极板上的面电荷密度分别为 $+\sigma$ 和 $-\sigma$，设 P 为两极板间任意一点，略去边缘效应，求：

(1) A、B 板上的电荷分别在 P 点产生的场强 $\boldsymbol{E}_A$、$\boldsymbol{E}_B$；

(2) A、B 板上的电荷在 P 点产生的合场强 $\boldsymbol{E}$；

(3) 拿走 B 板后 P 点处的场强 $\boldsymbol{E}'$.

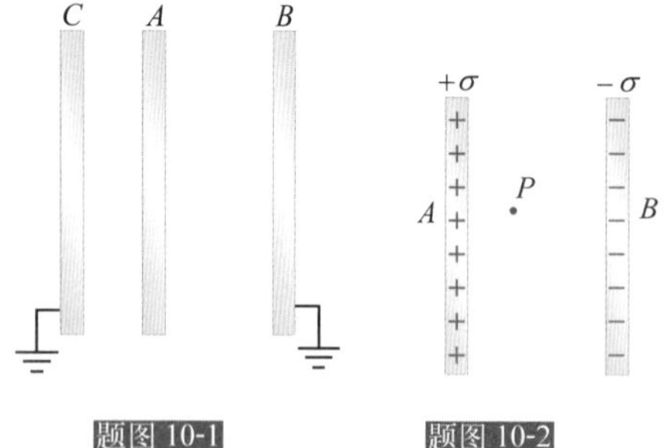

题图 10-1　　题图 10-2

10-3　如题图 10-3 所示，半径为 R 的金属球离地面很远，并用导线与地相连，在与球心相距为 $d=3R$ 处有一点电荷 $+q$，试求金属球上的感应电荷的电量 q.

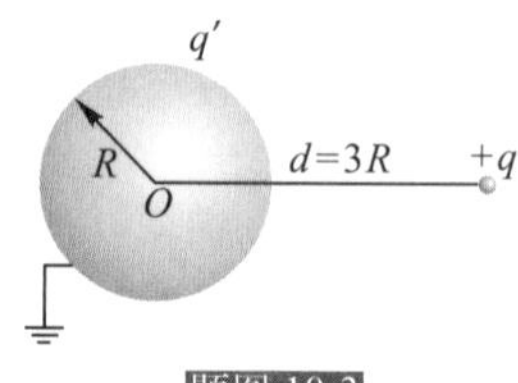

题图 10-3

10-4　如题图 10-4 所示，两个半径分别为 R_1 和 R_2（$R_1<R_2$）的同心薄金属球壳，现给内球壳带电 $+q$，试计算：

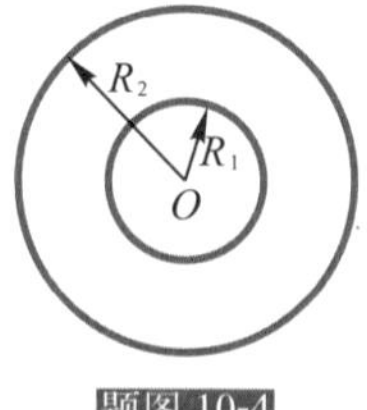

题图 10-4

(1) 外球壳上的电荷分布及电势大小；

(2) 先把外球壳接地，然后断开接地线重新绝缘，此时外球壳的电荷分布及电势.

10-5 三个半径分别为 R_1、R_2、$R_3(R_1 < R_2 < R_3)$ 的导体同心薄球壳，所带电量依次为 q_1、q_2、q_3. 求：

(1) 各球壳的电势；

(2) 外球壳接地时，各球壳的电势.

10-6 一球形电容器，由两个同心的导体球壳所组成，内球壳半径为 a，外球壳半径为 b，求电容器的电容.

10-7 一平行板电容器两极板的面积均为 S，相距为 d，其间还有一厚度为 t，面积也为 S 的平行放置着的金属板，如题图 10-7 所示，略去边缘效应.

(1) 求电容 C.

(2) 问金属板离两极板的远近对电容 C 有无影响？

(3) 问在 $t = 0$ 和 $t = d$ 时的 C 为多少？

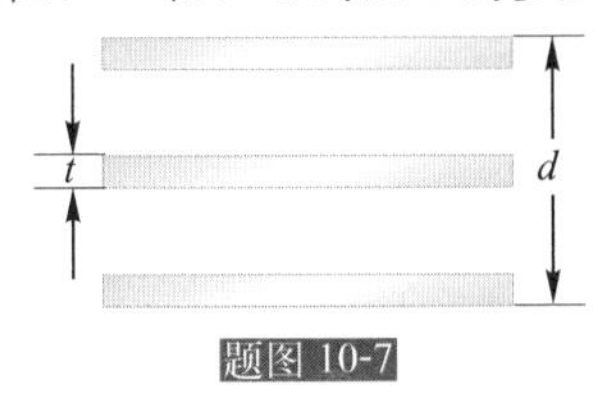

题图 10-7

10-8 平行板电容器的两极板的间距 $d = 2.00$ mm，电势差 $U = 400$ V，其间充满相对电容率 $\varepsilon_r = 5$ 的均匀玻璃片，略去边缘效应，求：

(1) 极板上的面电荷密度 σ_0；

(2) 玻璃界面上的极化面电荷密度 σ'.

10-9 如题图 10-9 所示，一平行板电容器中有两层厚度分别为 d_1、d_2 的电介质，其相对电容率分别为 ε_{r1}、ε_{r2}，极板的面积为 S，所带面电荷密度为 $+\sigma_0$ 和 $-\sigma_0$. 求：

(1) 两层介质中的场强 $\boldsymbol{E}_1$、$\boldsymbol{E}_2$ 的大小；

(2) 该电容器的电容.

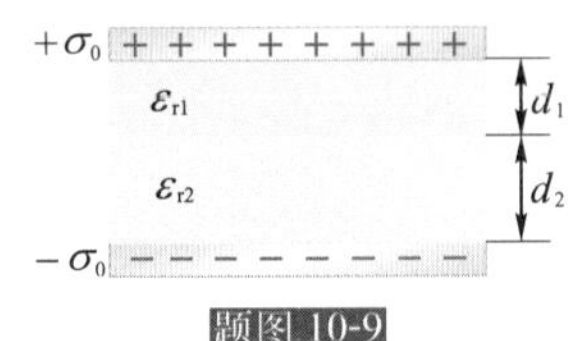

题图 10-9

10-10 一无限长的圆柱形导体，半径为 R，沿轴线单位长度上所带电荷为 λ，将此圆柱放在无限大的均匀电介质中，电介质的相对电容率为 ε_r，求：

(1) 电场强度 $\boldsymbol{E}$ 的分布规律；

(2) 电势 U 的分布规律（设圆柱形导体的电势为 U_0）.

10-11 在半径为 R_1 的金属球之外包有一层外半径为 R_2 的均匀电介质球壳，介质相对电容率为 ε_r，金属球带电 Q. 试求：

(1) 电介质内、外的场强；

(2) 电介质层内、外的电势；

(3) 金属球的电势.

10-12 如题图 10-12 所示，在平行板电容器的一半容积内充入相对电容率为 ε_r 的电介质. 试求：在有电介质部分和无电介质部分极板上的自由电荷面密度比值.

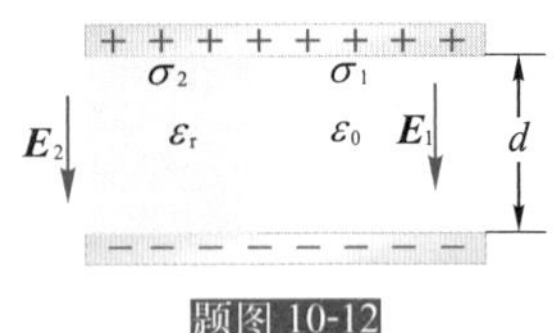

题图 10-12

10-13 平行板电容器的极板间距 $d = 5.00$ mm，极板面积 $S = 100\ \text{cm}^2$，用电动势 $\mathscr{E} = 300$ V 的电源给电容器充电.

(1) 若两极板间为真空，求此电容器的电容 C_0，极板上的面电荷密度 σ_0，两极板间的场强 E_0；

(2) 该电容器充电后，与电源断开，再在两板间插入厚度 $d = 5.00$ mm 的玻璃片（相对电容率 $\varepsilon_r = 5.0$），求其电容 C，两板间的场强 $\boldsymbol{E}$ 以及电势差 ΔU；

(3) 该电容器充电后，仍与电源相接，在两极板间插入与 (2) 相同的玻璃片，求其电容 C'，两板间的场强 E' 以及两板上的电荷量 q.

10-14 一圆柱形电容器由半径为 R_1 的导线和与它同轴的导体圆筒构成，圆筒长为 l，内半径为 R_2，导线与圆筒间充满相对电容率为 ε_r 的电介质，设沿轴线单位长度上导线的电量为 λ，圆筒的电量

为 $-\lambda$，略去边缘效应，求：

(1) 电介质中电位移 $\boldsymbol{D}$，场强 $\boldsymbol{E}$；

(2) 两极板的电势差.

10-15　如题图 10-15 所示，每个电容器的电容 C 均为 3 μF，现将 A、B 两端加上 $U=450$ V 的电压，求：

(1) 各个电容器上的电量；

(2) 整个电容器组所储存的电能；

(3) 如果在电容器 C_3 中，充入相对电容率 $\varepsilon_r=2$ 的电介质，各个电容器上的电量.

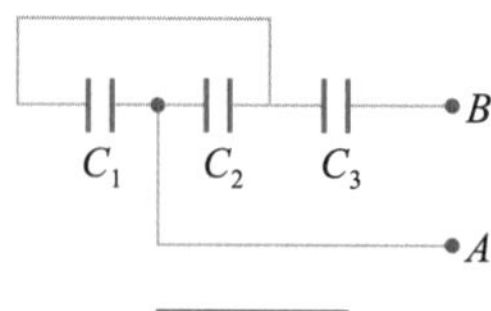

题图 10-15

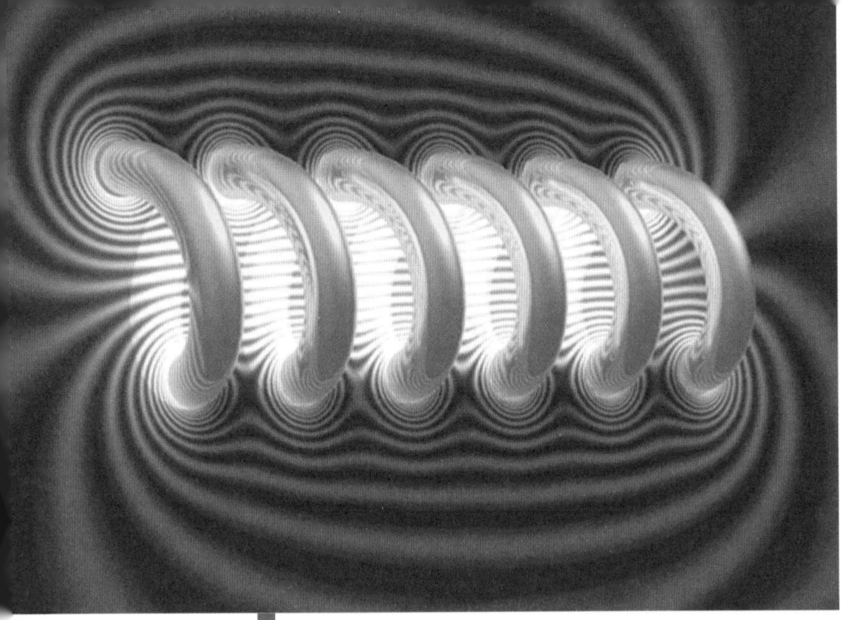

通电螺线管内的磁场分布

第11章 恒定电流与真空中的恒定磁场

前面我们研究了相对观察者静止的电荷其周围激发的静电场的一些相关概念、性质和规律. 通过本章的学习将知道, 相对观察者运动的电荷, 其周围不仅产生电场, 还要产生磁场. 我们将首先从电流形成的条件出发, 引进恒定电流和恒定电场及其相关的电流密度 $\boldsymbol{\delta}$ 和电动势概念, 进而重点介绍恒定电流产生的恒定磁场(电磁场的一种特殊形态)的性质和规律, 其内容包括: 磁感强度 $\boldsymbol{B}$、电流磁场的基本定律——毕奥–萨伐尔定律、反映磁场性质的高斯定理和安培环路定理以及电流或运动电荷在外磁场中所受的作用力等.

本章的研究方法与静电场类似, 基本内容也有一定的对应关系. 所以学习时应注意类比, 为今后研究电磁场的一般规律打下基础.

11.1 恒定电流和恒定电场　电动势

11.1.1 电流形成的条件

电流是大量电荷有规则的定向运动．从微观上看，电流实际上是带电粒子的定向运动．通常将形成电流的带电粒子称为载流子 (carrier)．载流子可以是金属中的自由电子 (free electron)、电解质溶液中的正离子 (posive ion) 和负离子 (negative ion)、气体中的电子或离子，在半导体中还可能是带正电的"空穴"(hole)．

在导体中，电子或离子相对于导体做定向运动所形成的电流 (electric current)，叫做传导电流 (conduction current)；由带电物体的机械运动所形成的电流，叫做运流电流（convection current）．

电流究竟是怎样形成的呢？如图 11-1 所示，设有 A 和 B 两个彼此隔开的导体．导体 A 带正电，电势为 U_A，导体 B 带等量负电，电势为 U_B．当两者用一根长金属导线连接后，显然由于 $U_A \neq U_B$，这时导线中存在着场强不为零的电场，场强方向沿导线从 A 指向 B．当电场作用于导线中的自由电子后，自由电子除做无规则热运动外，将逆电场做宏观定向运动，从而产生瞬时电流．直到电子逆电场从 B 运动至 A 并和 A 上正电荷中和，致使导体 A 和导体 B 的电势相等时，金属导线内电场消失，瞬时电流也趋于零．

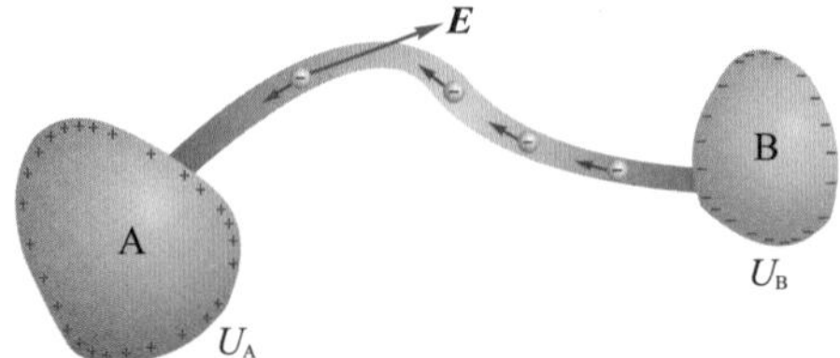

图 11-1　导线中瞬时电流的产生

当导体 A 与导体 B 相连，在导线中有瞬时电流通过时，我们定义单位时间内通过导线任一截面的电量为电流强度 (electric current strength)，简称电流．即

$$I = \frac{\mathrm{d}q}{\mathrm{d}t} = I(t) \tag{11-1}$$

在国际单位制中，电流的单位为安［培］（A），1 安 = 1 库 • 秒 $^{-1}$（C • s^{-1})．常用的电流单位还有毫安 (mA) 和微安（μA），它们之间的换算关系为

$$1\ \text{A} = 10^3\ \text{mA} = 10^6\ \mu\text{A}$$

电流是标量，它只表示单位时间内通过某一截面的电量．至于电流的方向，历史上人们把正电荷从高电势向低电势移动的方向规定为电流方向．因而电流的方向与自由电子移动的方向恰好相反．

从上面的分析可知，在导体中形成电流的条件是：

(1) 导体内有可移动的自由电荷；

(2) 导体内要维持一个电场．这两条是缺一不可的．

11.1.2 恒定电流和恒定电场

如果导体中通过任一截面的电流不随时间变化．即

$$I=\frac{\mathrm{d}q}{\mathrm{d}t}=\text{常量} \tag{11-2}$$

则这种电流称为恒定电流 (steady current)，又称直流电．可见，若要在导体中维持恒定电流，仅仅在导体中建立迅变场是不行的，必须要在导体中建立恒定电场．而恒定电场的建立必须使产生场的电荷分布不随时间变化．从这个意义上讲，恒定电场和静电场是相同的．因此静电场的两条基本定理，即高斯定理和环路定理对恒定电场都适用，仍可引进电势的概念．但是，也应该看到，静电场比恒定电场的要求更高，除了静电平衡时要求电荷不产生定向运动外，还要求静电场中导体内部场强必须等于零．而恒定电场只要求电荷分布不随时间变化(可为动态平衡)，这与存在电流并无矛盾．因此，恒定电场中导体内部的场强可不为零．尽管各点的场强大小可以不同，但都不随时间变化．可见，静电场是恒定电场的特例．

11.1.3 电流和电流密度

导体中建立恒定电场时，电路 (electric circuit) 中即出现恒定电流．当电流沿材料相同、粗细均匀的导体流动时，电流在导体同一截面上各点的分布是均匀的．但是，当电流在不均匀导体或者在大块导体中流动时，各点的电流分布就不均匀了．这时若再用描述电流通过某截面整体特征的电流强度这一物理量，来反映导体中各点的电流分布显然是不合适的．为此，必须引入一个新的物理量——电流密度 (current density) 矢量 $\boldsymbol{\delta}$.

为了导出电流密度矢量 $\boldsymbol{\delta}$，首先从导电机制看．若以金属导体为例，金属中的载流子即金属中存在的大量自由电子，在无外电场时，做无规则热运动，其行为同做热运动的气体分子相似．由于大量自由电子与构成金属晶格的正离子频繁碰撞，通常情况下电子不做有规则的定向运动，其热运动的轨迹为一条如图 11-2 中实线所示的无规则折线．如果存在外电场时，每个电子将受到与电场方向相反的作用力．于是，电子在两次碰撞间的运动总要沿电场反方向漂移，其轨迹如图 11-2 中虚线所示．大量自由电子的漂移运动宏观上表现为电子整体沿场强的相反方向的定向运动，从而形成金属中的电流．由于碰撞，电子受电场力作用的定向加速运动是间断的，其平均效果可视为一个速度为 $\boldsymbol{u}$ 的匀速运动．我们将 $\boldsymbol{u}$ 称为自由电子的漂移速度，其方向与场强 $\boldsymbol{E}$ 方向相反．

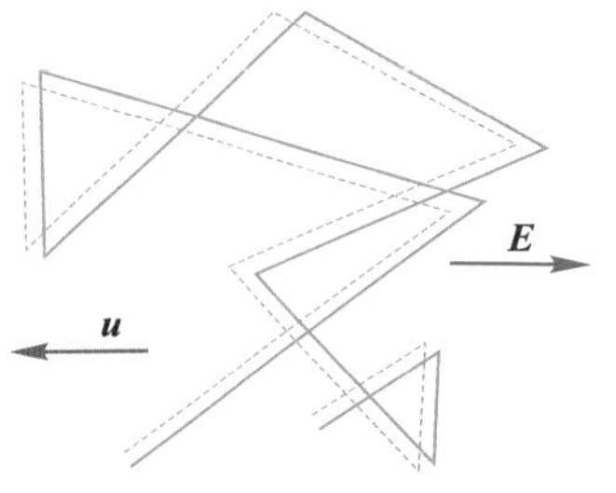

图 11-2 电子的漂移运动

在图 11-3 中，设导体中单位体积内的载流子数为 n，每个载流子电量为 q，漂移速度为 $\boldsymbol{u}$，面积元 $\mathrm{d}\boldsymbol{S}$ 方向与漂移速度 $\boldsymbol{u}$ 方向之间夹角为 θ，根据电流强度的定义，可得通过导体中某点面积元 $\mathrm{d}S$ 的电流强度为

$$\mathrm{d}I = qnu\mathrm{d}S_{\perp} = qnu\mathrm{d}S\cos\theta \tag{11-3}$$

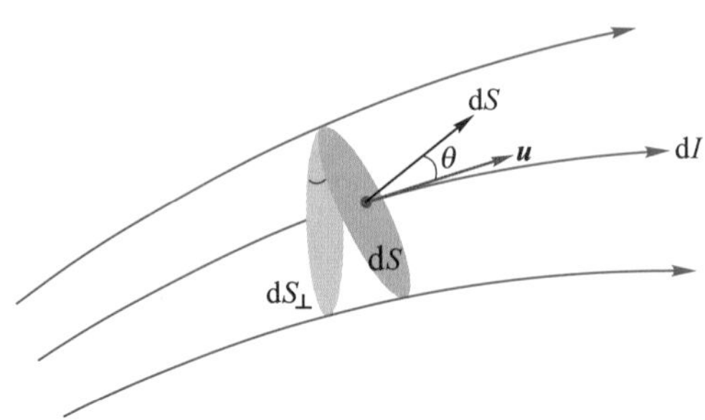

图 11-3　电流密度的导出

为了进一步描述电流在导体截面内的分布，我们定义单位时间内通过垂直于电流方向单位面积的电量为导体中某点电流密度矢量 δ 的大小，δ 的方向与正电荷在该点漂移运动的方向相同，也就是与外电场 E 的方向相同．即

$$\boldsymbol{\delta} = qn\boldsymbol{u} \tag{11-4}$$

由式 (11-3) 和式 (11-4) 得

$$\mathrm{d}I = \delta\mathrm{d}S_{\perp} = \delta\cdot\mathrm{d}\boldsymbol{S} \tag{11-5}$$

式 (11-5) 说明，若 $\boldsymbol{\delta}$ 与 $\mathrm{d}\boldsymbol{S}$ 夹角 $\theta = 0$，则有 $\delta = \dfrac{\mathrm{d}I}{\mathrm{d}S}$，这就是说，电流密度的大小等于单位垂直面积上通过的电流强度．

在国际单位制中，电流密度的单位为安・米$^{-2}$($\mathrm{A\cdot m^{-2}}$)．

显然，由式 (11-5) 可求得，通过任意曲面 S 的电流强度（或电流密度 $\boldsymbol{\delta}$ 穿过曲面 S 的通量）为

$$I = \int_S \boldsymbol{\delta}\cdot\mathrm{d}\boldsymbol{S} \tag{11-6}$$

若通过一个封闭曲面的电流强度(或电流密度$\boldsymbol{\delta}$穿过封闭曲面的通量)为零，即

$$I = \oint_S \boldsymbol{\delta}\cdot\mathrm{d}\boldsymbol{S} = 0 \tag{11-7}$$

则式 (11-7) 说明，单位时间从封闭面向外流出的正电荷等于单位时间流进封闭面的正电荷．故该式又称恒定电流条件．

为了形象地表示导体中电流密度的分布情况，可以采用电场中用电场线描述电场分布的类似方法．在导体中画出一系列曲线——电流线，规定在电流线上各点的切线方向与该点电流密度的方向一致；而通过垂直于电流密度方向的单位面积的电流线根数，等于该点电流密度的量值．这样，电流线不仅表示了导体（电流场）内各点电流密度的方向，也表示了电流密度的大小．显然，在图 11-4 中可以看出在导线和大块导体中的电流分布情况．

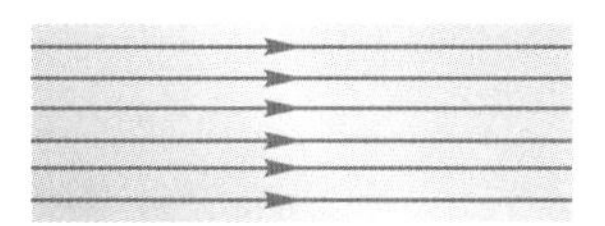

(a) 粗细均匀材料均匀的导线中电流

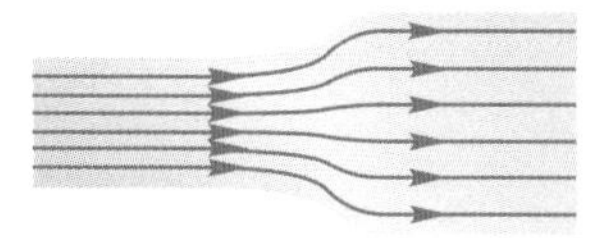

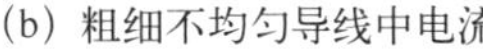

(b) 粗细不均匀导线中电流

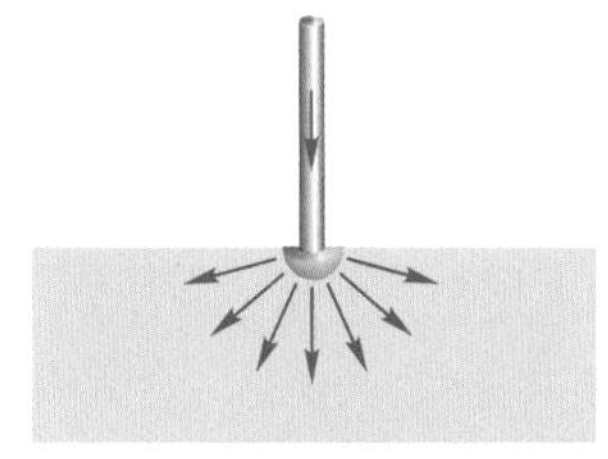

(c) 半球形接地电极中电流

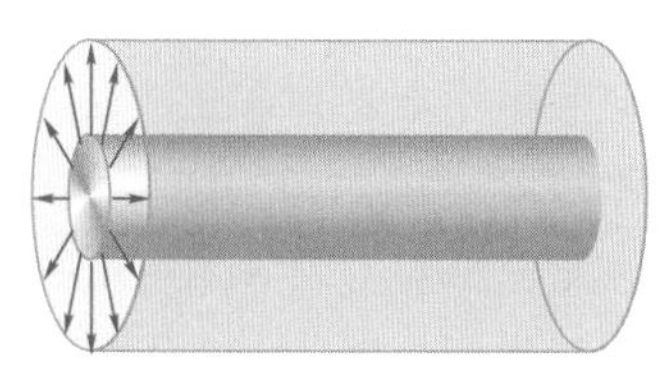

(d) 同轴电缆中的漏电流

图 11-4 在导线和大块导体中的电流分布

*11.1.4 欧姆定律的微分形式 焦耳–楞次定律的微分形式

前述导体中形成电流的条件是导体内维持一个电场，可见电流和电场是密切相关的. 下面我们在一段均匀电路欧姆定律基础上导出导体内各点的电流密度和相应点场强之间的关系.

设一段粗细和材料均匀的金属导体 AB 长为 l，截面积 S. 当导体温度不变时，导体中电流 I 与导体两端的电势差 U_{AB} 成正比，即

$$I=\frac{U_{AB}}{R} \tag{11-8}$$

式 (11-8) 称为一段均匀电路的欧姆定律 (Ohm's law). R 称为导体的电阻 (resistance)，与导体的材料及几何形状有关. R 的倒数 $G\left(G=\frac{1}{R}\right)$ 称为电导 (conductance). 在国际单位制中，电阻的单位为欧 [姆](Ω)，电导的单位为西［门子］. 实验证明，欧姆定律对于一般的金属导体或电解液在相当大的范围内是成立的. 至于真空管中的电离气体或半导体，欧姆定律并不成立. 如气体中的电流一般与电压不成正比，其伏安特性曲线如图 11-5 所示. 半导体（二极管）中的电流不但与电压不成正比，而且电流方向改变时，它和电压的关系也不同，其伏安特性曲线如图 11-6 所示. 各种材料的这种非欧姆定律的导电特性有着重要的实际意义，否则，作为现代技术标志之一的电子技术、计算机技术，就是不可能的了.

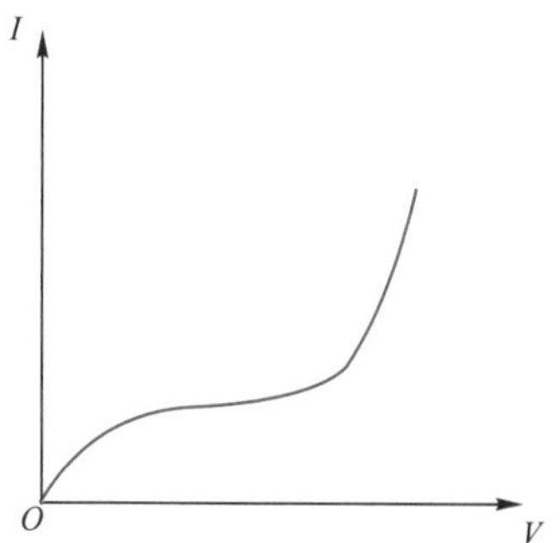

图 11-5 气体中电流的伏安特性曲线

导体的电阻 R 与导体的长度 l 成正比，与导体的横截面积 S 成反比，即

$$R=\rho\frac{l}{S} \tag{11-9}$$

式中，ρ 为只与导体材料性质及温度有关的物理量，称为这种导体的电

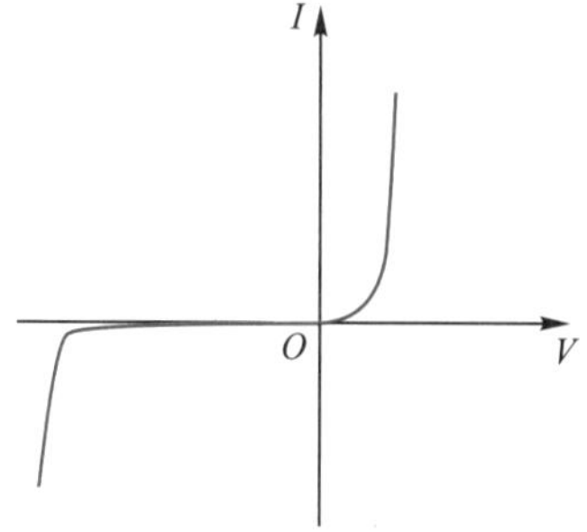

图 11-6 二极管伏安特性曲线

阻率 (resistivity). 电阻率的倒数$\gamma = \left(\gamma = \dfrac{1}{\rho}\right)$称为**电导率** (conductivity).

在国际单位制中，电阻率的单位为欧 [姆] • 米 ($\Omega \cdot m$)，电导率的单位为欧 $^{-1}$ • 米 $^{-1}$($\Omega^{-1} \cdot m^{-1}$).

有些金属和化合物的温度在降到接近绝对零度时，它们的电阻率突然减小到零. 这种现象叫**超导电性** (superconductivity). 超导现象的研究在理论上有着重要的意义，在技术上超导也获得了很重要的应用.

通常对截面积均匀的导体的电阻，我们可直接应用式 (11-9) 计算，对于截面积不均匀的导体材料的电阻，常运用积分方法进行计算.

现在我们根据式 (11-8) 来导出欧姆定律的微分形式. 它适用于导体中任一微小体积元. 如图 11-7 所示，在导体中任取一极小的直圆柱体，其轴线平行于电流线 (即与场强 $\boldsymbol{E}$ 平行)，设长为 dl，截面积为 dS，通过电流为 dI. 两端的电势分别为 U+dU 和 U，则根据式（11-8）有

$$\mathrm{d}I = \frac{U + \mathrm{d}U - U}{R} = \frac{\mathrm{d}U}{R}$$

设想小圆柱体取得足够小，以至其内部可看成均匀电场，并考虑 $\mathrm{d}U = E\mathrm{d}l, \mathrm{d}I = \delta \mathrm{d}S, R = \rho\dfrac{\mathrm{d}l}{\mathrm{d}S} = \dfrac{1}{\gamma}\dfrac{\mathrm{d}l}{\mathrm{d}S}$. 并将其代入上式，便得

$$\delta = \gamma E \tag{11-10}$$

由于在金属导体中，电流密度 $\boldsymbol{\delta}$ 与场强 $\boldsymbol{E}$ 同方向，则式（11-10）可写为矢量式，

$$\boldsymbol{\delta} = \gamma \boldsymbol{E} \tag{11-11}$$

式（11-11）称为**欧姆定律的微分形式**，它表明导体中任一点处电流密度与场强之间点点对应的关系，而式中电导率 γ 为表征导体中该点处导体材料特性的量（材料不均匀时，γ 不同），它不仅适用于恒定电场，也适用于变化电场. 总之，欧姆定律微分形式表述了大块导体中电场与电流分布之间的细节关系，较之式 (11-8) 有着更为深刻的意义.

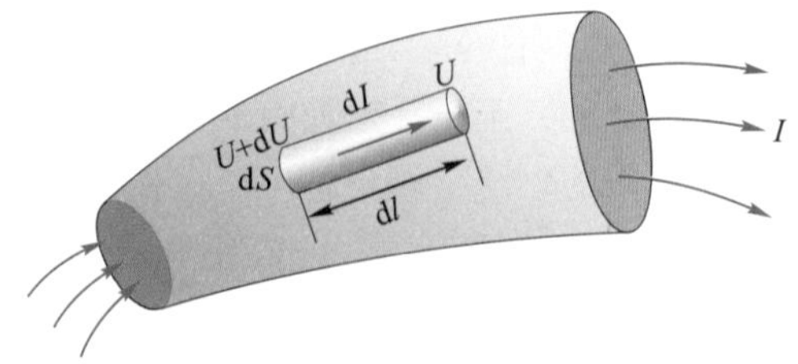

图 11-7　欧姆定律微分形式推导

现在我们来导出焦耳－楞次定律的微分形式. 根据经典电子理论，可简单说明焦耳热产生的原因. 经典电子理论认为，电流的能量就是导体内电场的能量. 自由电子处在电场中，因电场力对它做功而转化为自由电子定向漂移运动的动能. 这部分能量在自由电子与晶格碰撞的过程中转化为晶格的热运动，不断使温度升高，从而产生电能向热能的转化并以焦耳热形式释放出来. 焦耳－楞次定律指出在时间 dt 内，导体中电

流产生的热量为

$$dQ = I^2 R dt \tag{11-12}$$

若我们定义单位时间内在导体单位体积中所产生的热量为电流的热功率密度，并以 ω 表示．则在图 11-7 中，考虑到体积为 $dSdl$，小圆柱体电阻 $R=\rho\frac{dl}{dS}, dI=\delta dS$，将它们代入式（11-12）得

$$\omega=\frac{dQ}{dSdldt}=\frac{(dI)^2 R}{dSdl}=\rho\delta^2$$

再考虑欧姆定律微分形式 $\delta=\gamma E, \rho=\frac{1}{\gamma}$，得

$$\omega=\rho(\gamma E)^2=\gamma E^2 \tag{11-13}$$

式（11-13）即为**焦耳－楞次定律微分形式**．它说明了导体内某点热功率密度与该点电场和材料特性的点点对应关系．它不仅适用于恒定电场，对变化电场也有普遍意义．

11.1.5 电源及电源电动势

若要在导体中维持恒定电流，仅仅在导体中建立迅变场是不行的，必须要在导体中建立恒定电场．如图 11-8 所示的电容器经充电 (charging) 后用导体把正负极板连接起来，开始时有瞬时电流产生，然而随着电流的继续，两极板上电荷将逐渐减小．这种随时间减小的电荷分布不可能在导体中产生恒定电场，也就不可能在导体中形成恒定电流．因此，要产生恒定电流就必须设法使流到负极板上的正电荷重新回到正极板上，以致能维持正负极板上的恒定电荷分布，从而产生恒定电场．显然，依靠静电力是不可能使正电荷从负极板回到正极板的．只有靠一种装置产生非静电场力并克服静电力，从而驱动正电荷逆电场方向运动，在电流持续的情况下，仍能维持正负极板上的稳定电荷分布，于是在导体中建立恒定电场，得到恒定电流．

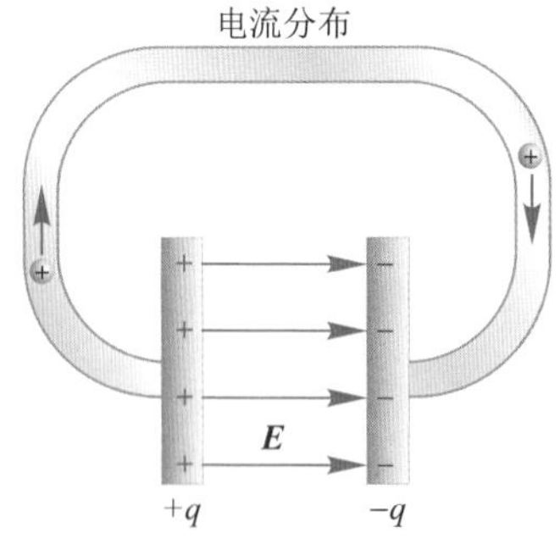

图 11-8 电容器放电时产生的电流

能够提供非静电力并能将其他形式的能量转换为电能的装置称为电源 (power supply)．也就是说，电源的作用是提供非静电力来反抗静电力而做功，将正电荷由负极经电源内部移到正极，同时将其他形式的能量转变为电能．电源的类型很多，我们把能维持导体内恒定电流的电源称为**直流电源**，而不同电源其非静电力的本质是不同的．例如，蓄电池和干电池，其非静电力来源于化学作用；太阳能电池中的非静电力来源于制造太阳能电池的硅片内的光电效应；直流发电机和直流稳压电源的非静电力来源于电磁感应．

通常把电源内部正、负两极之间的电路称内电路，它是相对于电源外部正、负两极之间的外电路而言的．正电荷从正极流出，经外电路流入负极．然后，正电荷再从负极经内电路流到正极，从而构成闭合回路．

不同类型的电源，其非静电力在电源内部搬运正电荷过程中做功的本领也不同. 或者说，电源进行能量转换的本领也不同. 为了定量描述电源进行能量转换的本领，我们引进电源电动势概念，**电源将单位正电荷从负极经电源内部移至正极时非静力所做的功，称为电源电动势**(electromotive force，emf) 用$\mathscr{E}$表示，即

$$\mathscr{E}=\frac{A}{q} \tag{11-14}$$

式中，A 为电源内部非静电力把电荷 q 从负极移到正极过程中所做的功.

在国际单位制中，电动势的单位也为伏 [特](V). 然而必须注意，尽管电动势与电势差的单位相同，但它们是完全不同的物理量. 电动势是描述电源内非静电力做功本领的物理量，其量值仅取决于电源本身的性质，而与外电路无关.

电源电动势是标量，而我们习惯上常把电源内从负极到正极的方向称作电动势的方向，也就是电势升高的方向. 它也表示了电源提高电势能的方向.

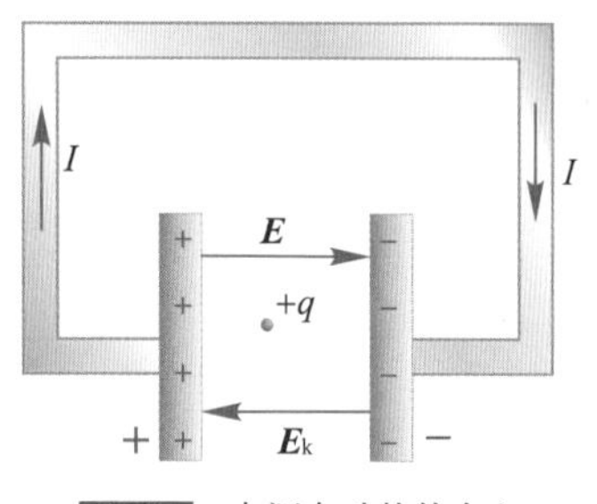

图 11-9　电源电动势的含义

现在我们应用场的概念进一步阐述电源电动势的含义. 设在图 11-9 所示的电源内部有一点电荷 $+q$. 该点电荷 $+q$ 除受到恒定电场的静电力 $\boldsymbol{F}=q\boldsymbol{E}$ 外，还受到非静电场对 $+q$ 的非静电力 $\boldsymbol{F}_{\mathrm{k}}=q\boldsymbol{E}_{\mathrm{k}}$(其中 $\boldsymbol{E}_{\mathrm{k}}$ 表示非静电场的场强). 当 $+q$ 从电源负极出发经电源内部移动到正极，再经外电路回到负极板而绕闭合回路一周时，静电力和非静电力的合力所做的功为

$$A=\oint_L(q\boldsymbol{E}_{\mathrm{k}}+q\boldsymbol{E})\cdot\mathrm{d}\boldsymbol{l}=q\oint_L\boldsymbol{E}_{\mathrm{k}}\cdot\mathrm{d}\boldsymbol{l}+q\oint_L\boldsymbol{E}\cdot\mathrm{d}\boldsymbol{l}$$

由于恒定电场是保守力场，存在$\oint_L\boldsymbol{E}\cdot\mathrm{d}\boldsymbol{l}=0$，则有

$$A=q\oint_L\boldsymbol{E}_{\mathrm{k}}\cdot\mathrm{d}\boldsymbol{l}$$

由式（11-14）得

$$\mathscr{E}=\frac{A}{q}=\oint_L\boldsymbol{E}_{\mathrm{k}}\cdot\mathrm{d}\boldsymbol{l} \tag{11-15}$$

式 (11-15) 说明：**电源电动势在量值上等于非静电力移动单位正电荷绕闭合回路一周所做的功，或者说等于非静电场强在闭合回路上的环流.**

由于在图 11-9 所示的闭合回路中，非静电场强只存在于电源内部，在外电路中并不存在，故式 (11-15) 可写为

$$\mathscr{E}=\int_{-\atop(\text{经电源内})}^{+}\boldsymbol{E}_{\mathrm{k}}\cdot\mathrm{d}\boldsymbol{l} \tag{11-16}$$

显然式 (11-16) 仅适用于非静电力只集中在一段电路内 (如电池内) 作用时，用场的概念表示的电动势. 而式 (11-15) 则适用于整个回路中都存在非静电场强的情况 (如感生电动势)，它是电源电动势的普遍表述形式.

11.2 恒定磁场和磁感应强度

磁场是物质的一种形态．但由于这类物质并不像一般实物那样，能为人类的感官所直接觉察，所以，自公元前约 6 世纪，我国春秋战国时期的《管子·地数》中出现的有关磁铁的记载，至 19 世纪 60 年代麦克斯韦电磁场理论的建立，人类经历了漫长的岁月．

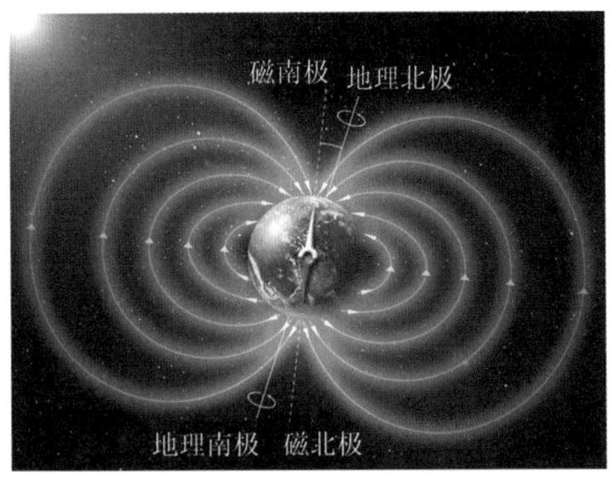

地球磁场是偶极型的，近似于把一个磁铁棒放到地球中心，使它的北极大体上对着南极而产生的磁场形状，但并不与地理上的南北极重合，存在磁偏角

地球磁场强度的测定

历史上磁学的研究是从研究磁铁的磁性及其相互作用开始的．其结果主要有：

(1) 能吸引铁、钴、镍等物质及其合金的天然物质称为磁铁，磁铁的这种性质称为磁性 (magnetism)．

(2) 磁铁具有 N、S 两极．两块磁铁的磁极 (magnetic pole) 之间有相互作用力存在，称为磁力．磁铁间同号磁极相斥，异号磁极相吸．磁铁无论怎样分割，N、S 两极均同时存在．

(3) 能被磁铁吸引的物质，称为铁磁质．原来并不显磁性的铁磁质，在接触或靠近磁铁时，自己也会具有磁性．如果用一定的技术使这些物质在远离磁铁时能长期保留磁性，就能制成永久磁铁．

(4) 由于磁铁能做成指南针，从而可以判断地球本身就是一个大磁铁．

11.2.1 磁性起源于电荷的运动

由于磁极与电荷之间有某些类似之处，当初人们曾认为有磁荷集中在磁极 (称 N 极有“正磁荷”；S 极有“负磁荷”)，磁铁间的相互作用起源于“磁荷”之间的相互作用，一直沿用静电学的方法去研究它．直到 19 世纪初发现了磁和电的联系后，才意识到磁性起源于电荷的运动．

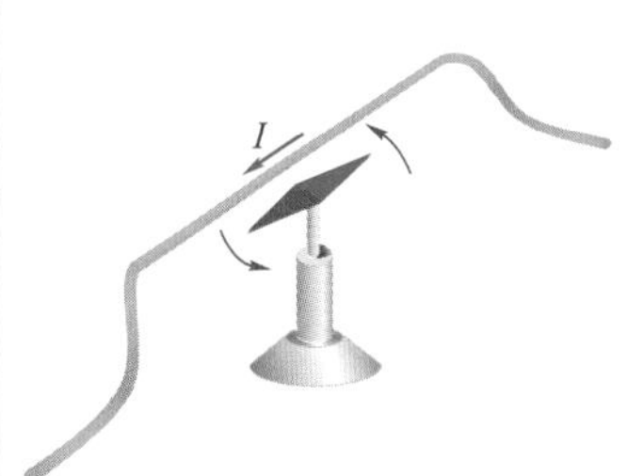

图 11-10 奥斯特实验

1819 年，奥斯特 (H. C. Oersted) 的著名实验 (图 11-10) 发现，小磁针能在通电导线周围受到磁力作用而发生偏转．1820 年及其后，法国科

安培 (A. M. Ampère, 1775 ~ 1836)，法国物理学家．在电磁作用方面的研究成就卓著，电流的国际单位安培即以其姓氏命名

学家安培 (A. M. Ampère) 做了一系列实验．如图 11-11(a) 中载流导线受到磁力的作用而运动；图 11-11(b) 中两平行载流导线间有相互作用力；图 11-11(c) 中载流线圈受到磁力矩的作用而转动；图 11-11(d) 中载流线圈之间有相互作用力，以及图 11-12 所示的电子射线在磁铁及载流线圈作用下同样能改变方向的实验．这些实验都证实了磁现象与电荷的运动有着密切的联系，说明运动电荷既能产生磁效应，也能受磁力的作用．

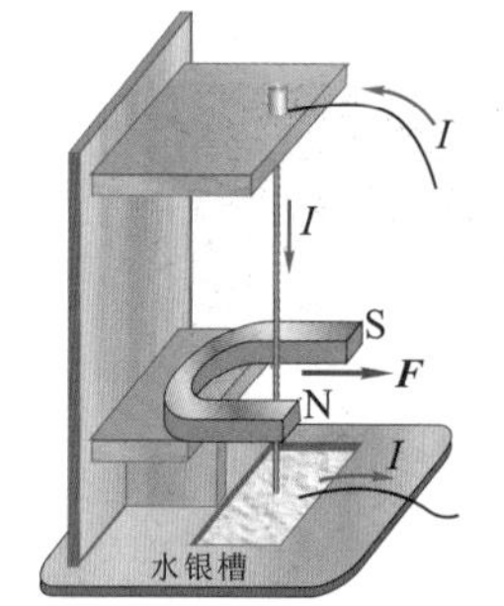

(a) 载流导线受磁力 $\boldsymbol{F}$ 的作用而运动

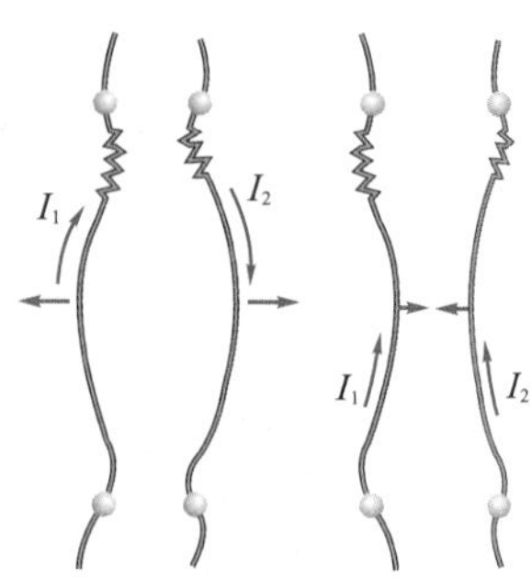

(b) 两平行载流导线之间的作用

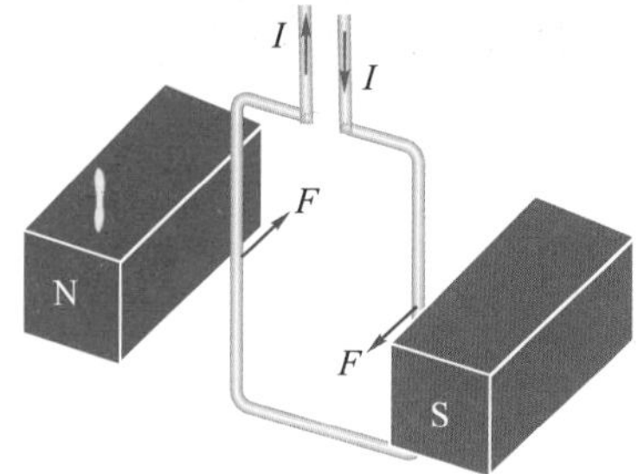

(c) 载流线圈受磁力矩作用而转动

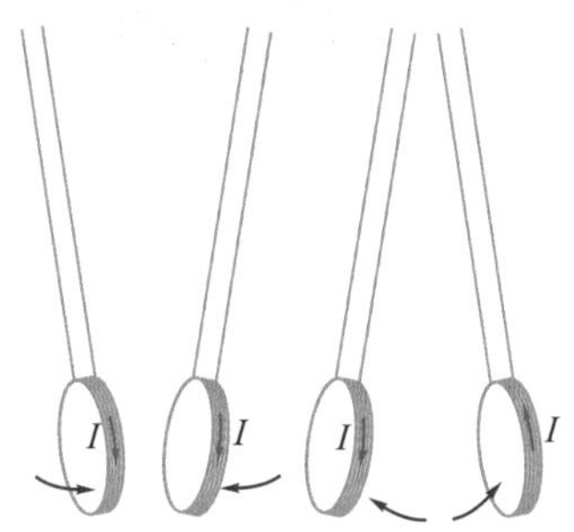

(d) 载流线圈间的相互作用

图 11-11 安培实验

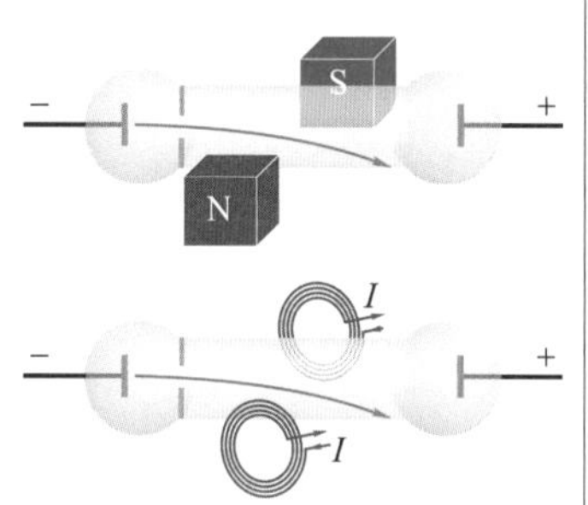

图 11-12 电子射线在磁铁及载流线圈的作用下改变方向

阴极射线管

1822 年，安培提出了著名的分子电流 (molecular current) 假说．他认为一切磁现象的根源是电荷的运动．物质磁性的本质是在磁性物质分子中，由于电子绕原子核的旋转和电子本身的自旋，存在着分子电流．分子电流相当于一个基元磁铁，而物质的磁性则取决于内部分子电流对外界磁效应的总和．这一假说轻易地说明了两种磁极不能单独存在的原因．

综上所述，我们可以说，**一切磁现象都起源于电荷的运动**．磁铁之间、载流导线之间，以及磁铁与载流导线之间的相互作用力，实际上都可归结为运动电荷之间的作用力．

11.2.2 磁场 磁感应强度

电流或运动电荷之间相互作用的磁力，从前也被认为是“超距力”，后经法拉第 (M. Faraday) 等的研究，才明确知道磁力是通过磁场而作用的．磁力也称为磁场力．一个运动电荷在它的周围除产生电场外还产生磁场．而另一个在它附近运动的电荷受到的磁力就是该磁场对它的作用．

因此，磁力作用的方式可表示为

$$运动电荷 \rightleftharpoons 磁场 \rightleftharpoons 运动电荷$$

磁场的存在，需要有一个定量地描述磁场强弱与方向的物理量．我们参照电场强度 $\boldsymbol{E}$ 的定义方式去定义这个物理量，并称其为**磁感应强度**(magnetic induction)，用 $\boldsymbol{B}$ 表示．

我们用磁场对以速度 $\boldsymbol{v}$ 运动的正试验电荷 q_0 施以作用力来引入磁感应强度 $\boldsymbol{B}$．实验证明：

(1) 当试验电荷以一恒定的速度 $\boldsymbol{v}$ 运动时，其在场中某点所受的磁场力 $\boldsymbol{F}$ 的值与试验电荷的电量 q_0 及运动速度 $\boldsymbol{v}$ 的大小成正比．

(2) $\boldsymbol{F}$ 的大小与试验电荷 q_0 在该点运动速度 $\boldsymbol{v}$ 的方向有关．如图 11-13 所示，当试验电荷 q_0 所受的磁场力 $\boldsymbol{F}$ 为零时，实验证明，此时恰好有 $\boldsymbol{v} /\!/ \boldsymbol{B}$；当试验电荷 q_0 所受的磁场力 $\boldsymbol{F}$ 达最大值 $\boldsymbol{F}_{\max}$ 时，此时恰好有 $\boldsymbol{v} \perp \boldsymbol{B}$，当 $\boldsymbol{v}$ 与 $\boldsymbol{B}$ 的夹角大于零小于$\dfrac{\pi}{2}$时，$\boldsymbol{F}$ 介于零和 $\boldsymbol{F}_{\max}$ 之间．

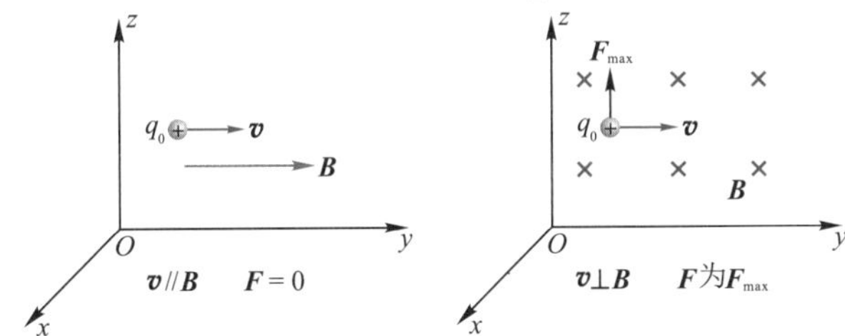

图 11-13　试验电荷 q_0 在磁场中受力

(3) 试验电荷 q_0 所受的磁场力 $\boldsymbol{F}$ 始终垂直 $\boldsymbol{v}$ 和 $\boldsymbol{B}$ 所组成的平面．

(4) 试验电荷 q_0 在场中某点所受最大磁力 $F_{\max}$ 的大小与 q_0 及 $\boldsymbol{v}$ 的乘积成正比，比值 $\dfrac{F_{\max}}{q_0 v}$ 在场中某点具有确定的值，与运动电荷 q_0 与 $\boldsymbol{v}$ 的乘积无关．可见比值 $\dfrac{F_{\max}}{q_0 v}$ 反映场中该点磁场强弱的性质．

由此，我们定义场中某点的磁感应强度 $\boldsymbol{B}$ 的大小为

$$B = \frac{F_{\max}}{q_0 v} \tag{11-17}$$

磁感应强度 $\boldsymbol{B}$ 的方向可用小磁针在该点时 N 极的指向表示．也可用矢量的叉积 $\boldsymbol{F}_{\max} \times \boldsymbol{v}$ 的方向来确定磁感应强度 $\boldsymbol{B}$ 的方向（图 11-14 所示）．

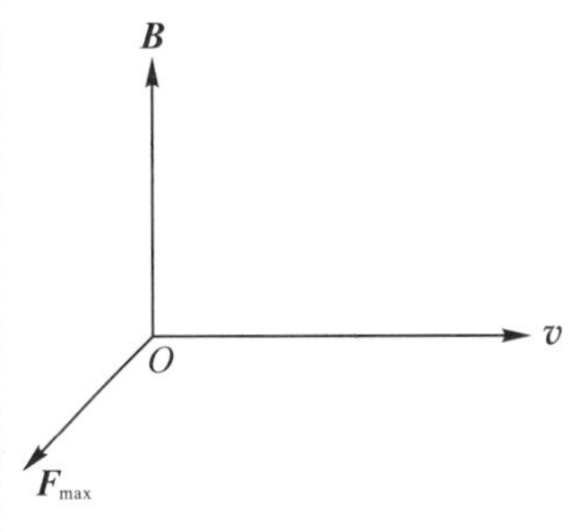

图 11-14　$\boldsymbol{B}$ 的方向

在国际单位制中，磁感应强度 $\boldsymbol{B}$ 的单位为特［斯拉］(T)，由式(11-17)可知

$$1\,\mathrm{T} = \frac{1\,\mathrm{N}}{1\,\mathrm{C} \times 1\,\mathrm{m} \cdot \mathrm{s}^{-1}} = 1\,\mathrm{N} \cdot \mathrm{A}^{-1} \cdot \mathrm{m}^{-1}$$

在工程实践中，还常用高［斯］（符号为 Gs 或 G）作为磁感应强度的单位，它与特［斯拉］的换算关系为

$$1\ \mathrm{T} = 10^4\ \mathrm{Gs} \tag{11-18}$$

需要说明的是，同电场强度 $\boldsymbol{E}$ 一样，磁感应强度 $\boldsymbol{B}$ 也是一个空间位

置矢量和时间 t 的点函数．恒定磁场中，$\boldsymbol{B}$ 只是空间坐标的函数，与时间 t 无关．还需注意磁感应强度 $\boldsymbol{B}$ 的定义式 $B=\dfrac{F_{\max}}{q_0 v}$ 只反映 $\boldsymbol{B}$ 的大小，并不反映 $\boldsymbol{B}$ 的方向．

11.3 毕奥－萨伐尔定律

在静电场中，我们已经学会把带电体分割成许多点电荷，然后以点电荷场强公式为基础，根据叠加原理，计算该带电体周围的电场强度分布．当计算恒定电流产生的磁场时，也可以用类似的方法．把恒定电流看成是由许多电流元连接而成的．以电流元产生的磁场的磁感应强度公式为基础，应用叠加原理，来计算某电流周围产生的磁场分布．

11.3.1 毕奥－萨伐尔定律

19 世纪 20 年代，毕奥 (J. B. Biot) 与萨伐尔 (F. Savart) 在恒定电流产生磁场方面做了大量的实验和分析，后经拉普拉斯（P. S. Laplace）进一步从数学上证明，得到了电流元产生磁场的磁感应强度公式．这就是著名的毕奥－萨伐尔定律 (Biot-Savart law)．它是一条有关电流产生磁场的基本定律，其内容叙述如下．

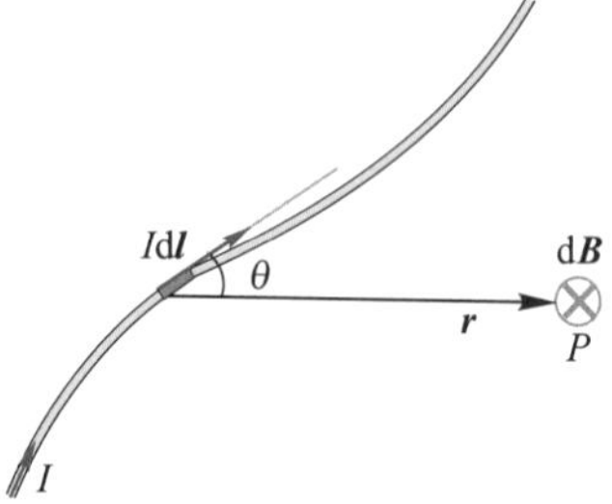

图 11-15　电流元 $I\mathrm{d}\boldsymbol{l}$ 产生的磁场

如图 11-15 所示，在真空中某一载流导线上任取一电流元 $I\mathrm{d}\boldsymbol{l}$，在空间某点 P 处产生的磁场的磁感应强度 $\mathrm{d}\boldsymbol{B}$ 的大小与 $I\mathrm{d}\boldsymbol{l}$ 的大小成正比，与 $I\mathrm{d}\boldsymbol{l}$ 和径矢 $\boldsymbol{r}$ 的夹角 θ 的正弦值成正比，与径矢 $\boldsymbol{r}$ 的大小的平方成反比．其表达式为

$$\mathrm{d}B=k\frac{I\mathrm{d}l\sin\theta}{r^2}\tag{11-19}$$

式中，电流元 $I\mathrm{d}\boldsymbol{l}$ 的方向为导线上该点线元 $\mathrm{d}\boldsymbol{l}$ 上电流 I 的方向，大小为 I 与 $\mathrm{d}l$ 的乘积，$\boldsymbol{r}$ 为由电流元指向场点的矢量，$\theta<180^\circ$，k 为比例系数，与单位选择有关．在国际单位制中，$k=\mu_0/(4\pi)$，其中 $\mu_0=4\pi\times10^{-7}(\mathrm{T\cdot m\cdot A^{-1}})=4\pi\times10^{-7}(\mathrm{H\cdot m^{-1}})$，称为真空磁导率 (permeability of vacuum)．H 为亨 [利]，是自感的单位，将在后面另作介绍．

电流元 $I\mathrm{d}\boldsymbol{l}$ 在 P 点产生的磁感应强度 $\mathrm{d}\boldsymbol{B}$ 的方向总是垂直于 $I\mathrm{d}\boldsymbol{l}$ 和径矢 $\boldsymbol{r}$ 所组成的平面，并指向由 $I\mathrm{d}\boldsymbol{l}$ 经小于 180° 的 θ 角转向 $\boldsymbol{r}$ 时右螺旋前进方向．于是式 (11-19) 可写成矢量形式

$$\mathrm{d}\boldsymbol{B}=\frac{\mu_0}{4\pi}\frac{I\mathrm{d}\boldsymbol{l}\times\boldsymbol{r}}{r^3}=\frac{\mu_0}{4\pi}\frac{I\mathrm{d}\boldsymbol{l}\times\boldsymbol{e}_r}{r^2}\tag{11-20}$$

式中，$\boldsymbol{e}_r$ 表示电流元 $I\mathrm{d}\boldsymbol{l}$ 引向 P 点的径矢方向的单位矢量．式 (11-20) 同时表示了某一电流元在距其为 r 远处的空间某点 P 处产生的磁感应强度的大小和方向．

毕奥－萨伐尔定律在计算电流的磁场中所起的作用，与静电学中计算任意带电体的电场时点电荷的场强公式的作用相比，两者的地位是相当的．对于任意的线电流，其在空间产生的磁场，可根据叠加原理，将此线电流上所有各段电流元在该点所产生的磁感应强度 d$\boldsymbol{B}$ 进行矢量叠加而求得．即对式 (11-20) 进行矢量积分便可求得整个线电流在该点产生的合磁场，即

$$\boldsymbol{B}=\int \mathrm{d}\boldsymbol{B}=\frac{\mu_0}{4\pi}\int \frac{I\mathrm{d}\boldsymbol{l}\times \boldsymbol{e}_r}{r^2} \tag{11-21}$$

该积分的上、下限由电流的起点和终点所决定．在具体积分时，通常要化矢量积分为标量积分．若取直角坐标系，则应将 d$\boldsymbol{B}$ 分别在坐标轴上进行投影，得 dB_x，dB_y 和 dB_z，然后再分别进行标量积分，即

$$B_x=\int \mathrm{d}B_x,\quad B_y=\int \mathrm{d}B_y,\quad B_z=\int \mathrm{d}B_z \tag{11-22}$$

最后可得合场强 $\boldsymbol{B}=B_x\boldsymbol{i}+B_y\boldsymbol{j}+B_z\boldsymbol{k}$．

如果是面电流或体电流，则可将其看成是许多线电流的集合，然后再仿照以上方法进行数学处理．

11.3.2 毕奥－萨伐尔定律应用举例

我们先看两个直接利用毕奥－萨伐尔定律计算某些线电流产生磁场的实例．

1．一段载流直导线的磁场

如图 11-16 所示，设有一段载有电流 I 的直导线，试计算距导线 a 处 P 点的磁感应强度 $\boldsymbol{B}$．

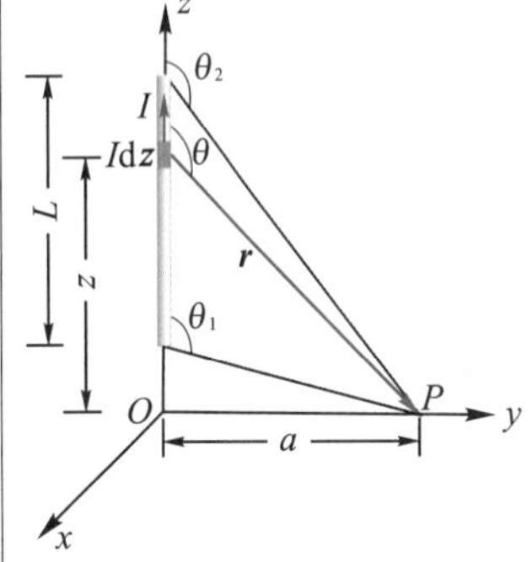

图 11-16 载流直导线的磁场

先将直导线分割成无限多电流元，它们均在 P 点产生磁场，而且磁场的方向也相同，均为垂直纸面向里，于是矢量积分可化为标量积分．然后根据式 (11-22) 求得 P 点磁感应强度．

在图 11-16 所示的载流直导线上，任取一电流元 $I\mathrm{d}z$，作 $I\mathrm{d}z$ 到 P 点的径矢 $\boldsymbol{r}$．根据式 (11-18) 写出 $I\mathrm{d}z$ 在 P 点产生的磁感应强度的大小为

$$\mathrm{d}B=\frac{\mu_0}{4\pi}\frac{I\mathrm{d}z\sin\theta}{r^2}$$

直导线上所有的电流元在 P 点产生磁场的合磁感应强度大小为

$$B=\int \mathrm{d}B=\int \frac{\mu_0}{4\pi}\frac{I\mathrm{d}z\sin\theta}{r^2} \tag{11-23}$$

式中，z、r、θ 均为变量，但它们之间是相关联的．为便于积分，首先需统一变量．由图 11-16 可以看出 z 和 θ 间的几何关系为

$$z=a\cot(\pi-\theta)=-a\cot\theta$$

两边分别微分，得

$$\mathrm{d}z=a\csc^2\theta\mathrm{d}\theta$$

由 r 和 θ 之间的几何关系得

$$r = \frac{a}{\sin\theta}$$

将上述关系代入式 (11-23) 并整理可得

$$B = \int \frac{\mu_0 I}{4\pi a}\sin\theta \mathrm{d}\theta$$

积分的上下限由电流的起点和终点决定，对变量 θ 讲，上下限分别为 θ_2 和 θ_1，从而得

$$B = \frac{\mu_0 I}{4\pi a}\int_{\theta_1}^{\theta_2}\sin\theta \mathrm{d}\theta = \frac{\mu_0 I}{4\pi a}(\cos\theta_1 - \cos\theta_2) \qquad (11\text{-}24)$$

式中，θ_1 为载流直导线起点处电流元与径矢 $\boldsymbol{r}$ 的夹角，θ_2 为终点处电流元与径矢 $\boldsymbol{r}$ 的夹角.

若导线为无限长时，$\theta_1 = 0$，$\theta_2 = \pi$，则 P 点的磁感应强度大小为

$$B = \frac{\mu_0 I}{2\pi a} \qquad (11\text{-}25)$$

若导线为半无限长时，$\theta_1 = 0\left(或\ \frac{\pi}{2}\right)$，$\theta_2 = \frac{\pi}{2}$(或π)，则 P 点的磁感应强度的大小为

$$B = \frac{\mu_0 I}{4\pi a} \qquad (11\text{-}26)$$

当然，读者还可思考，若 P 点在载流直导线的延长线上或就在载流直导线上，则其磁感应强度的大小又为多少呢?

2．圆电流轴线上任一点的磁场

如图 11-17 (a) 所示，有一半径为 R，通电流为 I 的细导线圆环，求其轴线上距圆心 O 为 x 处的 P 点的磁感应强度.

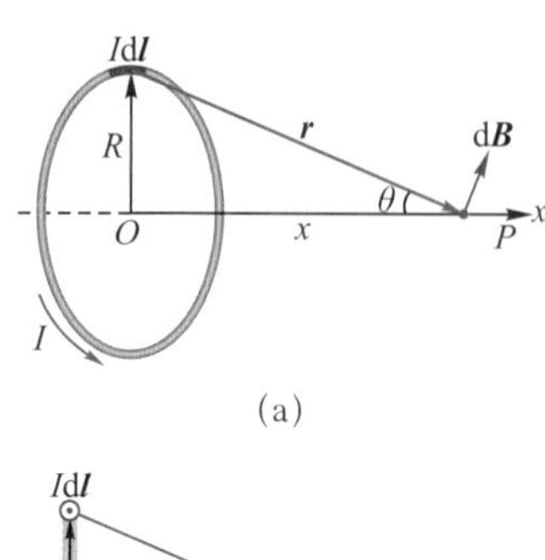

(a)

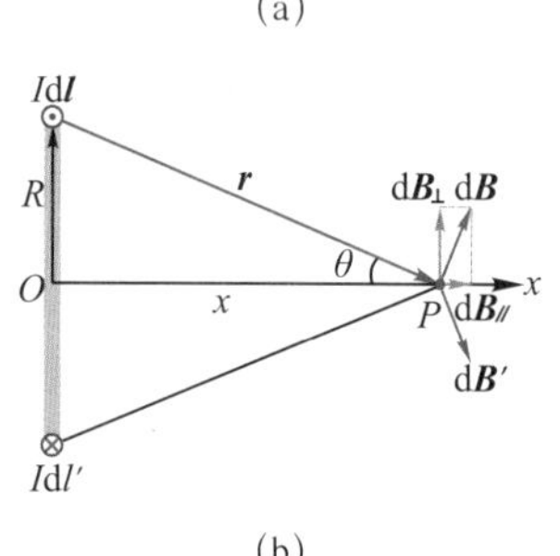

(b)

图 11-17　圆电流轴线上一点 P 处的场强

设在圆电流顶部处取一电流元 $I\mathrm{d}\boldsymbol{l}$，并由 $I\mathrm{d}\boldsymbol{l}$ 向 P 点引径矢 $\boldsymbol{r}$，由毕奥－萨伐尔定律写出 $I\mathrm{d}\boldsymbol{l}$ 在 P 点产生的磁感应强度大小为

$$\mathrm{d}B = \frac{\mu_0}{4\pi}\frac{I\mathrm{d}l\sin 90^\circ}{r^2} = \frac{\mu_0}{4\pi}\frac{I\mathrm{d}l}{r^2}$$

显然，圆电流上所有电流元在 P 点产生的磁感应强度虽然量值相等，但方向却各不相同，并且以 P 点为顶点按锥面分布．若要计算圆电流在 P 点的合磁场，必须用矢量积分形式．通常积分时先将电流元产生的 $\mathrm{d}\boldsymbol{B}$ 沿各正交坐标轴方向投影，化矢量积分为标量积分，考虑到圆形电流上各电流元相对轴线对称分布，如图 11-17 (b) 所示，所有电流元在 P 点产生的磁感应强度 $\mathrm{d}B$ 垂直于轴线的分量 $\mathrm{d}B_\perp$ 逐对相互抵消，而平行于轴线的分量 $\mathrm{d}B_{/\!/}$ 互相加强．所以，P 点处的合磁场仅仅是所有 $\mathrm{d}B_{/\!/}$ 的分量之和．且沿轴线方向，即

$$B = B_{/\!/} = \int \mathrm{d}B_{/\!/} = \int \mathrm{d}B\sin\theta$$

代入 $\mathrm{d}B$ 和 $\sin\theta = \frac{R}{r}$，并考虑对确定的 P 点 r 为常量于是得

$$B = \int_0^{2\pi R}\frac{\mu_0}{4\pi}\frac{I\mathrm{d}l}{r^2}\frac{R}{r} = \frac{\mu_0 I R^2}{2r^3}$$

因为 $r^2=x^2+R^2$，$S=\pi R^2$，所以

$$B=\frac{\mu_0 IR^2}{2(R^2+x^2)^{3/2}}=\frac{\mu_0 IS}{2\pi(R^2+x^2)^{3/2}} \tag{11-27}$$

P 点磁感应强度 $\boldsymbol{B}$ 的方向沿 x 正方向，与电流方向成右手螺旋关系．在圆心处，$x=0$，则圆心处的磁感应强度大小为

$$B_0=\frac{\mu_0 I}{2R} \tag{11-28}$$

当 $x\gg R$，即 P 点远离圆电流时，则轴线上一点磁感应强度大小为

$$B=\frac{\mu_0 IR^2}{2x^3}=\frac{\mu_0 IS}{2\pi x^3} \tag{11-29}$$

现引入一个载流线圈的磁矩 $\boldsymbol{P}_{\mathrm{m}}$，来描述圆电流的磁性质．定义圆电流回路的**磁矩**(magnetic moment) 为

$$\boldsymbol{P}_{\mathrm{m}}=IS\boldsymbol{e}_{\mathrm{n}} \tag{11-30}$$

式中，I 为圆电流回路中的电流，S 为圆电流回路平面的面积，$\boldsymbol{e}_{\mathrm{n}}$ 为回路平面的法线方向（由线圈中电流方向按右手螺旋法则确定，参看图 11-18）的单位矢量．

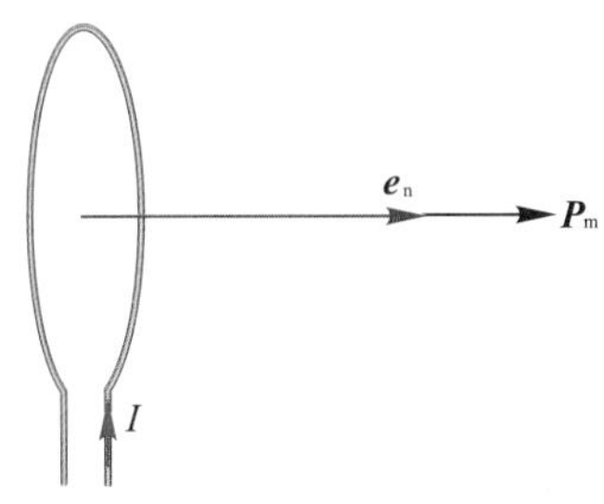

图 11-18 载流平面线圈法线方向的规定

如果电流回路为 N 匝线圈，则载流线圈总的磁矩为

$$\boldsymbol{P}_{\mathrm{m}}=NIS\boldsymbol{e}_{\mathrm{n}} \tag{11-31}$$

当圆电流的半径很小或讨论远离圆电流处的磁场分布时，可以看到它与静电场中电偶极子的电场分布非常相似．因而，圆电流回路可认为是一个**磁偶极子**，产生的磁场称磁偶极磁场．

实际上，原子、分子以至电子、质子等基本粒子都具有磁矩．原子、分子的磁矩主要来源于电子绕核运动而形成的等效圆电流，而电子、质子等基本粒子的磁矩来源于它们的自旋．地球也可看作一个大磁偶极子，其磁矩约为 $8.0\times10^{22}\ \mathrm{A\cdot m^2}$，所以，地球磁场也是一个磁偶极磁场．

圆电流除在轴线上产生的磁场以外，空间任一点磁场的计算较复杂，但我们可以通过计算机编程很方便得到．其基本模型仍可以用是“电流元”这个理想模型，具体计算时，将圆电流看成 N 个电流元的叠加，对每个电流元应用求解磁场空间分布的基本原理，即毕奥－萨伐尔定律，再由叠加原理对整体求和，便可以求得圆电流在空间任意点 P 点的磁感应强度 $\boldsymbol{B}$

$$\boldsymbol{B}=\sum_{i=1}^{N}\frac{\mu_0}{4\pi}\frac{I\mathrm{d}\boldsymbol{l}_i\times\boldsymbol{e}_i}{r_i^2}$$

其中，$I\mathrm{d}\boldsymbol{l}_i$ 表示第 i 个电流元，r_i 表示第 i 个电流元到 P 点的距离，$\boldsymbol{e}_i$ 表示 $\boldsymbol{r}_i$ 的单位矢量．

如果以圆电流所在平面为 xOy 平面，则第 i 个电流元的位置可以表示为

$$\boldsymbol{R}=\left(R\cos\left(\frac{2\pi}{N}i\right),\ R\sin\left(\frac{2\pi}{N}i\right),\ 0\right),$$

第 i 个电流元的大小 $|I\mathrm{d}\boldsymbol{l}_i|=I\dfrac{2\pi R}{N}$，它的单位向量可以表示为

$$\frac{\boldsymbol{R}}{R}\times(-\boldsymbol{k})=\left(-\sin\left(\frac{2\pi}{N}i\right),\ \cos\left(\frac{2\pi}{N}i\right),\ 0\right)$$

显然，这里采用载流多边形电流元来替代圆电流，当 N 越大，其形状越是逼近圆，所求的磁感应强度 $\boldsymbol{B}$ 也就越准确了．这样就可以得到圆电流在空间任意点 P 的磁感应强度 $\boldsymbol{B}$ 的数值解，即知道了圆电流磁场的空间分布．

以下为圆电流轴线外任一点 P 点的磁感应强度计算的源程序

```
struct vector // 定义向量结构
{
    double x;
    double y;
    double z;
};
vector Xiangliangji(vector a,vector b)  // 向量积的计算．
{
    vector  c;
    c.x=a.y*b.z−a.z*b.y;
    c.y=a.z*b.x−a.x*b.z;
    c.z=a.x*b.y−a.y*b.x;
    return c;
}

#define    u0    1.0e−7              // 定义 μ0/4π．

float  N=100;                        // 定义圆电流分成 100 等分．
float  R=0.1, I=10;                  // 定义圆电流的半径为 0.1 m，通电电流为 10 A．
vector  p;                           // 定义 P 点的位置向量．
vector  pr={0.0, 0.0, 0.0};          // 定义电流元的位置向量．
vector  re={0.0, 0.0, 0.0};          // 定义电流元的单位向量．

vector  rr;                          // 定义 P 点相对于电流元的位置向量．
vector  rl;                          // 定义磁感应强度计算过程的中间向量．
vector  B={0.0, 0.0, 0.0};           // 定义 P 点的磁感应强度向量．
float   bs;                          // 定义磁感应强度计算过程的中间变量．
float   Idl=2*PI*R*I/N;              // 定义电流元的大小．
float   r2;                          // 定义电流元到 P 点的距离．
float   fi=2*PI/N;                   // 定义电流元的角度增量．
p.x=1,p.y=1,p.z=1;                   // P 点在（1,1,1）位置．
```

圆电流的磁场线动画

```
for(int i=0;i<N;i++)
{   pr.x= cos(fi*i), pr.y=sin(fi*i) ;              // 计算第 i 个电流元的位置向量.
    re.x= − sin(fi*i), re.y= cos(fi*i) ;           // 计算第 i 个电流元的单位向量.
    rr.x=p.x−pr.x, rr.y=p.y−pr.y, rr.z=p.z−pr.z;   // 计算 P 点相对于第 i 个电流元的位置向量.
    r2=sqrt(rr.x* rr.x+ rr.y* rr.y+ rr.z* rr.z);   // 计算第 i 个电流元到 P 点的距离.
    rl= Xiangliangji(re,rr);                       // 计算第 i 个电流元的单位向量叉乘 P 点相对
                                                   //    于第 i 个电流元的位置向量.
    bs =u0*Idl/(r2*r2*r2);                         // 计算 μ0/4π |Idl_i|/r_i^3 .
    B.x= B.x +bs*rl.x; B.y =B.y+bs*rl.y ; B.z= B.z+bs*rl.z;   // 计算磁感应强度向量.
}
```

下面将利用载流直导线和圆电流轴线上一点磁场两例所得的结果，根据叠加原理，计算一些典型电流分布所产生的磁场．其计算的关键在于如何恰当地选取积分元．

3．载流密绕直螺线管内部轴线上的磁场

螺线管 (solenoid) 是绕在管状物表面的螺旋线圈，直螺线管是指管状物呈圆柱形．螺线管上的线圈一般绕得很紧密，每匝通电线圈可看成圆电流．整个螺线管在轴线上某点产生的磁感应强度等于各匝线圈在该点产生的磁感应强度的矢量和．

设有一密绕直螺线管，半径为 R，通电流 I，单位长度绕有 n 匝线圈，试求管内部轴线上一点 P 处的磁感应强度．

如图 11-19 所示，在螺线管上取轴线方向为 x 方向，坐标原点 O 与 P 点重合，在距 P 点 x 处任意截取一小段 $\mathrm{d}x$，该小段上有线圈 $n\mathrm{d}x$ 匝，通有电流 $\mathrm{d}i = In\mathrm{d}x$．电流 $\mathrm{d}i$ 相当一个圆电流，应用式 (11-27) 得该圆电流在 P 点产生的磁感应强度的大小为

$$\mathrm{d}B = \frac{\mu_0}{2}\frac{R^2 nI\mathrm{d}x}{(R^2+x^2)^{3/2}}$$

由于螺线管的各小段在 P 点处产生的磁感应强度方向都相同（沿轴线向右），整个螺线管在 P 点产生的磁感应强度 $\boldsymbol{B}$ 的大小为

$$B = \int \mathrm{d}B = \int_{x_1}^{x_2} \frac{\mu_0}{2}\frac{R^2 nI\mathrm{d}x}{(R^2+x^2)^{3/2}}$$

式中，x_1 和 x_2 分别为螺线管两端的坐标．通过查积分表，上式积分可得

$$B = \frac{\mu_0}{2}\frac{R^2 nIx}{R^2\sqrt{R^2+x^2}}\Bigg|_{x_1}^{x_2} = \frac{1}{2}\mu_0 nI\left(\frac{x_2}{\sqrt{R^2+x_2^2}} - \frac{x_1}{\sqrt{R^2+x_1^2}}\right)$$

通过图 11-19(a) 中的几何关系，有

$$\cos\beta_1 = \frac{x_1}{\sqrt{R^2+x_1^2}}, \quad \cos\beta_2 = \frac{x_2}{\sqrt{R^2+x_2^2}}$$

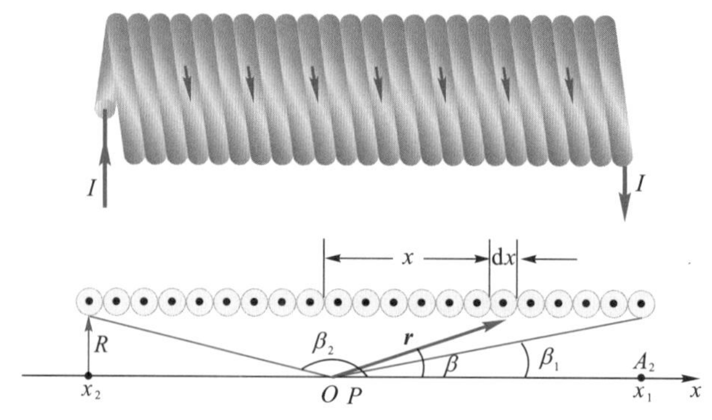

(a) 螺线管内的磁场

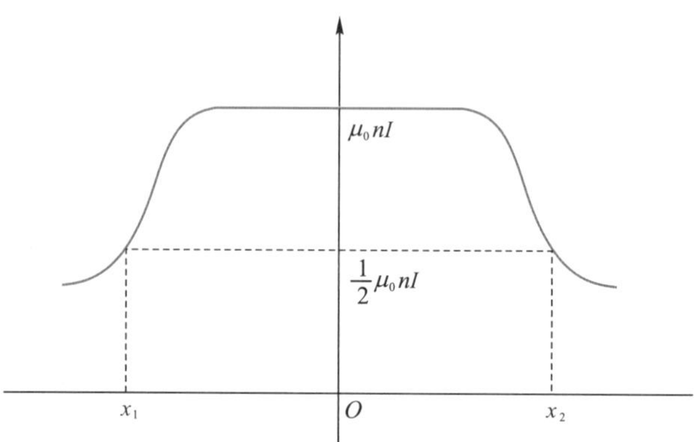

(b) 密绕长直螺线管轴线上的磁场分布

图 11-19　螺线管磁场分布

代入上述积分结果可得

$$B=\frac{1}{2}\mu_0 nI(\cos\beta_2-\cos\beta_1) \tag{11-32}$$

式中，β_1 和 β_2 分别为 x 轴正向与从 P 点引向螺线管两端的径矢 $\boldsymbol{r}$ 之间的夹角.

如果螺线管的长度远大于其直径，我们称此密绕长直螺线管为“无限长”，此时 $\beta_1=0$，$\beta_2=\pi$，有

$$B=\mu_0 nI \tag{11-33}$$

式 (11-33) 表示无限长密绕长直螺线管内部轴线上各点磁感应强度为常矢量. 理论和实验均证明在整个无限长螺线管内部空间里，在一定精度范围内上述结论也适用，说明磁场为均匀场. 其磁感应强度大小为 $\mu_0 nI$，方向与轴线平行，其指向可按右手定则确定，即右手四指弯曲方向表示电流的方向，大拇指方向表示磁场方向.

对于半无限长螺管左端面或右端面处，由于端面与轴线相交处相应的 $\beta_1=\frac{\pi}{2},\beta_2\to\pi$，或 $\beta_1\to 0,\beta_2=\frac{\pi}{2}$，无论哪种情况都有

$$B=\frac{1}{2}\mu_0 nI \tag{11-34}$$

可见半无限长螺线管端面中心轴线上，磁感应强度的大小为管内的 $\frac{1}{2}$. 综上所述，密绕长直螺管轴线上各处 B 的量值变化如图 11-19(b) 所示.

必须指出：式(11-32)、式(11-33)、式(11-34)是在满足螺线管既是"无限长"又是"密绕"的条件下才得到的.

例 11-1

如图 11-20 所示，有一条"无限长"载流扁平导体片，宽度为 a，厚度忽略不计，电流 I 沿宽度方向均匀分布，试求离该导体片宽度方向中线的竖直正上方距离为 y 的 P 点处磁感应强度.

解 取坐标如图 11-20 所示，把导体片沿平行于中心线的方向划分成无数个宽 $\mathrm{d}x$ 的无限长的细条，每根细条载有电流 $\mathrm{d}i = I\mathrm{d}x/a$. 根据式(11-25)，这些细条在 P 点产生的磁感应强度 $\mathrm{d}\boldsymbol{B}$ 的大小为

$$\mathrm{d}B = \frac{\mu_0 \mathrm{d}i}{2\pi r} = \frac{\mu_0}{2\pi}\frac{I\frac{\mathrm{d}x}{a}}{y\sec\theta}$$

$\mathrm{d}\boldsymbol{B}$ 位于垂直于细条的 xOy 平面内，且垂直于径矢 $\boldsymbol{r}$. 显然，各宽为 $\mathrm{d}x$ 的载流细条所产生的 $\mathrm{d}\boldsymbol{B}$ 方向各不相同. 若将 $\mathrm{d}\boldsymbol{B}$ 沿坐标轴正交分解得

$$\mathrm{d}B_x = \mathrm{d}B\cos\theta, \quad \mathrm{d}B_y = \mathrm{d}B\sin\theta$$

考虑到由于原点 O 两侧对称位置的任意两载流细条产生 $\mathrm{d}\boldsymbol{B}$ 的 y 方向分量成对抵消，于是 P 点总磁感应强度 $\boldsymbol{B}$ 的方向沿 x 方向，其量值为

$$B = \int \mathrm{d}B_x = \int \mathrm{d}B\cos\theta = \frac{\mu_0}{2\pi}\int \frac{I\frac{\mathrm{d}x}{a}}{y\sec\theta}\cos\theta$$

$$= \frac{\mu_0 I}{2\pi a y}\int \frac{\mathrm{d}x}{\sec^2\theta}$$

式中，有 x 和 θ 两个有联系的变量，必须先统一变量再计算. 根据图 11-20 的几何关系，易得 $x=y\tan\theta$，$\mathrm{d}x=y\sec^2\theta\mathrm{d}\theta$，代入上式并进行化简，同时写出积分上下限，得

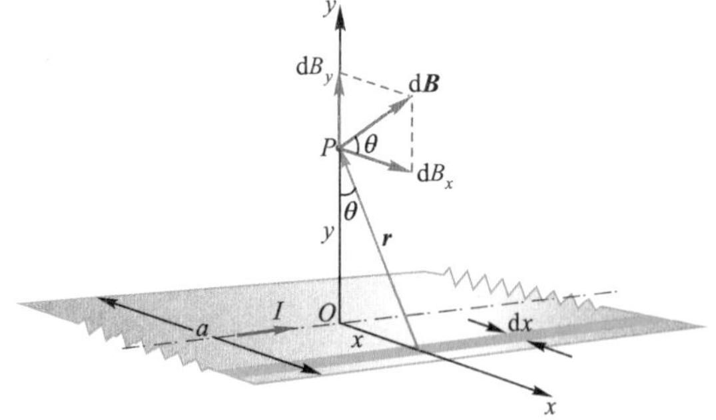

图 11-20 载流导体片磁场

$$B = \frac{\mu_0 I}{2\pi a}\int_{-\arctan\frac{a}{2y}}^{\arctan\frac{a}{2y}} \mathrm{d}\theta = \frac{\mu_0 I}{\pi a}\arctan\frac{a}{2y}$$

如 P 点距导体片很远，则 $\arctan\frac{a}{2y}$ 很小，因而 $\arctan\frac{a}{2y} \approx \frac{a}{2y}$，有

$$B \approx \frac{\mu_0 I}{\pi a}\left(\frac{a}{2y}\right) = \frac{\mu_0 I}{2\pi y}$$

上述结果与无限长载流直导线的结果式(11-25)一样. 可见，在很远处长直载流导体片与长直载流导线在产生磁场方面几乎无区别.

若 P 点距导体片中心线极近，$y \ll a$，则 $\arctan\frac{a}{2y} \approx \frac{\pi}{2}$，有

$$B \approx \frac{\mu_0 I}{\pi a}\cdot\frac{\pi}{2} = \frac{\mu_0 I}{2a}$$

例 11-2

半径为 R 的圆盘上均匀带电，电荷面密度为 σ，若该圆盘以匀角速度 ω 绕过圆心 O 并垂直盘面的 x 轴旋转，求轴线上距圆盘中心 O 为 x 处的磁感应强度和均匀带电圆盘的磁矩.

解　圆盘转动形成的电流可看作由许多圆电流组成，如图 11-21 所示，可在圆盘上距圆心 O 为 r 处，取一宽为 $\mathrm{d}r$ 的细圆环，细圆环上相应的电流为

$$\mathrm{d}I=\frac{\omega}{2\pi}\mathrm{d}q=\frac{\omega}{2\pi}\cdot\sigma\cdot 2\pi r\mathrm{d}r=\omega\sigma r\mathrm{d}r$$

根据式 (11-27) 细圆环电流在轴线上产生的磁感应强度为

$$\mathrm{d}B=\frac{\mu_0}{2}\frac{r^2\mathrm{d}I}{(x^2+r^2)^{3/2}}=\frac{\mu_0}{2}\frac{r^3\omega\sigma\mathrm{d}r}{(x^2+r^2)^{3/2}}$$

$$B=\int\mathrm{d}B=\int_0^R\frac{\mu_0}{2}\frac{r^3\omega\sigma\mathrm{d}r}{(x^2+r^2)^{3/2}}$$

$$=\frac{\mu_0\omega\sigma}{2}\left(\frac{R^2+2x^2}{\sqrt{R^2+x^2}}-2x\right)$$

方向沿 x 正方向. 显然，当 $x=0$ 时，圆心处的磁感应强度为

$$B=\frac{\mu_0\sigma\omega R}{2}$$

转动圆盘的磁矩为所有细圆环电流产生的磁矩的叠加，设前述细圆环电流上的电流为 $\mathrm{d}I$，面积为 $S=\pi r^2$，则该细圆环电流的磁矩为

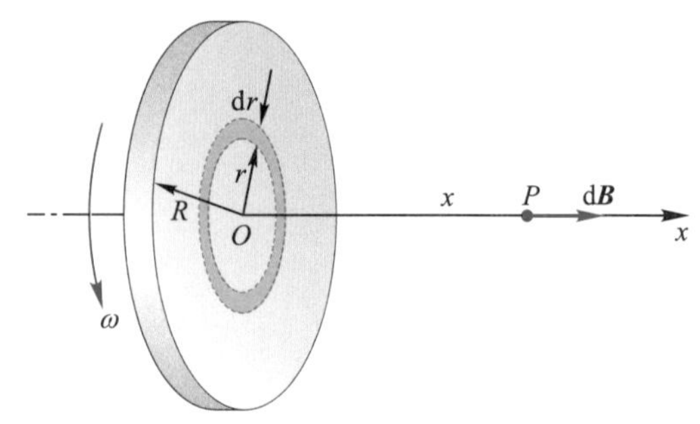

图 11-21　转动的带电圆盘

$$\mathrm{d}P_\mathrm{m}=S\mathrm{d}I=\pi r^2\omega\sigma r\mathrm{d}r=\pi r^3\omega\sigma\mathrm{d}r$$

所以，整个圆盘的磁矩为

$$P_\mathrm{m}=\int\mathrm{d}P_\mathrm{m}=\int_0^R\pi r^3\omega\sigma\mathrm{d}r=\frac{1}{4}\pi\omega\sigma R^4$$

磁矩 P_m 的方向与 $\boldsymbol{B}$ 的方向相同.

11.3.3 匀速运动电荷的磁场

导体中的电流，根据经典电子论，是大量自由电子的定向运动. 因此，恒定电流的磁场实际上是这些匀速运动电荷产生的磁场的宏观表现. 下面讨论匀速运动电荷产生的磁场.

根据毕奥－萨伐尔定律，电流元 $I\mathrm{d}\boldsymbol{l}$ 产生的磁感应强度 $\mathrm{d}\boldsymbol{B}$ 的大小为

$$\mathrm{d}B=\frac{\mu_0}{4\pi}\frac{I\mathrm{d}l\sin(\widehat{\mathrm{d}\boldsymbol{l},\boldsymbol{r}})}{r^2}$$

如图 11-22 所示，设有一电流元 $I\mathrm{d}\boldsymbol{l}$，其横截面积为 S，导体单位体积内有 n 个带电粒子，每个粒子带电量 q，以速度 $\boldsymbol{v}$ 沿 $I\mathrm{d}\boldsymbol{l}$ 方向匀速运动而形成导体中的电流 I，导体中单位时间通过横截面 S 的电量为 $qnvS$，则电流强度即为

$$I=qnvS$$

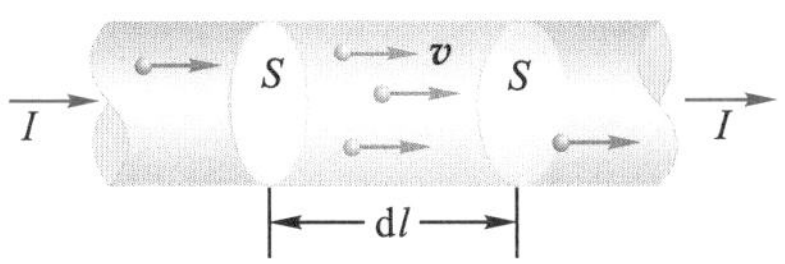

图 11-22 电流元中的运动电荷

将上式代入毕奥－萨伐尔定律表达式，并考虑到 $I\mathrm{d}\boldsymbol{l}$ 的方向与 $\boldsymbol{v}$ 方向一致，得

$$\mathrm{d}B = \frac{\mu_0}{4\pi}\frac{(qnvS)\mathrm{d}l\sin(\widehat{\boldsymbol{v},\boldsymbol{r}})}{r^2}$$

由于在 $I\mathrm{d}\boldsymbol{l}$ 整个体积内，始终存在着 $\mathrm{d}N = nS\mathrm{d}l$ 个带电粒子，并以速度 $\boldsymbol{v}$ 运动着，因此电流元 $I\mathrm{d}\boldsymbol{l}$ 产生的磁场，从微观意义上说，实际是 $\mathrm{d}N$ 个运动电荷共同产生的，而每一个运动电荷产生的磁感应强度 $\boldsymbol{B}$ 的大小应为

$$B = \frac{\mathrm{d}B}{\mathrm{d}N} = \frac{\mu_0}{4\pi}\frac{qv\sin(\widehat{\boldsymbol{v},\boldsymbol{r}})}{r^2} \tag{11-35}$$

式中，$\boldsymbol{B}$ 的方向应垂直于 $\boldsymbol{v}$ 和 $\boldsymbol{r}$ 所组成的平面．若 $q > 0$，$\boldsymbol{B}$ 的指向应符合右手螺旋定则：右手四指指向 $\boldsymbol{v}$ 方向，经小于 180° 角弯向径矢 $\boldsymbol{r}$，大拇指的指向即为 $\boldsymbol{B}$ 的方向（图 11-23）．若 $q < 0$，则 $\boldsymbol{B}$ 的指向则刚好相反．于是式 (11-35) 写成矢量式为

$$\boldsymbol{B} = \frac{\mu_0}{4\pi}\frac{q\boldsymbol{v}\times\boldsymbol{r}}{r^3} \tag{11-36}$$

必须注意，式 (11-36) 是匀速运动电荷产生磁场的非相对论形式．当 $\boldsymbol{v}$ 接近光速时，此式将不再适用．

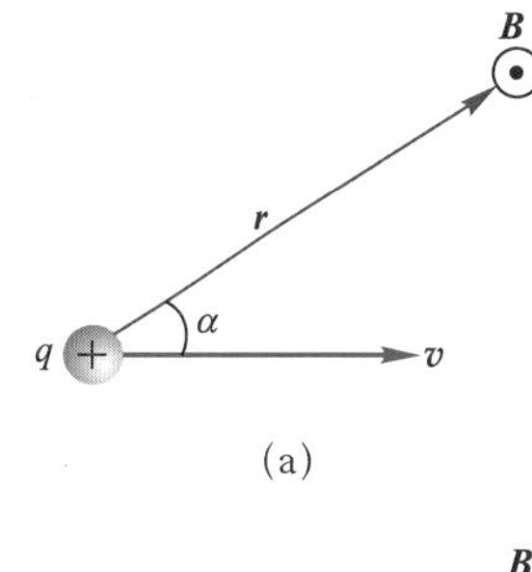

(a)

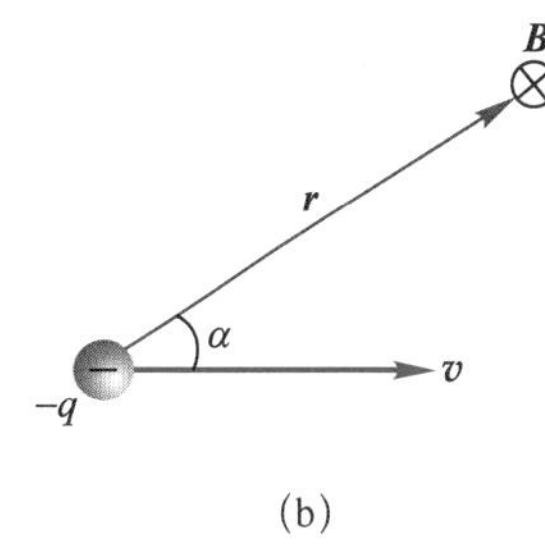

(b)

图 11-23 运动电荷的磁场方向

11.4 真空中磁场的高斯定理

11.4.1 磁感应线

磁感应线 (magnetic induction line) 也称 B 线，它是为形象地描绘磁场的空间分布而人为描绘出的一系列曲线族．通常规定磁场中任一磁感应线上某点的切线前进方向，代表该点磁感应强度 $\boldsymbol{B}$ 的方向；而通过垂直于磁感应强度 $\boldsymbol{B}$ 的单位面积上的磁感应线根数等于该处 B 的量值．也就是说，磁感应线的疏密程度反映了磁场的强弱．

图 11-24 描绘了三种典型电流分布所产生磁场的磁感应线的分布．从图中看出电流方向与磁感应线的回转方向是密切相关的，它们之间遵从右手定则（图 11-25）．从图中还可以看出，磁感应线永不相交，是与电流套合的闭合曲线．而静电场中电场线是有头有尾不闭合的曲线．这正形象地体现出静电场是有源场，而磁场是无源场、有旋场．

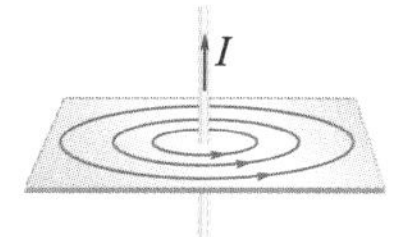

(a) 长直电流

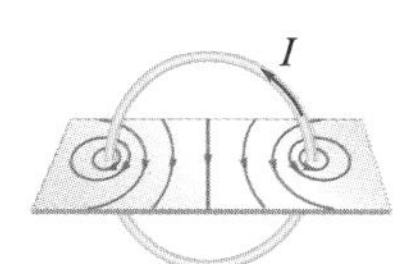

(b) 圆电流

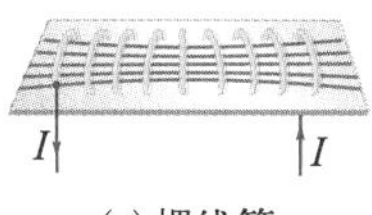

(c) 螺线管

图 11-24 典型电流分布磁场的磁感应线

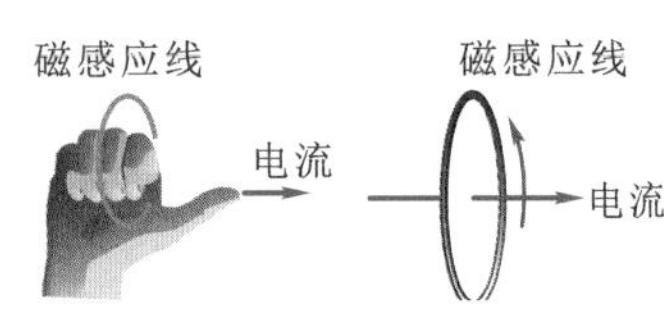

图 11-25　磁感应线回转方向与电流方向间关系

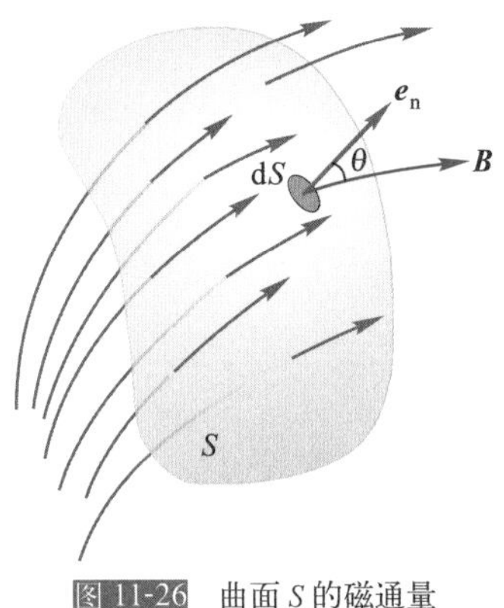

图 11-26　曲面 S 的磁通量

11.4.2 磁通量

与静电场中电通量概念类似，通过任一曲面 S 上的磁感应线条数，称通过该曲面的磁通量 (magnetic flux) 也称 B 通量，用 Φ_m 表示.

在不均匀磁场中，若要计算通过某一曲面 S 的磁通量，可在图 11-26 所示曲面 S 上任取一面积元 d$\boldsymbol{S}$，d$\boldsymbol{S}$ 的法线方向 $\boldsymbol{e}_n$ 即为 d$\boldsymbol{S}$ 方向，d$\boldsymbol{S}$ 与该处磁感应强度 $\boldsymbol{B}$ 之间的夹角为 θ. 根据描绘磁感应线时的规定，有

$$B = \frac{\mathrm{d}\Phi_m}{\mathrm{d}S_\perp}$$

则通过面积元 dS 的磁通量为

$$\mathrm{d}\Phi_m = B\mathrm{d}S_\perp = B\mathrm{d}S\cos\theta = \boldsymbol{B}\cdot\mathrm{d}\boldsymbol{S} \tag{11-37}$$

通过有限曲面 S 的磁通量为

$$\Phi_m = \int \mathrm{d}\Phi_m = \int_S \boldsymbol{B}\cdot\mathrm{d}\boldsymbol{S} \tag{11-38}$$

在国际单位制中，磁通量的单位为韦 [伯](Wb)，且

$$1\ \mathrm{Wb} = 1\ \mathrm{T}\cdot\mathrm{m}^2$$

11.4.3 真空中恒定磁场的高斯定理

对于闭合曲面 S，当要计算通过其磁通量时，通常规定闭合曲面上任一面元 d$\boldsymbol{S}$ 的法线正方向为从内指向曲面外侧. 按此规定，显然对应磁感应线穿出该封闭曲面的磁通量为正，而穿入封闭曲面的磁通量为负. 由于磁感应线是无头无尾的闭合曲线，穿过闭合曲面的通量必然正负相抵，总量为零. 有

$$\oint_S \boldsymbol{B}\cdot\mathrm{d}\boldsymbol{S} = 0 \tag{11-39}$$

式 (11-39) 是真空中恒定磁场的高斯定理的数学表达式. 形式上与静电场真空中的高斯定理 $\oint_S \boldsymbol{E}\cdot\mathrm{d}\boldsymbol{S} = \sum_i \frac{q_i}{\varepsilon_0}$ 相似，但二者有本质上的区别. 静电场真空中高斯定理表达式等号右边可以不为零，说明自然界有单独存在的正电荷或负电荷，电场线 ($\boldsymbol{E}$ 线) 可以在闭合曲面内发出或终止. 而自然界中没有单独存在的磁单极 (magnetic monopole)，因而磁感应线必然闭合，导致高斯定理中等号右边必然为零. 所以，这是一条反映恒定磁场是无源场这一重要性质的公式.

关于磁单极，不少物理学家从理论上预言其存在，还有人计算出它的磁荷与质量的值. 但在实验上，尚未令人信服地证实磁单极的存在.

例 11-3

如图 11-27 所示，真空中两根平行长直导线相距 $d = 40$ cm，每根导线载有电流 $I_1 = I_2 = 20$ A，求通过图中与电流共面的矩形框所围面积的磁通量．其中，$r_1 = r_3 = 10$ cm，$r_2 = 20$ cm，$l = 25$ cm．

解 如图 11-27 所示，取面积元 $\mathrm{d}S = l\mathrm{d}r$，此面积元上磁通量为

$$\mathrm{d}\Phi_\mathrm{m} = \boldsymbol{B}\cdot\mathrm{d}\boldsymbol{S} = Bl\mathrm{d}r$$

面元 d$\boldsymbol{S}$ 处磁感应强度方向垂直纸面向外，大小为

$$B = \frac{\mu_0 I_1}{2\pi r} + \frac{\mu_0 I_2}{2\pi(d-r)}$$

所以，总的磁通量为

$$\Phi_\mathrm{m} = \int \mathrm{d}\Phi_\mathrm{m} = \int_{r_1}^{r_1+r_2} \frac{\mu_0 l}{2\pi}\left(\frac{I_1}{r} + \frac{I_2}{d-r}\right)\mathrm{d}r$$

$$= \frac{\mu_0 l I_1}{2\pi}\ln\frac{r_1+r_2}{r_1} + \frac{\mu_0 l I_2}{2\pi}\ln\frac{d-r_1}{d-r_1-r_2}$$

由于 $I_1 = I_2$，$d = r_1+r_2+r_3$，$r_1 = r_3$，故

$$\Phi_\mathrm{m} = \frac{\mu_0 l I_1}{\pi}\ln\frac{r_1+r_2}{r_1}$$

代入数据得

$$\Phi_\mathrm{m} = \frac{4\pi\times10^{-7}\times0.25\times20}{\pi}\ln\frac{0.30}{0.10}$$

$$= 2.2\times10^{-6}(\mathrm{Wb})$$

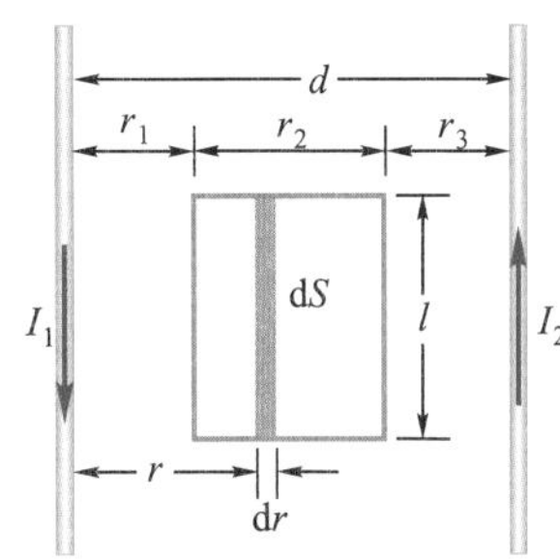

图 11-27 磁通量计算

11.5 真空中恒定磁场的安培环路定理

11.5.1 恒定磁场的安培环路定理

在静电场中，电场强度沿闭合路径的线积分（即环流）为零．这说明静电场是保守场、无旋场．而磁场与静电场有本质区别，磁感应强度沿闭合路径的线积分（环流）不一定为零．存在

$$\oint_L \boldsymbol{B}\cdot\mathrm{d}\boldsymbol{l} = \mu_0\sum_i I_i \tag{11-40}$$

这一表达式称为真空中恒定磁场的安培环路定理（Ampère's circuital theorem）．其表述为：**在真空中的恒定磁场中，沿任何闭合路径 L 一周的 B 矢量的线积分（即 B 的环流），等于闭合路径内所包围并穿过的电流的代数和的 μ_0 倍，而与路径的形状大小无关．它说明磁场是有旋场、**非保守场．这是反映恒定磁场性质的另一条重要定理．

下面用长直电流产生的磁场来验证这条定理．

设在真空中有一电流为 I 的无限长直电流，电流垂直纸面向外

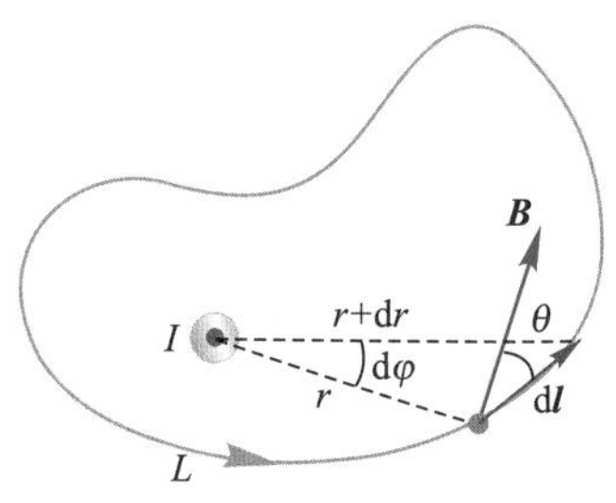

图 11-28　长直载流导线磁场中 B 的环流

(图 11-28)，此时，若以垂直于电流 I 的平面上的任一闭合路径 L 为积分路径，磁感应强度 $\boldsymbol{B}$ 的环流为

$$\oint_L \boldsymbol{B} \cdot \mathrm{d}\boldsymbol{l} = \oint_L B\cos\theta \mathrm{d}l$$

式中，$\mathrm{d}\boldsymbol{l}$ 是积分路径上任取的一线元，$\boldsymbol{B}$ 是 $\mathrm{d}\boldsymbol{l}$ 处磁感应强度，θ 为 $\mathrm{d}\boldsymbol{l}$ 与 $\boldsymbol{B}$ 的夹角. 由图 11-28 的几何关系可知

$$\cos\theta \mathrm{d}l = r\mathrm{d}\varphi$$

而

$$B = \frac{\mu_0 I}{2\pi r}$$

故 $\boldsymbol{B}$ 的环流为

$$\oint_L \boldsymbol{B} \cdot \mathrm{d}\boldsymbol{l} = \int_0^{2\pi} \frac{\mu_0 I}{2\pi r} r\mathrm{d}\varphi = \mu_0 I$$

如果闭合路径 L 不在同一平面内，则对 L 上每一段线元 $\mathrm{d}\boldsymbol{l}$ 都可以用通过该点在垂直于载流导线的平面上作正交分解，将 $\mathrm{d}\boldsymbol{l}$ 分解为平行于平面的分量 $\mathrm{d}\boldsymbol{l}_{/\!/}$ 与垂直于平面的分量 $\mathrm{d}\boldsymbol{l}_{\perp}$，结果有

$$\begin{aligned}\oint_L \boldsymbol{B} \cdot \mathrm{d}\boldsymbol{l} &= \oint_L \boldsymbol{B} \cdot (\mathrm{d}\boldsymbol{l}_{/\!/} + \mathrm{d}\boldsymbol{l}_{\perp}) = \oint_L B\cos 90^\circ \mathrm{d}l_{\perp} + \oint_L B\cos\theta \mathrm{d}l_{/\!/} \\ &= 0 + \int_0^{2\pi} \frac{\mu_0 I}{2\pi r} r\mathrm{d}\varphi = \mu_0 I\end{aligned}$$

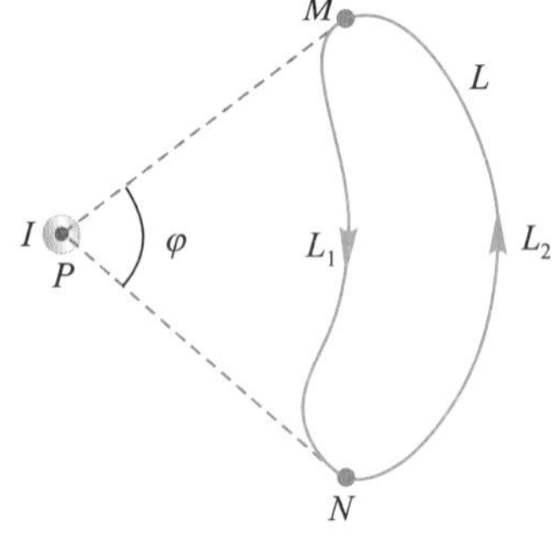

图 11-29　闭合路径不包围电流时，B 的环流

如果闭合路径 L 并未包围电流（图 11-29），则可由载流直导线与闭合路径所在平面（纸面）的交点 P 向闭合路径 L 作两条切线交 L 为 M 和 N 两切点，并将 L 分隔成 ML_1N 和 ML_2N 两部分，则

$$\begin{aligned}\oint \boldsymbol{B} \cdot \mathrm{d}\boldsymbol{l} &= \int_{L_1} \boldsymbol{B} \cdot \mathrm{d}\boldsymbol{l}_1 + \int_{L_2} \boldsymbol{B} \cdot \mathrm{d}\boldsymbol{l}_2 = \int_{L_1} \frac{\mu_0 I}{2\pi r} r\mathrm{d}\varphi + \int_{L_2} \frac{\mu_0 I}{2\pi r} r\mathrm{d}\varphi \\ &= \frac{\mu_0 I}{2\pi}[\varphi + (-\varphi)] = 0\end{aligned}$$

如果闭合路径包围多根电流及电流反向，读者可自行证明.

以上以长直电流为例. 对安培环路定理进行了一系列验证，对任意电流分布，安培环路定理均普遍成立. 此外还需作如下说明：

(1) 对于环路内所包围的电流 I，当电流方向与积分路径绕行方向成右手螺旋关系时（右手四指弯曲指向回路绕行方向，拇指指向便为电流方向），规定电流为正；反之为负.

(2) 安培环路定理表达式 (11-40) 右边的电流强度是指闭合路径所包围并穿过的电流强度，而等号左边积分号内的 $\boldsymbol{B}$ 是指空间所有电流在积分路径元 $\mathrm{d}\boldsymbol{l}$ 上产生的磁感应强度的合贡献.

(3) 前述真空中安培环路定理仅适用于恒定电流的恒定磁场. 对于变化电流产生的磁场，安培环路定理的形式要作修改.

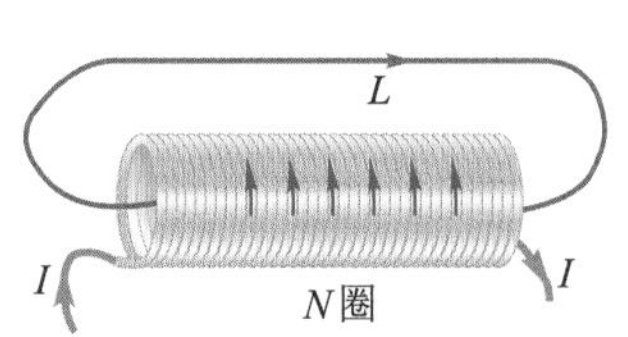

图 11-30　与闭合路径套连的电流

(4) 被闭合路径包围并对环流有贡献的电流是指与闭合路径互相套连的电流. 而且是当同一电流套连 N 圈时（图 11-30)，则存在

$$\oint_L \boldsymbol{B} \cdot \mathrm{d}\boldsymbol{l} = \mu_0 NI$$

若没有互相套连（图 11-31），则有 $\sum_i I_i = 0$，这些电流 I 虽然在 L 处产生的 B_1，B_2，B_3 均不为零，但对整个环流却无贡献．

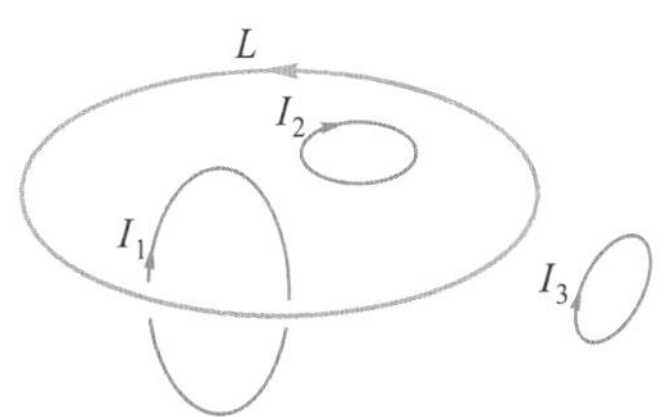

图 11-31 与闭合路径不套连的电流

11.5.2 安培环路定理的应用

由静电学可知，当电荷分布具有某种对称性时，可以应用静电场中的高斯定理，很方便地求出带电体周围的电场分布．同样，当电流分布具有某种对称性时，也可以应用安培环路定理求出电流周围的磁场分布．

根据求 $\boldsymbol{E}$ 的经验，可以想象，利用式(11-40)求一定电流分布在空间产生的磁场分布，必须首先根据电流分布的对称性来分析磁场分布的对称性；然后根据磁场分布的对称性和特点，选择适当的积分回路 L(也称安培环路)，使此回路 L 上的磁感应强度 $\boldsymbol{B}$ 值处处相等，可直接从 $\oint \boldsymbol{B}\cdot \mathrm{d}\boldsymbol{l}$ 中以标量形式将 B 从积分号中提出；或沿回路 L 的某几段的积分为零，剩余下的路径上 $\boldsymbol{B}$ 值处处相等，从而将 $\boldsymbol{B}$ 的标量形式提至积分号外，并求得 $\boldsymbol{B}$ 的分布．

下面将分别讨论几种情况的磁场分布．

1．无限长载流圆柱形导体的磁场分布

设真空中有一无限长载流圆柱形导体，圆柱半径为 R，圆柱横截面上均匀地通有电流 I，沿轴线流动．求磁场分布．

如图 11-32 所示，对无限长载流圆柱体，由于电流分布的轴对称性，可以判断在圆柱导体内外空间中的磁感应线是一系列同轴圆周线．证明此结论，只需在图 11-32(b) 中的圆柱横截面上以 OP 为轴，任取一对对称的沿柱轴流动的细长电流 $\mathrm{d}I_1$ 和 $\mathrm{d}I_2$，它们在柱外任一点 P 处产生的磁感应强度 $\mathrm{d}\boldsymbol{B}_1$ 和 $\mathrm{d}\boldsymbol{B}_2$ 的合矢量 $\mathrm{d}\boldsymbol{B}$ 的方向一定沿过 P 点的圆周线的切线方向．从而可以判断，离圆柱轴线 O 距离相同处的各点 $\boldsymbol{B}$ 的大小相同，方向垂直于轴和轴到该点 P 径矢组成的平面．

我们先讨论圆柱导体外的磁场分布．设圆柱外一点 P，距轴线为 r．选择过 P 点的同轴圆周线为积分回路 L(回路 L 方向与电流方向成右手螺旋关系)．根据上述分析，可求得 $\boldsymbol{B}$ 在回路 L 上的环流为

$$\oint_L \boldsymbol{B}\cdot \mathrm{d}\boldsymbol{l} = 2\pi rB$$

根据安培环路定理可得

$$2\pi rB = \mu_0 I$$

所以

$$B = \frac{\mu_0 I}{2\pi r},\quad r > R$$

可见，在无限长圆柱导体外部的磁场分布与载有相同电流的无限长直导线周围的磁场一样．

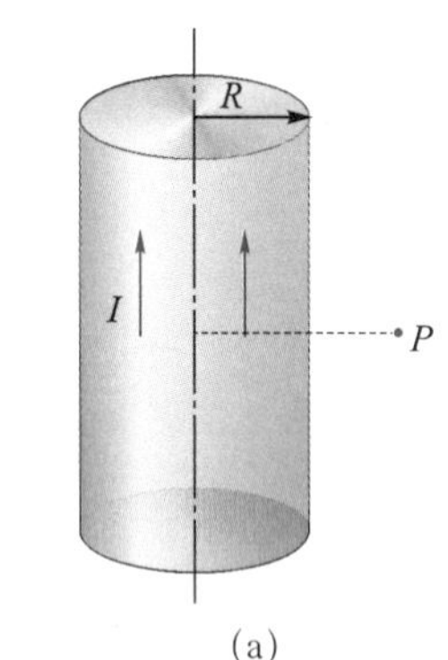

(a)

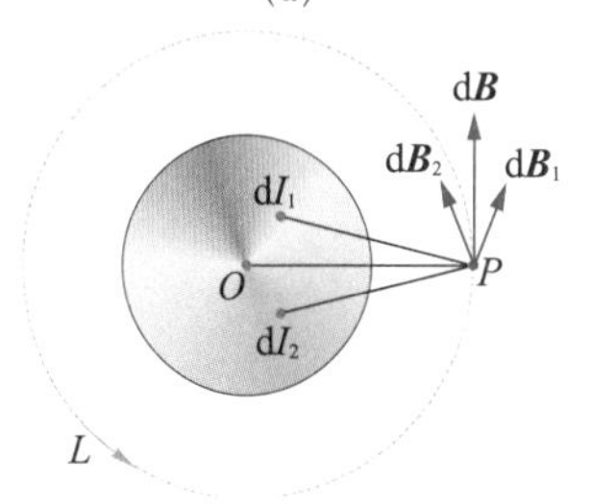

(b)

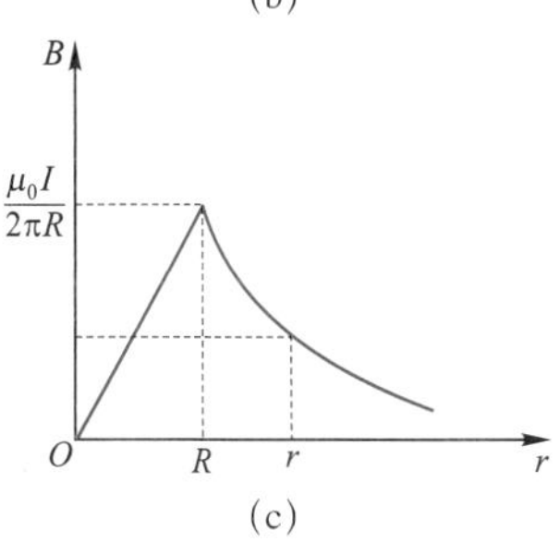

(c)

图 11-32 无限长载流圆柱导体的磁场分布

再讨论无限长圆柱导体内的磁场分布．我们选 $r<R$ 处的任意一点 P'，并选通过 P' 点半径为 r 的同轴圆周线为积分回路 L'(仍与电流成右手螺旋关系)，根据同样的分析，由于回路上各点 $\boldsymbol{B}$ 大小相同，方向沿 L' 切线方向，则 $\boldsymbol{B}$ 沿 L' 的环流为

$$\oint_L \boldsymbol{B}\cdot \mathrm{d}\boldsymbol{l} = 2\pi rB$$

由于回路 L' 包围并穿过的电流为 $\sum_i I_i = \frac{\pi r^2}{\pi R^2}I$，由安培环路定理得

$$2\pi rB = \frac{\pi r^2}{\pi R^2}I$$

有

$$B = \frac{\mu_0 rI}{2\pi R^2},\quad r<R$$

图 11-32（c）是以圆柱导体轴为原点，离轴距离为 r 的各场点的磁感应强度 B 的大小与距离 r 之间关系曲线，其综合表达式为

$$B = \begin{cases} 0, & r=0 \\ \dfrac{\mu_0 rI}{2\pi R^2}, & r\leqslant R \\ \dfrac{\mu_0 I}{2\pi r}, & r>R \end{cases} \tag{11-41}$$

读者可用类似的方法讨论无限长载流圆柱面的磁场分布．其磁感应强度 $\boldsymbol{B}$ 的大小可求得为

$$B = \begin{cases} 0, & r<R \\ \dfrac{\mu_0 I}{2\pi r}, & r\geqslant R \end{cases} \tag{11-42}$$

2．长直载流螺线管内的磁场分布

在 11.3 节中曾计算过长直螺线管内轴线上的磁场分布，但对管内其余各点的磁场，利用毕奥－萨伐尔定律求解却是很复杂的．而利用安培环路定理，却可以证明长直密绕螺线管内的磁场是均匀的．

设该长直螺线管可视作无限长密绕直螺线管，线圈中通电流 I，单位长度密绕 n 匝线圈，由电流分布的对称性可判断，管内磁感应线不可能相交，只可能相互平行分布，而且离轴线等距离的各点 $\boldsymbol{B}$ 的大小必然相等，方向平行于轴线，管外 $\boldsymbol{B}$ 则趋近于零．

选择如图 11-33 所示过管内任意点 P 的矩形回路 $ABCDA$ 为积分回路 L，绕行方向为 $A\to B\to C\to D\to A$，则 $\boldsymbol{B}$ 沿回路 L 的环流为

$$\oint_L \boldsymbol{B}\cdot \mathrm{d}\boldsymbol{l} = \int_{AB} \boldsymbol{B}\cdot \mathrm{d}\boldsymbol{l} + \int_{BC} \boldsymbol{B}\cdot \mathrm{d}\boldsymbol{l} + \int_{CD} \boldsymbol{B}\cdot \mathrm{d}\boldsymbol{l} + \int_{DA} \boldsymbol{B}\cdot \mathrm{d}\boldsymbol{l}$$

考虑到平行轴线的 AB 段上环流为

$$\int_{AB} \boldsymbol{B}\cdot \mathrm{d}\boldsymbol{l} = B\overline{AB}$$

而在 BC、DA 和 CD 段上，由于管内 $\boldsymbol{B}$ 与线元 $\mathrm{d}\boldsymbol{l}$ 垂直，或管外 $\boldsymbol{B}=\mathbf{0}$，则

$$\int_{BC} \boldsymbol{B}\cdot \mathrm{d}\boldsymbol{l} = 0,\quad \int_{DA} \boldsymbol{B}\cdot \mathrm{d}\boldsymbol{l} = 0,\quad \int_{CD} \boldsymbol{B}\cdot \mathrm{d}\boldsymbol{l} = 0$$

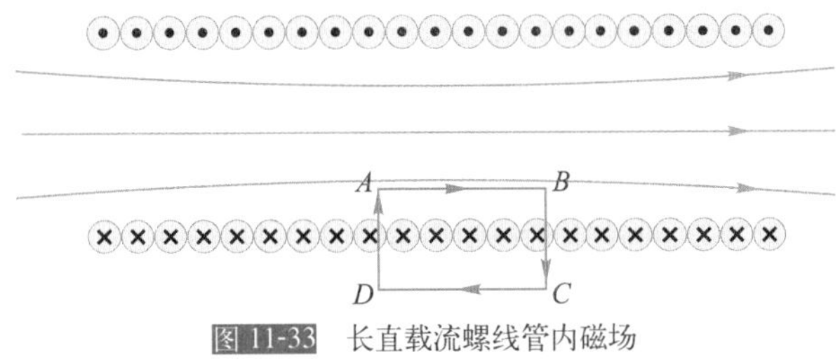

图 11-33 长直载流螺线管内磁场

所以，$\boldsymbol{B}$ 在矩形回路 L 上的环流为

$$\oint_L \boldsymbol{B}\cdot \mathrm{d}\boldsymbol{l} = B\overline{AB} = \mu_0 I(n\overline{AB})$$

经整理得

$$B = \mu_0 nI$$

该结论与式（11-33）相同，对无限长密绕直螺线管内部任一点，磁感应强度的大小均为$B = \mu_0 nI$，方向符合右手螺旋定则．长直密绕螺线管内确实可看作均匀磁场．

3．载流螺绕环的磁场分布

环形螺线管称为螺绕环 (torus)．如图 11-34 所示，设螺绕环轴线半径为 R，环上均匀密绕 N 匝线圈，通有电流 I．根据电流分布的对称性，可以判断环内磁感应线为一系列与螺绕环中心轴线同心的圆周线．即同一圆周线上各点 $\boldsymbol{B}$ 的大小相等，方向沿圆周切线方向．

先看环管内的磁场分布. 设环内有一点 P_1, 过 P_1 点作以 O 点为圆心, 半径为 r 的圆周, 并将它选作积分回路 L, 使回路绕行方向与回路所包围的电流方向符合右手螺旋定则. 根据安培环路定理, 则 $\boldsymbol{B}$ 在回路 L 上的环流为

$$\oint_L \boldsymbol{B}\cdot \mathrm{d}\boldsymbol{l} = B\cdot 2\pi r = \mu_0 NI$$

求得

$$B = \frac{\mu_0 NI}{2\pi r},\quad R-\frac{d}{2} < r < R+\frac{d}{2} \tag{11-43}$$

式中, d 为螺绕环线圈的直径（图 11-34），当环很细，R 很大时，即 $R \gg d$ 时，可认为 $r \approx R$，若令 $n = \dfrac{N}{2\pi R}$，则环内磁感应强度为

$$B = \frac{\mu_0 NI}{2\pi R} = \mu_0 nI \tag{11-44}$$

再看环管外．当满足 $R \gg d$，取任一点 P_2，过 P_2 作图中所示扇形积分回路 $ABCD$(其中弧$\overset{\frown}{AB}$、$\overset{\frown}{CD}$为圆弧的很小一部分，$\overline{BC}$、$\overline{DA}$为从 O 点发出的射线的一段)，$ABCD$ 绕行方向符合右手螺旋定则，显然，根据安培环路定理，$\boldsymbol{B}$ 在回路 $ABCD$ 上的环流为

$$\oint_{ABCD} \boldsymbol{B}\cdot \mathrm{d}\boldsymbol{l} = \int_{\overset{\frown}{AB}} \boldsymbol{B}\cdot \mathrm{d}\boldsymbol{l} + \int_{\overline{BC}} \boldsymbol{B}\cdot \mathrm{d}\boldsymbol{l} + \int_{\overset{\frown}{CD}} \boldsymbol{B}\cdot \mathrm{d}\boldsymbol{l} + \int_{\overline{DA}} \boldsymbol{B}\cdot \mathrm{d}\boldsymbol{l}$$
$$= B_{AB}\overset{\frown}{AB} + B_{CD}\overset{\frown}{CD}$$

此环流应等于回路包围并穿过的电流的 μ_0 倍，即

$$B_{AB}\overset{\frown}{AB} + B_{CD}\overset{\frown}{CD} = \mu_0 n\overset{\frown}{AB} I$$

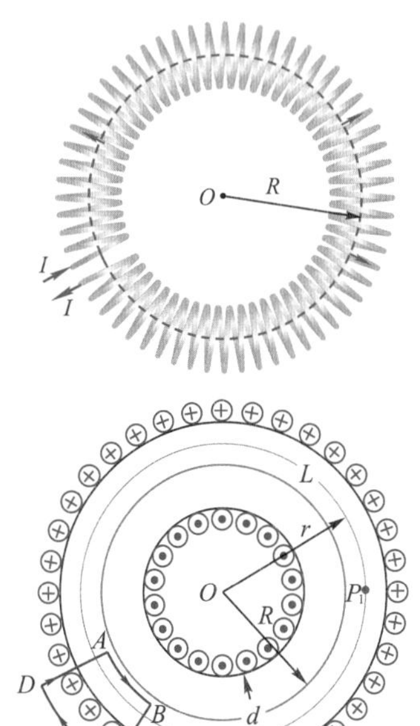

图 11-34 螺绕环

考虑到$B_{AB}\overset{\frown}{AB}=\mu_0 nI\overset{\frown}{AB}$，由上式可知，环管外任意一点 P_2 处的磁感强度大小为

$$B_{CD}=0$$

可见，密绕细螺绕环的磁场仅集中在环管内，$B=\mu_0 nI$，且均匀分布．而环管外无磁场，$B=0$．

例 11-4

如图 11-35 所示，一无限大薄导体平板均匀地通有电流，若导体平板垂直纸面，电流沿平板垂直纸面向外，设电流沿平板横截面方向单位宽度的电流为 j，试计算空间磁场分布．

解　无限大平面电流可看成由无限多根紧密而平行排列的长直电流所组成．从所求场点 P 向导体平板画一垂直线，垂足为 O，在 O 点两侧对称位置各取一宽为 $\mathrm{d}\boldsymbol{l}_1$ 和 $\mathrm{d}\boldsymbol{l}_2$ 的长直电流，它们在 P 点产生的磁感应强度的矢量和 $\mathrm{d}\boldsymbol{B}_1+\mathrm{d}\boldsymbol{B}_2=\mathrm{d}\boldsymbol{B}$ 必然平行于导体平面而指向左方．对于整个无限大平面电流而言，相当于有无数对对称于 OP 轴的长直电流，在 P 点产生的合磁场方向最终必然平行平板指向左方．同理，平面电流的下半部分空间 $\boldsymbol{B}$ 的方向必然平行平板而指向右方．而且可以断定在距离平板等高处各点 $\boldsymbol{B}$ 的大小是相等的．

根据空间磁场分布的分析，选择过 P 点的矩形回路 $ABCD$ 作积分回路 L，其中$\overline{AB}$、$\overline{CD}$平行导体平板，长为 l，$\overline{BC}$、$\overline{DA}$垂直导体平板并被等分．回路绕行方向如图 11-35 中箭头指向所示，则根据安培环路定理有

$$\oint_L \boldsymbol{B}\cdot\mathrm{d}\boldsymbol{l}=\int_{AB}\boldsymbol{B}\cdot\mathrm{d}\boldsymbol{l}+\int_{BC}\boldsymbol{B}\cdot\mathrm{d}\boldsymbol{l}+\int_{CD}\boldsymbol{B}\cdot\mathrm{d}\boldsymbol{l}+\int_{DA}\boldsymbol{B}\cdot\mathrm{d}\boldsymbol{l}=2Bl$$

因回路 L 包围的电流为 lj，则

$$2Bl=\mu_0 lj$$

所以

$$B=\frac{\mu_0}{2}j \tag{11-45}$$

式（11-45）表明，无限大均匀平面电流两侧任意点的磁感强度大小与该点离平板的距离无关，板的两侧均存在着一个匀强磁场区域．两侧磁感强度 $\boldsymbol{B}$ 的大小相等，方向相反．

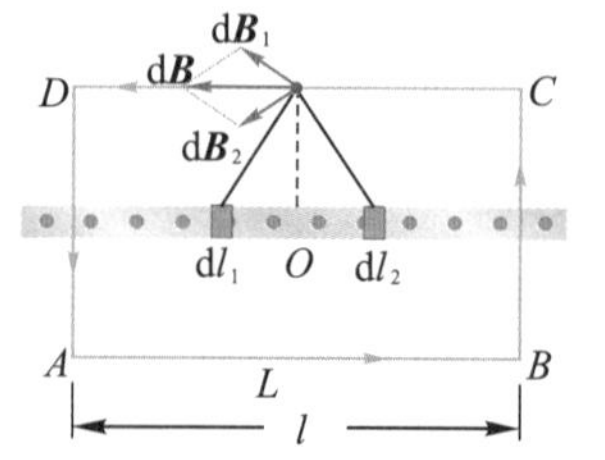

图 11-35　无限大载流薄导体平板的磁场分布

11.6 磁场对运动电荷和载流导线的作用

11.6.1 洛伦兹力

在定义磁感应强度 $\boldsymbol{B}$ 时，已经知道运动电荷在外磁场中将受到磁力

$\boldsymbol{F}$ 的作用．$\boldsymbol{F}$ 的大小随运动电荷速度 $\boldsymbol{v}$ 的方向与磁场 $\boldsymbol{B}$ 的方向之间的夹角而变化．当运动电荷沿磁场方向运动时，磁力 $\boldsymbol{F}$ 为零，当运动电荷垂直磁场方向运动时，所受磁力 $\boldsymbol{F}$ 最大，为 $F_m = qvB$．在一般情况下，如图 11-36 所示，当运动电荷的运动方向与磁场方向成 θ 角时，则所受磁场力 $\boldsymbol{F}$ 的大小为

$$F = qBv_x = qBv\sin\theta$$

方向垂直于 $\boldsymbol{v}$ 和 $\boldsymbol{B}$ 组成的平面（即 xOy 平面），指向由右手螺旋定则决定．写成矢量式为

$$\boldsymbol{F} = q\boldsymbol{v}\times\boldsymbol{B} \tag{11-46}$$

式 (11-46) 称为洛伦兹力 (Lorentz force) 公式．

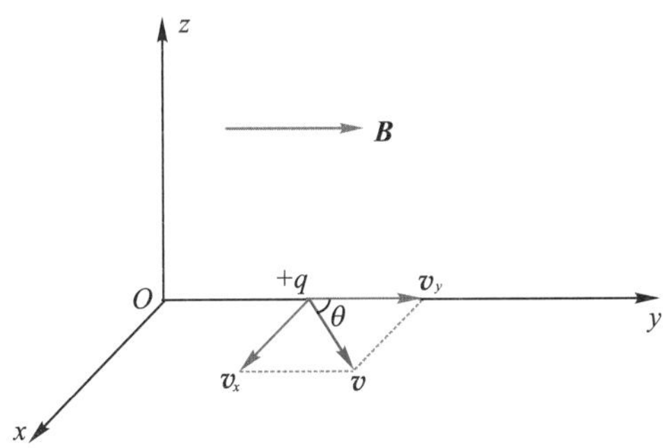

图 11-36　洛伦兹力

必须注意，在不均匀场中，式 (11-46) 中 $\boldsymbol{B}$ 是 q 所在处的磁感应强度，$\boldsymbol{v}$ 是电荷 q 的瞬时运动速度，而 $\boldsymbol{F}$ 是运动电荷 q 所受到的瞬时磁场力．对于运动电荷 q 所受到的磁场力 $\boldsymbol{F}$ 的方向，当 $q > 0$ 时，$\boldsymbol{F}$ 与 $\boldsymbol{v}\times\boldsymbol{B}$ 同向；当 $q < 0$ 时，$\boldsymbol{F}$ 与 $\boldsymbol{v}\times\boldsymbol{B}$ 反向．

11.6.2 带电粒子在磁场中的运动

设有一质量为 m，电量为 q 的带电粒子以初速 $\boldsymbol{v}_0$ 进入均匀磁场 $\boldsymbol{B}$，在忽略重力的情况下，其运动规律可分三种情况进行讨论．

1．初速 $\boldsymbol{v}_0$ 的方向和磁场 $\boldsymbol{B}$ 方向平行

此时从式 (11-46) 知，带电粒子受到的洛伦兹力为零．因而粒子在磁场中将做匀速直线运动．

2．初速 $\boldsymbol{v}_0$ 的方向和磁场 $\boldsymbol{B}$ 方向垂直

如图 11-37 所示，此时带电粒子所受洛伦兹力垂直于 $\boldsymbol{v}_0$ 和 $\boldsymbol{B}$．大小为 $F = qv_0B$，带电粒子速度只改变方向而不改变大小．粒子做匀速率圆周运动，洛伦兹力不做功．由牛顿定律知

$$qv_0B = m\frac{v_0^2}{R}$$

从而求得带电粒子做圆周运动的轨道半径 R 为

$$R = \frac{mv_0}{qB} \tag{11-47}$$

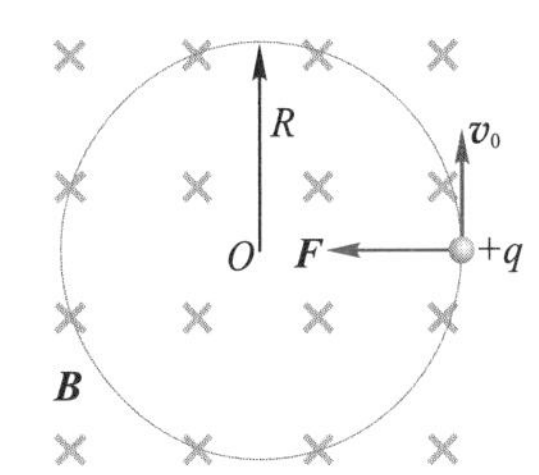

图 11-37　$\boldsymbol{v}\perp\boldsymbol{B}$ 时，带电粒子的运动

带电粒子绕圆周运动一周所需时间，即运动周期 T 为

$$T=\frac{2\pi R}{v_0}=\frac{2\pi m}{qB} \tag{11-48}$$

可见，粒子运动周期 T 与粒子本身运动速度无关．

3．初速度 $\boldsymbol{v}_0$ 的方向和磁场 $\boldsymbol{B}$ 方向成 θ 角

将带电粒子初速 v_0 分解为平行于 $\boldsymbol{B}$ 的分量 $\boldsymbol{v}_{/\!/}$ 与垂直于 $\boldsymbol{B}$ 的分量 $\boldsymbol{v}_{\perp}$，则

$$v_{/\!/}=v_0\cos\theta$$
$$v_{\perp}=v_0\sin\theta$$

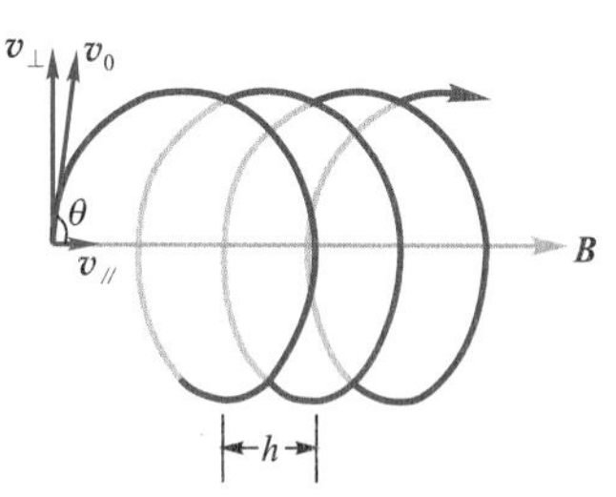

图 11-38　带电粒子的螺旋运动

显然，带电粒子参与两个分运动，即平行磁场方向的匀速直线运动和垂直磁场方向的圆周运动．这两种分运动合成的结果为图 11-38 所示的以磁场方向为轴的等螺距螺旋运动．螺旋线半径为

$$R=\frac{mv_{\perp}}{qB}=\frac{mv_0\sin\theta}{qB} \tag{11-49}$$

螺旋周期为

$$T=\frac{2\pi R}{v_{\perp}}=\frac{2\pi m}{qB} \tag{11-50}$$

螺旋线的螺距 h 为

$$h=Tv_{/\!/}=\frac{2\pi mv_0\cos\theta}{qB} \tag{11-51}$$

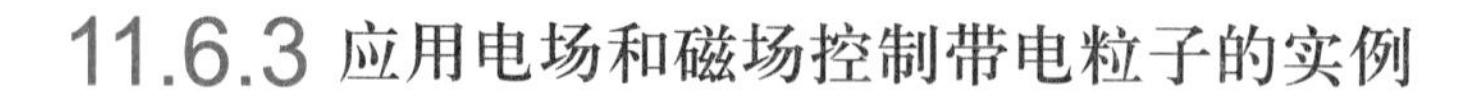

11.6.3 应用电场和磁场控制带电粒子的实例

1．速度选择器

当空间同时存在电场和磁场时，质量为 m 的带电运动粒子将同时受到电场力和磁场力的作用，其运动方程为

$$q\boldsymbol{E}+q\boldsymbol{v}\times\boldsymbol{B}=\frac{\mathrm{d}(m\boldsymbol{v})}{\mathrm{d}t} \tag{11-52}$$

一般情况下，这一方程的求解是比较困难和复杂的．下面我们仅讨论空间存在互相垂直的均匀电场和均匀磁场时，带电粒子的运动．

如电量为 q 的带电粒子沿图 11-39 所示方向以速度 $\boldsymbol{v}$ 进入均匀电场和均匀磁场区域中，由于既存在 $\boldsymbol{v}\perp\boldsymbol{E}$ 又存在 $\boldsymbol{v}\perp\boldsymbol{B}$，则在如图 11-39 所示的电磁场中，带电粒子所受电场力 $(\boldsymbol{F}_{\mathrm{e}}=q\boldsymbol{E})$ 与磁场力 $(\boldsymbol{F}_{\mathrm{m}}=q\boldsymbol{v}\times\boldsymbol{B})$ 正好反向．当粒子速度满足

$$|q\boldsymbol{E}|=|q\boldsymbol{v}\times\boldsymbol{B}|$$

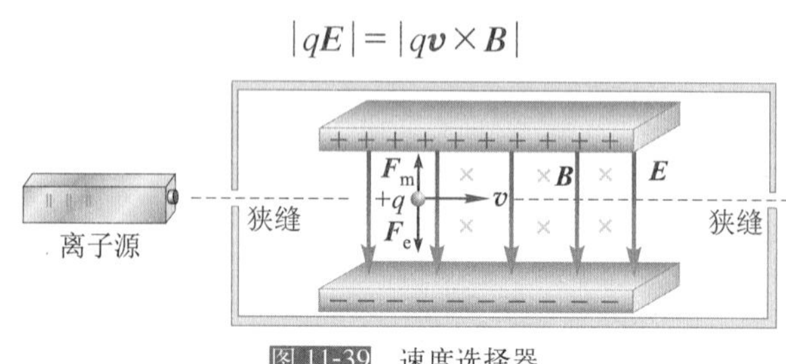

图 11-39　速度选择器

即

$$v = \frac{E}{B}$$

时，带电粒子所受合力为零，粒子将沿缝隙做匀速直线运动通过这一区域．似乎不存在均匀电场和均匀磁场．而具有其他速度值的带电粒子，由于$|\boldsymbol{F}_e| \neq |\boldsymbol{F}_m|$而将发生偏离，进而落到电极板上，无法通过这一区域，因而可利用此装置在一束带电粒子中筛选出$v = \frac{E}{B}$的带电粒子．这一装置通常称为速度选择器．人们常通过改变电场或磁场的大小，选择出不同速度大小的带电粒子．

2．磁透镜

利用磁透镜可实现磁聚焦．图 11-40 是电子射线磁聚焦装置的示意图．阴极 K、控制极 G 与阳极 A 组成电子枪，CC′ 为产生匀强磁场的螺线管．

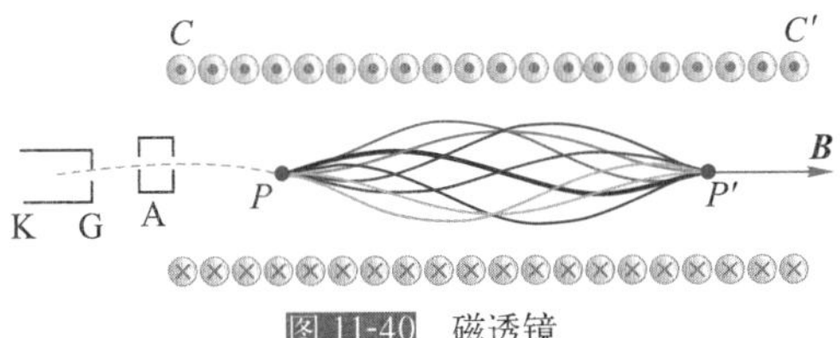

图 11-40 磁透镜

由阴极射出的电子束在控制极及阳极电压作用下，会聚于 P 点，P 点相当于光学成像系统中的物点．由于速度近似相等的电子束在运动过程中受库仑斥力的作用，运动过程中将出现电子束的发散．此时若我们沿电子束原运动方向加一个均匀磁场后，由于各个电子偏离原运动方向（$\boldsymbol{B}$ 方向）的角度 θ 很小，故平行于 $\boldsymbol{B}$ 的分量 $\boldsymbol{v}_{/\!/}$ 和垂直于 $\boldsymbol{B}$ 的分量 $\boldsymbol{v}_{\perp}$ 分别是

$$v_{/\!/} = v_0 \cos\theta \approx v_0$$

$$v_{\perp} = v_0 \sin\theta \approx v_0\theta$$

可见，不同 θ 角的电子，其 $v_{/\!/} \approx v_0$ 相同，而 $v_{\perp}$ 不同，故而各电子在均匀场中做半径不同、螺距相同的螺旋运动．当绕一周后，这些散开的电子又将重新会聚同一点 P'，这恰似透镜将从物点发出的光束聚焦成像．由于这里是磁场将电子束聚焦，所以又称磁聚焦．而该装置称磁透镜．

以上介绍的是长磁透镜，其放大率为 1．**电子显微镜**（electron microscope）中用的是短焦距强磁透镜，可达很高的放大率．

3．磁镜和磁瓶

带电粒子在均匀磁场中可以磁场方向为轴做螺旋运动，根据式(11-47)知螺旋线的半径 R 将与磁感应强度 $\boldsymbol{B}$ 成反比．如果带电粒子在非均匀磁场中向磁场较强的方向运动时，显然，螺旋线的半径将随磁感应强度 $\boldsymbol{B}$ 的增加而逐渐变小，当带电粒子带负电荷时（图 11-41），它们在非均匀磁场中所受洛伦兹力 F 恒有一指向磁场较弱方向的分量阻碍带负电的粒

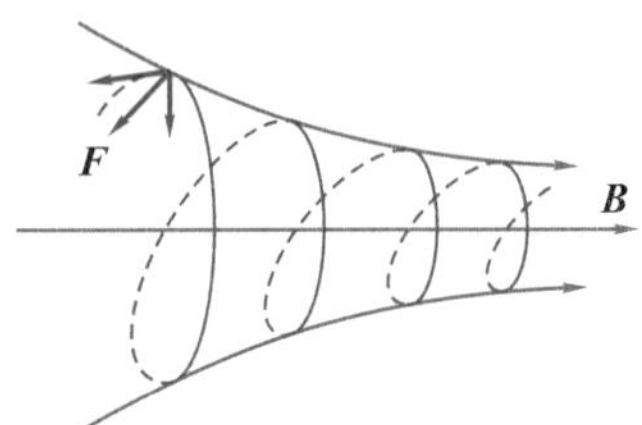

图 11-41 带负电的粒子在会聚磁场中受阻而反向运动

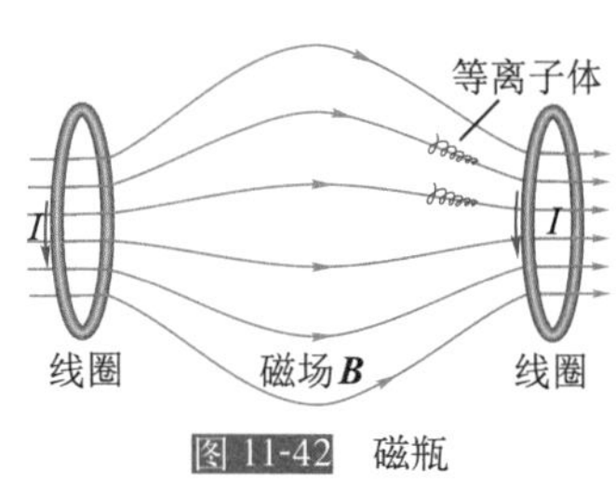

图 11-42 磁瓶

子继续前进，并继而掉头向磁场较弱方向运动，就像带电粒子遇到了反射镜反射一样．我们把这种强度逐渐增强的会聚磁场称为磁镜．

如果在一个圆柱形真空室的两端采用两个电流方向相同的圆线圈，使在真空室中产生两端强中间弱的磁场分布．如图 11-42 所示，这好似在这一磁场区的两端形成两个磁镜，常称为磁瓶．此时带负电的粒子将被约束在两个磁镜之间往返运动而无法逃脱．在可控热核反应装置中，由于等离子体温度高达 $10^7 \sim 10^8$ K，没有一种有形容器可耐如此高温，故常采用磁瓶将处于高温等离子状态的带电粒子约束在某一空间区域来回振荡，增大高温等离子状态下粒子间互相碰撞的频率，以提高反应概率．

4．霍尔效应

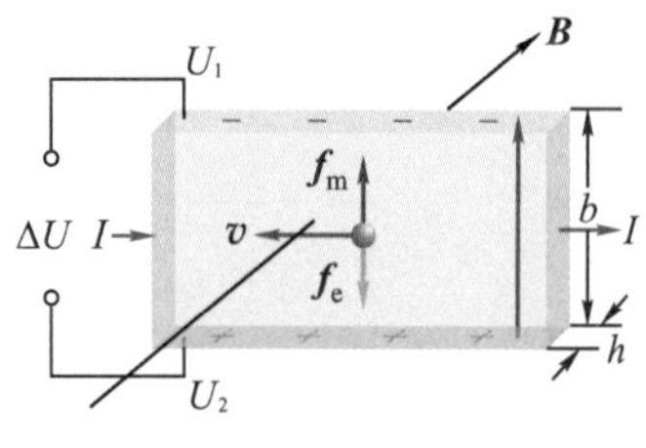

图 11-43 金属导体的霍尔效应

1879 年，霍尔 (E. H. Hall) 发现，在均匀磁场中放置的矩形截面的载流导体 (图 11-43) 中，若电流方向与磁场方向垂直，则在垂直于电流又垂直于磁场的方向上，导体的上、下两表面将出现电势差．这种现象称为霍尔效应 (Hall effect)，所产生的横向电势差称为霍尔电势差．

实验发现，霍尔电势差 $U_1-U_2=\Delta U$ 与电流 I 和磁感应强度 B 有以下关系：

$$\Delta U = U_1 - U_2 = R_H \frac{IB}{h} \tag{11-53}$$

式中，h 为导体板厚度，R_H 为霍尔系数，是仅与导体材料有关的常数．

霍尔电势差产生的原因可用经典电子理论来解释，以金属导体为例，其载流子为自由电子，设载流子密度为 n，自由电子漂移速率为 v，则

$$I = envhb$$

$$v = \frac{I}{enhb} \tag{11-54}$$

如图 11-43 所示，向左漂移的自由电子在磁场中受洛伦兹力，方向向上，大小为

$$f_m = evB$$

于是，自由电子在向左漂移的同时向上偏转，使得导体上表面带负电，下表面带正电，从而在导体内形成附加电场，该电场使自由电子受向下的电场力，大小为

$$f_e = eE = e\frac{-\Delta U}{b}$$

当自由电子所受洛伦兹力和电场力平衡时，达稳定态，自由电子只沿导体定向漂移而不再偏转，由 $f_e = f_m$ 得

$$evB = e\frac{-\Delta U}{b}$$

这时，导体上下表面有稳定的电势差，即霍尔电势差为

$$\Delta U = U_1 - U_2 = -Bbv$$

将式 (11-54) 代入上式得

$$\Delta U = -Bb\frac{I}{enhb} = -\frac{1}{en}\frac{IB}{h} \tag{11-55}$$

如果导体中的载流子带正电量 q，则洛伦兹力方向向上，使正的载流子向上漂移，这时霍尔电势差为

$$\Delta U = U_1 - U_2 = \frac{IB}{nqh} \tag{11-56}$$

比较式（11-53）和式（11-55），由式（11-56）可以得到霍尔系数为

$$R_H = -\frac{1}{ne} \quad 或 \quad R_H = \frac{1}{nq} \tag{11-57}$$

可见，霍尔系数 R_H 的正负取决于载流子的正负性质.

霍尔效应在实际中应用广泛. 通过实验测定霍尔系数和霍尔电势差，就可以判断载流子的正负，对于半导体，就是用这个方法判定它是 n 型（电子型）还是 p 型（空穴型）. 通过对霍尔系数大小的测定，还可以计算出载流子的浓度.

半导体内载流子浓度小，霍尔系数大，霍尔效应比金属明显，用半导体制成的霍尔元件，通以电流并置于待测磁场中，测出霍尔电势差后就可求得磁感强度 $\boldsymbol{B}$ 的大小和方向. 用这一原理制成的测量磁场大小和方向的仪器称磁强计（或高斯计）.

除了在固体中的霍尔效应外，在导电流体中同样会产生霍尔效应. 处于高温高速运动的等离子态气体通过耐高温材料制成的导电管时，在垂直于气流的方向上加上磁场. 气体中正、负离子在洛伦兹力的作用下，分别向垂直于 $\boldsymbol{B}$ 与流速 v 的两个互相相反的方向运动，于是在导电管的两侧电极上产生电势差，并输出电能，这就是磁流体发电的基本原理. 磁流体发电 (magnetohydrodynamic generation) 具有热效率高、污染少和起动迅速等优点，许多国家正积极开展研究，目前已经从实验室规模向实用阶段发展.

应该指出，前面对霍尔电势差及霍尔系数的计算均以经典电子理论为依据，对有些材料，如一些二价金属和半导体，实验结果与之并不相符. 这种现象用经典电子论无法解释，只能用量子理论加以说明.

11.6.4 安培力

1. 载流导线在磁场中所受力

外磁场对载流导线有力的作用，这个力通常称为**安培力** (Ampère's force)，以纪念安培在这方面的重要发现及突出贡献. 这个宏观现象的微观机制，可由洛伦兹力来解释.

导线中的电流，从本质上看是自由电子的定向运动. 自由电子在外磁场中受洛伦兹力的作用，向导线侧向漂移，与晶格上的正离子碰撞. 于是，自由电子从外磁场获得的动量便传递给导线. 因此，从宏观上看，导线受外磁场作用力而运动.

设导线单位体积有 n 个载流子，在导线上设想一段电流元 $I\mathrm{d}\boldsymbol{l}$，截面积为 S，则该电流元内有 $\mathrm{d}N = nS\mathrm{d}l$ 个载流子．若每个载流子电量为 q，则在外磁场 $\boldsymbol{B}$ 作用下，每个载流子受洛伦兹力为 $q\boldsymbol{v}\times\boldsymbol{B}$，整个电流元所受安培力便是 $\mathrm{d}N$ 个载流子所受洛伦兹力的总和

$$\mathrm{d}\boldsymbol{F} = \mathrm{d}Nq(\boldsymbol{v}\times\boldsymbol{B}) = nSq\mathrm{d}l(\boldsymbol{v}\times\boldsymbol{B})$$

式中，$qnSv$ 为单位时间内通过导线截面 S 的电量，即电流强度 I．若以电流 I 流动的方向定为电流元 $I\mathrm{d}\boldsymbol{l}$ 的方向，则有

$$I\mathrm{d}\boldsymbol{l} = qnS\boldsymbol{v}\mathrm{d}l$$

于是，电流元所受的安培力便可写为

$$\mathrm{d}\boldsymbol{F} = I\mathrm{d}\boldsymbol{l}\times\boldsymbol{B} \tag{11-58}$$

式（11-58）是电流元在外磁场中所受的作用力的表达式，称为安培定律（Ampère's law）．至于任意形状的载流导线在外磁场中受到的安培力，应等于它的各个电流元所受的安培力的矢量和．通常可用积分式表示为

$$\boldsymbol{F} = \int I\mathrm{d}\boldsymbol{l}\times\boldsymbol{B} \tag{11-59}$$

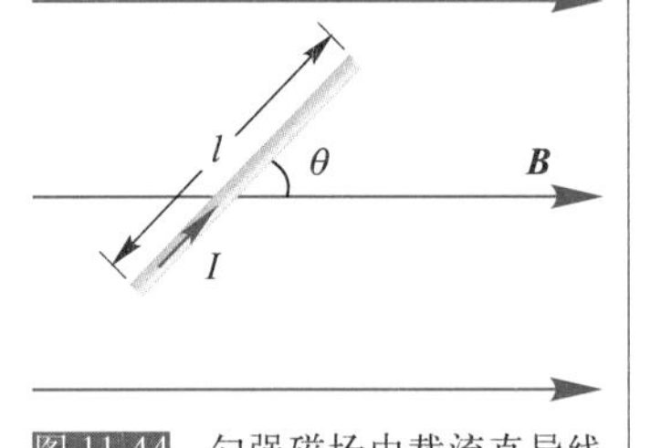

图 11-44　匀强磁场中载流直导线受的安培力

显然，如图 11-44 所示当通电导线是长为 l 的直导线，并处于匀强磁场中时，此时，长为 l 的直导线所受的安培力的大小为

$$F = IBl\sin\theta$$

式中，θ 为导线中电流指向与 $\boldsymbol{B}$ 方向的夹角，当 $\theta = 0$ 或 $\theta = \pi$ 时，有

$$F = 0$$

当$\theta = \dfrac{\pi}{2}$时，F 最大，为

$$F = IBl$$

安培力 $\boldsymbol{F}$ 的方向为垂直纸面向里．

应该指出，式 (11-59) 为矢量积分，对任意形状的载流导线或载流导线处于不均匀磁场中，每一电流元所受的安培力 $\mathrm{d}\boldsymbol{F}$ 的大小和方向均有所不同，求它们的合力时较复杂．原则上要化矢量积分为标量积分．在直角坐标系中，即把 $\mathrm{d}\boldsymbol{F}$ 分解为 $\mathrm{d}F_x$、$\mathrm{d}F_y$、$\mathrm{d}F_z$ 三个分量，然后通过积分求得分量 F_x、F_y、F_z，最后再合成为 $\boldsymbol{F}$．

2．载流线圈在磁场中受到的磁力矩

1）在匀强磁场中的载流线圈

设在磁感应强度为 $\boldsymbol{B}$ 的匀强磁场中，有如图 11-45 所示的刚性矩形平面载流线圈 $ABCD$，边长分别为 l_1、l_2，电流强度为 I，线圈平面与磁场夹角为 θ $\left(\text{线圈法线方向 } \boldsymbol{e}_n \text{ 与磁场 } \boldsymbol{B} \text{ 夹角为 } \varphi = \dfrac{\pi}{2} - \theta\right)$，$AB$ 边和 CD 边与 $\boldsymbol{B}$ 垂直，则导线 DA 与 BC 所受安培力 F_1 和 F'_1 的大小均为

$$F_1 = F'_1 = BIl_2\sin\theta$$

可见 DA 和 BC 受力大小相等，方向相反，在同一直线上，使线圈受到张力，但由于是刚性线圈，故两力可视为抵消．而 AB 和 CD 段所受安培力

F_2 和 F'_2 的大小均为

$$F_2 = F'_2 = BIl_1$$

这两力的大小相等，方向相反，但不在同一直线上，故而形成一力偶，力臂为 $l_2\cos\theta$. 则磁场对线圈作用的力矩大小为

$$M = F_2 l_2 \cos\theta = BIl_1 l_2 \cos\theta = BIS\sin\varphi$$

式中，$S = l_1 l_2$ 为线圈面积.

若线圈有 N 匝，则线圈所受力矩为

$$M = NBIS\sin\varphi$$

考虑到线圈的磁矩为 $\boldsymbol{P}_\mathrm{m} = NIS\boldsymbol{e}_\mathrm{n}$，若将线圈所受力矩写成矢量形式，有

$$\boldsymbol{M} = \boldsymbol{P}_\mathrm{m} \times \boldsymbol{B} \tag{11-60}$$

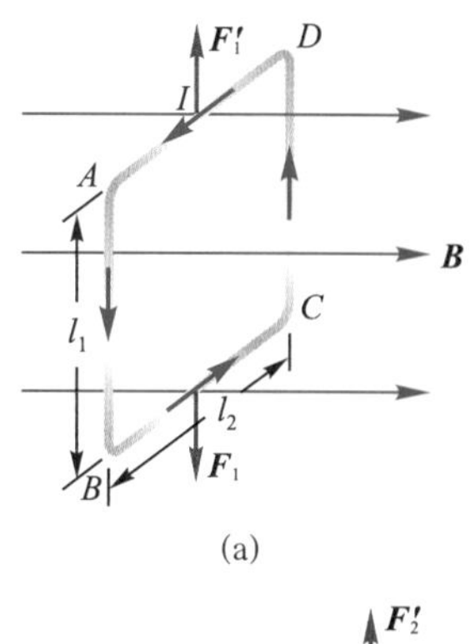

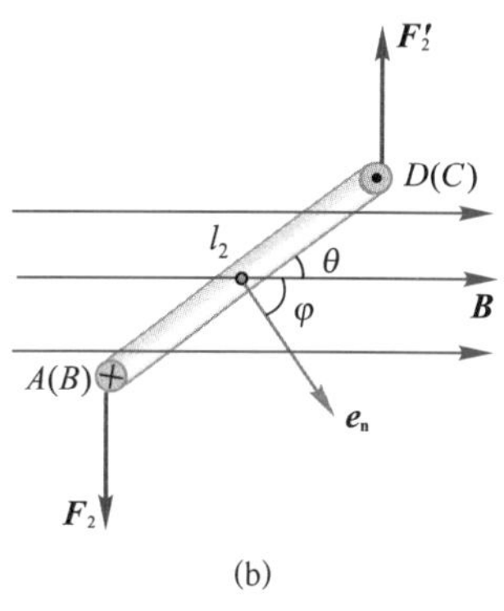

图 11-45　平面矩形线圈在匀强磁场中所受力矩

式 (11-60) 对匀强磁场中任意形状的平面线圈均成立，实验证明，凡带电粒子或带电体在运动中具有磁矩，则其在均匀磁场中所受磁力矩，也可由此式描述.

磁力矩对线圈的作用，将使线圈转动，使线圈磁矩方向趋向磁场方向. 由式 (11-60) 可知，磁力矩的大小为 $M = P_\mathrm{m}B\sin\varphi$，可见 $\varphi = 0$ 时，此时线圈法线方向与磁场方向平行，$M = 0$，线圈不受磁力矩作用. 我们称线圈此时处于稳定平衡状态. 而当 $\varphi = \pi$ 时，此时线圈法线方向与磁场方向反向平行，也存在 $M = 0$，但由于此时若稍有外力干扰使线圈磁矩方向偏离磁场方向，撤去外力后，线圈不会自动恢复到 $\varphi = \pi$ 的状态，所以称 $\varphi = \pi$ 时的状态为不稳定平衡状态. 当 $\varphi = \dfrac{\pi}{2}$ 时，线圈所受的磁力矩最大，$M = P_\mathrm{m}B$.

2）在非均匀磁场中的载流线圈

在非均匀磁场中，载流线圈除受到磁力矩作用外，还会受到一个不等于零的合力作用. 因而线圈除了做转动外还要做平动. 具体情况相对复杂些. 但可以证明：合力的大小与线圈的磁矩和磁感应强度的梯度成正比. 当线圈磁矩与非均匀磁场方向平行时，合力指向磁场增强方向. 而当线圈磁矩与非均匀磁场方向反向平行时，合力指向磁场减弱方向.

3. 平行电流间的相互作用力

利用安培定律，可以计算两条无限长载流平行直导线之间的相互作用力.

如图 11-46 所示，设有两条无限长载流平行直导线相距为 a，分别通有电流 I_1 和 I_2. 在导线 CD 上任选一电流元 $I_2\mathrm{d}\boldsymbol{l}_2$，根据安培定律，该电流元受力大小为

$$\mathrm{d}f_{21} = I_2 B_1 \mathrm{d}l_2$$

式中，B_1 为无限长直导线 AB 中电流 I_1 在 $I_2\mathrm{d}\boldsymbol{l}_2$ 处产生的磁感应强度值，其大小为

$$B_1 = \frac{\mu_0 I_1}{2\pi a}$$

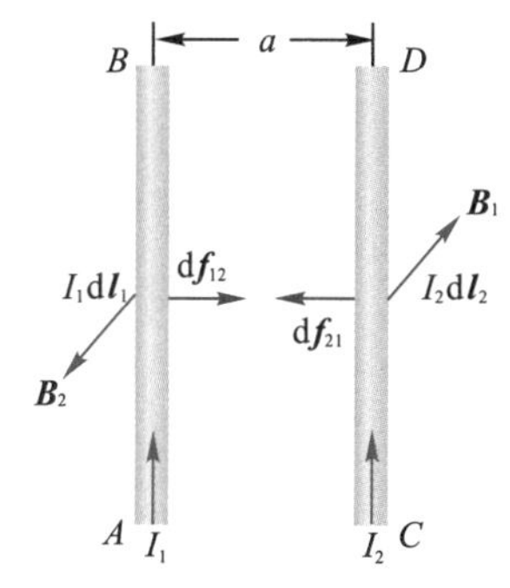

图 11-46　平行电流间相互作用力

两平行直电流间的相互作用

于是得

$$df_{21} = \frac{\mu_0 I_1 I_2}{2\pi a} dl_2$$

$d\boldsymbol{f}_{21}$ 的方向在两平行直导线电流所决定的平面内，而指向导线 AB. 由于导线 CD 上任一电流元所受力的大小、方向均相同，得导线 CD 上单位长度受力

$$\frac{df_{21}}{dl_2} = \frac{\mu_0 I_1 I_2}{2\pi a} \tag{11-61}$$

同理，可推出导线 AB 上单位长度受力大小为

$$\frac{df_{12}}{dl_1} = \frac{\mu_0 I_1 I_2}{2\pi a} \tag{11-62}$$

方向指向导线 CD.

根据安培定律，不难判断，两个同向电流间，通过磁场作用，互相吸引；而两个反向电流间则互相排斥.

在国际单位制中，电流强度的单位安培就是利用式 (11-61) 或式 (11-62) 来定义的. 即在真空中相距 1 m 的两条无限长平行直导线，各通以大小相同的电流，当导线上每米长度受力恰为 2×10^{-7} 牛 (N) 时，导线上的电流强度各为 1 安 (A). 安是国际单位制的基本单位之一. 根据这一规定. 可根据式 (11-61) 或式 (11-62) 推算出

$$\mu_0 = 4\pi\times10^{-7}\ \mathrm{N\cdot A^{-2}}$$

这就是毕奥－萨伐尔定律中真空磁导率 μ_0 量值的由来.

例 11-5

在均匀磁场 $\boldsymbol{B}$ 中，有一段弯曲导线 ab，通有电流 I，求此段导线所受的磁场力.

解　如图 11-47 所示，根据式 (11-59) 一段载流导线所受的安培力公式有

$$\boldsymbol{F} = \int_a^b I d\boldsymbol{l} \times \boldsymbol{B}$$

由于电流 I 是常数，可提出积分号外，得

$$\boldsymbol{F} = I\int_a^b d\boldsymbol{l} \times \boldsymbol{B} = I\left(\int_a^b d\boldsymbol{l}\right) \times \boldsymbol{B}$$

式中，括号内积分为线元 $d\boldsymbol{l}$ 的矢量和，应等于从第一个线元 $d\boldsymbol{l}$ 的尾点 a 到最后一个线元 $d\boldsymbol{l}$ 的矢端 b 点的矢量直线段 $\boldsymbol{l}$. 因此得

$$\boldsymbol{F} = I\boldsymbol{l} \times \boldsymbol{B}$$

这说明整个弯曲导线在均匀磁场中所受磁场力的总和，应等于从起点到终点间载有同样电流的直导线所受的磁场力. 即磁场力 $\boldsymbol{F}$ 的大小为

$$F = IlB\sin\theta$$

$\boldsymbol{F}$ 的方向垂直纸面向外. 式中，θ 为矢量 $\boldsymbol{l}$ 与 $\boldsymbol{B}$ 的夹角.

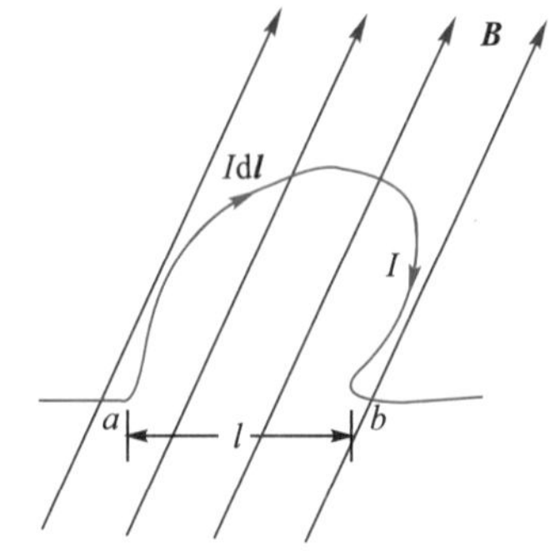

图 11-47　均匀磁场中弯曲导线所受磁场力

例 11-6

可设想这样一种电磁推进模型：平行导轨由两个半径为 R，相距为 l 的无限长圆柱导体构成，如图 11-48 所示，若导轨上有一可自由平行滑动的垂直导线 CD，设有电流 I 沿其中一导轨流入，从另一导轨流回，导轨上电流可视为沿柱面均匀分布，若其中部分电流 I'（设 $I' \ll I$）流经垂直导线．求垂直导线所受的安培力．

解 垂直导线 CD 在导轨 1，2 所产生的磁场中受到的安培力为

$$\boldsymbol{F} = \int_R^{l-R} I' \mathrm{d}\boldsymbol{r}_1 \times \boldsymbol{B}$$

式中，$\boldsymbol{B}$ 为垂直导线 CD 上任一电流元 $I'\mathrm{d}\boldsymbol{r}_1$ 所在处的磁感应强度．先计算导轨 1 上电流的磁场对垂直导线的作用力 $\boldsymbol{F}_1$．设在垂直导线上任取一电流元 $I'\mathrm{d}\boldsymbol{r}_1$，至导轨 1 轴线的距离为 r_1，导轨 1 上电流在该电流元 $I'\mathrm{d}\boldsymbol{r}_1$ 处产生的磁感应强度为

$$B_1 = \frac{\mu_0 I}{2\pi r_1}$$

此时，垂直导线 CD 所受到的安培力 $\boldsymbol{F}_1$ 的方向向右，大小为

$$F_1 = \int_R^{l-R} \frac{\mu_0 I}{2\pi r_1} I' \mathrm{d}r_1 = \frac{\mu_0 I I'}{2\pi} \ln \frac{l-R}{R}$$

可以证明，导轨 2 的电流对垂直导线 CD 作用的安培力 $\boldsymbol{F}_2$，其方向与 $\boldsymbol{F}_1$ 相同，大小相等，故总的安培力大小为

$$F = F_1 + F_2 = 2F_1 = \frac{\mu_0 I I'}{\pi} \ln \frac{l-R}{R}$$

高温超导材料的研究取得迅速进展，使输送极大的电流（如 $10^5 \sim 10^6$ A）而无损耗成为可能．许多与此模型类似的应用安培力作为驱动力的设想和方案已被提出．尤其用海水代替上述垂直导线作为船舶的电磁推进器已在研究设计和实验之中．

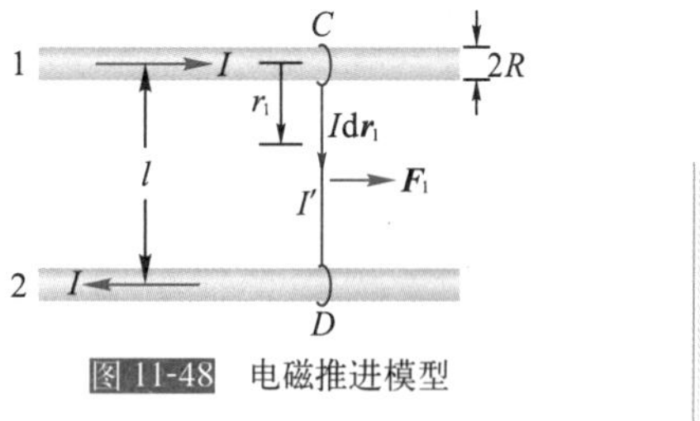

图 11-48 电磁推进模型

例 11-7

如图 11-49 所示，一半径为 $R = 5.0 \times 10^{-2}$ m 的铁丝环，环的截面积 $S = 7.0 \times 10^{-7}$ m^2，放在 $B = 1.0$ Wb • m^{-2} 的匀强磁场中，环的平面与磁场垂直，环内通有电流 $I = 7.0$ A．求铁丝所受外磁场引起的张力及由此引起的拉应力．

解 如图 11-49 所示，在环上任取一电流元 $I\mathrm{d}\boldsymbol{l}$，其所受安培力为

$$\mathrm{d}\boldsymbol{F} = I\mathrm{d}\boldsymbol{l} \times \boldsymbol{B}$$

$\mathrm{d}\boldsymbol{F}$ 的方向沿环的半径向外，可见此环各处所受外磁场的安培力均沿径向向外，均匀分布，总的合力为零．但在环的任一截面处一定存在处处相等的张力．

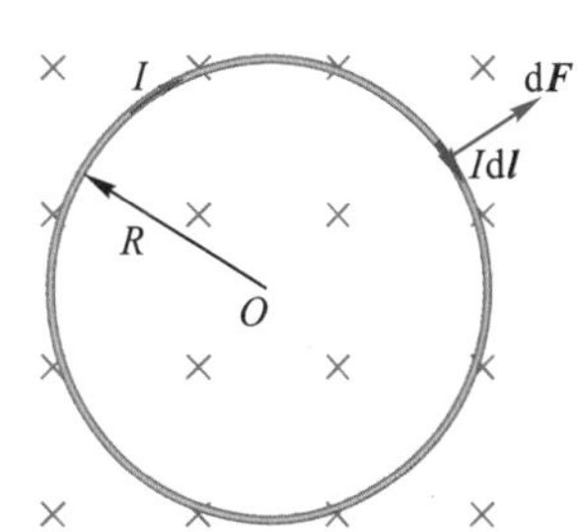

图 11-49 圆环上电流元受到的安培力

我们取右侧的半个圆环来考虑，如图 11-50 所示，左侧半个圆环对右侧半个圆环的拉力为 $2T$，沿 x 轴负方向．则右侧半个圆环上各电流元所受的安培力 $\mathrm{d}\boldsymbol{F}$ 的合力应沿 x 轴正向，大小也为 $2T$．

将 $\mathrm{d}\boldsymbol{F}$ 分解成 $\mathrm{d}\boldsymbol{F}_x$ 与 $\mathrm{d}\boldsymbol{F}_y$，分别求 x、y 两个方向的合力

$$\mathrm{d}F = I\mathrm{d}lB = IBR\mathrm{d}\theta$$

$$F_x = \int \mathrm{d}F_x = \int_{-\frac{\pi}{2}}^{\frac{\pi}{2}} BIR\cos\theta\mathrm{d}\theta = 2IBR$$

$$F_y = \int \mathrm{d}F_y = \int_{-\frac{\pi}{2}}^{\frac{\pi}{2}} BIR\sin\theta\mathrm{d}\theta = 0$$

环的张力为

$$F_\mathrm{T} = \frac{F_x}{2} = BIR = 1.0\times7.0\times5.0\times10^{-2} = 0.35(\mathrm{N})$$

拉应力为单位面积上的张力，其大小为

$$\sigma = \frac{F_\mathrm{T}}{S} = \frac{0.35}{7.0\times10^{-7}} = 5.0\times10^5(\mathrm{N\cdot m^{-2}})$$

当拉应力过大时，铁丝将被拉断．

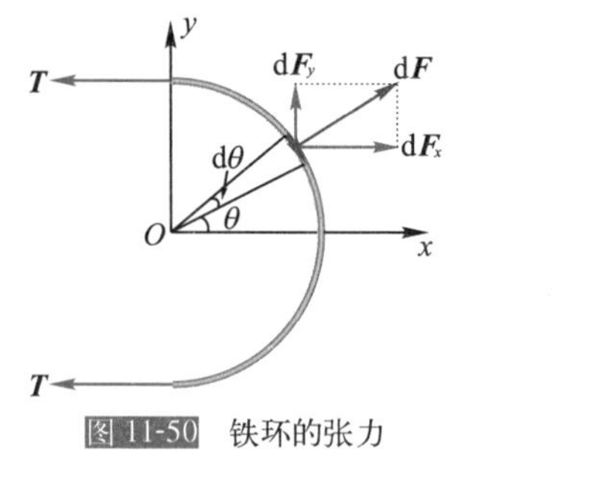

图 11-50　铁环的张力

11.7 磁力的功

当载流导线或载流线圈在磁场中受到磁力或磁力矩而运动时，磁力和磁力矩要做功，磁力做功是将电磁能转换为机械能的重要途径，在工程实际中具有重要意义．下面讨论两种简单情况．

11.7.1 磁力对运动载流导线的功

如图 11-51 所示，载流闭合矩形导线框 $ABCD$ 通有电流 I，其中，AB 长为 l，可在 DA 和 CB 两导线上自由滑动．均匀磁场 $\boldsymbol{B}$ 垂直导线框 $ABCD$ 平面向外，若保持 I 大小不变，则导线 AB 移至 $A'B'$ 时磁力做功为

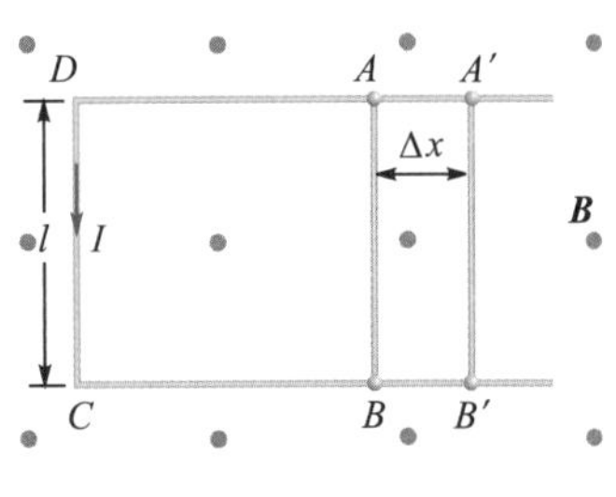

图 11-51　磁力的功

$$\begin{aligned} A &= F\Delta x = IlB\Delta x \\ &= IBl(DA' - DA) = I(\Phi_2 - \Phi_1) \end{aligned}$$

即

$$A = I\Delta\Phi_\mathrm{m} \qquad (11\text{-}63)$$

式中，$\Delta\Phi_\mathrm{m}$ 为回路线框 $ABCD$ 所包围面积磁通量的增量．式 (11-63) 说明，**磁力对运动载流导线的功等于回路中电流乘以穿过回路所包围面积内磁通量的增量，或等于电流乘以载流导线在运动中切割的磁感应线数**．

11.7.2 磁力矩对转动载流线圈的功

如图 11-52 所示，设有一载流线圈在匀强磁场中转动，若保持线圈

内电流 I 不变，则所受磁力矩的大小为

$$M = P_{\mathrm{m}} B \sin\theta = ISB \sin\theta$$

当线圈从 θ 转至 $\theta - \mathrm{d}\theta$ 时，磁力矩所做的功为

$$\begin{aligned} \mathrm{d}A &= M[(\theta - \mathrm{d}\theta) - \theta] \\ &= -M\mathrm{d}\theta = -ISB\sin\theta\mathrm{d}\theta \\ &= I\mathrm{d}(BS\cos\theta) = I\mathrm{d}\Phi_{\mathrm{m}} \end{aligned}$$

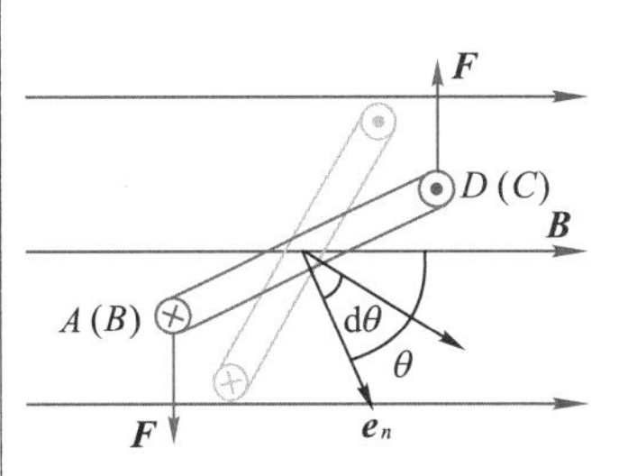

图 11-52 磁力矩的功

当线圈在磁力矩作用下从 θ_1 转到 θ_2 时，相应穿过线圈的磁通量由 Φ_{m1} 变为 Φ_{m2}，磁力矩做的总功为

$$A = \int \mathrm{d}A = \int_{\Phi_{\mathrm{m1}}}^{\Phi_{\mathrm{m2}}} I\mathrm{d}\Phi_{\mathrm{m}} = I\Delta\Phi_{\mathrm{m}} \tag{11-64}$$

式 (11-64) 在形式上与式 (11-63) 相同，可以证明，对任意形状的平面闭合电流回路，在均匀磁场中，产生变形或处在转动过程中，磁力或磁力矩做功均可用上式计算．

应该指出，当回路中电流 I 变化时，磁力矩做功应为

$$A = \int_{\Phi_{\mathrm{m1}}}^{\Phi_{\mathrm{m2}}} I\mathrm{d}\Phi_{\mathrm{m}} \tag{11-65}$$

例 11-8

一半圆形闭合线圈（图 11-53），半径 $R = 0.1$ m，通有电流 $I = 10$ A，置于 $B = 5.0\times10^{-1}$ T 的均匀磁场内，磁场方向与线圈平面平行，求：

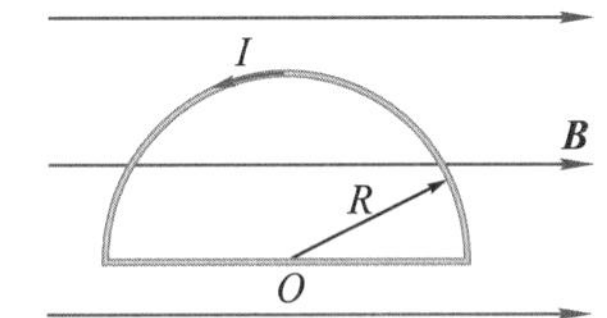

图 11-53 磁场中的半圆形闭合线圈

(1) 线圈所受磁力矩的大小和方向；

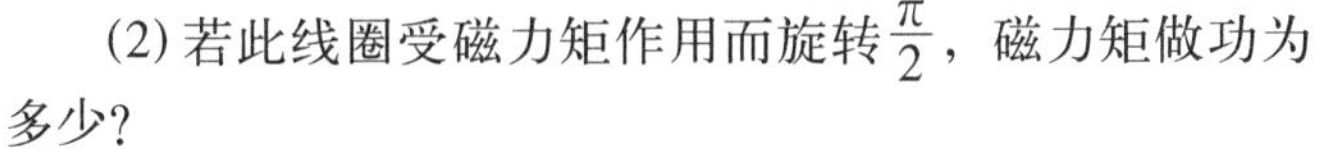
(2) 若此线圈受磁力矩作用而旋转 $\frac{\pi}{2}$，磁力矩做功为多少？

解 由题意知，半圆形线圈所受磁力矩为

$$\boldsymbol{M} = \boldsymbol{P}_{\mathrm{m}} \times \boldsymbol{B}$$

所以，磁力矩大小为

$$\begin{aligned} M &= P_{\mathrm{m}} B \sin\frac{\pi}{2} = ISB = \frac{1}{2}\pi R^2 IB \\ &= \frac{1}{2}\times3.14\times(0.1)^2\times10\times5.0\times10^{-1} \\ &= 7.85\times10^{-2}\,(\mathrm{N\cdot m}) \end{aligned}$$

磁力矩方向垂直于 P_{m} 和 B 组成的平面而向上．

磁力矩做功为

$$\begin{aligned} A &= \int -M\mathrm{d}\theta = -\int_{\frac{\pi}{2}}^{0} P_{\mathrm{m}} B \sin\theta\mathrm{d}\theta \\ &= P_{\mathrm{m}} B \cos\theta \Big|_{\frac{\pi}{2}}^{0} \\ &= P_{\mathrm{m}} B \\ &= 7.85\times10^{-2}\ \mathrm{J} \end{aligned}$$

或

$$\begin{aligned} A &= \int_{\Phi_{\mathrm{m1}}}^{\Phi_{\mathrm{m2}}} I\mathrm{d}\Phi_{\mathrm{m}} = I(\Phi_{\mathrm{m2}} - \Phi_{\mathrm{m1}}) \\ &= I\left(\frac{1}{2}\pi R^2 B - 0\right) \\ &= 7.85\times10^{-2}\ \mathrm{J} \end{aligned}$$

习题 11

11-1　电源中的非静电力与静电力有什么不同？

11-2　静电场与恒定电场有什么相同处和不同处？为什么恒定电场中仍可应用电势概念？

11-3　一根铜导线表面涂以银层，两端加上电压后，在铜线和银层中，电场强度是否相同？电流密度是否相同？电流强度是否相同？为什么？

11-4　一束质子发生了侧向偏转，造成这个偏转的原因可否是：

(1) 电场？

(2) 磁场？

(3) 若是电场或者是磁场在起作用，如何判断是哪一种场？

11-5　3 个粒子，当它们通过磁场时沿着如题图 11-5 所示的路径运动，对每个粒子可作出什么判断？

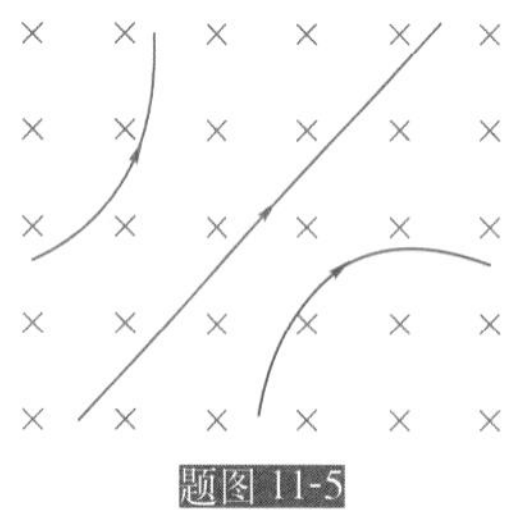

题图 11-5

11-6　一长直载流导线如题图 11-6 所示，沿 Oy 轴正向放置，在原点 O 处取一电流元 $Id\boldsymbol{l}$，求该电流元 在 $(a, 0, 0)$、$(0, a, 0)$、$(a, a, 0)$、(a, a, a) 各点处的磁感应强度 $\boldsymbol{B}$.

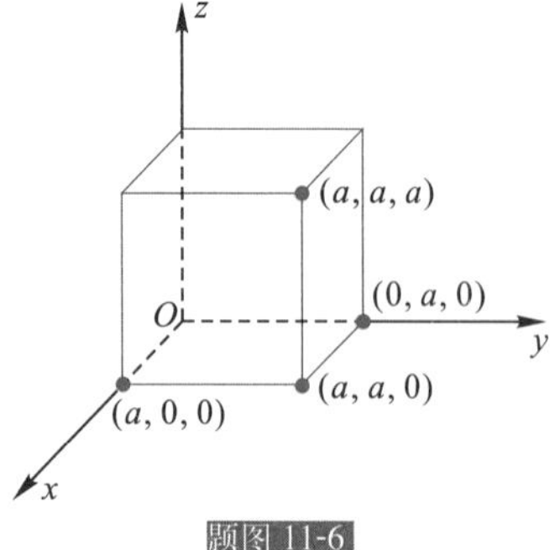

题图 11-6

11-7　用两根彼此平行的长直导线将半径为 R 的均匀导体圆环联到电源上，如题图 11-7 所示，b 点为切点，求 O 点的磁感应强度.

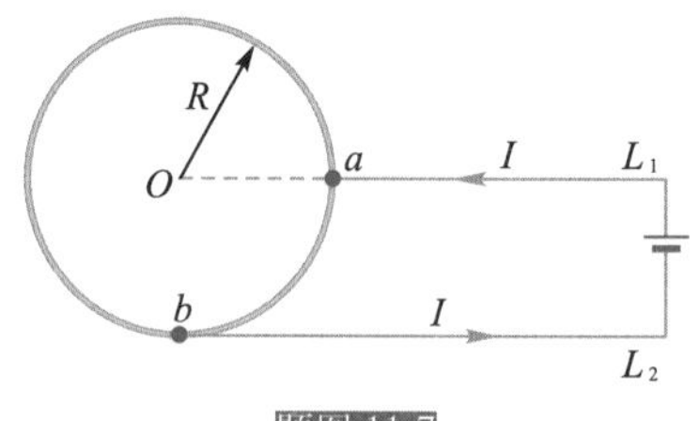

题图 11-7

11-8　一载有电流 I 的长导线弯折成如题图 11-8 所示的形状，CD 为 1/4 圆弧，半径为 R，圆心 O 在 AC、EF 的延长线上. 求 O 点处磁场的场强.

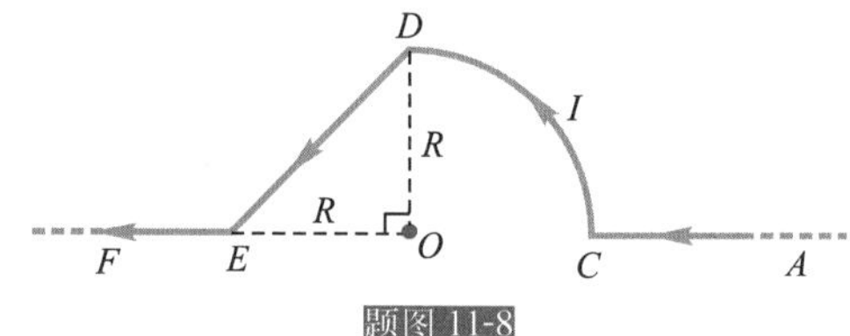

题图 11-8

11-9　在真空中，有两根互相平行的无限长直导线 L_1 和 L_2，相距 0.1 m，通有方向相反的电流，$I_1 = 20$ A，$I_2 = 10$ A，如题图 11-9 所示. a、b 两点与导线在同一平面内. 这两点与导线 L_2 的距离均为 5.0 cm. 试求 a、b 两点处的磁感应强度，以及磁感应强度为零的点的位置.

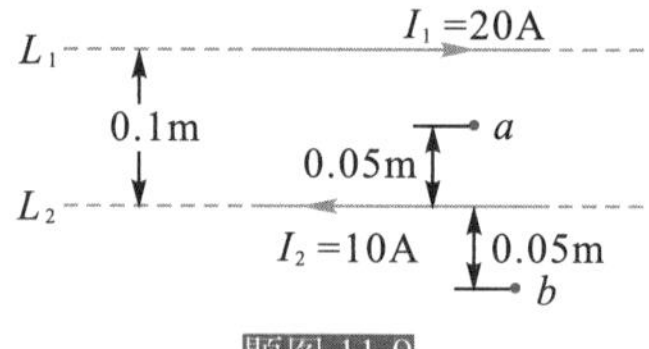

题图 11-9

11-10　如题图 11-10 所示，一无限长薄电流板均匀通有电流 I，电流板宽为 a，求在电流板同一平面内距板边为 a 的 P 点处的磁感应强度.

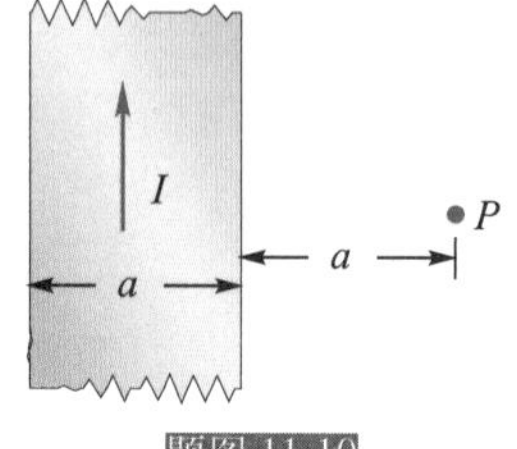

题图 11-10

11-11 在半径 $R=1$ cm 的“无限长”半圆柱形金属薄片中，有电流 $I=5$ A 自下而上地通过，如题图 11-11 所示．试求圆柱轴线上一点 P 的磁感应强度．

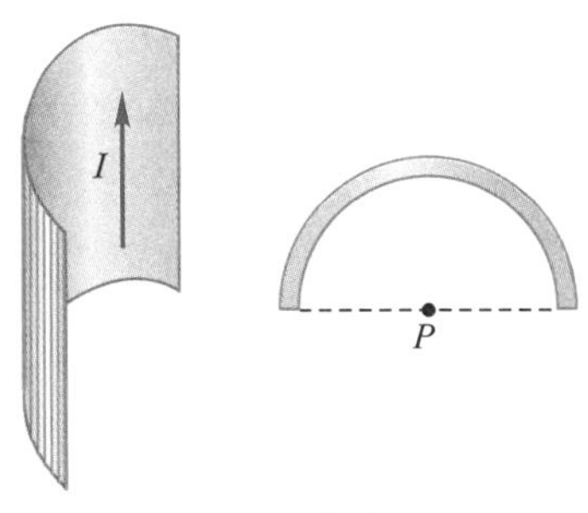

题图 11-11

11-12 在半径为 R 及 r 的两圆周之间，有一总匝数为 N 的均匀密绕平面线圈（题图 11-12）通有电流 I，求线圈中心（即两圆圆心）处的磁感应强度．

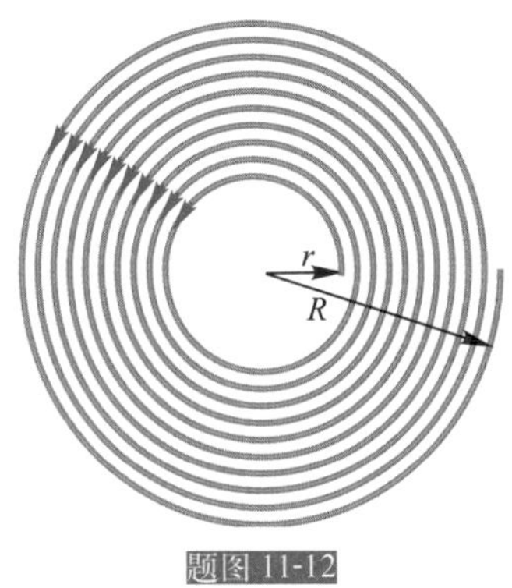

题图 11-12

11-13 如题图 11-13 所示，在顶角为 2θ 的圆锥台上密绕以线圈，共 N 匝，通以电流 I，绕有线圈部分的上下底半径分别为 r 和 R．求圆锥顶 O 处的磁感应强度的大小．

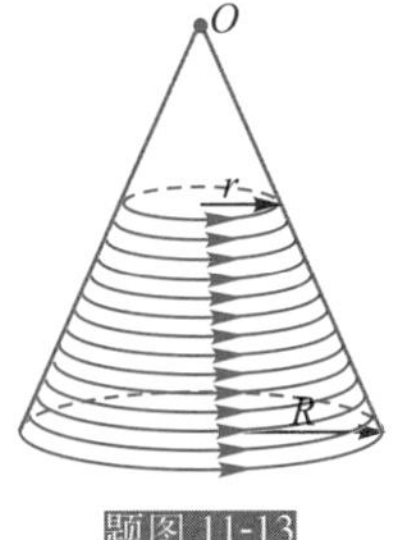

题图 11-13

11-14 半径为 R 的木球上绕有细导线，所绕线圈很紧密，相邻的线圈彼此平行地靠着，以单层盖住半个球面共有 N 匝，如题图 11-14 所示．设导线中通有电流 I，求在球心 O 处的磁感应强度．

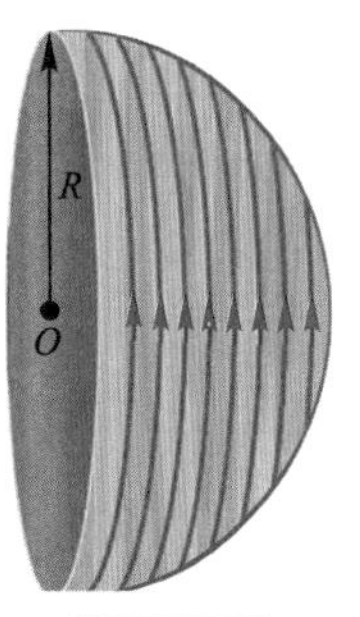

题图 11-14

11-15 一个塑料圆盘，半径为 R，带电 q 均匀分布于表面，圆盘绕通过圆心垂直盘面的轴转动，角速度为 ω．试证明：

(1) 在圆盘中心处的磁感应强度为

$$B=\frac{\mu_0\omega q}{2\pi R}$$

(2) 圆盘的磁偶极矩为

$$P_{\mathrm{m}}=\frac{1}{4}q\omega R^2$$

11-16 已知一均匀磁场的磁感应强度 $B=2$ T 方向沿 x 轴正方向，如题图 11-16 所示．试求：

(1) 通过图中 $ABCD$ 面的磁通量；

(2) 通过图中 $BEFC$ 面的磁通量；

(3) 通过图中 $AEFD$ 面的磁通量．

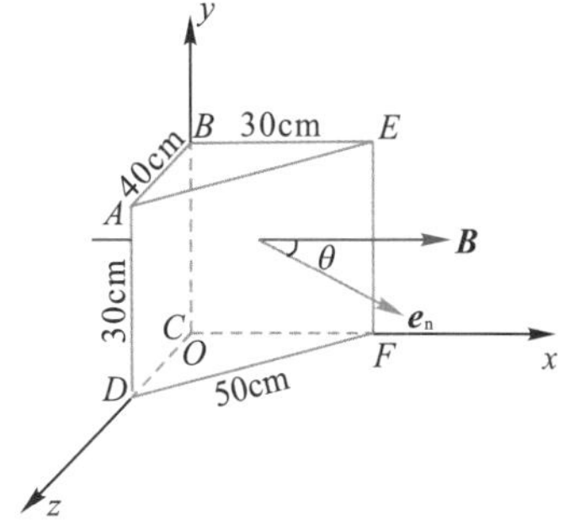

题图 11-16

11-17 如题图 11-17 所示，在长直导线 AB 内通有电流 I，有一与之共面的等边三角形 CDE，其高为 h，平行于直导线的一边 CE 到直导线的距离为 b．求穿过此三角形线圈的磁通量．

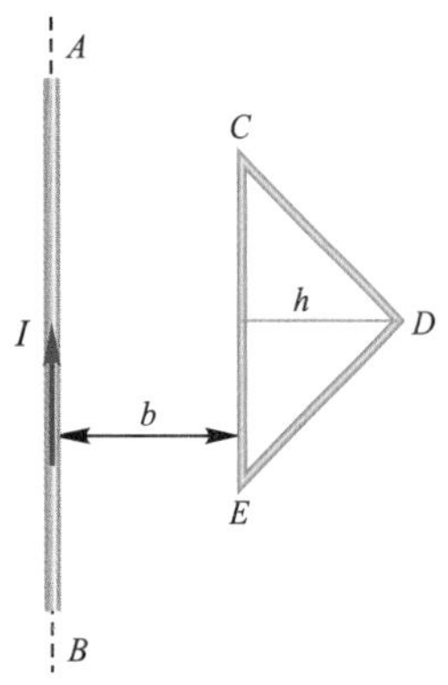

题图 11-17

11-18 一根很长的圆柱形实心铜导线半径为 R，均匀载流为 I. 试计算：

(1) 如题图 11-18 (a) 所示，导线内部通过单位长度导线剖面的磁通量；

(2) 如题图 11-18 (b) 所示，导线外部通过单位长度导线剖面的磁通量.

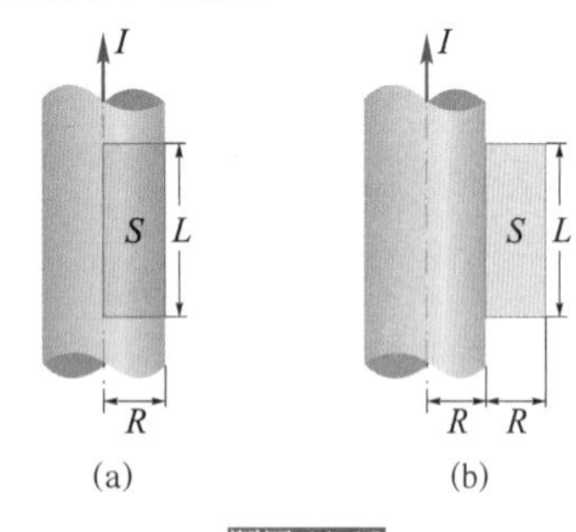

题图 11-18

11-19 如题图 11-19 所示的空心柱形导体，柱的内外半径分别为 a 和 b，导体内载有电流 I，设电流 I 均匀分布在导体的横截面上. 求证导体内部各点 $(a < r < b)$ 的磁感应强度 B 由下式给出：

$$B = \frac{\mu_0 I}{2\pi(b^2 - a^2)} \frac{r^2 - a^2}{r}$$

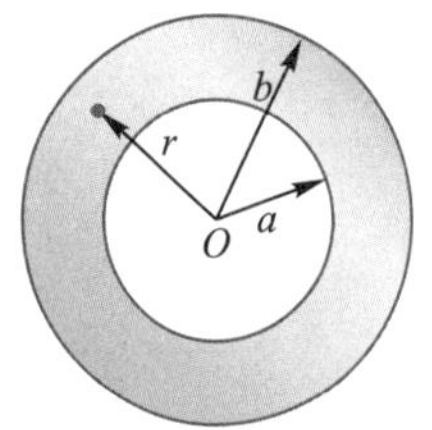

题图 11-19

11-20 有一根很长的同轴电缆，由两个同轴圆筒状导体组成，这两个圆筒状导体的尺寸如题图 11-20 所示. 在这两导体中，有大小相等而方向相反的电流 I 流过. 求：

(1) 内圆筒导体内各点 $(r < a)$ 的磁感应强度 $\boldsymbol{B}$；

(2) 两导体之间 $(a < r < b)$ 的 $\boldsymbol{B}$；

(3) 外圆筒导体内 $(b < r < c)$ 的 $\boldsymbol{B}$；

(4) 电缆外 $(r > c)$ 各点的 $\boldsymbol{B}$.

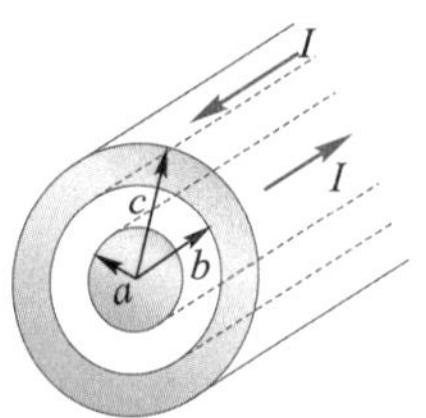

题图 11-20

11-21 在半径为 R 的长直圆柱形导体内部，与轴线平行地挖成一半径为 r 的长直圆柱形空腔，两轴间距离为 a，且 $a > r$，横截面如题图 11-21 所示. 现在电流 I 沿导体管流动，电流均匀分布在管的横截面上，而电流方向与管的轴线平行. 求：

(1) 圆柱轴线上的磁感应强度的大小；

(2) 空心部分轴线上的磁感应强度的大小.

11-22 一电子在 $B = 7.0\times10^{-3}$ T 的匀强磁场中做圆周运动，圆周半径 $r = 3.0$ cm，某时刻电子在 A 点，速度 $\boldsymbol{v}$ 向上，如题图 11-22 所示.

(1) 试画出电子运动的轨道；

(2) 求电子速度 $\boldsymbol{v}$ 的大小；

(3) 求电子动能 E_k.

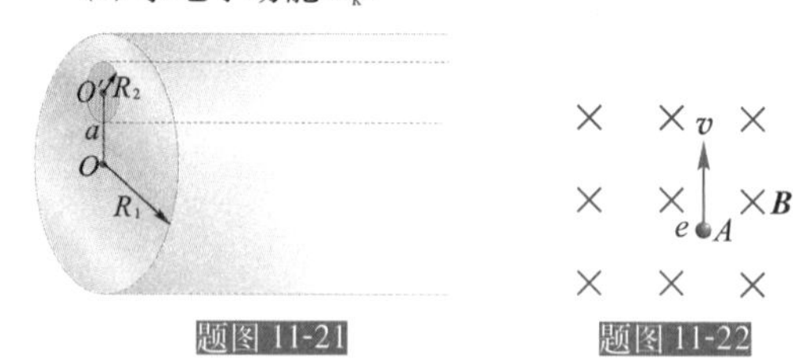

题图 11-21　　题图 11-22

11-23 把 2.0 keV 的一个正电子射入磁感应强度 $\boldsymbol{B}$ 为 0.10 Wb•m^{-2} 的均匀磁场内 (题图 11-23)，其速度矢量 $\boldsymbol{v}$ 与 $\boldsymbol{B}$ 成 89° 角，路径成螺旋线，其轴在 $\boldsymbol{B}$ 的方向. 试求这螺旋线运动的周期 T、螺距 p 和半径 r.

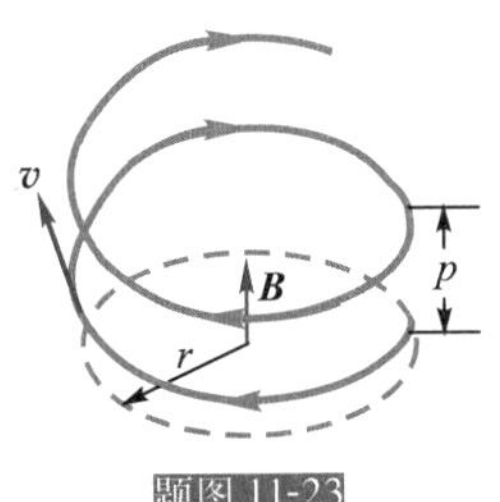

题图 11-23

11-24 某瞬间在 A 点有一质子 a 以 $v_A = 10^7\ \mathrm{m \cdot s^{-1}}$ 沿题图 11-24 中所示方向运动．相距 $r = 10^{-4}$ cm 远处的 B 点有另一质子 b 以 $v_B = 2\times10^3\ \mathrm{m \cdot s^{-1}}$ 沿图示方向运动．$\boldsymbol{v}_A$、$\boldsymbol{v}_B$ 在同一平面内，求质子 b 所受的洛伦兹力的大小和方向．

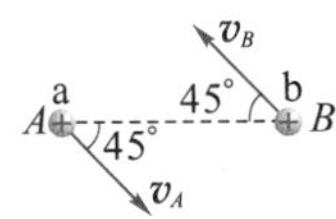

题图 11-24

11-25 如题图 11-25 所示，一根长直导线载有电流 $I_1 = 30$ A，矩形回路载有电流 $I_2 = 20$ A，已知 $a = 1.0$ cm，$b = 8.0$ cm，$l = 12$ cm．试计算：

(1) 作用在回路各边上的安培力；

(2) 作用在回路上的合力．

11-26 如题图 11-26 所示，长直电流 I_1 附近有一等腰直角三角形线框，通以电流 I_2，二者共面．求三角形线框各边所受的磁力．

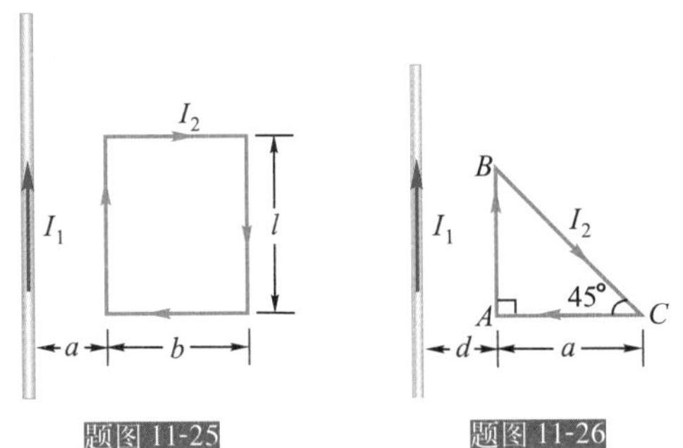

题图 11-25　题图 11-26

11-27 载有电流 $I = 20$ A 的长直导线 AB 旁有一同平面的导线 ab，ab 长为 9 cm，通以电流 $I_1 = 20$ A．求当 ab 垂直 AB，a 与垂足 O 点的距离为 1 cm 时，导线 ab 所受的力，以及对 O 点力矩的大小．

11-28 截面积为 S，密度为 ρ 的铜导线，被弯成正方形的三边，可以绕水平轴 OO' 转动，如题图 11-28 所示．导线放在方向为竖直向上的匀强磁场中，当导线中的电流为 I 时，导线离开原来的竖直位置偏转一角度为 θ 而平衡．求磁感应强度．如 $S = 2\ \mathrm{mm^2}$，$\rho = 8.9\ \mathrm{g \cdot cm^{-3}}$，$\theta = 15°$，$I = 10$ A，B 应为多少？

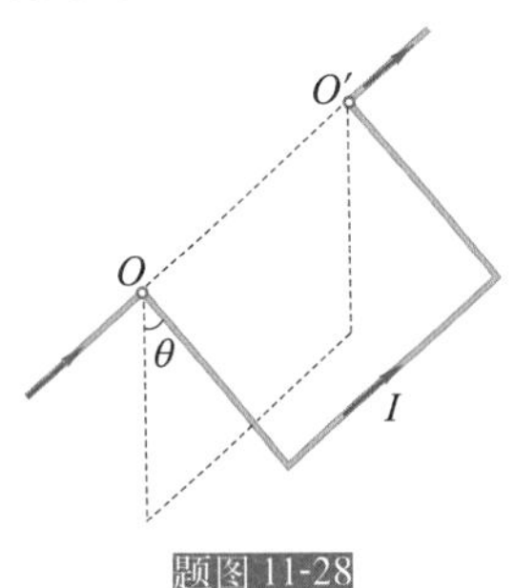

题图 11-28

11-29 与水平成 θ 角的斜面上放一木制圆柱，圆柱的质量 m 为 0.25 kg，半径为 R，长 l 为 0.1 m．在这圆柱上，顺着圆柱缠绕 10 匝的导线，而这个圆柱体的轴线位于导线回路的平面内，如题图 11-29 所示．斜面处于均匀磁场 B 中，磁感应强度的大小为 0.5 T，其方向沿竖直朝上．如果绕组的平面与斜面平行，问通过回路的电流至少要有多大，圆柱体才不致沿斜面向下滚动？

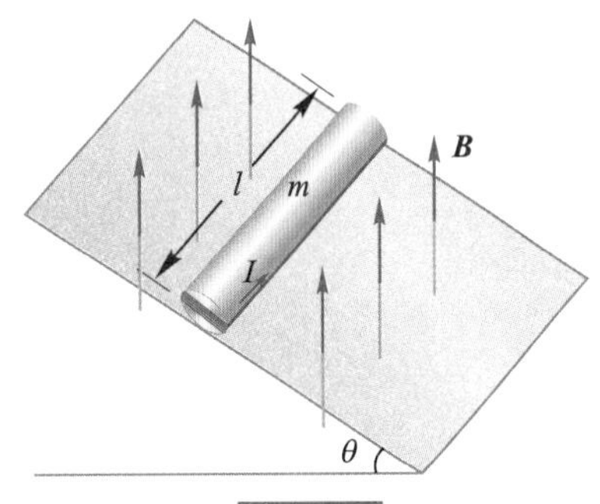

题图 11-29

11-30 一个绕有 N 匝的圆线圈，半径为 a，载有电流 I．试问：为了把这个线圈在外磁场中由 θ 等于零的位置，旋转到 θ 等于 90° 的位置，需对线圈做多少功？θ 是线圈的面法线与磁感应强度 B 之间的夹角．假设 $N = 100$，$a = 5.0$ cm，$I = 0.10$ A，$B = 1.5$ T．

11-31　一半圆形闭合线圈半径 $R = 0.1\ \text{m}$，通过电流 $I = 10\ \text{A}$，放在均匀磁场中，磁场方向与线圈面平行，如题图 11-31 所示，$B = 5\times10^3\ \text{G}$．

(1) 求线圈所受力矩的大小和方向；

(2) 若此线圈受力矩的作用转到线圈平面与磁场垂直的位置，则力矩做功多少？

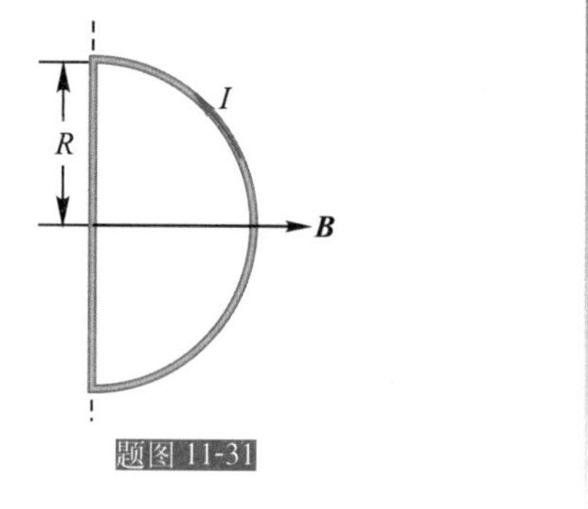

题图 11-31

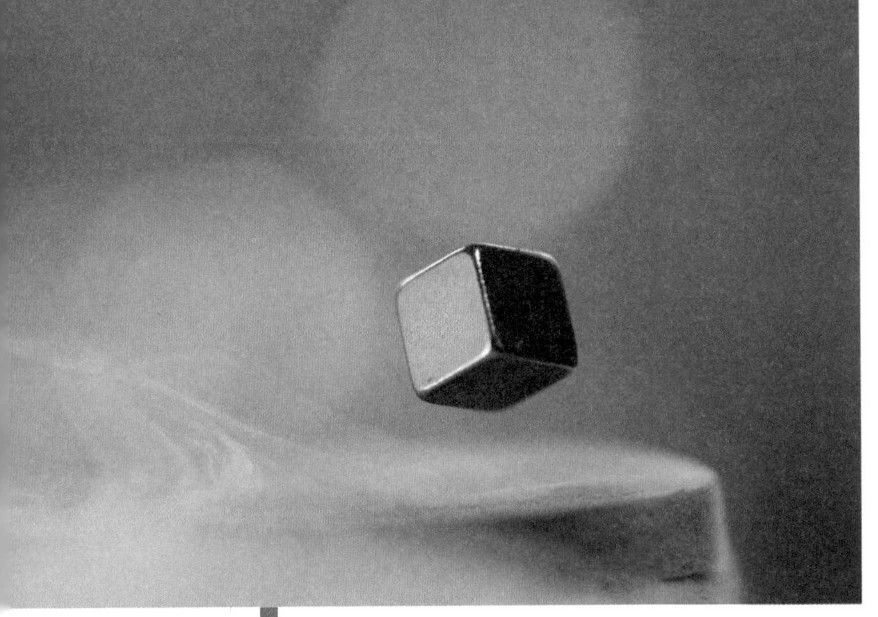

如果把超导体放在磁场中冷却，则在材料电阻消失的同时，磁感应线将从超导体中排出，不能通过超导体，这种现象称为抗磁性

第12章 磁介质中的恒定磁场

第11章我们主要讨论了真空中恒定电流产生的恒定磁场的规律．当恒定磁场中存在磁介质时，由于磁场与磁介质的相互作用，将使磁介质磁化而出现附加磁场，从而使空间和磁介质内部的磁场发生变化．本章主要讨论磁介质和磁场的相互作用、相互影响及其规律．

本章将采用类似于讨论电介质中电场的方法，从实物物质的电结构出发，讨论顺磁质、抗磁质和铁磁质磁化的微观机制以及对磁场的影响，重点讨论磁介质中磁场的场量之间关系以及有磁介质时磁场的高斯定理和安培环路定理．最后讨论铁磁质的性质和应用．

*12.1 磁介质及其磁化

12.1.1 磁介质及其分类

凡处于磁场中能与磁场发生相互作用的实物物质均可称为磁介质（magnetic medium）. 当磁场中存在实物物质时，由于实物物质的分子或原子中都存在运动的电荷，这些运动电荷将受到磁力的作用，其结果是使磁介质产生磁化（magnetization）并出现宏观的磁化电流（magnetization current），磁化电流又产生附加磁场，从而又会反过来影响磁场的分布.

磁介质对磁场的影响可以通过实验观察. 设在真空中的长直螺线管通以电流 I 时，内部的磁感应强度为 $\boldsymbol{B}_0$（称外磁场）. 实验表明，当螺线管内充满某种均匀各向同性磁介质，并通以相同的电流 I 时，磁介质磁化电流在螺线管内产生的附加磁场为 $\boldsymbol{B}'$，则长直螺线管内的磁场为 $\boldsymbol{B}_0$ 和 $\boldsymbol{B}'$ 的矢量和，即

$$\boldsymbol{B}=\boldsymbol{B}_0+\boldsymbol{B}' \tag{12-1}$$

实验表明，当磁场中充满均匀各向同性磁介质时，磁介质中磁场 $\boldsymbol{B}$ 与该处外磁场 $\boldsymbol{B}_0$ 存在如下关系：

$$\boldsymbol{B}=\mu_r\boldsymbol{B}_0 \tag{12-2}$$

即磁介质中的磁场为外磁场的 μ_r 倍，方向相同，我们定义 μ_r 为磁介质的相对磁导率（relative permeability），它是无单位的纯数. μ_r 是决定磁介质本身特性的物理量，反映介质磁化后对磁场的影响程度.

对无限长直螺线管，其内部的磁场为 $B_0=\mu_0 nI$，当管内充满均匀各向同性磁介质后，管内的磁场大小为

$$B=\mu_r B_0=\mu_r\mu_0 nI \tag{12-3}$$

定义

$$\mu=\mu_r\mu_0 \tag{12-4}$$

则式（12-3）为

$$B=\mu nI \tag{12-5}$$

式中，μ 称磁介质的磁导率（permeability），它也是反映磁介质磁性的物理量，在国际单位制中，磁介质的磁导率 μ 的单位和真空磁导率 μ_0 的单位相同.

实验表明，相对磁导率 μ_r 的大小将随着磁介质的种类或状态的不同而不同（表 12-1），通常根据 μ_r 的大小，可把磁介质分为顺磁质（paramagnetic substance）、抗磁质（diamagnetic substance）和铁磁质（ferromagnetic substance）三类.

表 12-1 几种磁介质的相对磁导率

磁介质种类		相对磁导率
抗磁质 $\mu_r < 1$	铋（293K）	$1-16.6\times10^{-6}$
	汞（293K）	$1-2.9\times10^{-5}$
	铜（293K）	$1-1.0\times10^{-5}$
	氢（气体）	$1-3.89\times10^{-5}$
顺磁质 $\mu_r > 1$	氧（液体 90K）	$1+769.9\times10^{-5}$
	氧（气体 293K）	$1+344.9\times10^{-5}$
	铝（293K）	$1+1.65\times10^{-5}$
	铂（293K）	$1+26\times10^{-5}$
铁磁质 $\mu_r \gg 1$	纯铁	5×10^{3}(最大值)
	硅钢	7×10^{2}(最大值)
	坡莫合金	1×10^{5}(最大值)

顺磁质是 μ_r 略大于 1 的磁介质．这说明顺磁质磁化后产生的附加磁场 $\boldsymbol{B}'$ 与外磁场 $\boldsymbol{B}_0$ 同方向．自然界中的大多数物质是顺磁质，如空气、氧、铝、铬、锰等．

抗磁质是 μ_r 略小于 1 的磁介质．这说明抗磁质磁化后产生的附加磁场 $\boldsymbol{B}'$ 的方向与外磁场 $\boldsymbol{B}_0$ 相反，如氢、汞、铜、铅、铋等．

从表 12-1 可以看出，无论顺磁质或抗磁质，它们的相对磁导率与 1 相差很小．因而在工程技术中常不考虑它们的影响，而直接当成 $\mu_r = 1$ 的真空情况来处理．铁磁质是 μ_r 远大于 1 的磁介质，而且它的量值还随外磁场 $\boldsymbol{B}_0$ 的大小发生变化．铁磁质磁化后能产生与外磁场 $\boldsymbol{B}_0$ 方向相同的很强的附加磁场 $\boldsymbol{B}'$，如铁、镍、钴等．它们对磁场影响很大，工程技术上应用也很广泛．

另外还有一类物质，即处于超导态(superconducting state)的超导材料，当它处于外磁场中并被磁化后其所产生的附加磁场在超导材料内能完全抵消磁化它的外磁场，使超导材料内部的磁场为零．它说明处于超导态下的物质相对磁导率 $\mu_r = 0$．超导材料的这一性质称为**完全抗磁性**．

12.1.2 分子磁矩　分子附加磁矩

磁介质为什么会对磁场产生影响呢？这首先得从磁介质受磁场影响后其电磁性能发生改变加以说明，为此必然涉及磁介质的微观电结构．

近代科学实验证明，组成分子或原子中的电子，不仅存在绕原子核的轨道运动，还存在自旋运动．这两种运动都能产生磁效应．把分子或原子看成一个整体，分子或原子中各电子对外界产生磁效应的总和，可等效于一个圆电流，称为分子电流（molecular current)．这种分子电流的磁矩称**分子磁矩**（molecular magnetic moment)，在忽略原子核中质子和中子自旋磁矩后，实际上它是电子的轨道磁矩（orbital magnetic moment)

和电子的自旋磁矩 (spin magnetic moment) 的矢量和，用 $\boldsymbol{P}_{\mathrm{m}}$ 表示.

下面仅以电子绕核运动为例，来定性地讨论外磁场对电子轨道磁矩 $\boldsymbol{m}$ 的影响，从而进一步理解当顺磁质或抗磁质处在外磁场中而产生磁化时，其电磁性能的改变. 如图 12-1 所示，设电子在库仑力作用下以速率 v 绕原子核做圆周运动. 若外磁场 $\boldsymbol{B}_0$ 方向与电子轨道磁矩 $\boldsymbol{m}$ 方向一致，如图 12-1 (a) 所示，此时电子在磁场中受到的洛伦兹力为 $-e(\boldsymbol{v}\times\boldsymbol{B})$，方向与库仑引力方向相反，背离原子核. 假设电子在库仑引力和洛伦兹力共同作用下维持轨道半径不变，则由牛顿定律可知，由于合力减小，电子的轨道速度必然减小，也即相当于有一与电子速度方向相反的附加电子在运动. 这附加电子产生的附加轨道磁矩 $\Delta\boldsymbol{m}$ 方向与外磁场 $\boldsymbol{B}_0$ 方向相反.

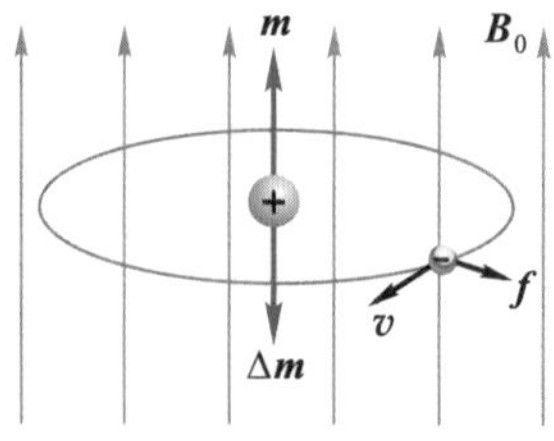

(a) 外磁场$\boldsymbol{B}_0$与轨道磁矩平行

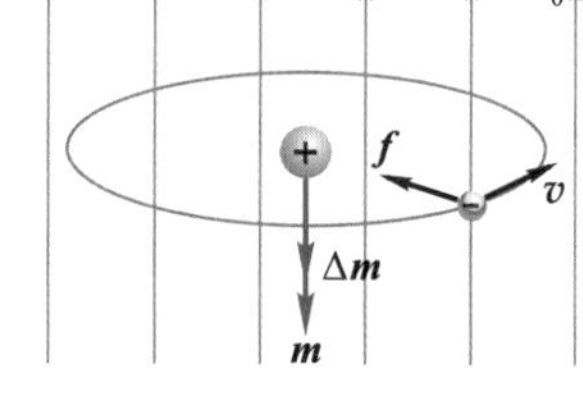

(b) 外磁场$\boldsymbol{B}_0$与轨道磁矩反向平行

图 12-1　外磁场对电子轨道磁矩的影响、附加磁矩

同理，若外磁场 $\boldsymbol{B}_0$ 与电子轨道磁矩反向平行，如图 12-1(b) 所示，根据类似分析同样可以得出附加轨道磁矩 $\Delta\boldsymbol{m}$ 方向与外磁场 $\boldsymbol{B}_0$ 方向相反. 应该指出，对电子的自旋和核的自旋，外磁场也产生相同的效果.

从以上分析中可以看出：在外磁场中，磁介质分子中每个运动电子都要产生与外磁场 $\boldsymbol{B}_0$ 方向相反的附加磁矩 $\Delta\boldsymbol{m}$. 分子中所有运动电子产生的附加磁矩的矢量和就是整个分子在外磁场中的附加磁矩 $\Delta\boldsymbol{P}_{\mathrm{m}}$，即 $\Delta\boldsymbol{P}_{\mathrm{m}}=\sum\Delta\boldsymbol{m}$，分子附加磁矩 $\Delta\boldsymbol{P}_{\mathrm{m}}$ 的方向也一定与外磁场 $\boldsymbol{B}_0$ 方向相反.

以上就是磁介质受到磁场影响后，其电磁性能发生改变后产生的一种效应，称为分子的抗磁性 (diamagnetism). 这就是说，无论何种磁介质，尽管它们的分子磁矩的大小可以不同，但在外磁场中产生的分子附加磁矩 $\Delta\boldsymbol{P}_{\mathrm{m}}$ 方向总是与外磁场 $\boldsymbol{B}_0$ 方向相反，都存在抗磁性.

12.1.3 顺磁质和抗磁质的磁化

既然不论顺磁质还是抗磁质分子在外磁场中都要产生抗磁效应，那么顺磁质和抗磁质为什么表现出不同的磁化现象呢？这主要是顺磁质和抗磁质两者的分子电结构是不同的.

对于顺磁质分子（类似电介质的有极分子），每个分子的分子磁矩 $\boldsymbol{P}_{\mathrm{m}}\neq 0$，或称固有磁矩不等于零. 无外磁场时，由于分子热运动，各

个分子磁矩方向处于无规则取向状态．这种分子固有磁矩方向的无序分布使顺磁质任一体积元的合磁矩$\sum \boldsymbol{P}_{\mathrm{m}} = \mathbf{0}$，以致任一体积元及顺磁质整体宏观上均不显磁性．当加上外磁场后，一方面由于分子固有磁矩受外磁场磁力矩作用，转向外磁场方向，这个磁化过程称为取向磁化（图 12-2），外磁场越强，排列越整齐．这样，分子固有磁矩的矢量和$\sum \boldsymbol{P}_{\mathrm{m}}$不再为零，而且与外磁场$\boldsymbol{B}_0$方向相同．这种现象称为顺磁效应．另一方面，分子磁矩在外磁场作用下将产生前述抗磁效应，出现与外磁场$\boldsymbol{B}_0$反向的分子附加磁矩$\sum \Delta \boldsymbol{P}_{\mathrm{m}}$．实验证明，$|\sum \boldsymbol{P}_{\mathrm{m}}| \gg |\sum \Delta \boldsymbol{P}_{\mathrm{m}}|$，二者相比其一个分子所产生的附加磁矩要比一个分子的固有磁矩小到 5 个数量级．因而顺磁效应是顺磁质磁化后产生附加磁场$\boldsymbol{B}'$的主要原因．$\boldsymbol{B}'$和$\boldsymbol{B}_0$同方向，顺磁质总磁感应强度$\boldsymbol{B} = \boldsymbol{B}_0 + \boldsymbol{B}' > \boldsymbol{B}_0$，因而相对磁导率$\mu_{\mathrm{r}}$略大于 1.

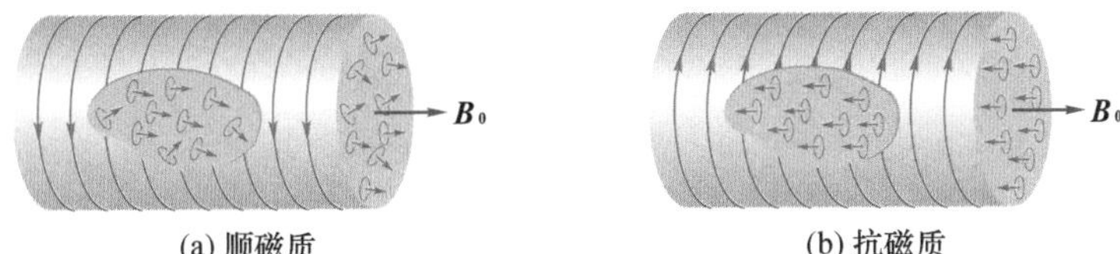

(a) 顺磁质　　(b) 抗磁质

图 12-2　磁介质表面磁化电流的产生

对于抗磁质分子（类似电介质的无极分子），每个分子的分子磁矩$\boldsymbol{P}_{\mathrm{m}} = \mathbf{0}$，意味着每个分子的所有电子的轨道磁矩和自旋磁矩的矢量和为零．在无外磁场时，由于分子热运动，显然，抗磁质整体不显磁性．加上外磁场后，抗磁质分子没有由于固有磁矩转向引起的顺磁效应，而外磁场引起的附加磁矩$\sum \Delta \boldsymbol{P}_{\mathrm{m}}$是抗磁质磁化的唯一原因．所以，抗磁质中附加磁场$\boldsymbol{B}'$总是与外磁场$\boldsymbol{B}_0$方向相反．抗磁质中总磁感应强度$\boldsymbol{B} = \boldsymbol{B}_0 + \boldsymbol{B}' < \boldsymbol{B}_0$，而抗磁质的相对磁导率$\mu_{\mathrm{r}}$略小于 1.

铁磁质的分子磁矩也不等于零，但铁磁质的磁化不同于顺磁质，有其特殊机制，我们将在后面另作介绍．

12.1.4 磁化强度矢量与磁化电流

由上述讨论知道，无论是顺磁质还是抗磁质，磁化前介质内分子的总磁矩为零，而磁化后介质内分子总磁矩将不为零．为了表征物质的宏观磁性或介质的磁化程度，我们将磁介质内某点处单位体积内分子磁矩的矢量和定义为该点的磁化强度（magnetization）矢量，用$\boldsymbol{M}$表示，即

$$\boldsymbol{M} = \frac{\sum \boldsymbol{P}_{\mathrm{m}} + \sum \Delta \boldsymbol{P}_{\mathrm{m}}}{\Delta V} \tag{12-6}$$

式中，ΔV为磁介质某点处所取体积元的体积，$\sum \boldsymbol{P}_{\mathrm{m}}$为体积元内磁介质磁化后分子磁矩的矢量和，$\sum \Delta \boldsymbol{P}_{\mathrm{m}}$为体积元内磁介质磁化后分子附加磁矩的矢量和．显然，对顺磁质，由于$\sum \boldsymbol{P}_{\mathrm{m}} \gg \sum \Delta \boldsymbol{P}_{\mathrm{m}}$，此时$\sum \Delta \boldsymbol{P}_{\mathrm{m}}$可以忽略不计．而对抗磁质，由于$\sum \boldsymbol{P}_{\mathrm{m}} = \mathbf{0}$，主要是抗磁效应起作用．为此可得

顺磁质的磁化强度矢量为

$$\boldsymbol{M}=\frac{\sum \boldsymbol{P}_{\mathrm{m}}}{\Delta V} \tag{12-7}$$

$\boldsymbol{M}$ 的方向与外磁场 $\boldsymbol{B}_0$ 方向相同，而对抗磁质，其磁化强度矢量为

$$\boldsymbol{M}=\frac{\sum \Delta\boldsymbol{P}_{\mathrm{m}}}{\Delta V} \tag{12-8}$$

$\boldsymbol{M}$ 的方向与外磁场 $\boldsymbol{B}_0$ 方向相反．

磁化强度矢量是磁介质磁化时定量描述磁化强弱和方向的物理量，它是空间坐标的矢量函数．当均匀磁化时，$\boldsymbol{M}$ 是常矢量．在国际单位制中，磁化强度的单位是安・米 $^{-1}$（$\mathrm{A\cdot m^{-1}}$）．

磁介质磁化后，对于顺磁质，其分子内固有磁矩起主要作用且沿磁场方向取向；对于抗磁质，分子内起主要作用的是分子附加磁矩．考虑与这些磁矩相对应的小圆电流必将有规则地排列在介质的内部和表面，若磁介质均匀分布，则介质内部的小圆电流将如图 12-2 所示互相抵消．其宏观效果是在介质横截面边缘出现环形电流，这种电流称为磁化电流（magnetization current）I_s，由于处于介质表面，又称磁化面电流．又由于它是由分子内相应的小圆电流一段段接合而成，显然不同于导体中自由电荷定向运动形成的传导电流，所以也称其为束缚电流．束缚电流在磁效应方面与传导电流是相当的，同样可以产生磁场并计算磁化强度，但是不存在热效应．

磁化强度 $\boldsymbol{M}$ 与磁化面电流 I_s 是用两种手段来描述同一磁化现象，与电介质极化时电极化强度 $\boldsymbol{p}$ 和极化电荷 σ' 的关系类似．$\boldsymbol{M}$ 与 I_s 必然相关联．下面以顺磁质为例用无限长直螺管中充满均匀磁介质时的磁化来说明它们间的关系．设螺线管内的磁介质圆柱体长为 L，截面积为 S，表面的磁化面电流为 I_s，单位长度上的磁化面电流，也即磁化面电流的线密度为 j_S，则介质中的总磁矩为

$$\sum P_{\mathrm{m}}+\sum \Delta P_{\mathrm{m}}=I_s S$$

由磁化强度定义式（12-7）得

$$M=\frac{I_s S}{LS}=\frac{I_s}{L}=j_s \tag{12-9}$$

可见，介质中某点磁化强度 $\boldsymbol{M}$ 的大小等于磁化面电流的线密度．应该指出，式（12-9）只适用均匀磁介质被均匀磁化的情况．

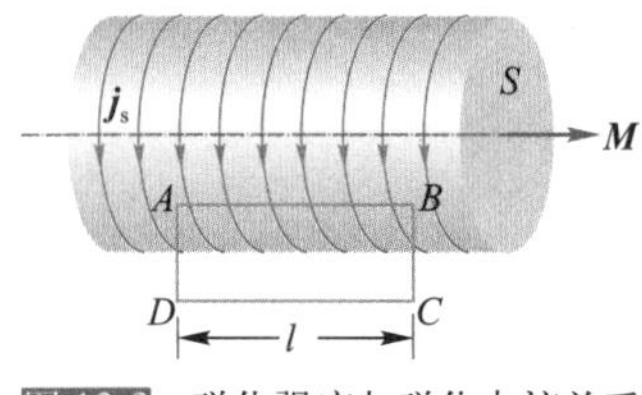

图 12-3　磁化强度与磁化电流关系

下面我们计算磁化强度 $\boldsymbol{M}$ 的环流．如图 12-3 为一根均匀磁化的圆柱形磁介质棒．磁介质内各点的磁化强度 $\boldsymbol{M}$ 相同，方向与轴线平行．作一长方形闭合回路 $ABCD$ 为积分回路 L，其中，AB 的边长为 l，平行轴线并处在磁介质中，DC 边在磁介质外．计算 $\boldsymbol{M}$ 的环流时，由于介质外 $\boldsymbol{M}=\boldsymbol{0}$，$AD$ 和 BC 边均垂直 $\boldsymbol{M}$，故 $\boldsymbol{M}$ 的环流为

$$\oint_L \boldsymbol{M}\cdot\mathrm{d}\boldsymbol{l}=\int_{\overline{AB}}\boldsymbol{M}\cdot\mathrm{d}\boldsymbol{l}=Ml$$

将 $M=j_s$ 代入上式，得

$$\oint_L \boldsymbol{M}\cdot\mathrm{d}\boldsymbol{l} = j_s l = I_s$$

实际上，上述结果是普遍成立的，即磁化强度 $\boldsymbol{M}$ 在闭合回路上的环流，等于穿过闭合回路所包围面积的磁化面电流的代数和．即

$$\oint_L \boldsymbol{M}\cdot\mathrm{d}\boldsymbol{l} = \sum_{(L_{内})} I_s \tag{12-10}$$

12.2 磁介质中的高斯定理和安培环路定理

12.2.1 磁介质中的高斯定理

磁介质受外磁场作用而发生磁化后，磁介质内外的磁场应该是原有的外磁场与磁介质磁化出现的磁化电流产生的附加磁场的共同叠加，也即空间各点的磁感应强度 $\boldsymbol{B}$ 应是外磁场 $\boldsymbol{B}_0$ 与附加磁场 $\boldsymbol{B}'$ 的矢量和，即

$$\boldsymbol{B} = \boldsymbol{B}_0 + \boldsymbol{B}' \tag{12-11}$$

由于磁化面电流与传导电流在产生磁场方面是等效的，二者的磁感应线均为闭合曲线，都属于涡旋场．因此，在有磁介质存在时，高斯定理仍成立．即

$$\oint_S \boldsymbol{B}\cdot\mathrm{d}\boldsymbol{S} = 0 \tag{12-12}$$

式（12-12）在形式上与式（11-39）完全相同，但式（12-12）中 $\boldsymbol{B}$ 应理解为外磁场 $\boldsymbol{B}_0$ 和磁化电流产生的附加磁场 $\boldsymbol{B}'$ 的合磁场．因此，式（12-12）就是普遍情况下的恒定磁场的高斯定理．

12.2.2 磁介质中的安培环路定理

若外磁场 $\boldsymbol{B}_0$ 是由传导电流产生，当有磁介质时磁场中任一点的磁感应强度 $\boldsymbol{B}$ 应为传导电流与磁化电流所共同产生．因而磁场中的安培环路定理可写成

$$\oint_L \boldsymbol{B}\cdot\mathrm{d}\boldsymbol{l} = \mu_0\Big(\sum I + \sum_{(L_{内})} I_s\Big) \tag{12-13}$$

式（12-13）表示，磁感应强度 $\boldsymbol{B}$ 沿任一闭合回路 L 的环流，等于穿过回路所包围面积的传导电流和总磁化电流的代数和的 μ_0 倍．由于磁化电流 I_s 不能直接测量，需对式（12-13）进行变换．利用式（12-10）可将式（12-13）改写为

$$\oint_L \boldsymbol{B}\cdot\mathrm{d}\boldsymbol{l} = \mu_0\Big(\sum I + \oint_L \boldsymbol{M}\cdot\mathrm{d}\boldsymbol{l}\Big)$$

或

$$\oint_L \left(\frac{\boldsymbol{B}}{\mu_0} - \boldsymbol{M}\right) \cdot \mathrm{d}\boldsymbol{l} = \sum I$$

类似电介质中引进电位移矢量 $\boldsymbol{D}$，在此我们定义一个新的物理量——磁场强度（magnetic field strenght)$\boldsymbol{H}$，并令

$$\boldsymbol{H} = \frac{\boldsymbol{B}}{\mu_0} - \boldsymbol{M} \tag{12-14}$$

于是，有磁介质存在时的安培环路定理可简洁地写为

$$\oint_L \boldsymbol{H} \cdot \mathrm{d}\boldsymbol{l} = \sum I \tag{12-15}$$

式（12-15) 表示，**磁场强度 H 沿任一闭合回路的环流，等于闭合回路所包围并穿过的传导电流的代数和，而在形式上与磁介质中磁化电流无关**．它可比较方便地处理磁介质中的磁场问题．类似电学中引进电位移矢量 $\boldsymbol{D}$ 后，可应用介质中的高斯定理处理有电介质的静电场问题一样．

在国际单位制中，$\boldsymbol{H}$ 的单位为 $\mathrm{A \cdot m^{-1}}$．

应该指出，式（12-14）是磁场强度 $\boldsymbol{H}$ 的定义式，在任何条件下均适用，它表示在磁场中任一点处，$\boldsymbol{H}$、$\boldsymbol{M}$、$\boldsymbol{B}$ 三个物理量之间的关系．另外，磁场强度 $\boldsymbol{H}$ 与电位移 $\boldsymbol{D}$ 一样，只是辅助矢量，决定磁场中运动电荷受力的仍然是磁感应强度 $\boldsymbol{B}$．

实验表明，对各向同性均匀磁介质，磁化强度 $\boldsymbol{M}$ 与介质中同一处总磁场强度 $\boldsymbol{H}$ 成正比，即

$$\boldsymbol{M} = \chi_m \boldsymbol{H} \tag{12-16}$$

式中，比例系数 χ_m 为磁介质的**磁化率**（magnetic susceptibility)，它的大小仅与磁介质的性质有关，是无单位的纯数，对顺磁质 $\chi_m > 0$，而抗磁质 $\chi_m < 0$，但都很小．将式（12-16）代入式（12-14) 可得

$$\boldsymbol{B} = \mu_0 \boldsymbol{H} + \mu_0 \boldsymbol{M} = \mu_0 (1 + \chi_m) \boldsymbol{H}$$

令

$$1 + \chi_m = \mu_r \tag{12-17}$$

μ_r 为磁介质的相对磁导率，则可得

$$\boldsymbol{B} = \mu_0 \mu_r \boldsymbol{H} = \mu \boldsymbol{H} \tag{12-18}$$

对于真空中的磁场，由于 $\boldsymbol{M} = \boldsymbol{0}$，由式（12-14）及式（12-17）可得 $\boldsymbol{B} = \mu_0 \boldsymbol{H}$ 及 $\chi_m = 0$，说明了真空的相对磁导率 $\mu_r = 1$．

对于均匀各向同性磁介质，χ_m 与 μ_r 为恒量．如介质不均匀，则 χ_m 与 μ_r 还是位置的函数．至于铁磁质，χ_m 与 μ_r 还是 $\boldsymbol{H}$ 的函数．

对于均匀各向同性磁介质，磁化强度 $\boldsymbol{M}$ 由式（12-16）中总磁场强度 $\boldsymbol{H}$ 决定．而由式（12-14）又可看出，总磁场强度 $\boldsymbol{H}$ 的分布又与磁化电流 I_s（或磁化强度 $\boldsymbol{M}$）有关．从而形成了一个循环．给我们直接求解介质中磁场带来不便．所以，在有磁介质（各向同性均匀磁介质）存在时，一般是先利用式（12-15）求解 $\boldsymbol{H}$ 的分布，再由式（12-18) 中 $\boldsymbol{H}$ 与 $\boldsymbol{B}$ 的关系求出 $\boldsymbol{B}$ 的分布．这样便可避免对磁化电流 I_s 的计算．当然，这样做的条件是只有当传导电流和磁介质的分布（乃至磁场分布）具有某些对称

性时，才能找到恰当的安培环路，使式（12-15）左边积分中的 $\boldsymbol{H}$ 能以标量形式提到积分号外，从而方便地求解 $\boldsymbol{H}$ 和 $\boldsymbol{B}$．下面通过例题说明．

例 12-1

如图 12-4 所示，一电缆由半径为 R_1 的长直导线和套在外面的内、外半径分别为 R_2 和 R_3 的同轴导体圆筒组成，其间充满相对磁导率为 μ_r 的各向同性非铁磁质．电流 I 由半径为 R_1 的中心导体流入纸面，由外面圆筒流出纸面．求磁场分布．

解 由于电流分布和磁介质分布具有轴对称性，可知磁场分布也具有轴对称性：$\boldsymbol{H}$ 线和 $\boldsymbol{B}$ 线都是在垂直于轴线的平面内，并以轴线上某点为圆心的同心圆．于是选取距轴线距离 r 为半径的圆为安培环路 L，取顺时针方向为绕行方向，应用介质中安培环路定理式（12-15），则有

当 $r < R_1$ 时，有

$$\oint_L \boldsymbol{H}_1 \cdot \mathrm{d}\boldsymbol{l} = H_1 \cdot 2\pi r = \frac{I}{\pi R_1^2}\pi r^2$$

$$H_1 = \frac{Ir}{2\pi R_1^2}$$

$$B_1 = \mu_1 H_1 = \frac{\mu_0 Ir}{2\pi R_1^2}$$

当 $R_1 < r < R_2$ 时，有

$$\oint_L \boldsymbol{H}_2 \cdot \mathrm{d}\boldsymbol{l} = H_2 \cdot 2\pi r = I$$

$$H_2 = \frac{I}{2\pi r}$$

$$B_2 = \mu_2 H_2 = \frac{\mu_0 \mu_r I}{2\pi r}$$

当 $R_2 < r < R_3$ 时，有

$$\oint_L \boldsymbol{H}_3 \cdot \mathrm{d}\boldsymbol{l} = H_3 \cdot 2\pi r = I - \frac{I(r^2 - R_2^2)}{(R_3^2 - R_2^2)}$$

$$H_3 = \frac{I}{2\pi r}\,\frac{R_3^2 - r^2}{R_3^2 - R_2^2}$$

$$B_3 = \mu_3 H_3 = \frac{\mu_0 I}{2\pi r}\,\frac{R_3^2 - r^2}{R_3^2 - R_2^2}$$

当 $r > R_3$ 时，有

$$\oint_L \boldsymbol{H}_4 \cdot \mathrm{d}\boldsymbol{l} = H_4 \cdot 2\pi r = 0$$

$$H_4 = 0$$

$$B_4 = \mu_4 H_4 = 0$$

H 和 B 随离轴线距离 r 变化的曲线如图 12-4 所示．

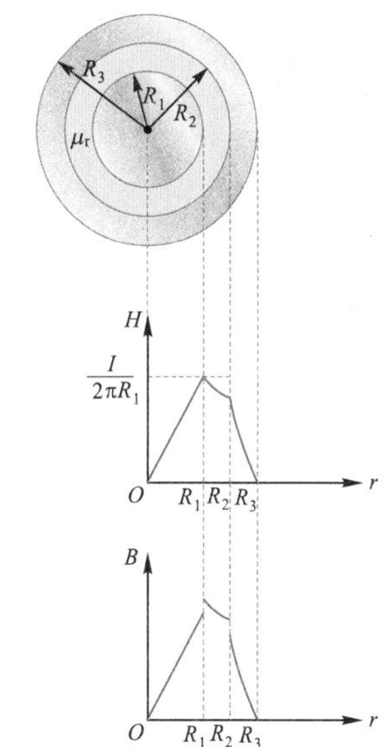

图 12-4　载流同轴电缆的磁场分布

例 12-2

在磁导率 $\mu = 5.0\times10^{-4}\ \mathrm{Wb\cdot A^{-1}\cdot m^{-1}}$ 的均匀磁介质圆环上，如图 12-5 所示，均匀密绕着线圈，单位长度匝数为 $n = 1\ 000$ 匝 $\cdot\ \mathrm{m^{-1}}$，导线中通有电流 $I = 2.0$ A．求：

（1）磁场强度 H；

（2）磁感应强度 B．

解　(1) 密绕螺绕环内有均匀磁介质，可由有介质时的安培环路定理求解．选取以圆环中心 O 为圆心，r 为半径的圆为安培环路 L，则由介质中安培环路定理可得

$$\oint_L \boldsymbol{H}\cdot \mathrm{d}\boldsymbol{l} = H\cdot 2\pi r = n\cdot 2\pi r I$$

$$H = nI = 1\,000\times 2.0 = 2.0\times 10^3\ \mathrm{A\cdot m^{-1}}$$

$$(2)\ B = \mu H = 5.0\times 10^{-4}\times 2.0\times 10^3 = 1\ \mathrm{T}$$

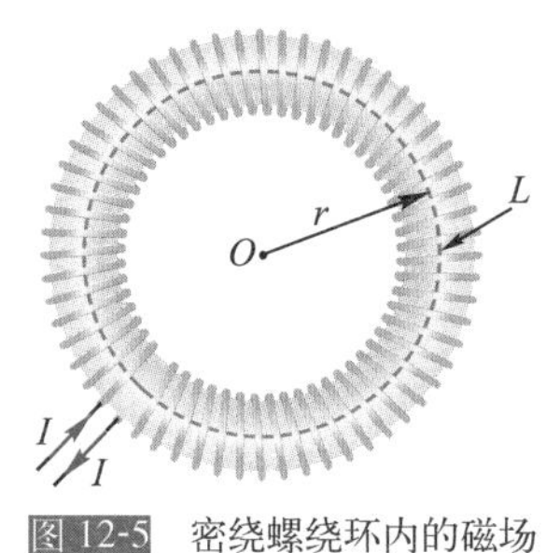

图 12-5　密绕螺绕环内的磁场

12.3 铁　磁　质

12.3.1 铁磁质的特点

利用电磁铁来搬运大型铁磁性物质

强力电磁铁

铁、镍、钴等金属及其合金通常称铁磁质，它们的磁性比顺磁质或抗磁质要复杂得多．主要有如下特点：

(1) 能产生非常大的附加磁场 $\boldsymbol{B}'$，甚至千百倍于外磁场 $\boldsymbol{B}_0$，而且同方向．

(2) $\boldsymbol{B}$ 和 $\boldsymbol{H}$ 不是线性关系，是一复杂的函数关系，也即相对磁导率 μ_r 可以很大但不是常量，μ_r 是磁场强度 H 的函数．

(3) $\boldsymbol{B}$ 的变化落后于 $\boldsymbol{H}$ 的变化，称磁滞现象，当 $H = 0$ 时，有剩磁现象．

(4) 各种不同铁磁质各有一临界温度 T_c，当 $T > T_c$ 时，失去铁磁性，成为一般顺磁质．T_c 称为铁磁质的居里点 (Curie point)．如铁的居里点为 1 040 K，镍的居里点是 631 K 等．

12.3.2 铁磁质的起始磁化曲线　磁滞回线

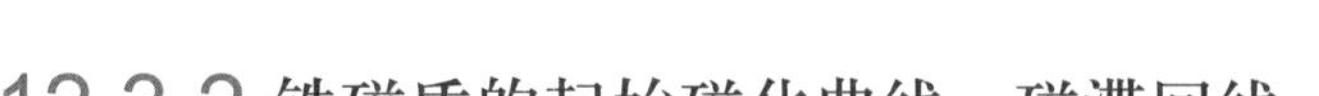

我们以铁磁质为芯制成图 12-5 所示的螺绕环，线圈中通以电流 I，设螺绕环单位长度匝数为 n，则根据有介质时安培环路定理可求得磁场强度

$$H = \frac{NI}{2\pi r} = nI$$

如果逐渐改变线圈中电流 I，依次测出铁芯中相应的 H 值和 B 值，并由 $\mu = \dfrac{B}{H}$ 算出此时介质中相应的磁导率，就可以首先画出图 12-6 所示铁磁质的 μ-H 曲线，称磁导率曲线，图中 μ_i 称起始磁导率，μ_{max} 称最大磁导率．由曲线可以看出，当 H 的值从零开始逐渐增大时，μ(或 μ_r) 从某

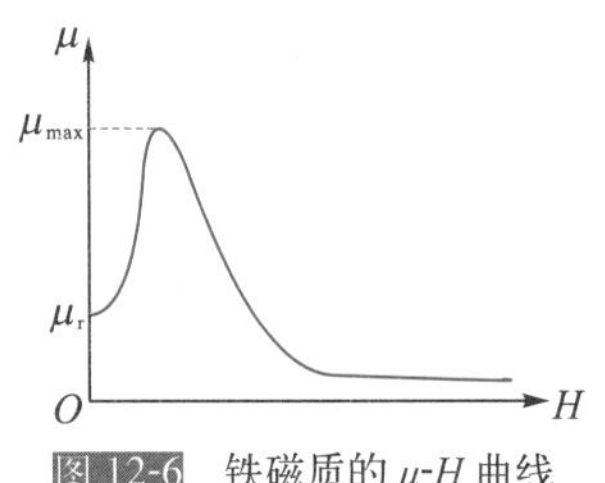

图 12-6　铁磁质的 μ-H 曲线

一量值开始随 H 的增大而迅速增加，达到 μ_{max} 之后迅速减小．同时还可画出如图 12-7 所示的 B-H 曲线和磁滞回线．从图中可以看出，没有磁化过的铁磁质，从 O 开始，随着 H 的增大，铁磁质内 B 也非线性地增大，当 H 达到某一值 H_s 后，B 不再增大，此时对应的磁感应强度 B_s 称为**饱和磁感应强度**．曲线 Oa 称为**起始磁化曲线**．实验表明，各种铁磁质的起始磁化曲线都是“不可逆的”．当 H 再减小（也即 I 减小）时，起始磁化曲线绝不会沿原曲线回到 O 点，当 H 降到零（也即 $I=0$）时铁磁质内还有**剩磁** B_r．继续增加反向磁化场，一直达到 H_c 时，才能使铁磁质退磁，使磁感应强度为零．此时的磁场强度 H_c 称为**矫顽力**（coercive force）．再增加反向磁化场，铁磁质内磁感应强度反向增大，直到饱和磁感应强度 B_s．减小反向磁化场，磁化曲线沿下部曲线上升，直到形成一闭合曲线．从中可以看出，磁感应强度 B 的变化总是滞后于磁场强度 H 的变化，故称该闭合曲线为**磁滞回线** (magnetic hysteresis loop)．

硬盘作为一种磁表面存储器，是在非磁性的合金材料表面涂上一层很薄的磁性材料，通过磁层的磁化来存储信息

磁滞回线表明铁磁质中 B 与 H 之间的关系不仅不是线性的，而且也不是单值的．设想如果在磁化未达到饱和前就开始减小 H，磁滞回线将如图 12-7 中蓝线（小回线）所示．所以，给定一个 H 值并不能唯一地确定 B 值，B 值的大小与铁磁质磁化的历史有关．

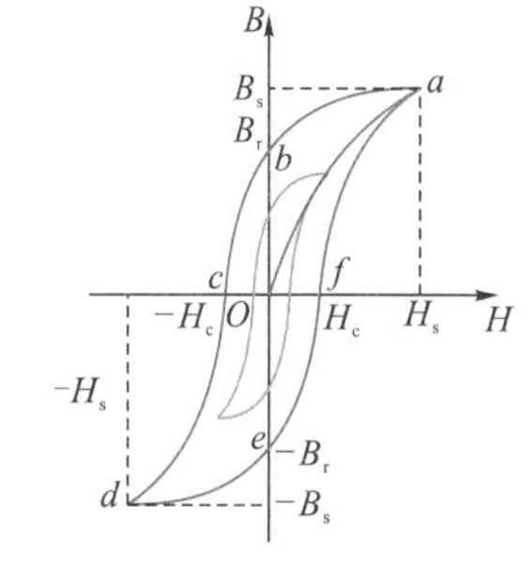

图 12-7 起始磁化曲线和磁滞回线

实验还表明，铁磁质反复磁化会使磁介质本身发热，造成能量损耗，称为**磁滞损耗**（magnetic hysteresis loss)．磁滞损耗的大小与磁滞回线所围面积成正比．

人们常根据铁磁材料矫顽力 H_c 的大小，将铁磁材料主要分成两大类．纯铁、硅钢、坡莫合金、铁氧体等材料的矫顽力 H_c 很小，因而磁滞回线比较瘦小（图 12-8），磁滞损耗也较小．这些材料叫软磁材料（soft magnetic material)，常用于做继电器、变压器和电磁铁的铁芯．碳钢、钨钢、铝镍钴合金等材料具有较大的矫顽力 H_c，剩磁也大，因而磁滞回线显得胖而大（图 12-9）．这类材料叫硬磁材料（hard magnetic material)．适宜制作永久磁铁或制作录音机的记录磁带，此外，还有磁滞回线接近矩形的矩磁材料．由于它总是处在 B_s 或 $-B_s$ 两种状态之一，通常用作计算机的记忆元件．

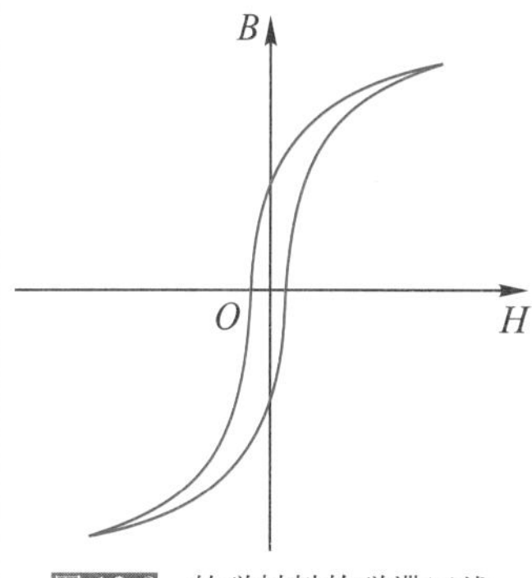

图 12-8 软磁材料的磁滞回线

12.3.3 磁畴

铁磁质的磁化特性可以用磁畴（magnetic domain) 理论来解释．根据固体结构理论，铁磁质相邻原子的电子间存在很强的“交换作用”，使得在无外场情况下电子自旋磁矩能在微小区域内“自发”地整齐排列，形成具有强磁矩的小区域．这些小区域体积为 $10^{-9} \sim 10^{-5}\ cm^3$，可以包含 $10^{17} \sim 10^{21}$ 个原子，我们把铁磁质中这些小区域称为**磁畴**．

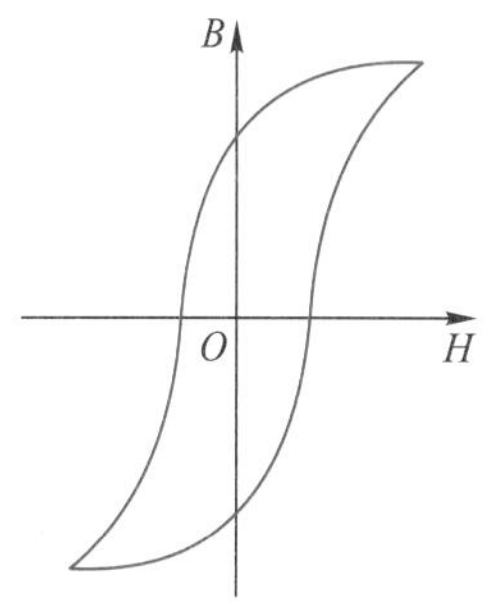

图 12-9 硬磁材料的磁滞回线

在未被磁化的铁磁质中，虽然每一个磁畴内部有确定的自发磁化方向，但各个磁畴的磁化方向如图 12-10 所示杂乱无章，因而整个铁磁质

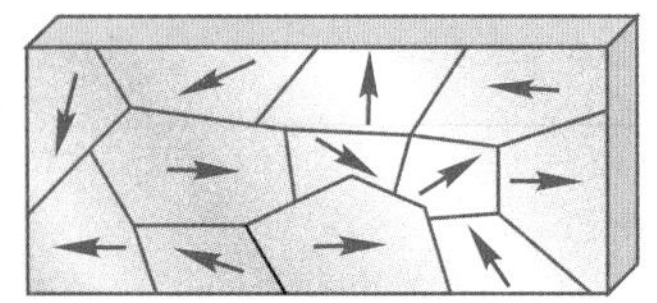

图 12-10　未加外磁场磁畴

对外不显磁性.

在外磁场 $\boldsymbol{H}$ 中，与 $\boldsymbol{H}$ 方向夹角较小的磁畴逐渐扩展自己的范围（称壁移运动）并使自发磁化方向逐渐转向 $\boldsymbol{H}$ 方向（磁畴转向）. 外磁场较强时，当所有磁畴都沿 $\boldsymbol{H}$ 方向而整齐排列时，将达到磁饱和状态. 此过程可用图 12-11 表示.

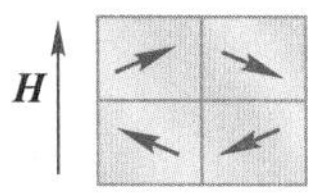

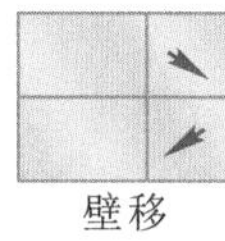

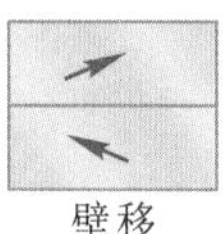

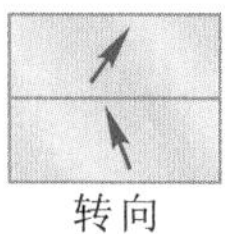

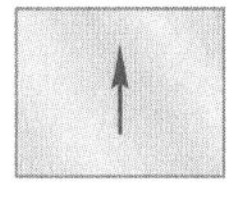

图 12-11　某种铁磁质磁化过程示意图

磁滞现象可以用磁畴的畴壁很难完全恢复原来的形状来说明. 如果撤去外磁场，磁畴的某些规则排列将被保存下来，使铁磁质保留部分磁性，这就是剩磁.

当温度升高到居里点时，剧烈的热运动使磁畴全部瓦解，这时铁磁质就成为一般的顺磁质了.

习题 12

12-1　题图 12-1 中虚线为 $B=\mu_0 H$ 关系曲线，其他三条曲线为三种不同材料的 B-H 关系线. 试判断哪条曲线是顺磁质的，哪条曲线是抗磁质的，哪条是铁磁质的，为什么？

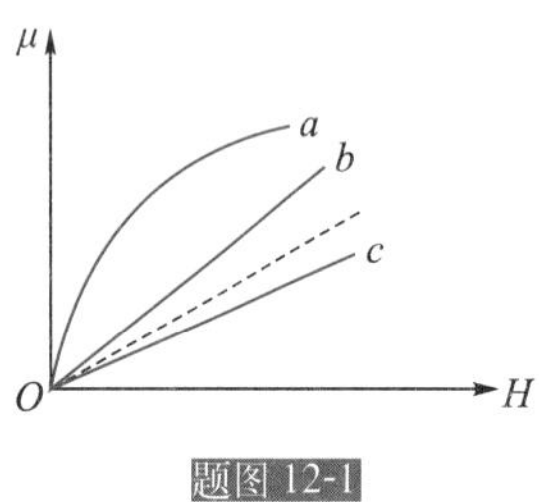

题图 12-1

12-2　螺绕环中心周长 $l=10$ cm，环上线圈匝数 $N=200$ 匝，线圈中通有电流 $I=100$ mA.

（1）求管内的磁感应强度 B_0 和磁场强度 H_0；

（2）若管内充满相对磁导率 $\mu_r=4\ 200$ 的磁性物质，则管内的 B 和 H 各是多少？

（3）问磁性物质内由导线中电流产生的 B_0 和由磁化电流产生的 B' 各是多少？

12-3　一铁制的螺绕环，其平均圆周长为 30 cm，截面积为 1 cm^2，在环上均匀绕以 300 匝导线，当绕组内的电流为 0.032 A 时，环内的磁通量为 2×10^{-6} Wb. 试计算：

（1）环内的磁通量密度；

（2）环的圆截面中心的磁场强度；

（3）磁化面电流；

（4）环内材料的磁导率，相对磁导率及磁化率；

（5）环芯内的磁化强度.

12-4　在螺绕环的导线内通有电流 20 A，环上所绕线圈共 400 匝，环的平均周长是 40 cm，利用冲击电流计测得环内磁感应强度是 1.0 T. 计算环的截面中心处的

（1）磁场强度；

（2）磁化强度；

（3）磁化面电流和相对磁导率.

12-5 如题图 12-5 所示，一同轴长电缆由两导体组成，内层是半径为 R_1 的圆柱形导体，外层是内、外半径分别为 R_2 和 R_3 的圆筒，两导体上电流等值反向，均匀分布在横截面上，导体磁导率均为 μ_1，两导体中间充满不导电的磁导率为 μ_2 的均匀介质，求各区域中磁感应强度 $\boldsymbol{B}$ 值的分布．

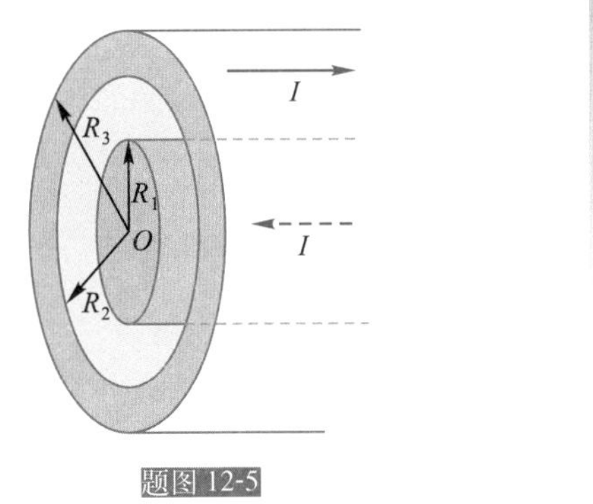

题图 12-5

在小区出入口的地表下埋入一个电感线圈，当车辆经过这个电感线圈时，电感量会发生变化，由此可用来检测汽车及汽车移动的速度

第13章 电磁场与麦克斯韦方程组

自1820年奥斯特发现电流的磁效应后，人们已认识到磁场是由电流（运动电荷）产生的．于是开始思考这样的问题：既然电流能产生磁场，磁场是否能产生电流呢？英国物理学家法拉第(M．Faraday，1791～1867)对这个问题经过近10年的探索研究，终于在1831年宣布了他的发现——电磁感应现象：当穿过闭合线圈的磁通量改变时，线圈中会出现感应电流．这一发现具有极其重大的意义，不仅发展了电磁学理论，更催生了无数新发明、新技术．

麦克斯韦(J. C. Maxwell，1831～1879)在前人实践和理论的基础上，对电场与磁场间的本质关系和基本规律进行了深入探索．他认为，电场与磁场是可以相互激发、转变的，它们是统一电磁场的两个侧面．在此基础上，麦克斯韦进一步建立了电磁场遵循的普遍规律——麦克斯韦方程组，预言了电磁波的存在并把光纳入了电磁波的范畴．1887年，赫兹(H. R. Hertz，1857～1894)首次用实验证实了这个预言．今天，电磁波的应用已无处不在，麦克斯韦的电磁理论早已成为无线电技术、微波技术及光学等学科的重要理论基础．

本章将在讨论电磁感应现象的基础上，深入探讨电磁感应的规律，并引出电磁场的概念及其遵循的基本规律．最后将对电磁波的产生、传播及其性质作一些简单介绍．

13.1 电磁感应定律

13.1.1 电磁感应现象

法拉第 (M.Faraday, 1791 ~ 1867)，英国著名物理学家、化学家．他是电磁场理论的奠基人，他首先提出了磁感线、电场线的概念，并第一次提出场的思想．在化学、电化学、电磁学等领域都做出过杰出贡献

自 1820 年奥斯特发现电流的磁效应后，很多科学家都致力于其逆效应的探索：如何使磁场产生电流？经过 10 年的艰苦探索，1831 年英国物理学家法拉第终于发现了**电磁感应** (electromagnetic induction) 现象：**当穿过闭合线圈的磁通量改变时，线圈中会出现感应电流** (induction current)．其实，这是很容易成功演示的实验，而成功的关键在于闭合线圈磁通量的变化．

电磁感应现象的三个典型实验如图 13-1 所示，线圈 2 和电流计 3 构成闭合回路．在实验 (a) 中，仅当磁铁 1 插入或拔出线圈 2 的过程中，电流计的指针会发生偏转，偏转程度与插入或拔出的速度大小成正比．在实验 (b) 中，以载有恒定电流的细长线圈 4 来代替磁铁，当线圈 4 相对线圈 2 发生相对运动时，电流计指针的偏转情况与实验 (a) 的相同．而在实验 (c) 中，线圈 2 和线圈 4 相对静止，用开关来控制线圈 4 的电流．实验发现，仅在开关接通或切断的瞬间，电流计的指针会突然发生偏转和抖动．

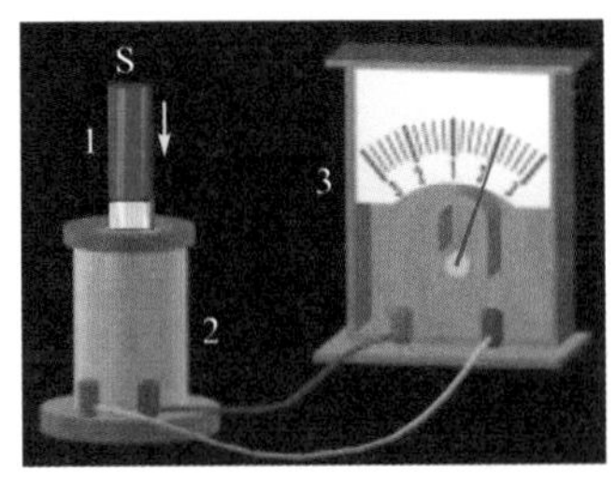

(a)

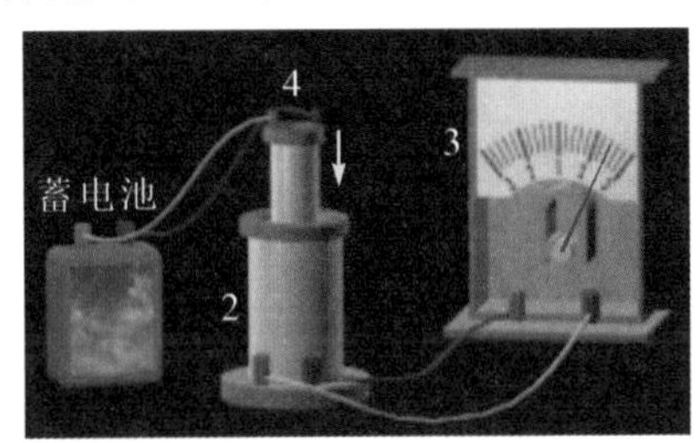

(b)

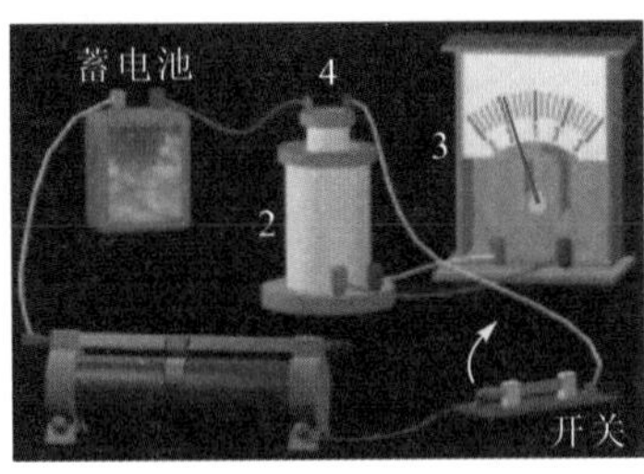

(c)

图 13-1 电磁感应演示实验

在这些实验中，无论是闭合线圈与磁铁间有相对运动，还是闭合线圈间相对静止而电流发生变化，只要穿过闭合回路的磁通量发生了变化，在闭合回路中都会“感应”出电流．法拉第从大量的实验现象中抓住了问题的关键，并将这种现象与静电感应现象作类比，形象地称其为**感应电流**．感应电流的出现，说明回路中有电动势存在，这种电动势称为**感应电动势** (induction electromotive force)．

13.1.2 法拉第电磁感应定律

电磁感应现象也可以更普遍更本质地表述为：**当穿过闭合回路的磁通量发生变化时，就在闭合导体回路中产生了感应电动势**．事实上，如果不是导体回路，回路中就不会产生感应电流，然而感应电动势却必定存在．大量精确的实验表明，闭合导体回路中的感应电动势$\mathscr{E}_i$与穿过这个回路的磁通的变化率成正比．当采用国际单位制(SI)时，比例系数为1，其数学表达式为

$$\mathscr{E}_i=-\frac{d\Phi_m}{dt} \tag{13-1}$$

式(13-1)称为**法拉第电磁感应定律**(Faraday's law of electromagnetic induction)的数学表达式．式中$\mathscr{E}_i$的单位为伏［特］，Φ_m的单位为韦［伯］，t的单位为秒．式中的负号反映了感应电动势的方向．其具体规定如下：若先任意选取导体回路的正绕行方向作为电动势的正方向（如图13-2中虚线箭头所示），则以上述导体回路的正绕行方向由右手螺旋定则可以确定导体回路为边界的曲面的正法线$\boldsymbol{e}_n$方向（如图13-2中粗实线箭头所示）．这样，计算磁通量$\Phi_m=\iint_S \boldsymbol{B}\cdot d\boldsymbol{S}$中$d\boldsymbol{S}$的正方向也就确定了．随之，磁通量$\Phi_m$的正负也相应确定了．在这种规定下，由式(13-1)的计算结果便可以确定感应电动势的方向：即当$\mathscr{E}_i$的值为正$\left(\mathscr{E}_i=-\frac{d\Phi_m}{dt}>0\right)$时，感应电动势的方向与规定的正方向相同；当$\mathscr{E}_i$的值为负$\left(\mathscr{E}_i=-\frac{d\Phi_m}{dt}<0\right)$时，感应电动势的方向则与规定的正方向相反．

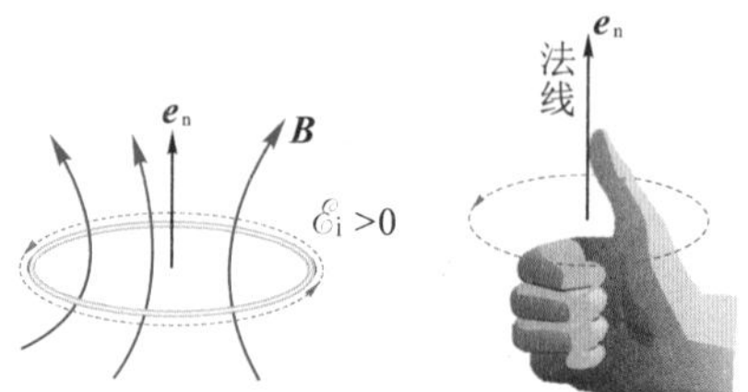

图13-2　感应电动势的正方向与磁通曲面的正法线$\boldsymbol{e}_n$方向间的关系

应该明确，回路中的感应电动势只与穿过回路的磁通量对时间的变化率有关，而与穿过回路的磁通量及回路的材料无关．同时，由于Φ_m通常是空间位置和时间t的函数，一般情况下，$\frac{d\Phi_m}{dt}$也应是空间位置和时间t的函数．因此，只有当回路的位置和时间t唯一确定后，回路中的$\mathscr{E}_i$才有确定值．

13.1.3 楞次定律

感应电动势的方向是反映电磁感应规律的一个重要方面，这一方向也可以用**楞次定律**(Lenz's law)确定．楞次定律是由俄国物理学家楞次(E.lenz，1804～1865)在1833年提出的．这一定律可叙述为：闭合回路

中感应电流的方向，总是使其所激发的磁场阻碍引起感应电流的磁通量的变化的．当引起感应电流的磁通量增大时，感应电流所激发的磁场必定与引起感应电流的原磁场方向相反．这样，感应电流所产生的磁通，将部分抵消磁通量的增大；当引起感应电流的磁通量减小时，感应电流所激发的磁场必定与引起感应电流的原磁场方向相同．这样，感应电流所产生的磁通，将部分补偿磁通量的减小．在一些具体问题中，通常使用楞次定律来确定感应电动势的方向会显得更为方便．

从表观看，楞次定律是自然界中系统力图维持其稳定的本性在电磁感应现象中的具体反映，而其本质是系统能量守恒在电磁感应现象中的具体体现．例如，当磁棒插入导体回路时，按照楞次定律，回路中感应电流产生的磁场方向必定是阻碍磁棒继续插入的，否则系统将失去稳定性．从本质上说，在磁棒插入回路的过程中，外力所做的功最终将转化为感应电流所释放出的焦耳热，系统能量将维持守恒．

例 13-1

如图 13-3 所示，一个由导线构成的回路 $ABCDA$，其中长度为 l 的导体棒 AB 可在磁感应强度为 $\boldsymbol{B}$ 的匀强磁场中以速度 $\boldsymbol{v}$ 向右做匀速直线运动，假定 AB，$\boldsymbol{v}$ 和 $\boldsymbol{B}$ 三者互相垂直，求回路中的感应电动势．

解 若在 $\mathrm{d}t$ 时间内，导体棒 AB 移动的距离为 $\mathrm{d}x$，则在这段时间内回路面积的增量为 $\mathrm{d}S = l\mathrm{d}x$．如果选取回路的正方向为顺时针方向，则回路所围面积的正法线方向为垂直纸面向里．通过回路所围面积磁通量的增量为

$$\mathrm{d}\Phi_{\mathrm{m}} = \boldsymbol{B}\cdot\mathrm{d}\boldsymbol{S} = Bl\mathrm{d}x$$

根据法拉第电磁感应定律，在运动的导体棒 AB 段上产生的感应电动势为

$$\mathscr{E}_{\mathrm{i}} = -\frac{\mathrm{d}\Phi_{\mathrm{m}}}{\mathrm{d}t} = -Bl\frac{\mathrm{d}x}{\mathrm{d}t} = -Blv$$

这里 $\mathscr{E}_{\mathrm{i}} < 0$，$\mathscr{E}_{\mathrm{i}}$ 的方向为逆时针．下面用楞次定律来判断感应电动势的方向．由于导线 AB 是向右运动的，因此，通过回路所围面积的磁通量是增大的．根据楞次定律，当引起感应电流的磁通量增大时，感应电流所激发的磁场必定与引起感应电流的原磁场方向相反．这样，在回路内，感应电流所产生的磁场方向应该是垂直纸面向外，由于磁场与电流呈右手螺旋关系，所以感应电流的方向即 $\mathscr{E}_{\mathrm{i}}$ 的方向为逆时针方向．

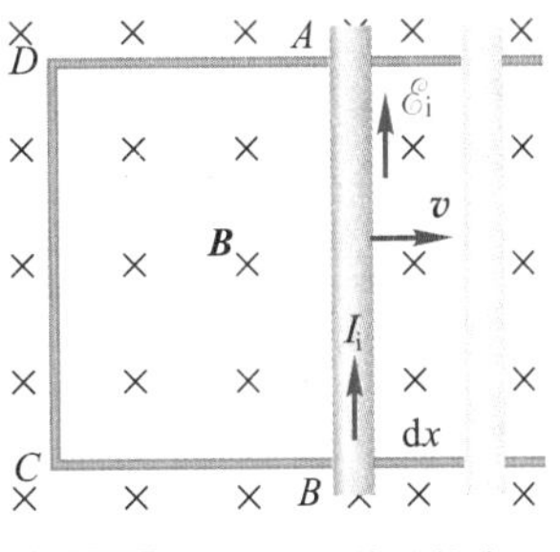

图 13-3 运动的导体棒构成的回路中的 $\mathscr{E}_{\mathrm{i}}$

例 13-2

一长直导线通以电流 $i = I_0\sin\omega t$，旁边有一个边长与长直导线平行并与之共面的矩形线圈 $ABCD$，如图 13-4 所示．求线圈中的感应电动势．已知 $\overline{AB} = l_2$，$\overline{BC} = l_1$，AB 边与直导线相距为 x．

解　若规定顺时针方向为回路正方向，穿过回路的磁通量为

$$\begin{aligned}\Phi_m &= \int_S \boldsymbol{B}\cdot d\boldsymbol{S} = \int_x^{x+l_1} \frac{\mu_0 i}{2\pi x} l_2 dx \\ &= \frac{\mu_0 I_0 l_2}{2\pi}\sin\omega t \ln\frac{x+l_1}{x}\end{aligned}$$

线圈中的感应电动势为

$$\mathscr{E}_i = -\frac{d\Phi_m}{dt} = -\frac{\mu_0 I_0 l_2}{2\pi}\omega\cos\omega t\ln\frac{x+l_1}{x}$$

当 $0 < \omega t < \frac{\pi}{2}$ 时，$\cos\omega t > 0$，则 $\mathscr{E}_i < 0$，$\mathscr{E}_i$ 的方向为逆时针方向．应用楞次定律也可得到相同的结论．由于 $0 < \omega t < \frac{\pi}{2}$ 时，长直导线产生的磁场是增大的，因此，通过回路所围面积的磁通量是增大的．根据楞次定律，在回路内，感应电流所产生的磁场方向应该与长直导线产生的磁场方向相反．由于在回路内，长直导线产生的磁场方向是垂直纸面向里，所以感应电流产生的磁场方向是垂直纸面向外．由此，感应电流的方向即 $\mathscr{E}_i$ 的方向为逆时针方向．类似的讨论可得，当 $\frac{\pi}{2} < \omega t < \frac{3\pi}{2}$ 时，$\mathscr{E}_i$ 的方向为顺时针方向；当 $\frac{3\pi}{2} < \omega t < 2\pi$ 时，$\mathscr{E}_i$ 的方向为逆时针方向．

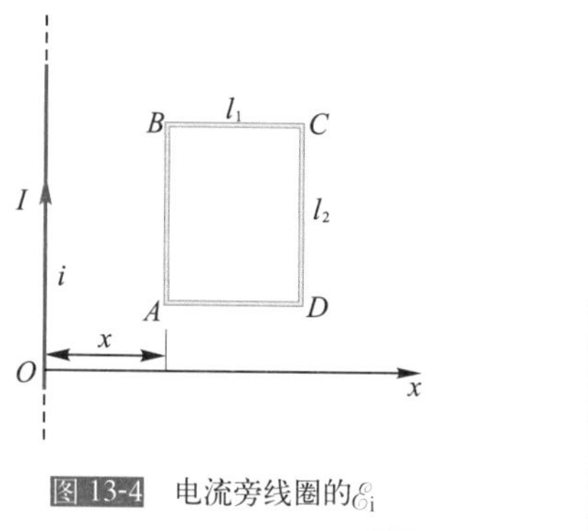

图 13-4　电流旁线圈的 $\mathscr{E}_i$

13.1.4 全磁通　感应电流　感应电量

式 (13-1) 反映的只是一匝导线回路的情况，如果导线回路不是一匝，而是 N 匝的话，磁通量的变化将在每匝都引发感应电动势．由于匝与匝之间是互相串联的，所以整个线圈产生的感应电动势就是各匝电动势的总和．设各匝线圈的磁通量分别为 $\Phi_{m_1}, \Phi_{m_2}, \cdots, \Phi_{m_N}$，则由式 (13-1) 得

$$\begin{aligned}\mathscr{E}_i &= \left(-\frac{d\Phi_{m_1}}{dt}\right) + \left(-\frac{d\Phi_{m_2}}{dt}\right) + \cdots + \left(-\frac{d\Phi_{m_N}}{dt}\right) \\ &= -\frac{d}{dt}(\Phi_{m_1} + \Phi_{m_2} + \cdots + \Phi_{m_N}) \\ &= -\frac{d}{dt}\psi\end{aligned} \tag{13-2}$$

式中，$\psi = \Phi_{m_1} + \Phi_{m_2} + \cdots + \Phi_{m_N}$ 称为线圈的全磁通 (fluxoid)．如果每匝的磁通量都相等为 Φ_m，则 $\psi = N\Phi_m$，N 称为磁通量匝数．于是式 (13-2) 变换为

$$\mathscr{E}_i = -N\frac{d\Phi_m}{dt} \tag{13-3}$$

法拉第电磁感应定律使我们能够根据磁通量的变化率直接确定闭合回路的感应电动势．至于感应电流，还需知道闭合回路的电阻才能求得．若设闭合回路的电阻为 R，则感应电流为

$$I_i = \frac{\mathscr{E}_i}{R} = -\frac{1}{R}\frac{d\phi}{dt} \tag{13-4}$$

则在一段时间 ($t_1 \sim t_2$) 内，通过回路任一截面的感应电量 (induction charge) 为

$$q = \int_{t_1}^{t_2} I_i dt = \int_{t_1}^{t_2}\left(-\frac{1}{R}\frac{d\phi}{dt}\right)\cdot dt$$
$$= -\frac{1}{R}\int_{\phi_1}^{\phi_2} d\phi = -\frac{1}{R}(\phi_2 - \phi_1)$$

此电量只与磁通量的变化量有关，而与其变化的快慢无关.

例 13-3

如图 13-5(a) 所示，有一由细导线密绕 N 匝组成的边长为 a 的正方形线圈，线圈电阻为 R，在磁感应强度为 $\boldsymbol{B}$ 的匀强磁场中绕 OO' 轴每秒转动 n 圈．$t = 0$ 时线圈处于图示位置．求：

(1) 线圈转动时线圈内产生的感应电动势 $\mathscr{E}_i$．

(2) 线圈转动时线圈内产生的感应电动势的最大值 $\mathscr{E}_{max}$ 及线圈从图示位置转过 30° 时的 $\mathscr{E}_i$ 值.

(3) 当线圈从图示位置转过 180° 时，通过导线任一截面的感应电量 q_i.

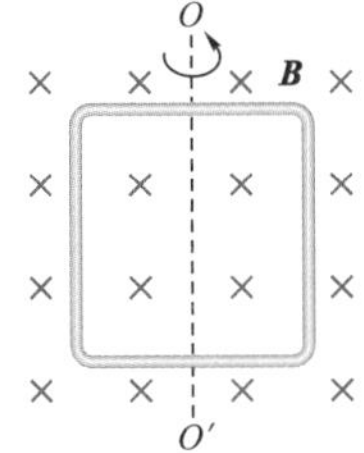

(a) 转动线圈回路中的 $\mathscr{E}_i$

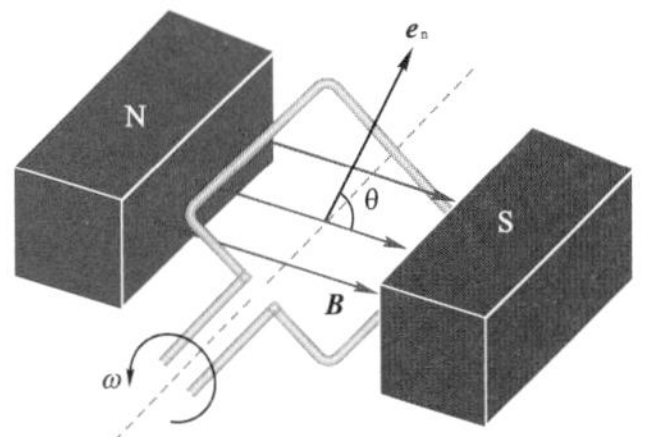

(b) 交流发电机产生交流电的示意图

图 13-5

解 (1) 如图 13-5(a)，选取回路的正方向为顺时针方向，若设 $t = 0$ 时线圈所围面积的正法线方向为垂直纸面向里的方向，令这时线圈的法向 $\boldsymbol{e}_n$ 与 $\boldsymbol{B}$ 的夹角为 $\theta = 0$．线圈在任意时刻 t 时的角位置

$$\theta = \omega t = 2\pi nt$$

通过线圈的全磁通

$$\phi = NBS\cos\theta = NBa^2\cos(2\pi nt)$$

由法拉第感应定律得感应电动势

$$\mathscr{E}_i = -\frac{d\phi}{dt} = NBa^2 2\pi n\sin(2\pi nt)$$

若已知线圈电阻为 R，则感应电流（考虑自感时，电流相位将有变化）为

$$I_i = \frac{\mathscr{E}_i}{R} = \frac{NBa^2}{R}2\pi n\sin(2\pi nt)$$

由此，可以得到交流电. 其实这就是现实中交流发电机产生交流电的基本原理. 如图 13-5(b) 所示便是交流发电机产生交流电的示意图.

(2) 当 $\theta = \pm 90°$ 时

$$\mathscr{E}_i = \mathscr{E}_{max} = NBa^2 2\pi n$$

当 $\theta = 30°$ 时

$$\mathscr{E}_i = NBa^2 2\pi n\sin 30° = NBa^2\pi n = \frac{\mathscr{E}_{max}}{2}$$

该例充分说明，感应电动势只有当回路所处的位置和时间 t 确定后，才有确定值.

(3) 转过 180° 流经横截面的感应电量为

$$q_i = \left|\int \frac{\mathscr{E}_i}{R}dt\right| = \frac{1}{R}\left|\int_{\phi_0}^{-\phi_0} d\phi\right| = \frac{2\phi_0}{R} = \frac{2NBa^2}{R}$$

式中，$\phi_0 = NBa^2$ 为起始位置时的全磁通.

电磁感应现象表明，无论是相对运动引起闭合导体回路磁通变化还是由磁场变化引起闭合导体回路的磁通变化，只要穿过闭合导体回路的磁通有变化就会产生感应电动势，从而产生感应电流．

为使讨论问题简单起见，通常将恒定磁场中由于导线或回路的运动引起磁通变化所产生的感应电动势称为**动生电动势**(motional electromotive force)；而将导线或回路固定不动，仅由于磁场变化引起磁通变化而产生的感应电动势称为**感生电动势**(induced electromotive force)．

13.2 动生电动势

13.2.1 产生动生电动势的原因——洛伦兹力

导体内产生感应电动势说明导体内存在着一种非静电力，那么这种非静电力是什么呢？下面我们通过图 13-6 所示的例子来探讨动生电动势产生的原因．在磁感应强度为 $\boldsymbol{B}$ 的均匀磁场中，有一长为 l 的导体棒 AB 以速度 $\boldsymbol{v}$ 向右运动，且 $\boldsymbol{v}$ 与 $\boldsymbol{B}$ 垂直．显然，导体内每个电子都会随导线 AB 一起以速度 $\boldsymbol{v}$ 向右运动．这些运动的电子在外磁场中要受到洛伦兹力 $\boldsymbol{F}_{\mathrm{m}}$ 的作用．这个力属于非静电力，它驱使自由电子沿导体棒由 A 向 B 移动，致使 AB 上产生动生电动势，并使回路内产生感应电流．可见产生动生电动势的原因是洛伦兹力．或者说，在运动导体中克服静电力做功，将正电荷由 B 端（负极）通过电源内部搬运到 A 端（正极）．则单位正电荷所受的非静电力，即非静电场强 $\boldsymbol{E}_{\mathrm{k}}$ 为

$$\boldsymbol{E}_{\mathrm{k}}=\frac{\boldsymbol{F}_{\mathrm{m}}}{-e}=\frac{-e(\boldsymbol{v}\times\boldsymbol{B})}{-e}=\boldsymbol{v}\times\boldsymbol{B} \tag{13-5}$$

$\boldsymbol{E}_{\mathrm{k}}$ 的大小为 $vB\sin\theta$，θ 为 $\boldsymbol{v}$ 与 $\boldsymbol{B}$ 的夹角．$\boldsymbol{E}_{\mathrm{k}}$ 的方向与 $\boldsymbol{v}\times\boldsymbol{B}$ 的方向相同．($\boldsymbol{E}_{\mathrm{k}}$ 的方向也与电源内电流方向和电动势方向相同)．

根据电动势的定义，图 13-6 所示导体棒 AB 上动生电动势为

$$\mathscr{E}_{\mathrm{i}}=\int_{-}^{+}\boldsymbol{E}_{\mathrm{k}}\cdot\mathrm{d}\boldsymbol{l}=\int_{B}^{A}(\boldsymbol{v}\times\boldsymbol{B})\cdot\mathrm{d}\boldsymbol{l} \tag{13-6}$$

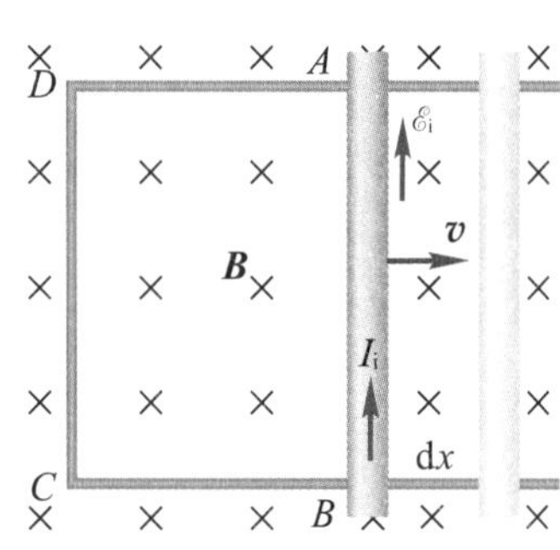

图 13-6　运动的导体棒构成的回路中的 $\mathscr{E}_{\mathrm{i}}$

在例 13-1 中，由于 AB，$\boldsymbol{v}$ 和 $\boldsymbol{B}$ 三者互相垂直且只有导线 AB 在匀强磁场中做匀速直线运动，所以它所产生的动生电动势的大小为

$$\mathscr{E}_{\mathrm{i}}=\int_{B}^{A}(\boldsymbol{v}\times\boldsymbol{B})\cdot\mathrm{d}\boldsymbol{l}=\int_{0}^{l}vB\mathrm{d}l=vBl$$

若图 13-6 中导体棒 AB 虽然在磁场中运动，然而又不形成闭合回路的情况下，则洛伦兹力的作用也会使 AB 两端产生电动势．在洛伦兹力的作用下，A 端将积累正电荷，B 端则积累负电荷，从而在导线内建立起静电场，导线内的电子将受到静电场力 $\boldsymbol{F}_{\mathrm{e}}$ 的作用．当作用在电子上的静电场力 $\boldsymbol{F}_{\mathrm{e}}$ 与洛伦兹力 $\boldsymbol{F}_{\mathrm{m}}$ 相平衡时，即 $\boldsymbol{F}_{\mathrm{e}}+\boldsymbol{F}_{\mathrm{m}}=\boldsymbol{0}$ 时，AB 两端便有稳定的电势差，其值与 AB 两端的电动势大小相等，A 端的电势较高．电动势的方向由 B 指向 A．

13.2.2 动生电动势的计算

对任意形状的闭合导线L在非均匀磁场中运动所产生的动生电动势，可以由下式来进行计算：

$$\mathscr{E}=\oint_L(\boldsymbol{v}\times\boldsymbol{B})\cdot\mathrm{d}\boldsymbol{l} \tag{13-7}$$

先选定导线L绕行的正方向，即确定了$\mathrm{d}\boldsymbol{l}$的方向，显然，按式(13-7)的计算结果便能确定动生电动势的方向：若$\mathscr{E}>0$，则动生电动势的方向与选定导线L绕行的正方向一致，若$\mathscr{E}<0$，则动生电动势的方向与导线L绕行的正方向相反．

由式(13-7)可见：若$\boldsymbol{v}$平行$\boldsymbol{B}$，或$\boldsymbol{v}\times\boldsymbol{B}$与各段$\mathrm{d}\boldsymbol{l}$都垂直，尽管导线在磁场中运动，导线上也不会产生动生电动势．在$\boldsymbol{v}$平行$\boldsymbol{B}$，或$\boldsymbol{v}\times\boldsymbol{B}$与导线$L$垂直时，运动导线均不切割磁感应线．因此，只有运动导线在切割磁感应线时才会产生动生电动势．在例13-3的图13-5(a)中，导线形成矩形闭合回路，但两根水平导线不切割磁感应线，故不产生动生电动势．而两根竖直导线切割磁感应线，则产生动生电动势．将每根导线的动生电动势相加，所得结论应与例13-3的结论相同．

计算动生电动势的步骤可归纳如下：

(1) 先选定导线L绕行的正方向及导线上任意线元$\mathrm{d}\boldsymbol{l}$.

(2) 确定线元$\mathrm{d}\boldsymbol{l}$的运动速度$\boldsymbol{v}$及其作用在$\mathrm{d}\boldsymbol{l}$上的磁场$\boldsymbol{B}$.

(3) 确定线元$\mathrm{d}\boldsymbol{l}$上的动生电动势$\mathrm{d}\mathscr{E}_\mathrm{i}=(\boldsymbol{v}\times\boldsymbol{B})\cdot\mathrm{d}\boldsymbol{l}$的值.

(4) 由式(13-7)进行积分，可计算得到动生电动势的大小并由$\boldsymbol{v}\times\boldsymbol{B}$判断其方向.

注意：①要正确确定积分区间的值；②如果导线是闭合回路，则既可用上述方法求解，也可以用法拉第电磁感应定律来计算动生电动势的大小及其方向．甚至有时可以添加辅助线形成闭合回路，然后用法拉第电磁感应定律来计算闭合回路的电动势．

例 13-4

如图13-7所示，一根长度为L的铜棒，在磁感强度为$\boldsymbol{B}$的均匀磁场中，以角速度ω在与磁场方向垂直的平面上绕棒的一端O做匀速转动．试求在铜棒两端的动生电动势．

解法1 取OP方向为导线的正方向，在铜棒上取极小的一段线元$\mathrm{d}l$，方向为OP方向．线元运动的速度大小为$v=l\omega$，方向如图13-7所示．由于$\boldsymbol{v}$、$\boldsymbol{B}$、$\mathrm{d}\boldsymbol{l}$两两互相垂直，所以$\mathrm{d}l$两端的动生电动势为

$$\mathrm{d}\mathscr{E}_\mathrm{i}=(\boldsymbol{v}\times\boldsymbol{B})\cdot\mathrm{d}\boldsymbol{l}=-vB\mathrm{d}l=-B\omega l\mathrm{d}l$$

把铜棒看成是由许多长度为$\mathrm{d}l$的线元组成的，于是铜棒两端之间的动生电动势为各线元的动生电动势之和，即

$$\mathscr{E}_\mathrm{i}=\int_L\mathrm{d}\mathscr{E}_\mathrm{i}=\int_0^L(-\omega Bl)\mathrm{d}l=-\frac{1}{2}B\omega L^2$$

“−”号表示$\mathscr{E}_i$方向与选定方向相反，即动生电动势的方向由 P 指向 O，也可由 $\boldsymbol{v}\times\boldsymbol{B}$ 确定$\mathscr{E}_i$的方向，显然两者是一致的．此时 O 端积累正电荷而带正电，P 端带负电．

解法 2　添加水平线 OA，A 点在铜棒 P 端的轨迹圆上．$OAPO$ 形成闭合扇形回路．由于回路中只有 OP 切割磁感应线，所以，整个扇形回路的电动势就是铜棒两端的动生电动势．对闭合回路，可以用法拉第电磁感应定律来计算动生电动势的大小及其方向．

选取回路的正方向为顺时针方向，则通过回路的磁通量为

$$\Phi_m = BS = B\cdot\frac{1}{2}L^2\theta$$

根据法拉第电磁感应定律

$$\mathscr{E}_i = -\frac{d\Phi_m}{dt} = -\frac{1}{2}BL^2\frac{d\theta}{dt} = -\frac{1}{2}\omega BL^2$$

则$\mathscr{E}_i < 0$，$\mathscr{E}_i$的方向为逆时针．即铜棒两端之间的动生电动势的方向由 P 指向 O．结论与解法 1 一致．

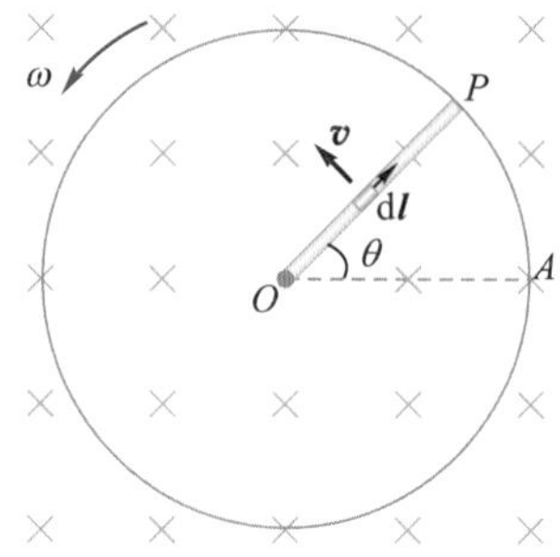

图 13-7　转动金属棒中的$\mathscr{E}_i$

例 13-5

如图 13-8 所示，一长直导线中通以电流 I，有一长为 l 的金属棒 AB 与导线垂直并共面．金属棒与长直导线一端 A 的距离为 a．当棒 AB 以速度 $\boldsymbol{v}$ 平行于长直导线匀速运动时，求棒 AB 产生的动生电动势．

解　长直导线在空间将产生非均匀磁场，显然棒 AB 上各段 $\boldsymbol{B}$ 的大小不相等．

取 AB 方向为金属棒的正方向，在金属棒上取线元 $d\boldsymbol{x}$，方向由 A 指向 B，由于 $d\boldsymbol{x}$ 处磁场 $\boldsymbol{B}$ 的方向和 $d\boldsymbol{x}$ 的方向及 $d\boldsymbol{x}$ 的运动方向三者互相垂直，所以，线元 $d\boldsymbol{x}$ 上产生的动生电动势为

$$d\mathscr{E}_i = (\boldsymbol{v}\times\boldsymbol{B})\cdot d\boldsymbol{l} = -vBdx$$

将 dx 处的磁场 $B=\dfrac{\mu_0 I}{2\pi x}$ 代入，则

$$d\mathscr{E}_i = -\frac{\mu_0 I}{2\pi x}vdx$$

故整个金属棒 AB 中产生的动生电动势大小为

$$\mathscr{E}_i = \int d\mathscr{E}_i = \int_a^{a+l} -\frac{\mu_0 I}{2\pi x}vdx = -\frac{\mu_0 I}{2\pi}v\ln\frac{a+l}{a}$$

负号表示$\mathscr{E}_i$的方向与导线设定的正方向相反，即$\mathscr{E}_i$的方向是从 B 指向 A，A 端积累正电荷，电势较高．也可由 $\boldsymbol{v}\times\boldsymbol{B}$ 方向确定$\mathscr{E}_i$方向为从 B 指向 A．

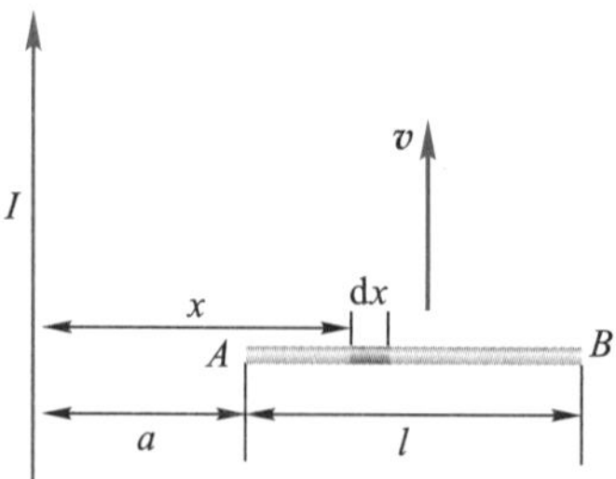

图 13-8　运动金属棒中的$\mathscr{E}_i$

13.3 感生电动势

13.3.1 产生感生电动势的原因——感生电场

现在我们讨论例 13-2 中图 13-4 所示的例子．把一闭合导体回路放置在变化的磁场中时，穿过此闭合回路的磁通量发生变化，从而在回路中要产生感应电流．由于此闭合回路并没有运动，导线内电子也没有受到洛伦兹力 $\boldsymbol{F}_{\mathrm{m}}$ 的作用．因此，产生感生电动势的原因不再是洛伦兹力．那么，产生感生电动势的原因是什么呢？或者说产生感生电动势的非静电力是什么呢？首先，在静止的闭合导体回路内产生了感应电流，说明回路中必定有迫使电荷做定向运动的力．而能对静止电荷施加作用力的事实，则说明空间必然存在一种非静电场．其次，根据法拉第电磁感应定律，回路中产生感应电流的根本原因是回路中的磁通量发生变化，现在能引起回路中磁通量发生变化的只可能是变化的磁场．于是麦克斯韦在分析了有关现象后提出了如下假设：变化的磁场在其周围空间要激发一种电场，这个电场叫做**感生电场** (induced electric field) 或叫做**涡旋电场** (vortex electric field)，感应电流的产生就是这一电场作用于导体中自由电荷的结果．若用符号 $\boldsymbol{E}_{感}$ 表示感生电场的电场强度，则沿任意闭合回路的感生电动势为

$$\mathscr{E}_{\mathrm{i}}=\oint_L \boldsymbol{E}_{感}\cdot \mathrm{d}\boldsymbol{l} \tag{13-8}$$

即根据法拉第电磁感应定律式 (13-1)，我们可以得到感生电场的环路定理

$$\oint_L \boldsymbol{E}_{感}\cdot \mathrm{d}\boldsymbol{l}=-\frac{\mathrm{d}\boldsymbol{\Phi}_{\mathrm{m}}}{\mathrm{d}t} \tag{13-9}$$

这就是说，只要穿过空间内某一闭合回路所围面积的磁通量发生变化，那么此闭合回路上的感生电动势总是等于感生电场 $\boldsymbol{E}_{感}$ 沿该闭合回路的环流．

感生电场与静电场既有相同之处，也有不同之处．相同之处是，静电场及感生电场都能对静电荷产生作用力，也就是说一点电荷在感生电场中所受的力在形式上也是 $\boldsymbol{F}=q\boldsymbol{E}_{感}$．不同之处，首先，从产生原因看，静电场是静止电荷激发产生的，而感生电场则是由变化磁场所激发产生的．其次，从场的性质看，静电场的环路积分始终等于零，而感生电场的环路积分却不一定等于零，这说明感生电场是涡旋场．从高斯定理看，静电场的电场线是始于正电荷、终止于负电荷的，而感生电场的电场线则是闭合的．所以通常说，静电场是有源场、非涡旋场；而感生电场则像磁场一样，是涡旋场、无源场．根据高斯定理，必然存在 $\oiint \boldsymbol{E}_{感}\cdot \mathrm{d}\boldsymbol{S}=0$．另外，根据静电场的环路积分始终等于零，我们也说，静电场是保守场，并可以引进电势能；而感生电场的环路积分不恒等于零，说明感生电场不是保守场，从而不能引进电势能．

考虑到由于磁通量为 $\Phi_{\mathrm{m}}=\iint_S \boldsymbol{B}\cdot \mathrm{d}\boldsymbol{S}$，且闭合回路是静止的，它所围

的面积 S 也不随时间变化，所以式 (13-9) 也可写成

$$\oint_L \boldsymbol{E}_{感} \cdot \mathrm{d}\boldsymbol{l} = -\iint_S \frac{\partial \boldsymbol{B}}{\partial t} \cdot \mathrm{d}\boldsymbol{S} \tag{13-10}$$

式中，$\frac{\partial \boldsymbol{B}}{\partial t}$ 是闭合回路 L 所围面积内面元 $\mathrm{d}\boldsymbol{S}$ 处的磁感强度随时间的变化率．式 (13-10) 是电磁场基本方程之一．上式表明，只要存在着变化的磁场，就一定会有感生电场．它既反映了感生电场与变化磁场间方向关系，又反映了它们之间的量值关系．式中"−"号即表示了感生电场 $\boldsymbol{E}_{感}$ 与 $\frac{\partial \boldsymbol{B}}{\partial t}$ 成左手螺旋关系，显然，它与用楞次定律判断 $\mathscr{E}_{\mathrm{i}}$ 和 $\boldsymbol{E}_{感}$ 的方向是一致的．若涡旋电场中存在导体板的话，导体板上将产生一片涡旋着的电流，常称其为涡电流 (eddy current)．由于导体的电阻很小，涡电流会产生很多热量，在生产和生活中都能找到这一效应的应用．例如，电子感应加速器 (betatron) 中就是用涡旋电场来加速带电粒子的．

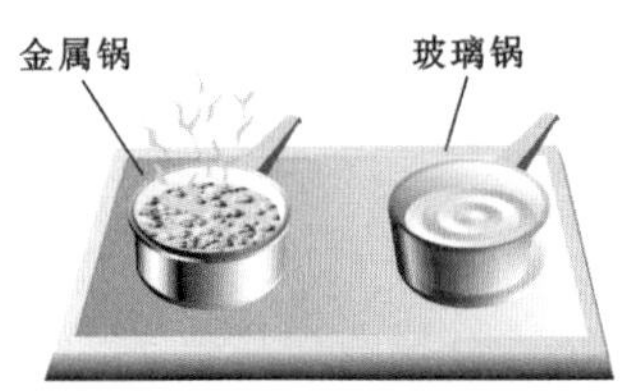

电磁炉是通过交变磁场在含铁质锅具内产生涡电流，涡电流产生热效应加热和烹饪食物，从而达到煮食的目的

电磁灶

13.3.2 感生电场及感生电动势的计算

对具有一定对称性分布的电流，我们可以用安培环路定理计算磁场．类似地，对具有一定对称性分布的变化磁场，我们可以用式 (13-10) 计算感生电场的场强 $\boldsymbol{E}_{感}$．并进而根据电动势的定义式可以计算处于变化磁场中任意形状的导体 L 上的感生电动势

$$\mathscr{E}_{\mathrm{i}} = \int_L \boldsymbol{E}_{感} \cdot \mathrm{d}\boldsymbol{l} \tag{13-11}$$

例 13-6

设半径为 R 的圆柱形空间内（如通电长直螺线管）存在有轴向均匀磁场，柱外磁场为零．其横截面如图 13-9 所示．若 $\boldsymbol{B}$ 的变化率为 $\frac{\mathrm{d}B}{\mathrm{d}t} > 0$，且为常数，求：

(1) 柱内外的感生电场场强 $\boldsymbol{E}_{感}$．

(2) 如图 13-10 所示的导体棒 AB 上的感生电动势．设 $\overline{AB} = l$，$\overline{AB}$ 至 O 点距离为 d．

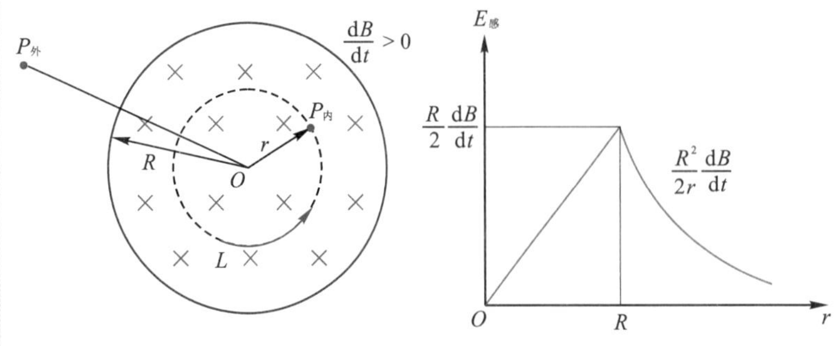

图 13-9　圆柱形均匀变化磁场产生的 $\boldsymbol{E}_{感}$

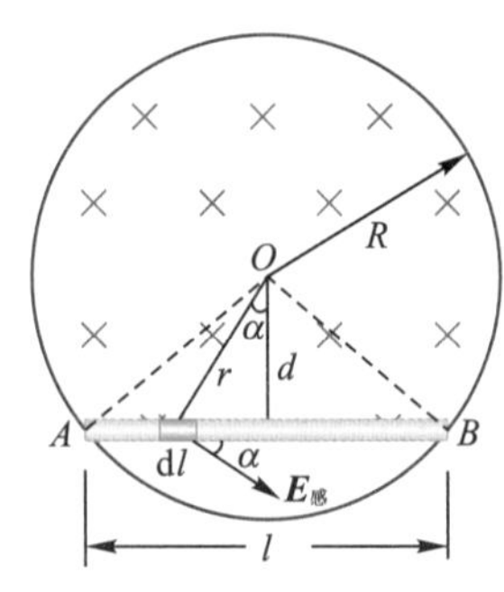

图 13-10　导体棒上的感生电动势

解 (1) 因为磁场分布是柱对称的，在截面图上由变化磁场产生的感生电场 $\boldsymbol{E}_{感}$的电场线是一系列以 O 为圆心的同心圆，同一圆周上各点电场强度 $\boldsymbol{E}_{感}$的大小相同，方向沿圆周切线方向，感生电场的电场线绕向可以用楞次定律确定，为沿逆时针方向．与安培环路定理计算磁场的方法类似，取过任意点 P 半径为 r 的圆为积分回路 L，取积分回路的正方向与感生电场的电场线绕向一致．这样由式 (13-10) 左项得

$$\oint_L \boldsymbol{E}_{感}\cdot \mathrm{d}\boldsymbol{l} = 2\pi r E_{感}$$

由于磁场均匀分布于圆内，而且其变化率 $\frac{\mathrm{d}B}{\mathrm{d}t}$ 为常数，所以有

$$-\iint_S \frac{\mathrm{d}\boldsymbol{B}}{\mathrm{d}t}\cdot \mathrm{d}\boldsymbol{S} = \begin{cases} \pi r^2 \dfrac{\mathrm{d}B}{\mathrm{d}t}, & r \leqslant R \\ \pi R^2 \dfrac{\mathrm{d}B}{\mathrm{d}t}, & r > R \end{cases}$$

按符号规则，$\mathrm{d}\boldsymbol{S}$ 的方向与 $\frac{\mathrm{d}\boldsymbol{B}}{\mathrm{d}t}$ 的方向相反，所以上式积分值为正．

于是由式 (13-10) 可得

$$E_{感} = \begin{cases} \dfrac{r}{2}\dfrac{\mathrm{d}B}{\mathrm{d}t}, & r \leqslant R \\ \dfrac{R^2}{2r}\dfrac{\mathrm{d}B}{\mathrm{d}t}, & r > R \end{cases}$$

感生电场的方向沿逆时针绕向．

(2) 根据式 (13-11) 有

$$\mathscr{E}_{\mathrm{i}} = \int_L \boldsymbol{E}_{感}\cdot \mathrm{d}\boldsymbol{l}$$

在图 13-10 中导体棒 AB 上取线元 $\mathrm{d}\boldsymbol{l}$，该处 $\boldsymbol{E}_{感} = \frac{r}{2}\frac{\mathrm{d}B}{\mathrm{d}t}$，$\boldsymbol{E}_{感}$与 $\mathrm{d}\boldsymbol{l}$ 的夹角为 α，则有

$$\mathscr{E}_{\overline{AB}} = \int_{\overline{AB}} \boldsymbol{E}_{感}\cdot \mathrm{d}\boldsymbol{l} = \int_{\overline{AB}} \frac{r}{2}\frac{\mathrm{d}B}{\mathrm{d}t}\cos\alpha \cdot \mathrm{d}l$$
$$= \int_{\overline{AB}} \frac{\mathrm{d}B}{\mathrm{d}t}\frac{d}{2}\mathrm{d}l = \frac{l}{2}\sqrt{R^2 - \left(\frac{l}{2}\right)^2}\frac{\mathrm{d}B}{\mathrm{d}t}$$

式中，弦 AB 的弦心距

$$d = r\cos\alpha = \sqrt{R^2 - \left(\frac{l}{2}\right)^2}$$

13.4 自感与互感

13.4.1 自感现象　自感系数

当一个线圈中的电流变化时，其激发的变化磁场引起了线圈自身回路的磁通量发生变化，从而在线圈自身产生感应电动势，这称为**自感现象**，所产生的感应电动势称为**自感电动势**，用符号$\mathscr{E}_L$表示．理论和实验都发现，在无铁磁质存在的情况下，通过线圈的全磁通 ψ 与线圈自身的电流 I 成正比，即

$$\psi = LI \tag{13-12}$$

式中，比例系数 L 称为**自感系数** (self-inductance)，简称**自感** (self-inductance)，也称为**电感** (inductance)．它是一个能反映线圈自感能力的物理量．线圈的自感现象在电子线路中有重要作用，它是电子线路中三大基础元件（电阻、电容、电感）之一．在国际单位制中，自感的单位是亨［利］，用符号 H 表示，$1\,\mathrm{H} = 1\,\mathrm{Wb\cdot A^{-1}} = 1\,\mathrm{V\cdot s\cdot A^{-1}}$．由于亨［利］这个单位较大，实用中常采用毫亨 (mH) 或微亨 (μH) 作为电感的单位．它们之间的换算关系为

$$1\,\mathrm{H} = 10^3\,\mathrm{mH} = 10^6\,\mu\mathrm{H}$$

自感系数的值与线圈的大小和形状以及附近的介质情况有关．在线圈的大小和形状保持不变，并且附近不存在铁磁质的情况下，自感系数的值为常量．此时，根据法拉第电磁感应定律和式 (13-12) 有

$$\mathscr{E}_L = -L\frac{\mathrm{d}I}{\mathrm{d}t} \tag{13-13}$$

式 (13-13) 说明，对无铁磁质存在时的确定线圈，自感电动势与其电流的变化率 $\frac{\mathrm{d}I}{\mathrm{d}t}$ 成正比，比例系数即为自感系数 L．式中的负号是楞次定律所要求的，它表示 $\mathscr{E}_L$ 将反抗 I 的改变．用式中的负号也能确定自感电动势的方向，方法如下：取电流绕行方向作为导线回路中电动势的正方向，由式 (13-13) 的计算结果便可以确定自感电动势的方向：当 $\mathscr{E}_L$ 的值为正 $\left(\mathscr{E}_L = -L\frac{\mathrm{d}I}{\mathrm{d}t} > 0\right)$ 时，感应电动势的方向与规定的正方向相同；当 $\mathscr{E}_L$ 的值为负 $\left(\mathscr{E}_L = -L\frac{\mathrm{d}I}{\mathrm{d}t} < 0\right)$ 时，感应电动势的方向则与规定的正方向相反．

在线圈的大小和形状可以变化，或者附近可以有铁磁质存在的情况下，此时自感系数的值不再是常量，由法拉第电磁感应定律式 (13-2) 有

$$\mathscr{E}_L = -L\frac{\mathrm{d}I}{\mathrm{d}t} - I\frac{\mathrm{d}L}{\mathrm{d}t} \tag{13-14}$$

式中，第一项代表了变化电流对自感电动势的贡献部分；第二项代表了线圈的大小和形状变化，或者附近有铁磁质存在，或者附近的介质发生变化等情况对自感电动势的贡献．当不存在上述第二项情况时，自感系数是常数，从而 $\frac{\mathrm{d}L}{\mathrm{d}t} = 0$，式 (13-14) 将与式 (13-13) 一致．在实际问题中，$\mathscr{E}_L$ 与 $\frac{\mathrm{d}I}{\mathrm{d}t}$ 很容易通过实验测定，我们常用由式 (13-13) 得到的

$$L = -\mathscr{E}_L \Big/ \frac{\mathrm{d}I}{\mathrm{d}t}$$

来计算和测定自感 L 的大小．

13.4.2 自感系数及自感电动势的计算

计算自感系数和自感电动势的通常步骤如下：

(1) 设线圈中通有电流 I．

(2) 求出通电线圈在空间产生的磁场分布．

(3) 计算该磁场穿过自身线圈的全磁通 ψ．

(4) 由式 (13-2) 算得的电动势即为自感电动势 $\mathscr{E}_L$．

(5) 由式 (13-12) 或式 (13-13) 得到计算自感系数 L 的公式为

$$L = \frac{\psi}{I} \tag{13-15}$$

或

$$L = -\mathscr{E}_L \Big/ \frac{\mathrm{d}I}{\mathrm{d}t} \tag{13-16}$$

于是可算得自感系数 L 的值．

例 13-7

计算长直螺线管的自感系数．设螺线管长为 l，截面积为 S，单位长度上的匝数为 n．管内充满磁导率为 μ 的均匀介质．

解 设长直螺线管内通以电流 I，并忽略边缘效应，则螺线管内的均匀磁场为

$$B = \mu nI$$

通过螺线管的全磁通为

$$\psi = NBS = nl \cdot \mu nI \cdot S = \mu n^2 VI$$

由式 (13-15) 得

$$L = \frac{\psi}{I} = \mu n^2 V$$

以上结果说明，无铁芯线圈的自感系数只取决于线圈本身性质，而与线圈中电流无关．而提高螺线管自感系数的有效途径是增加单位长度的匝数和在螺线管内放置磁导率大的介质．

13.4.3 互感现象及互感系数

若空间存在两个邻近线圈 L_1 和 L_2，当一个线圈中的电流发生变化时，在周围空间会产生变化的磁场，从而在处于邻近的另一个线圈中会产生感应电动势．这一现象就是**互感现象** (mutual induction phenomenon)，所产生的感应电动势称为**互感电动势** (mutual induction electromotive force)．如图 13-11 所示，设线圈 L_1 通有电流 I_1，在空间产生磁场 $\boldsymbol{B}_1$，在线圈 L_2 中产生的全磁通为ψ_{21}；线圈 L_2 通有电流 I_2，在空间产生磁场 $\boldsymbol{B}_2$，在线圈 L_1 中产生的全磁通ψ_{12}．理论和实验都发现，在无铁磁质存在的确定情况下，通过线圈 L_2 的全磁通ψ_{21} 与线圈 L_1 的电流 I_1 成正比；通过线圈 L_1 的全磁通ψ_{12} 与线圈 L_2 的电流 I_2 成正比，且它们的比例系数相等，即

$$\begin{aligned} \psi_{21} &= M_{21} I_1 \\ \psi_{12} &= M_{12} I_2 \\ M_{21} &= M_{12} = M \end{aligned} \tag{13-17}$$

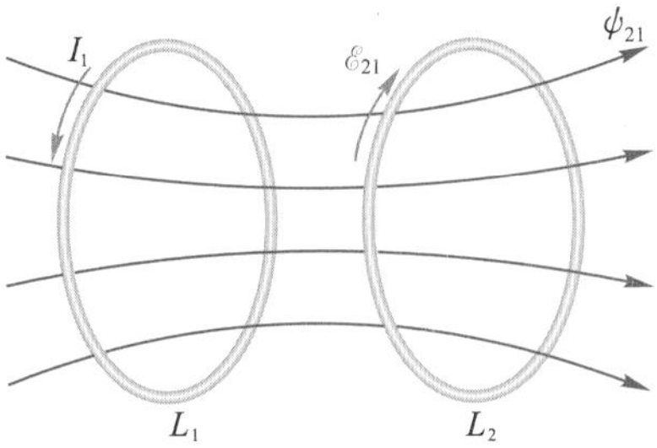

图 13-11 互感现象

其比例系数 M 称为两线圈之间的**互感系数** (mutual inductance)，简称**互感** (mutual induction)．在国际单位制中，互感的单位与自感相同为亨利 H．互感系数的值与两线圈的匝数、形状大小、相对位置以及周围的介质情况有关．它是一个能反映两线圈之间耦合程度的物理量．由法拉第电磁

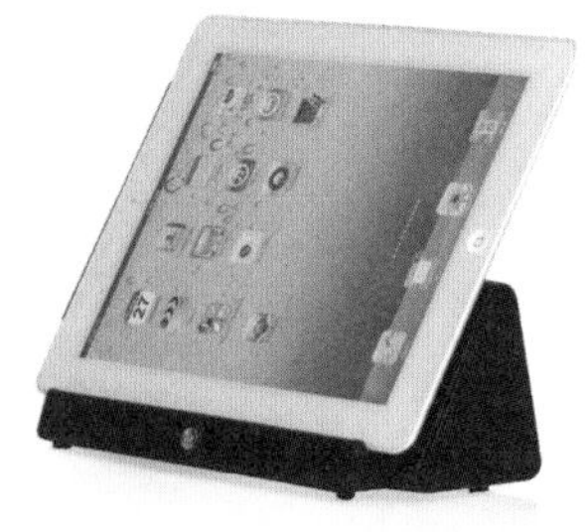

互感音响为新技术，无需蓝牙和连接音频线，只需将手机或 iPad 放到音响上，即可魔法般的实现音响功能

互感电动势与什么有关？

感应定律有

$$\mathscr{E}_{21}=-M\frac{\mathrm{d}I_1}{\mathrm{d}t}-I_1\frac{\mathrm{d}M}{\mathrm{d}t}$$
$$\mathscr{E}_{12}=-M\frac{\mathrm{d}I_2}{\mathrm{d}t}-I_2\frac{\mathrm{d}M}{\mathrm{d}t} \tag{13-18}$$

若线圈的匝数、形状大小和相对位置保持不变，而且周围不存在铁磁质情况下，M 将保持不变，即 $\frac{\mathrm{d}M}{\mathrm{d}t}=0$，则

$$\mathscr{E}_{21}=-M\frac{\mathrm{d}I_1}{\mathrm{d}t}$$
$$\mathscr{E}_{12}=-M\frac{\mathrm{d}I_2}{\mathrm{d}t} \tag{13-19}$$

此时，一个线圈中的互感电动势与另一个线圈中的电流变化率成正比，比例系数即为互感系数 M. 在一定的符号规定下，由式中的负号可以确定互感电动势的方向，但一般还是采用楞次定律来确定显得更为方便.

互感现象在电子线路及电子工业中均起着重要作用，如变压器、感应圈的原理以及电子线路中由互感引起的感应干扰等. 人们总是尽量利用互感有利的一面，而尽量减少互感对线路的有害干扰. 下面对变压器的原理作一些进一步说明.

任何一个变压器都是在公共铁芯上缠绕两组线圈所组成，如图 13-12 所示. 当交流电流过第一组线圈（称其为原线圈）时，就会有变化的磁通通过第二组线圈（称其为副线圈）从而在副线圈上感应出交流电. 根据互感的原理可以证明，副线圈上的感应电动势 $\mathscr{E}_2$ 与加在原线圈上的电动势 $\mathscr{E}_1$ 之间必然存在如下关系：

$$\mathscr{E}_2=\mathscr{E}_1\frac{N_2}{N_1} \tag{13-20}$$

式中，N_1 为绕在原线圈上的线圈的匝数，N_2 为绕在副线圈上的线圈的匝数. N_2、N_1 的大小决定了变压器的升、降压.

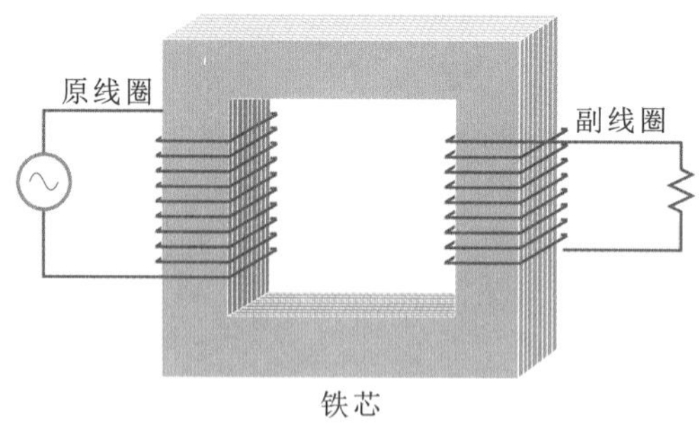

图 13-12　变压器的原理

13.4.4 互感系数及互感电动势的计算

计算互感电动势和互感系数的通常步骤与计算自感系数相似，即：

(1) 设某个线圈中通有电流 I_1.

(2) 求出该通电线圈在空间产生的磁场分布.

(3) 计算该磁场穿过另一个线圈的全磁通 ψ_{21}.

(4) 由式 (13-2) 算得的电动势即为互感电动势 $\mathscr{E}_{21}$.

(5) 由式 (13-17) 或式 (13-19) 得到计算互感系数 M 的公式

$$M=\frac{\psi_{21}}{I_1} \quad 或 \quad M=-\mathscr{E}_{21}\Big/\frac{\mathrm{d}I_1}{\mathrm{d}t}$$

即可算得互感系数 M 的值.

例 13-8

两个长度均为 l 的共轴空心长直螺线管，如图 13-13 所示，外管半径为 R_1，匝数为 N_1，自感系数为 L_1；内管半径为 R_2，匝数为 N_2，自感系数为 L_2，求它们的互感系数 M 及与 L_1、L_2 的关系.

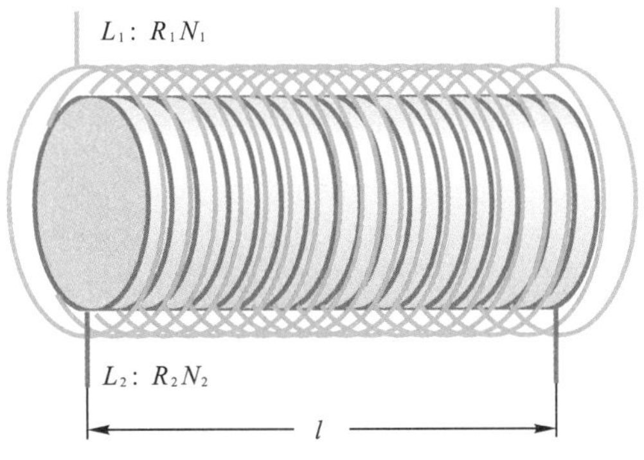

图 13-13 两个长直螺线管的互感 M

解 设外管通有电流 I_1，则管内的磁感应强度 B_1 为

$$B_1=\mu_0 n_1 I_1=\mu_0\frac{N_1 I_1}{l}$$

穿过内管的全磁通为

$$\psi_{21}=N_2 B_1 S_2=\frac{\mu_0 N_1 N_2 I_1}{l}\pi R_2^2$$

所以

$$M=\frac{\psi_{21}}{I_1}=\frac{\mu_0 N_1 N_2}{l}\pi R_2^2$$

根据例 13-7 的结果，得

$$L_1=\mu_0 n_1^2 V_1=\mu_0\frac{N_1^2}{l}\pi R_1^2$$

$$L_2=\mu_0 n_2^2 V_2=\mu_0\frac{N_2^2}{l}\pi R_2^2$$

所以有

$$M=\frac{R_2}{R_1}\sqrt{L_1 L_2} \tag{13-21}$$

必须指出，此结果是在题设条件下的两个耦合回路情况下得到的．而一般情况下，$M=K\sqrt{L_1L_2}$，且 $K\leqslant 1$，K 称为耦合系数 (coupling coefficient)．只有当 $R_1=R_2$，且每个回路的自身全磁通都通过另一个回路，或说无漏磁时，才有 $K=1$．而在有漏磁的情况下，即使 $R_1=R_2$，则总存在 $K<1$，即 $M<\sqrt{L_1L_2}$.

13.4.5 LC 谐振电路

将自感为 L 的线圈、电容为 C 的电容器、电动势为 $\mathscr{E}$ 的电源以及电键 K 连接成图 13-14 所示的电路称 LC 电路．当电键接通 B 时，电容器和电源串联成闭合回路，电源对电容器充电．当电容器上充有电量 q_0 后，突然将电键合向 A 使电容器 C 和自感为 L 的线圈形成闭合回路即形成最简单的 LC 回路．此后，充有电量的电容器将开始放电并形成变化的电流，变化的电流又在线圈中产生自感电动势 $\mathscr{E}_L$．若设 t 时刻回路上的电流为 i，线圈上产生的自感电动势为 $\mathscr{E}_L$，电容器上存在的电量为 q，则根据回路的电压方程得

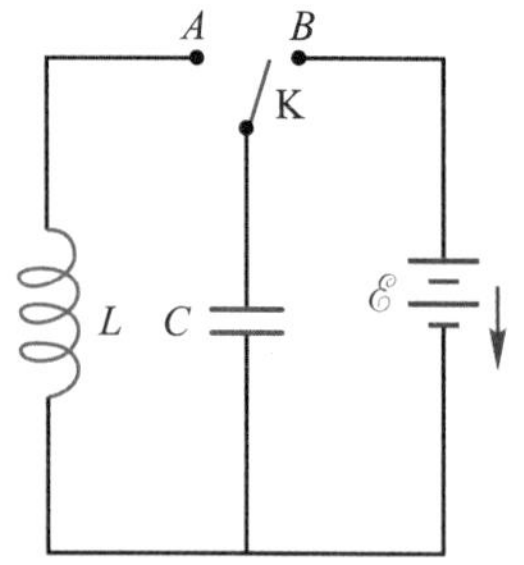

$$\mathscr{E}_L - U = 0$$

式中，$U=\dfrac{q}{C}$，是电容器两端的电压．将 $\mathscr{E}_L = -L\dfrac{\mathrm{d}i}{\mathrm{d}t}, i=\dfrac{\mathrm{d}q}{\mathrm{d}t}$ 代入上式得

$$\frac{\mathrm{d}^2 q}{\mathrm{d}t^2}+\frac{q}{LC}=0 \tag{13-22}$$

图 13-14 LC 回路的谐振电路

令 $\omega=\sqrt{\dfrac{1}{LC}}$，则方程可写为 $\dfrac{\mathrm{d}^2 q}{\mathrm{d}t^2}+\omega^2 q=0$，此方程与简谐运动的振动方程形式一致，求解式 (13-22)，在初始条件 $t=0$，$q=q_0$ 下，t 时刻回路上的电量为

$$q=q_0\cos(\omega t+\varphi) \tag{13-23}$$

也可以解得 t 时刻回路上的电流为

$$i=\frac{\mathrm{d}q}{\mathrm{d}t}=-\omega q_0\sin(\omega t+\varphi) \tag{13-24}$$

令 $I_0=\omega q_0$，则上式可写为

$$i=I_0\cos\left(\omega t+\varphi+\frac{\pi}{2}\right) \tag{13-25}$$

该回路中电量和电流随时间变化的关系曲线如图 13-15 所示．可见，在我们所讨论的最简单的 LC 回路中，电量和电流都在做简谐运动．这种周期性振荡将永远进行下去．通常我们称这样的 LC 回路为无阻尼自由振荡电路或谐振电路 (resonant circuit)；称电量和电流这样的周期性振荡为电磁振荡 (electromagnetic oscillation)，显然其振荡的周期 T 和频率 ν 为

$$T=\frac{2\pi}{\omega}=2\pi\sqrt{LC} \tag{13-26}$$

$$\nu=\frac{1}{2\pi\sqrt{LC}} \tag{13-27}$$

LC 电路中的能量关系我们将在 13.5 节中讨论．

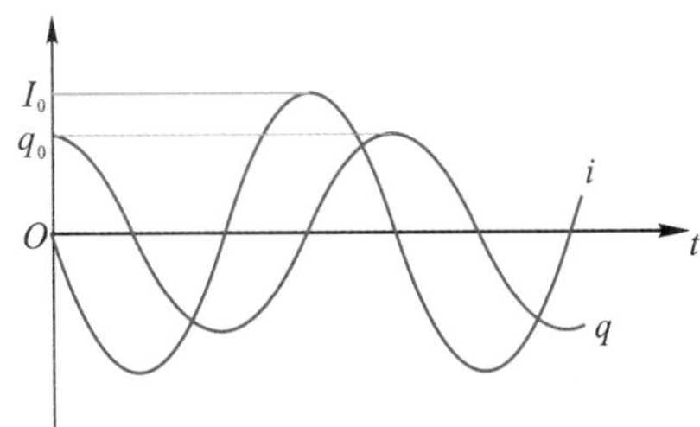

图 13-15 LC 回路中的电量和电流

13.5 磁场的能量

13.5.1 自感线圈的磁能

现在我们从能量的角度来讨论图 13-14 所示 LC 回路中的电磁振荡. 在 13.4 节所讨论的 LC 回路中，由于不存在电阻，也就没有焦耳热的能量损耗. 当回路处于初始状态 ($t=0$) 时，由于电容器上充有电量 q_0，电容器内就具有电场能量 $W_e=\dfrac{q_0^2}{2C}$. 在前 1/4 周期内，电容器处于放电过程中. 随着电流从零逐渐增大为 I_0，电量就从 q_0 逐渐减小为零，电场能也从 $\dfrac{q_0^2}{2C}$ 逐渐减小为零. 电场能量从有到无，那么能量转移到哪里去了呢？考虑到电容器在放电过程中存在变化电流 i，自感线圈 L 中便会产生自感电动势 $\mathscr{E}_L$，而且这时电流 i 与自感电动势 $\mathscr{E}_L$ 的方向相反. 因此电流 i 要克服自感电动势 $\mathscr{E}_L$ 而做功. 经 $\mathrm{d}t$ 时间电流 i 所做的元功为

$$\mathrm{d}A=-i\mathscr{E}_L\mathrm{d}t=iL\frac{\mathrm{d}i}{\mathrm{d}t}\mathrm{d}t=iL\mathrm{d}i$$

经 $\dfrac{T}{4}$ 的放电过程，极板上电量从 q_0 减为零，电路中电流从零增至 I_0，电流 i 做的总功为

$$A=\int_0^A\mathrm{d}A=\int_0^{I_0}iL\mathrm{d}i=\frac{1}{2}LI_0^2$$

因为 $I_0=\omega q_0,\omega=\sqrt{\dfrac{1}{LC}}$，所以

$$A=\frac{1}{2}LI_0^2=\frac{q_0^2}{2C}$$

可见经 $\dfrac{T}{4}$ 后，电流做的总功正好等于电容器内具有的电场能 $\dfrac{q_0^2}{2C}$. 我们知道功是能量的变化和量度. 根据功能原理，此时电容器内的电能已完全转移到自感线圈中去了. 此时，该功使自感线圈具有的能量 W_L 为

$$W_L=\frac{1}{2}LI_0^2=\frac{q_0^2}{2C}$$

在第二个 $\dfrac{1}{4}$ 周期内，电流从 I_0 减小为零，这时自感电动势 $\mathscr{E}_L$ 的方向与电流的方向一致. 自感电动势力图维持电流不变而实现了对电容器进

行了反向充电．随着电流从 I_0 减小为零，自感线圈内的能量从 $\frac{1}{2}LI_0^2$ 减小为零．而这时，电容器上反向充有的电量从零增大为 q_0，电容器内的能量也从零增大为 $\frac{q_0^2}{2C}$．可见，在这 $\frac{1}{4}$ 周期内，储存在自感线圈内的能量又全部转化为电容器内所具有的能量．

此后，LC 电路将循环往复形成电量、电流以及能量的周期性振荡．在导线没有电阻以及没有其他途径能量耗散的理想情况下，这种振荡将永远地进行下去．

从上面的讨论中知道，任何载流线圈都是具有能量的．对载有电流 I，自感为 L 的线圈所具有的能量为

$$W_L=\frac{1}{2}LI^2 \tag{13-28}$$

现在我们要讨论：自感线圈内的能量到底储存在哪里？已经知道，充有电量 q 的电容器内具有电场，电场是具有能量的，电容器的能量就是储存在电容器电场中的能量；同样，载有电流 I 的自感线圈内具有磁场，磁场像电场一样也具有能量，自感线圈的能量也就是储存在自感线圈磁场中的能量．我们曾从平行板电容器的特例得到了电场能量和电场能量密度的一般表达式．下面我们将从自感线圈为长直螺线管的特例导出磁场能量 (magnetic energy) 和磁场能量密度的一般表达式．

13.5.2 磁场的能量

当长直螺线管载有电流 I 时，长直螺线管具有的能量为 $W_L=\frac{1}{2}LI^2$，其中，自感系数 $L=\mu n^2V$．当忽略边缘效应后，载流长直螺线管内产生的均匀磁场将全部集中于螺线管内部，其磁感应强度 $B=\mu nI$．所以螺线管能量表示式中的 I 可以由磁感应强度 B 取代．得到

$$W_L=\frac{1}{2}LI^2=\frac{1}{2}L\frac{B^2}{\mu^2n^2}$$

将自感系数 $L=\mu n^2V$ 代入得

$$W_L=\frac{1}{2}\mu n^2V\frac{B^2}{\mu^2n^2}=\frac{B^2}{2\mu}V$$

由于螺线管具有的能量是储存于螺线管的磁场中的，所以，载流螺线管具有的能量 W_L 也就是载流螺线管的磁场所具有的能量，通常将磁场的能量记为 W_{m}．考虑到长直螺线管产生的磁场是均匀分布于螺线管内部的，其体积为 V．所以若将单位体积内的磁场能量称为磁场的能量密度 (density of magnetic energy) 则有

$$w_{\mathrm{m}}=\frac{\mathrm{d}W_{\mathrm{m}}}{\mathrm{d}V}=\frac{B^2}{2\mu}$$

这样我们就得到了磁场能量密度的公式．虽然这个公式是从螺线管磁场的特例中推出的，但可以证明它是磁场能量密度的一般表达式．

由此存在如下结论：在空间中任何存在磁场的地方都存在磁场的能量，若空间中某点处的磁感应强度为 B，磁导率为 μ，则该点处的磁场能量密度为

$$w_m = \frac{B^2}{2\mu} = \frac{1}{2}BH = \frac{1}{2}\mu H^2 \tag{13-29}$$

式中，H 为磁场强度，$B=\mu H$.

已知磁场能量密度后，我们可以通过积分计算任意体积为 V 的空间内的磁场能量，其步骤是首先将磁场划分为无数个体积元 $\mathrm{d}V$，使 $\mathrm{d}V$ 内的磁场是均匀的，则 $\mathrm{d}V$ 内磁场能量为 $\mathrm{d}W_m = w_m\mathrm{d}V = \frac{1}{2}\mu H^2\mathrm{d}V$，则整个磁场能量为

$$W_m = \int_V w_m \mathrm{d}V = \frac{1}{2}\int_V BH\mathrm{d}V \tag{13-30}$$

例 13-9

一根很长的同轴电缆，由半径为 r_1 的内圆筒与半径为 r_2 的同轴圆筒组成，其间充满磁导率为 μ 的均匀磁介质，电流由内筒流出，从外筒返回，电流强度为 I_0，如图 13-16 所示. 试计算：

(1) 长度为 l 的一段电缆内储存的磁场能量；

(2) 长度为 l 的一段电缆的自感系数.

解 (1) 由安培环路定理可求得

$$B = \begin{cases} \dfrac{\mu I_0}{2\pi r}, & r_1 < r < r_2 \\ 0, & r < r_1, r > r_2 \end{cases}$$

两圆筒间的磁场能量密度为

$$w_m = \frac{1}{2}BH = \frac{1}{2}\frac{B^2}{\mu} = \frac{\mu I_0^2}{8\pi^2 r^2}$$

长为 l 的电缆内的总磁能

$$W_m = \int w_m \mathrm{d}V = \int_{r_1}^{r_2} \frac{\mu I_0^2 l}{8\pi^2 r^2} 2\pi r\mathrm{d}r = \frac{\mu I_0^2 l}{4\pi}\ln\frac{r_2}{r_1}$$

(2) 由于 $W_m = W_L = \frac{1}{2}LI_0^2$，所以

$$L = \frac{2W_m}{I_0^2} = \frac{\mu l}{2\pi}\ln\frac{r_2}{r_1}$$

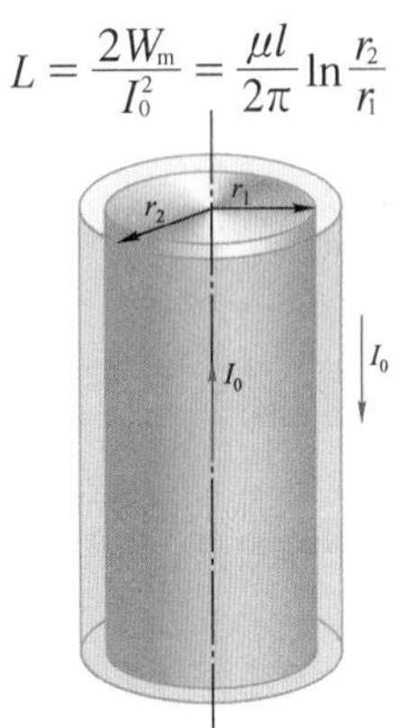

图 13-16 同轴电缆的磁能

13.6 位移电流与电磁场

通过前面的学习，我们已经知道，静止电荷周围将激发静电场. 静电场的高斯定理说明静电场是有源场，而静电场的环路定理又说明静电场是保守场. 同时我们还知道，恒定电流周围产生有恒定磁场. 恒定电流磁场的高斯定理说明恒定电流磁场是无源场，恒定电流磁场的环路定

理又说明恒定电流磁场是非保守场、涡旋场．然而，我们只讨论了电磁场中的静电场和恒定电流磁场这两种特殊情况．现在我们将要讨论变化电场、变化磁场的普遍情况．在 13.3 节中我们已经知道，变化磁场也会激发电场——感生电场．并且得到了感生电场所遵循的环路定理和高斯定理，说明感生电场是无源场、涡旋场．本节我们首先讨论变化电场周围会产生磁场的重要事实．然后进一步讨论电场与磁场之间存在的内在联系，并建立起统一的电磁场的概念．

13.6.1 位移电流的引入

下面考察变化磁场中的安培环路定理．让我们看由图 13-17 所表示的含有电容器的电路．在电容器被充电的过程中，电路中有充电电流 I(电流密度为 δ)．由于电流穿过以 L 为边界的曲面 S_1，根据安培环路定理，就有

$$\oint_L \boldsymbol{H}\cdot \mathrm{d}\boldsymbol{l} = I$$

然而对于同样以 L 为边界，但处于电容器两极板之间的曲面 S_2 时，由于这一曲面上并无电流穿过，则根据安培环路定理，有

$$\oint_L \boldsymbol{H}\cdot \mathrm{d}\boldsymbol{l} = 0$$

麦克斯韦 (J.C.Maxwell, 1831 ~ 1879) 英国著名物理学家、数学家．他建立的电磁场理论，将电学、磁学、光学统一起来，是 19 世纪物理学发展的最光辉的成果，是科学史上最伟大的成就之一．他预言了电磁波的存在

因此，在有电容器存在的非稳恒情况下，安培环路定理出现了互相矛盾的结果．这一矛盾的出现，显然是由于非稳恒情况下传导电流出现中断所造成的．但考虑到电容器两极板之间，虽然传导电流中断了，但仍然存在有变化电场的情况．此时，如果将电容器两极板之间存在的变化电场看成某种“电流”，那么电流显然还能够保持连续，上述矛盾也可得以解决．为此麦克斯韦提出了大胆的假设，将变化的电场看成某种“电流”．并且，变化的电场会像电流一样产生磁场．考虑到电容器在充、放电的过程中，极板上的电流 $I = \dfrac{\mathrm{d}q}{\mathrm{d}t}$，而 $q = \sigma S$(其中 S 为极板的面积) 和 $D = \sigma$，其中，D 为电容器两极板之间电位移矢量的大小．根据电流强度的定义式，可得到电路中的电流与两极板之间电位移矢量存在如下定量关系：

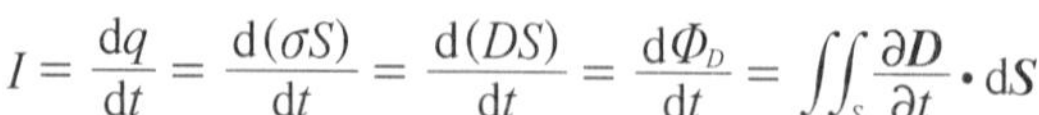

$$I = \frac{\mathrm{d}q}{\mathrm{d}t} = \frac{\mathrm{d}(\sigma S)}{\mathrm{d}t} = \frac{\mathrm{d}(DS)}{\mathrm{d}t} = \frac{\mathrm{d}\Phi_D}{\mathrm{d}t} = \iint_S \frac{\partial \boldsymbol{D}}{\partial t}\cdot \mathrm{d}\boldsymbol{S}$$

比较电流与电流密度的关系式 $I = \iint_S \boldsymbol{\delta}\cdot \mathrm{d}\boldsymbol{S}$，麦克斯韦进一步假设，变化的电场可以看成是电流密度为 $\dfrac{\partial \boldsymbol{D}}{\partial t}$ 的电流．用符号 $\boldsymbol{\delta}_{\mathrm{d}}$ 表示，通常称与变化的电场相应的电流为位移电流 (displacement current)．而通过某面积 S 的位移电流强度为 I_{d}，则

$$\boldsymbol{\delta}_{\mathrm{d}} = \frac{\partial \boldsymbol{D}}{\partial t} \tag{13-31}$$

$$I_d = \iint_S \boldsymbol{\delta}_d \cdot d\boldsymbol{S} = \iint_S \frac{\partial \boldsymbol{D}}{\partial t} \cdot d\boldsymbol{S} \tag{13-32}$$

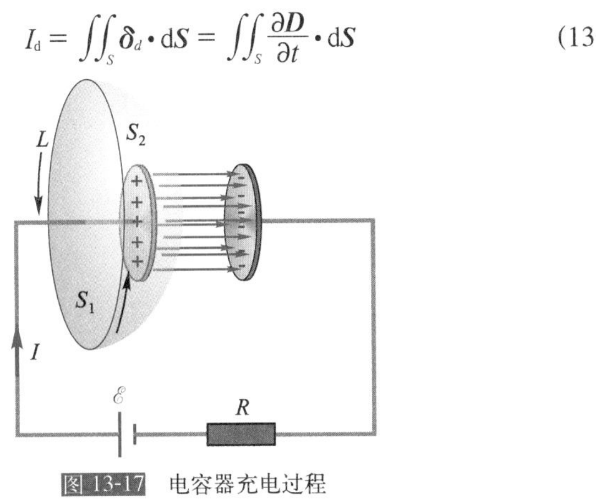

图 13-17 电容器充电过程

13.6.2 全电流定律

从上面的讨论可见，引进了位移电流假设后，电容器两极板之间中断的传导电流被位移电流所接替．通常，我们将位移电流与运动电荷形成的传导电流之和称为全电流．即在普遍情况下，通过空间某截面的全电流是通过该截面的传导电流 I_0 和位移电流 I_d 的代数和，即

$$I_{全} = I_0 + I_d$$

通过空间某截面 S 的全电流与全电流的电流密度间的关系为

$$I_{全} = \iint_S \boldsymbol{\delta}_0 \cdot d\boldsymbol{S} + \iint_S \frac{\partial \boldsymbol{D}}{\partial t} \cdot d\boldsymbol{S} \tag{13-33}$$

引入全电流概念后，对电路中含有电容器的任意情况，电流的连续性都是成立的．为此麦克斯韦将安培环路定理推广至非稳恒情况后可表述为

$$\oint_L \boldsymbol{H} \cdot d\boldsymbol{l} = \iint_S \boldsymbol{\delta}_0 \cdot d\boldsymbol{S} + \iint_S \frac{\partial \boldsymbol{D}}{\partial t} \cdot d\boldsymbol{S} \tag{13-34}$$

式中，S 是指以 L 为边界的曲面．式 (13-34) 称为全电流定律．

例 13-10

半径为 R 的圆形平行板空气电容器，充电中使电容器两极板间电场的变化率为 $\frac{dE}{dt} > 0$，如图 13-18 所示．忽略电容器极板的边缘效应．求：

(1) 极板间的位移电流 I_d；

(2) 电容器内距轴线 r 处的 P 点的 $\boldsymbol{B}$；

(3) 设某一时刻 P 点有一沿径向向中轴线方向做匀速直线运动的电子，此时板间的电场强度为 E，求忽略重力影响下电子的速度大小．

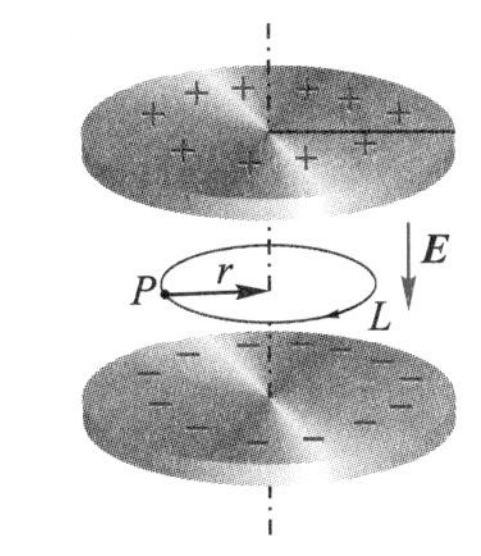

图 13-18 充电电容器两极板间的磁场

解　(1) 由于忽略边缘效应，所以，板间为均匀电场．充电过程中电容器两极板间的电场及其变化率$\frac{\mathrm{d}\boldsymbol{D}}{\mathrm{d}t}$的方向沿中轴线向下．根据式(13-32)，电容器两极板间的位移电流I_d为

$$I_\mathrm{d}=\iint_S \frac{\partial \boldsymbol{D}}{\partial t}\cdot \mathrm{d}\boldsymbol{S}=S\frac{\mathrm{d}D}{\mathrm{d}t}=\pi R^2\varepsilon_0\frac{\mathrm{d}E}{\mathrm{d}t}$$

I_d的方向与$\frac{\mathrm{d}\boldsymbol{D}}{\mathrm{d}t}$的方向一致．

(2) 由于板间为均匀电场且对于两板中心连线具有轴对称性，故产生的磁场 $\boldsymbol{B}$ 线是以电容器轴为中心的一系列同心圆，并与位移电流成右螺旋关系．取半径为 r 的圆形积分回路 L，应用全电流定律式(13-34)得

$$\oint_L \boldsymbol{H}\cdot \mathrm{d}\boldsymbol{l}=\frac{1}{\mu_0}B_r 2\pi r=\pi r^2\varepsilon_0\frac{\mathrm{d}E}{\mathrm{d}t}$$

$$B_r=\frac{\mu_0\varepsilon_0}{2}r\frac{\mathrm{d}E}{\mathrm{d}t}$$

P 点 B_r 的方向沿回路 L 的顺时针方向．

(3) 电子在 P 点做匀速直线运动，作用在电子上的合力显然应为零．忽略重力时作用在电子上的力仅有洛伦兹力和电场力，即

$$\boldsymbol{f}_{洛}=-e\boldsymbol{v}\times\boldsymbol{B}_r,\quad 方向向下$$

$$\boldsymbol{f}_{电}=-e\boldsymbol{E},\quad 方向向上$$

两者相平衡得

$$v=\frac{E}{B_r}=\frac{2E}{\mu_0\varepsilon_0 r}\cdot\frac{1}{\frac{\mathrm{d}E}{\mathrm{d}t}}$$

13.6.3 电磁场

已经知道，变化磁场会产生电场，变化电场也会产生磁场．这样，电荷和变化磁场都可以产生电场，而电流和变化电场也都可以产生磁场，显然，变化电场和变化磁场之间就必定存在有某种内在联系．事实上，已经知道，电流是运动的电荷形成的，而电荷是否运动本身是具有相对性的．同一个电荷对某参考系而言可以是静止的，这时电荷周围只产生有静电场；而对另一个参考系而言，电荷可以是运动的，这样该电荷周围不但产生有电场，而且还存在有磁场．

理论和实践告诉我们，自然界中客观存在的是统一的电磁场(electromagnetic field)．电场、磁场只是统一的电磁场的两个侧面．静电场、恒定电流的磁场更是统一的电磁场的两个特例．13.7 节我们将具体讨论到，电磁波(electromagnetic wave)其实是电磁场存在的一种特殊形式．它是一种可以独立于场源的，由变化的电场和变化磁场相互依存、相互激发并能在空间传播的电磁场．电磁波或电磁场与实物一样，具有质量、能量和动量．电磁场是物质存在的又一种基本形式．

在一个存在电磁场的空间中，空间某点既存在电场又存在磁场，该点的电磁场的能量密度(energy density of electromagnetic field)即为电场的能量密度与磁场的能量密度之和，即

$$w=w_\mathrm{e}+w_\mathrm{m}=\frac{1}{2}DE+\frac{1}{2}BH \tag{13-35}$$

根据爱因斯坦相对论中的质能关系，存在电磁能的空间某点处也存在有相应的质量，其质量密度为

$$\rho_m = \frac{w}{c^2} = \frac{1}{2c^2}(DE + BH) \tag{13-36}$$

另外，实验证实了变化的电磁场对实物施加有压力，从而证实了电磁场具有动量．空间某点处存在的动量密度为

$$p = \frac{w}{c} = \frac{1}{2c}(DE + BH) \tag{13-37}$$

上述讨论说明了电磁场的统一性和物质性．

13.7 麦克斯韦方程组与电磁波

13.7.1 麦克斯韦方程组

在电荷和电流都随时间发生变化的普遍情况下，空间存在统一的电磁场．麦克斯韦在有关静电场和恒定电流磁场规律的基础上，进一步建立了普遍情况下电磁场遵循的基本规律，即著名的麦克斯韦方程组(Maxwell's equations)．

若静止电荷激发的电场为 $\boldsymbol{D}_1$ 和 $\boldsymbol{E}_1$，变化磁场激发的电场为 $\boldsymbol{D}_2$ 和 $\boldsymbol{E}_2$，总电场为 $\boldsymbol{D} = \boldsymbol{D}_1+\boldsymbol{D}_2$ 和 $\boldsymbol{E} = \boldsymbol{E}_1+\boldsymbol{E}_2$．则电场的高斯定理为

$$\oiint_S \boldsymbol{D}\cdot \mathrm{d}\boldsymbol{S} = \sum_i q_i \tag{13-38}$$

电场的环路定理为

$$\oint_L \boldsymbol{E}\cdot \mathrm{d}\boldsymbol{l} = -\iint_S \frac{\partial \boldsymbol{B}}{\partial t}\cdot \mathrm{d}\boldsymbol{S} \tag{13-39}$$

若恒定电流激发的磁场为 $\boldsymbol{H}_1$ 和 $\boldsymbol{B}_1$，变化电场激发的磁场为 $\boldsymbol{H}_2$ 和 $\boldsymbol{B}_2$，总磁场为 $\boldsymbol{H} = \boldsymbol{H}_1+\boldsymbol{H}_2$ 和 $\boldsymbol{B} = \boldsymbol{B}_1 + \boldsymbol{B}_2$，则磁场的高斯定理为

$$\oiint_S \boldsymbol{B}\cdot \mathrm{d}\boldsymbol{S} = 0 \tag{13-40}$$

磁场的环路定理为

$$\oint_L \boldsymbol{H}\cdot \mathrm{d}\boldsymbol{l} = \iint_S \left(\boldsymbol{\delta} + \frac{\partial \boldsymbol{D}}{\partial t}\right)\cdot \mathrm{d}\boldsymbol{S} \tag{13-41}$$

麦克斯韦方程组的积分形式是由式(13-38)到式(13-41)的四个方程组成的．方程组中的场量之间是相互关联的，对于各向同性的均匀介质，场量之间有如下关系：

$$\boldsymbol{D} = \varepsilon \boldsymbol{E},\quad \boldsymbol{B} = \mu \boldsymbol{H},\quad \boldsymbol{\delta} = \gamma \boldsymbol{E} \tag{13-42}$$

麦克斯韦方程组的积分形式是以宏观的通量和环路积分来描述电磁场的性质及其规律的．有时需要知道空间某点的电磁场性质及其规律，这可以通过数学中的矢量分析方法得到相应的麦克斯韦方程组的微分形式（本书不作介绍，有兴趣的读者可参阅有关书籍）．

对任意一个确定空间，在满足边界条件(boundary condition)和初始条件下通过求解麦克斯韦方程组，便可以得到唯一确定的解．

麦克斯韦方程组完全描述了宏观电磁场的性质及其运动规律．它不仅

是整个宏观电磁场理论的基础，而且也是许多现代电磁技术的理论基础.

13.7.2 电磁波

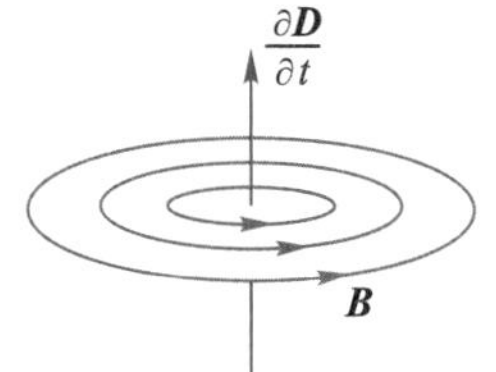

(a) 变化电场产生磁场

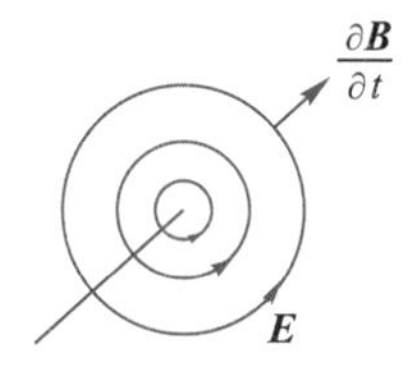

(b) 变化磁场产生电场

图 13-19

麦克斯韦的涡旋电场和位移电流假设，揭示了变化的磁场会激发变化的电场 [图 13-19(b)]，而变化的电场也会激发变化的磁场 [图 13-19(a)]，变化的电场和变化的磁场既互相依存、又互相激发，可以独立于场源而在空间传播，形成以一定速度在空间传播的电磁波 (electromagnetic wave).

通常称一个不存在自由电荷和传导电流的均匀各向同性介质空间为**自由空间**. 理论证明，在自由空间中，通过求解麦克斯韦方程组，可得到的电磁场遵循的运动规律具有平面波波动方程的形式，即

$$\frac{\partial^2 E}{\partial x^2} = \mu\varepsilon \frac{\partial^2 E}{\partial t^2} \tag{13-43}$$

$$\frac{\partial^2 H}{\partial x^2} = \mu\varepsilon \frac{\partial^2 H}{\partial t^2} \tag{13-44}$$

式中，μ、ε 分别为介质中的磁导率、电容率（又称介电常量）.

根据波动学的知识，可以得到平面电磁波的传播速度为

$$u = \frac{1}{\sqrt{\mu\varepsilon}} \tag{13-45}$$

在真空中，将 μ_0、ε_0 的具体数值代入，计算可得电磁波在真空中的传播速度与光在真空中传播的速度相等，即

$$u_0 = \frac{1}{\sqrt{\mu_0\varepsilon_0}} = c = 3\times10^8\ \mathrm{m\cdot s^{-1}} \tag{13-46}$$

显然这并不是数值上的巧合，而是光的本性的反映. 事实上，光只是一定频率范围内的电磁波.

考虑到 $\mu = \mu_r\mu_0$ 和 $\varepsilon = \varepsilon_r\varepsilon_0$，可以得到

$$u = \frac{c}{\sqrt{\mu_r\varepsilon_r}} \tag{13-47}$$

我们知道，光在介质中传播的速度为$u = \frac{c}{n}$，其中，n 为光在介质中的折射率 (refractive index). 如果光确实是电磁波，那么光在介质中的折射率应与电磁学参量 μ_r、ε_r 存在如下关系，即

$$n = \sqrt{\mu_r\varepsilon_r} \tag{13-48}$$

显然，式 (13-48) 将光学和电磁学中物理量有机地联系起来，从某种意义上说，这个推论达到了电磁理论的顶点. 它意味麦克斯韦方程组也是波动光学的理论基础. 从而使以麦克斯韦电磁场方程组为核心的经典电磁理论成为物理学史上最引以为自豪的成果之一.

13.7.3 平面电磁波的性质

根据波动学的知识，由式 (13-43) 及式 (13-44) 可以得到真空中的平

面电磁波的波动表达式为

$$
\begin{aligned}
E &= E_0 \cos\left[\omega\left(t-\frac{x}{u}\right)\right] \\
H &= H_0 \cos\left[\omega\left(t-\frac{x}{u}\right)\right]
\end{aligned}
\tag{13-49}
$$

理论和实践证明平面电磁波具有如下性质：

(1) 平面电磁波是横波．电矢量 $\boldsymbol{E}$ 和磁矢量 $\boldsymbol{B}$ 都与传播方向相垂直且电矢量 $\boldsymbol{E}$ 与磁矢量 $\boldsymbol{B}$ 也互相垂直，并与传播方向组成右螺旋关系．图 13-20 是平面电磁波的示意图．

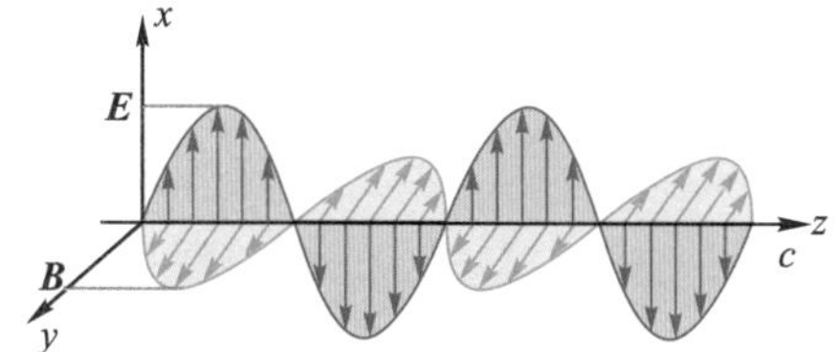

图 13-20　平面简谐波

(2) 平面电磁波具有偏振性．沿给定方向传播的电磁波，$\boldsymbol{E}$ 和 $\boldsymbol{B}$ 分别在各自的平面上振动．

(3) 电矢量 $\boldsymbol{E}$ 和磁矢量 $\boldsymbol{B}$ 的振动同相位且电矢量 $\boldsymbol{E}$ 和磁矢量 $\boldsymbol{B}$ 的振幅成比例，波线上同一点瞬时值之间也满足同样的比例．其结论为

$$\sqrt{\varepsilon}\, E = \sqrt{\mu}\, H \tag{13-50}$$

(4) 电磁波的传播速度取决于介质的性质 $u = \dfrac{1}{\sqrt{\varepsilon\mu}}$．

13.7.4 平面电磁波的能量密度和能流密度

平面电磁波具有的能量密度为

$$w = \frac{1}{2}\varepsilon E^2 + \frac{1}{2}\mu H^2 = \sqrt{\varepsilon\mu}\, EH = \varepsilon E^2 = \varepsilon H^2 \tag{13-51}$$

将式 (13-49) 代入上式得

$$w = \sqrt{\varepsilon\mu}\, E_0 H_0 \cos^2\left[\omega\left(t-\frac{x}{u}\right)\right] = \varepsilon E_0^2 \cos^2\left[\omega\left(t-\frac{x}{u}\right)\right] \tag{13-52}$$

式 (13-52) 表明，空间某处的能量密度是随时间周期性变化的．根据平均值的定义，一个周期内的平均能量密度为

$$\overline{w} = \frac{1}{T}\int_0^T w\mathrm{d}t = \frac{1}{2}\sqrt{\varepsilon\mu}\, E_0 H_0 \tag{13-53}$$

单位时间内通过单位横截面的电磁能，称**能流密度** (energy flux density) 矢量，又常称其为**坡印亭矢量** (Poynting vector)．现在我们考虑 $\mathrm{d}t$ 时间内通过垂直于传播方向的面元 $\mathrm{d}A$ 的电磁能．由于 $\mathrm{d}t$ 时间内电磁波传过的距离为 $\mathrm{d}l = u\mathrm{d}t$．所以，$\mathrm{d}t$ 时间内电磁波传过面元 $\mathrm{d}A$ 的电磁能为如图 13-21 所示的小体积元内具有的能量．即

$$\mathrm{d}W = w\mathrm{d}A\mathrm{d}l = w\mathrm{d}Au\mathrm{d}t$$

根据定义，单位时间内通过垂直于传播方向的单位面积的电磁能即

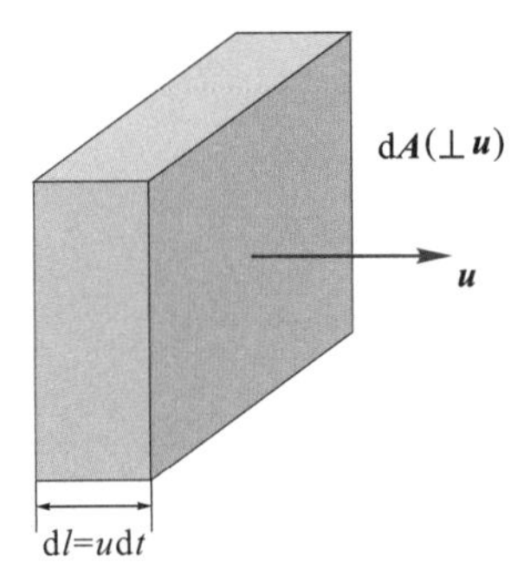

图 13-21　平面简谐波的能流密度

为能流密度矢量的值，即

$$S=\frac{W}{\mathrm{d}A\mathrm{d}t}=wu \tag{13-54}$$

将式 (13-45) 及式 (13-51) 代入上式得坡印亭矢量的大小为

$$S=EH$$

由于平面电磁波能流的方向与波传播方向相同．且考虑到电矢量 $\boldsymbol{E}$ 和磁矢量 $\boldsymbol{B}$ 与传播方向 $\boldsymbol{u}$ 互相垂直，则 $\boldsymbol{E}$、$\boldsymbol{B}$ 与传播方向（即能流密度矢量的方向）满足右螺旋关系．于是能流密度矢量即坡印亭矢量 $\boldsymbol{S}$ 可表示为

$$\boldsymbol{S}=\boldsymbol{E}\times\boldsymbol{H} \tag{13-55}$$

根据平均值的定义，一个周期内平均能流密度为

$$\overline{S}=\frac{1}{T}\int_0^T S\mathrm{d}t=\frac{1}{2}E_0H_0$$

由于 $\sqrt{\varepsilon}E_0=\sqrt{\mu}H_0$，则

$$\overline{S}=\frac{1}{2}\sqrt{\frac{\varepsilon}{\mu}}E_0^2$$

通常又将电磁波的平均能流密度定义称为电磁波的强度，记为 I，即

$$I=\overline{S}=\frac{1}{2}\sqrt{\frac{\varepsilon}{\mu}}E_0^2 \tag{13-56}$$

可见，平面电磁波的强度与电场强度的振幅的平方成正比．

*13.7.5 电偶极子发射的电磁波

一个 LC 振荡电路原则上可以作为发射电磁波的波源．要把这样的振荡电路作为波源向空间发射电磁波，还必须具备两个条件，首先是振荡频率要高．要提高电磁振荡频率，根据 $\nu=\frac{1}{2\pi\sqrt{LC}}$，就必须减小电路中线圈的自感 L 和电容器的电容 C；其次是要开放电路，就是不让电磁场和电磁能集中在电容器和线圈之中，而要辐射到空间去．根据这样的要求对电路进行改造，结果整个 LC 振荡电路就演变成为一根直导线，电流在其中往返振荡，两端出现正负交替变化的等量异号电荷．此电路就称为振荡偶极子，或电偶极子 (electric dipole)．图 13-22 是该演变过程的示意图．

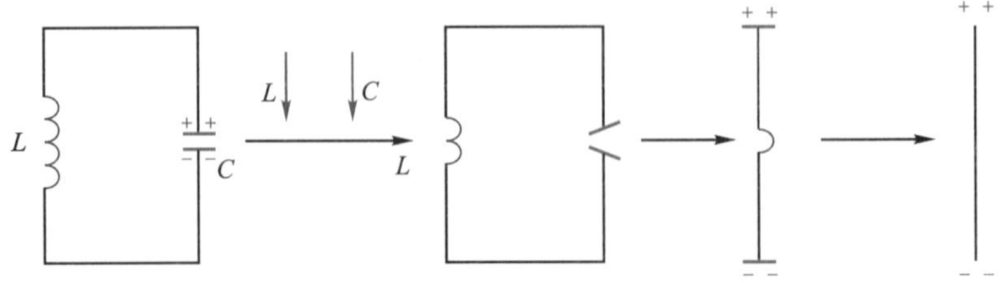

图 13-22　从 LC 振荡电路演变为偶极子天线

以电偶极子作为天线，就可以在空间有效地激发电磁波．根据麦克

斯韦方程组我们可以严格地求解出电偶极子激发的电磁场，这里我们将略去繁长的数学运算只给出结论并进行简单的讨论.

设偶极子的电偶极矩为

$$p = ql = lq_0\cos(\omega t+\varphi) = p_0\cos(\omega t+\varphi)$$

在电偶极子中心附近的近场区内，即在离振子中心的距离 r 远小于波长 λ 的范围内，电场的瞬时分布与一个静态偶极子的电场很相似. 设 $t=0$ 时偶极子的正负电荷均重合在中心 [图 13-23(a)]，然后分别做简谐运动，于是起始于正电荷终止于负电荷的电场线的形状也随时间变化. 图 13-23 定性地描述了一条电场线从出现到形成闭合圈，然后脱离电荷向外扩张的过程. 在电场变化的同时也有磁场产生，磁场线是以偶极子为轴的疏密相间的同心圆. 电场线和磁场线互相套连，并以一定速度向外传播. 在离开偶极子场源比较远时，即 $r \gg \lambda$ 的波场区，波阵面趋于球形. 偶极子激发的电磁场为球面电磁波，此时其波表达式为

$$\begin{cases} E(r,t) = \dfrac{\mu p_0\omega^2\sin\theta}{4\pi r}\cos\left[\omega\left(t-\dfrac{r}{u}\right)\right] \propto \dfrac{1}{r} \\ H(r,t) = \dfrac{\sqrt{\varepsilon\mu}\,p_0\omega^2\sin\theta}{4\pi r}\cos\left[\omega\left(t-\dfrac{r}{u}\right)\right] \propto \dfrac{1}{r} \end{cases} \tag{13-57}$$

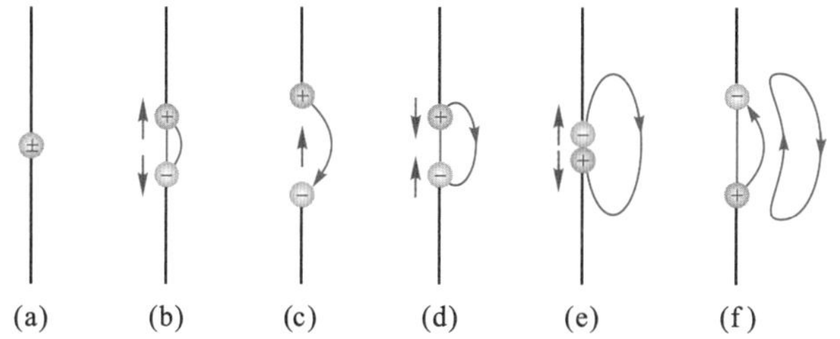

(a) (b) (c) (d) (e) (f)

图 13-23 偶极子附近电场线的变化

式中，$u=\dfrac{1}{\sqrt{\varepsilon\mu}}$ 为电磁波波速. 图 13-24 是偶极子激发的球面电磁波的示意图. 可见在离开偶极子场源比较远时，偶极子激发以光速传播的球面电磁波. 此时在空间某点处的 $\boldsymbol{E}$，$\boldsymbol{H}$，$\boldsymbol{r}$ 相互垂直，如图 13-24 所示. 当 r 很大时，式 (13-57) 振幅中的 r 及 $\sin\theta$ 可看作恒量，这时球面电磁波可近似为平面简谐波，其电磁波的波表达式为

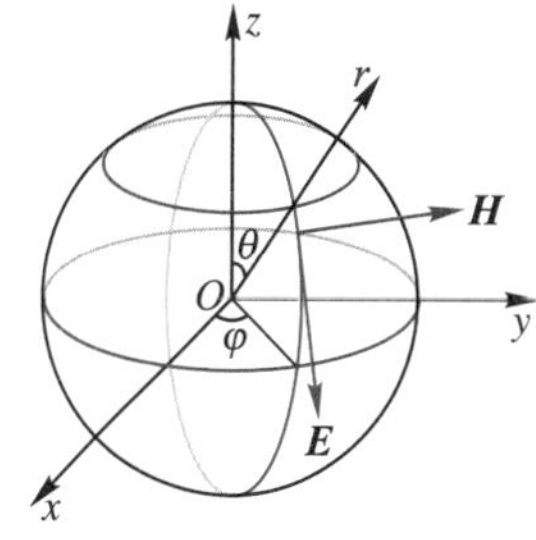

图 13-24 偶极子场

$$\begin{cases} E = E_0\cos\left[\omega\left(t-\dfrac{r}{u}\right)\right] \\ H = H_0\cos\left[\omega\left(t-\dfrac{r}{u}\right)\right] \end{cases}$$

因而，平面电磁波可以看成是离场源非常远时的球面电磁波.

13.7.6 电磁波谱

自赫兹发现电磁波，并证明光也是电磁波以后，1906 年英国物理学家巴克拉 (C.G.Barkla) 首先用实验发现了 X 射线也是电磁波. 现在我们

知道，电磁波包括的范围很广，从无线电波到光波，从 X 射线到 γ 射线都属于电磁波的范畴，只是它们各自的波长范围不同而已．于是人们将所有电磁波按真空中波长（或频率）的大小顺序排列的谱称为电磁波谱 (electromagnetic wave spectrum)．通常电磁波谱又被划分为一系列具有特定名称的区域．各种电磁波的波长范围、主要产生方式及用途如表 13-1 所示．

表 13-1　电磁波的波长范围、主要产生方式及用途

电磁波	真空中波长 /m	主要产生方式	主要用途
γ 射线	$< 0.4\times10^{-10}$	原子核衰变	触发核反应及核结构分析
X 射线	$\sim 5\times10^{-9}$	原子内层电子	透视、晶体结构分析
紫外线	$\sim 4\times10^{-7}$	炽热物体 气体放电 光致激发	消毒杀菌
可见光	$\sim 7.6\times10^{-7}$		照明、植物光合
红外线	$\sim 6\times10^{-4}$		夜视、加热
微波	~ 1	电子电路	电视、雷达、加热
超短波	~ 10		广播、电视、导航
短波	~ 200		电报、通信
中波	$\sim 3\ 000$		广播
长波	$\sim 30\ 000$		通信和导航

习题 13

13-1　如题图 13-1 所示，两条平行长直载流导线和一个矩形导线框共面，且导线框的一个边与长直导线平行，到两长直导线的距离分别为 r_1、r_2．已知两导线中电流都为 $I = I_0\sin\omega t$，其中，I_0 和 ω 为常数，t 为时间．导线框长为 a，宽为 b，求导线框中的感应电动势．

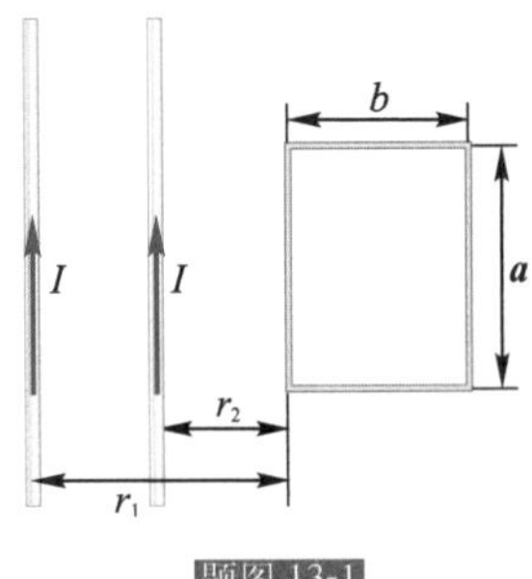

题图 13-1

13-2　如题图 13-2 所示，有一半径为 $r = 10$ cm 的多匝圆形线圈，匝数 $N = 100$，置于均匀磁场 B 中 ($B = 0.5$ T)．圆形线圈可绕通过圆心的轴 O_1O_2 转动，转速 $n = 600\ \text{r}\cdot\text{min}^{-1}$．求圆线圈自图示的初始位置转过 $\dfrac{\pi}{2}$ 时，

(1) 线圈中的瞬时电流值（线圈的电阻为 $R = 100\ \Omega$，不计自感）；

(2) 圆心处磁感应强度．

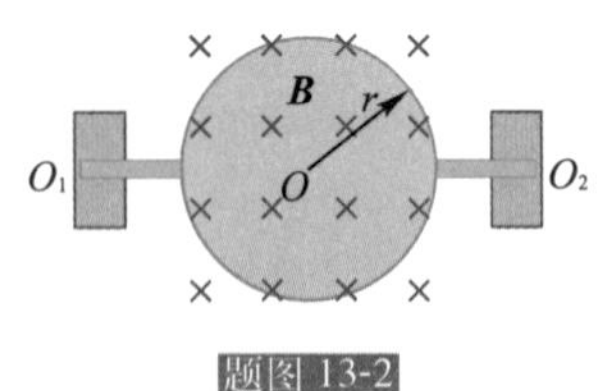

题图 13-2

13-3　均匀磁场 $\boldsymbol{B}$ 被限制在半径 $R = 10$ cm 的无限长圆柱形空间内，方向垂直纸面向里．取一固定的等腰梯形回路 $ABCD$，梯形所在平面的法向与圆柱空间的轴平行，位置如题图 13-3 所示．设磁场以 $\dfrac{\mathrm{d}B}{\mathrm{d}t} = 1\text{T}\cdot\text{s}^{-1}$ 的匀速率增加，已知 $\overline{OA} = \overline{OB} = 6$ cm，$\theta = \dfrac{\pi}{3}$，求等腰梯形回路 $ABCD$ 感生电动势的大小和方向．

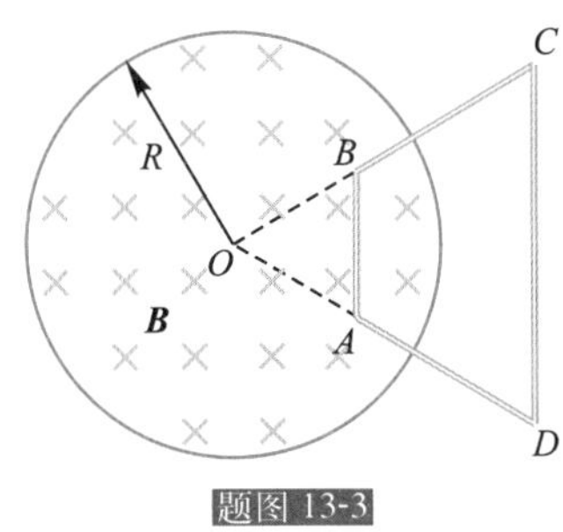

题图 13-3

13-4 如题图 13-4 所示，有一根长直导线，载有直流电流 I，近旁有一个两条对边与它平行并与它共面的矩形线圈，以匀速度 $\boldsymbol{v}$ 沿垂直于导线的方向离开导线．设 $t=0$ 时，线圈位于图示位置，求：

(1) 在任意时刻 t 通过矩形线圈的磁通量 Φ_m；

(2) 在图示位置时矩形线圈中的电动势$\mathscr{E}_i$．

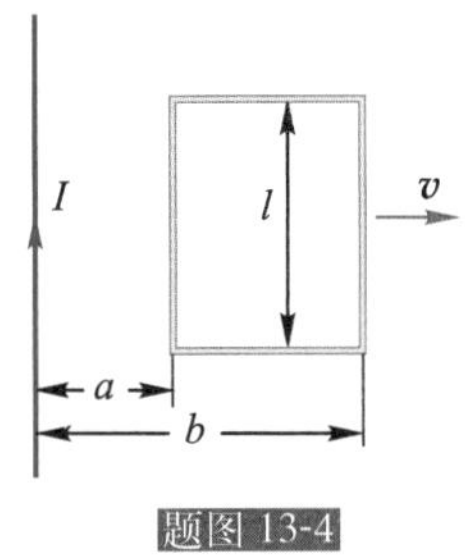

题图 13-4

13-5 如题图 13-5 所示为水平面内的两条平行长直裸导线 LM 与 $L'M'$，其间距离为 l，其左端与电动势为$\mathscr{E}_0$的电源连接．匀强磁场 $\boldsymbol{B}$ 垂直于图面向里，一段直裸导线 AB 横嵌在平行导线间（并可保持在导线上作无摩擦地滑动）并使电路接通，由于磁场力的作用，AB 从静止开始向右运动起来．求：

(1) AB 达到的最大速度；

(2) AB 到最大速度时通过电源的电流 I．

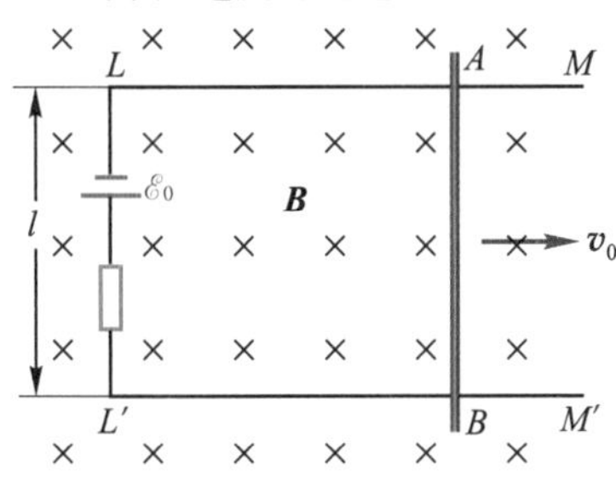

题图 13-5

13-6 如题图 13-6 所示，一根长为 L 的金属细杆 AB 绕竖直轴 O_1O_2 以角速度 ω 在水平面内旋转，O_1O_2 在离细杆 A 端 $L/5$ 处．若已知均匀磁场 $\boldsymbol{B}$ 平行于 O_1O_2 轴．求 AB 两端间的电势差 U_A-U_B．

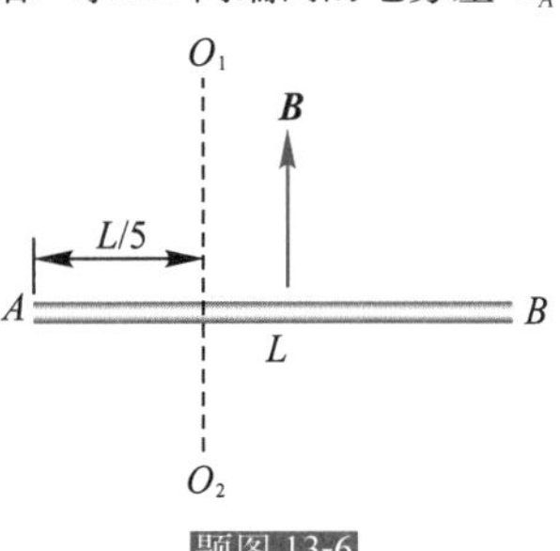

题图 13-6

13-7 如题图 13-7 所示，载有电流 I 的长直导线附近，放一半圆环 MeN 的导线并与长直导线共面，其端点 MN 的连线与长直导线垂直．半圆环的半径为 b，环心 O 与导线相距 a．设半圆环以速度 $\boldsymbol{v}$ 平行导线平移，求半圆环内感应电动势的大小和方向以及 MN 两端的电势差 U_{MN}．

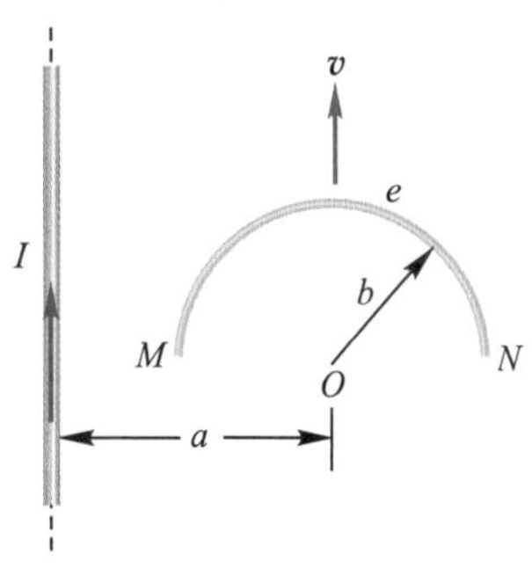

题图 13-7

13-8 如题图 13-8 所示，无限长直导线，通以电流 I．有一与之共面的直角三角形线圈 ABC．已知 AC 边长为 b，且与长直导线平行，BC 边长为 a．若线圈以垂直于导线方向的速度 $\boldsymbol{v}$ 向右平移，当 B 点与长直导线的距离为 d 时，求此时线圈 ABC 内的感应电动势的大小和感应电动势的方向．

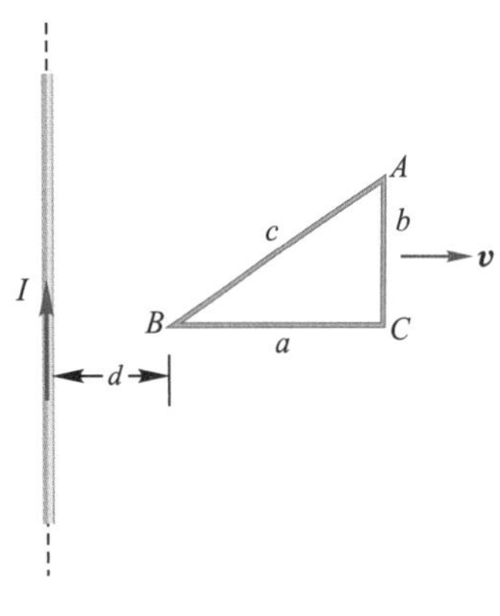

题图 13-8

13-9　两相互平行无限长的直导线载有大小相等、方向相反的电流，长度为 b 的金属杆 CD 与两导线共面且垂直，相对位置如题图 13-9 所示．CD 杆以速度 $\boldsymbol{v}$ 平行于长直导线运动，求 CD 杆中的感应电动势大小，并判断 C、D 两端哪端电势较高．

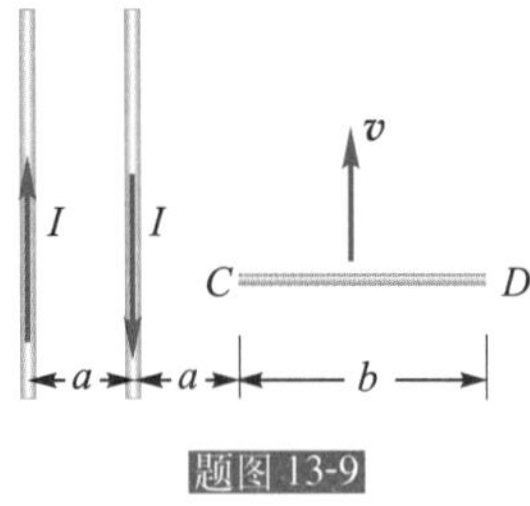

题图 13-9

13-10　如题图 13-10 所示，一个限定在半径为 R 的圆柱体内的均匀磁场 $\boldsymbol{B}$ 以 $10^{-2}\ \mathrm{T \cdot s^{-1}}$ 的恒定变化率减小．电子在磁场中 A、O、C 各点处时，求它所获得的瞬时加速度（大小、方向）．设 $r = 5.0\ \mathrm{cm}$．

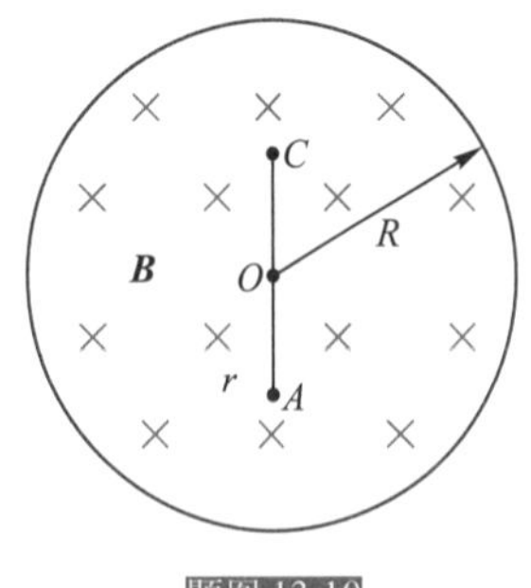

题图 13-10

13-11　真空中的矩形截面的螺绕环的总匝数为 N，其他尺寸如题图 13-11 所示，求它的自感系数．

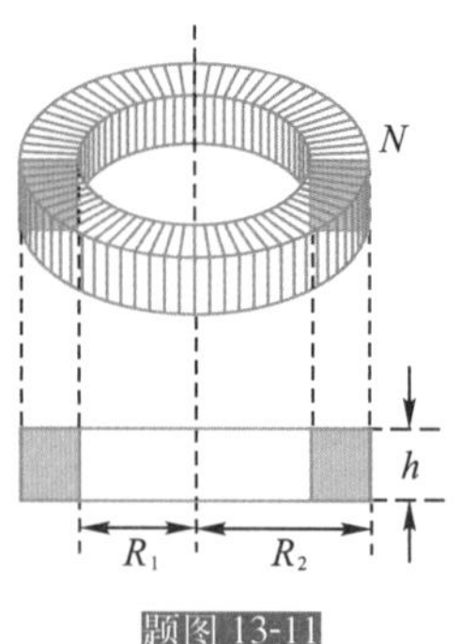

题图 13-11

13-12　设一同轴电缆由半径分别为 r_1 和 r_2 的两个同轴薄壁长直圆筒组成，电流由内筒流入，由外筒流出，如题图 13-12 所示．两筒间介质的相对磁导率 $\mu_r = 1$，求：

(1) 同轴电缆单位长度的自感系数；

(2) 同轴电缆单位长度内所储存的磁能．

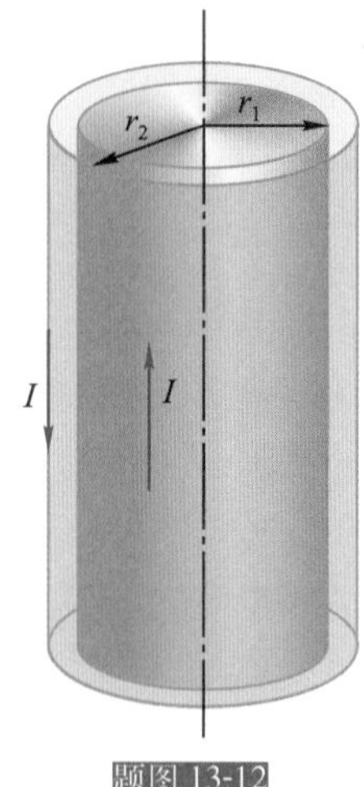

题图 13-12

13-13　一无限长直导线通以电流 $I = I_0\sin\omega t$，和直导线在同一平面内有一矩形线框，其短边与直导线平行，线框的尺寸及位置如题图 13-13 所示，且 $b/c = 3$．求：

(1) 直导线和线框的互感系数；

(2) 线框中的互感电动势．

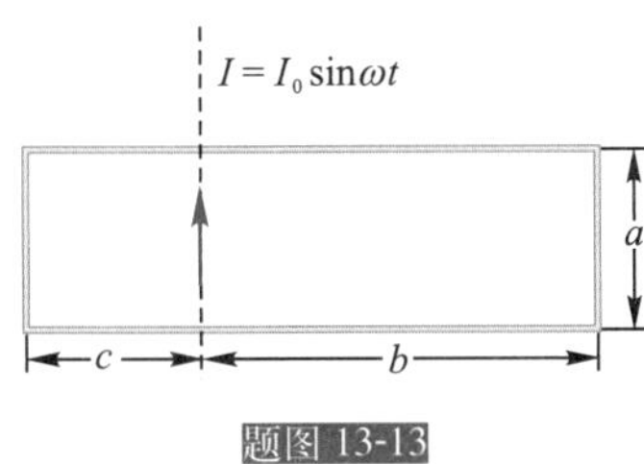

题图 13-13

13-14 一螺绕环单位长度上线圈匝数为 $n = 10$ 匝 /cm．环心材料磁导率 $\mu = \mu_0$．求在电流强度 I 为多大时，线圈中磁场能量密度 $w_m = 1\ \text{J}\cdot\text{m}^{-3}$．($\mu_0 = 4\pi\times10^{-7}\ \text{T}\cdot\text{m}^{-3}$．)

13-15 一圆柱体长直导线，均匀地通有电流 I，证明导线内部单位长度储存的磁场能量为 $W_m = \dfrac{\mu_0 I^2}{16\pi}$（设导体的相对磁导率 $\mu_r \approx 1$）．

13-16 平行板电容器的电容为 $C = 20.0\ \mu\text{F}$，两板上的电压变化率为 $\dfrac{\mathrm{d}U}{\mathrm{d}t} = 1.50\times10^5\ \text{V}\cdot\text{s}^{-1}$，则该平行板电容器中的位移电流为多少？

13-17 给电容为 C 的平行板电容器充电，电流为 $i = 0.2\mathrm{e}^{-t}$ (SI)，$t = 0$ 时电容器极板上无电荷．求：

(1) 极板间电压 U 随时间 t 而变化的关系．

(2) t 时刻极板间总的位移电流 I_d（忽略边缘效应）．

13-18 由一个电容 $C = 4.0\ \mu\text{F}$ 的电容器和一个自感为 $L = 10\ \text{mH}$ 的线圈组成的 LC 电路，当电容器上电荷的最大值 $Q_0 = 6.0\times10^{-5}\ \text{C}$ 时开始作无阻尼自由振荡．试求：

(1) 电场能量和磁场能量的最大值；

(2) 当电场能量和磁场能量相等时，电容器上的电荷量．

13-19 一个沿负 z 方向传播的平面电磁波，其电场强度沿 x 方向，传播速度为 c．在空间某点的电场强度为

$$E_x = 300\cos\left(2\pi\nu t + \frac{\pi}{3}\right)(\text{V}\cdot\text{m}^{-1})$$

试求在同一点的磁场强度表示式，并用图表示电场强度和传播速度之间相互关系．

第5篇 光学

光学是研究光的本性，光的发射、传播和接收，光与物质的相互作用和应用的科学.

光是我们最熟悉的自然现象之一.**光学**(optics)和天文学、几何学、力学一样，是物理学中发展最早的学科之一.然而，在漫长的岁月中，人们的光学知识仅局限在对一些与视觉有关的自然现象和简单成像规律的了解上.17世纪上半叶，随着天文学和解剖学的发展，在研究、制造光学仪器的过程中，逐步形成了以光线为基础，用几何学的方法来研究光在透明介质中传播规律的**几何光学**(geometrical optics).

但是，几何光学未触及“光是什么？”这个至今仍然充满魅力的问题.在17世纪，以牛顿为代表的一些学者认为光是微粒，而以惠更斯(C. Huygens)为代表的另一些学者则认为光是机械振动在一种称为“以太”的特殊介质中的波动.这两种观点在解释光的折射现象时发生了严重的对立，然而占据主流地位的仍是光的“微粒说”.从19世纪初开始，光的波动说才逐步得以确立:1801年杨氏(T. Young，1773～1829)用干涉原理，解释了阳光下薄膜的颜色，通过实验并首次测定了光的波长.以后又经过马吕斯(E. L. Malus，1775～1812)、菲涅耳(A. J. Fresnel，1788～1827)、阿拉戈(D. Arago，1786～1853)、傅科(L. Foucault，1819～1868)等前后近50年的研究，肯定了光的机械波动说.1860年前后，麦克斯韦(J. C. Maxwell，1831～1879)的电磁波动方程预言了光是一种电磁横波，并于1888年由赫兹(H. R. Hertz，1857～1894)的实验所证实.由此确立了光的电磁理论，形成**波动光学**(wave optics).

波动光学以麦克斯韦电磁场理论为基础，完美地描述了光在干涉、衍射、偏振、双折射等现象中所遵循的规律，向人们揭示了光具有波动性的一面.这是光的波动说的全盛时期，通常将这一时期称为光学发展的经典光学阶段.

在19世纪末20世纪初，人们发现光的电磁波动理论不能用来解释黑体辐射(black body radiation)、光电效应(photoelectric effect)和原子光谱等问题.1900年普朗克(M. Planck，1858～1947)提出物质体系在与电磁场交换能量过程中的量子化假设，导出了黑体辐射定律.1905年爱因斯坦(A. Einstein，1879～1955)进一步提出光在本质上是由**光量子**(**光子**，photon)组成的假设，进而成功地解释了光电效应和康普顿效应等问题.这些深入研究和大胆探索的成果，极大地深化了人们对光本性的认识：一方面，在与光的传播特性有关的一系列现象中，光表现出波动的本性；另一方面，在光与物质相互作用并产生能量和动量交换的过程中，又充分表现出分立的量子化（粒子性）特征．这就是说，光具有波粒二象性．这一时期常称为光学发展的**近代光学**阶段．近代光学是以光量子假说，光子统计学和量子电动力学理论为标志的．

随着 1948 年全息术的提出，1955 年光学传递函数理论的建立，特别是 20 世纪 60 年代**激光** (laser) 的问世，光学领域发生了翻天覆地的变化．促使光学学科迅速进入了**现代光学**阶段．现代光学以量子光学、激光理论与技术、非线性光学以及现代光学信息处理与光电子技术等为标志．它们都为综合性很强的交叉学科．从此历史悠远的光学学科掀开了新的更加绚丽的一页．

由于读者在中学阶段对光的直线传播、几何光学的基本实验规律（反射、折射、全反射）及薄透镜成像等均有较好的基础，故本篇着重讨论波动光学的基本内容，如光的干涉、光的衍射及其应用，光的偏振等，而量子光学将在早期量子论中介绍．

孔雀羽毛的色彩是一种光的干涉

第 14 章 波动光学

在 19 世纪初，随着实验技术水平的提高，托马斯·杨和菲涅耳等对干涉和衍射现象的深入研究及成功解释，已为光的波动说奠定了基础. 19 世纪后半叶，麦克斯韦总结出一组描述电磁场变化规律的方程组，预言了存在着传播速度等于光速的电磁波，并为赫兹的实验所证实，从此，人们才认识到光不是机械波，而是一定波段的电磁波，从而形成以电磁波理论为基础的波动光学.

本章将以光的波动说为基础，研究光的性质及其传播规律.

14.1 光的相干性

14.1.1 光的电磁理论

19 世纪 60 年代，麦克斯韦的电磁理论证实了光是一种电磁波．而能够引起人眼视觉的电磁波则称为可见光 (visible light)．实验表明，对人的视觉和光化学效应等起作用的主要是电场强度 $\boldsymbol{E}$，所以，我们把 $\boldsymbol{E}$ 称作光矢量或光振动．一般认为可见光的波长在 400 ～ 760 nm，其相应光振动频率的数量级为 10^{14} Hz．不同波长的可见光对人眼引起的色觉不同，大致说来，波长与颜色的对应关系如表 14-1 所示．

表 14-1　波长与颜色的关系（单位：nm）

760～630	630～600	600～570	570～500	500～450	450～430	430～400
红	橙	黄	绿	青	蓝	紫

波长在 760 nm 到几毫米之间的电磁波叫红外光 (infrared light)，在 400 nm 到几纳米之间的电磁波叫做紫外光 (ultraviolet light)．从紫外光到红外光范围内的电磁波都是波动光学的研究对象，并统称为光波 (light wave)．只包含单一波长的光，称为单色光 (monochromatic light)．这是一种理想化的光波．

沿着 z 方向传播的单色平面电磁波可以表示为

$$E_x = E_0\cos\left[\omega\left(t-\frac{z}{u}\right)+\varphi\right]$$

$$H_y = H_0\cos\left[\omega\left(t-\frac{z}{u}\right)+\varphi\right]$$

式中，ω 为单色光波的角频率，u 为单色光波在介质中相位的传播速率，且

$$u=\frac{1}{\sqrt{\varepsilon\mu}}=\frac{c}{\sqrt{\varepsilon_r\mu_r}} \tag{14-1}$$

式中，c 为单色光波在真空中的传播速率，$c=\dfrac{1}{\sqrt{\varepsilon_0\mu_0}}$．将

$$\varepsilon_0 = 8.854\,2\times10^{-12}\ \mathrm{C^2\cdot N^{-1}\cdot m^{-2}},\quad \mu_0 = 4\pi\times10^{-7}\ \mathrm{N\cdot A^{-2}}$$

代入可得

$$c = 2.997\,94\times10^{8}\ \mathrm{m\cdot s^{-1}}$$

当介质中的光波不很强时，对大多数介质近似有 $\mu_r\approx1$，$\varepsilon_r>1$，因此 $u\approx\dfrac{c}{\sqrt{\varepsilon_r}}$．折射率 n 可表示为

$$n=\frac{c}{u}\approx\sqrt{\varepsilon_r} \tag{14-2}$$

可见 n 与介质的电磁性质密切相关．对均匀的各向同性介质，通常认为相对电容率 ε_r 是一确定的常量，因而 n 的数值也是一定的．显然 $n\geqslant1$，当单色光波在介质中传播时其波长 $\lambda'=\dfrac{u}{\nu}=\dfrac{c}{n\nu}=\dfrac{\lambda}{n}$，显然光在介质中传播时的波长小于光在真空中传播的波长 λ．

14.1.2 光的相干性

干涉现象是一切波动所具有的共同特性．根据波动学知识可知，在波的强度不很大，波动过程满足线性微分方程情况下，波的叠加原理成立．当两列相干波相遇而叠加时，会形成干涉现象．显然，光波也不例外，在光强不很大的情况下，叠加原理也成立．两束或两束以上这样的光波在空间相遇时，如果满足光波的相干条件，在重叠区域会引起光能的重新分布，形成稳定的、明暗相间的干涉条纹．这称为光的干涉现象，光波的这种叠加又称为相干叠加．在日常生活中，肥皂泡或水面上的油膜，镀膜眼镜片和照相机镜头等在白光照射下呈现的色彩都是常见的光的干涉现象．两列光波的相干条件 (coherence condition of light) 是：

(1) 频率相同；

(2) 存在平行的光振动 E 分量；

(3) 在相遇点的相位差恒定．

满足相干条件的光波称为相干光波 (coherent light wave)．如果参与叠加的这两束光波不满足相干叠加条件，显然，在重叠区域就不会产生干涉现象．通常称该现象为非相干叠加．例如，普通光源的光波，通常是很难产生干涉现象的．

下面我们从两个光矢量的叠加来讨论光的相干叠加和非相干叠加的区别．如图 14-1 所示，设在 S_1、S_2 处有同相位的两束同频率的单色光波，传播到空间 P 点时，在 P 点引起的两个光振动矢量分别为 $\boldsymbol{E}_1$ 和 $\boldsymbol{E}_2$，其量值分别为

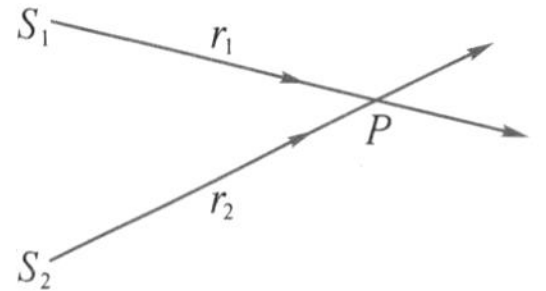

图 14-1 光波的叠加

$$E_1 = E_{10}\cos(\omega t + \varphi_1)$$
$$E_2 = E_{20}\cos(\omega t + \varphi_2)$$

根据光矢量的叠加原理，有

$$\boldsymbol{E} = \boldsymbol{E}_1 + \boldsymbol{E}_2$$

如果 $\boldsymbol{E}_1$、$\boldsymbol{E}_2$ 的振动方向相同（更普遍的情况是，虽不在同一方向振动，但有平行的振动分量），由振动学中同方向同频率振动合成，则在此振动方向上，P 点的合成光振动仍然是简谐运动．其量值为

$$E = E_1 + E_2 = E_0\cos(\omega t + \varphi)$$

式中

$$E_0 = \sqrt{E_{10}^2 + E_{20}^2 + 2E_{10}E_{20}\cos(\varphi_2 - \varphi_1)}$$

光矢量的叠加在任意瞬时都成立．但在通常情况下，由于人眼或光探测仪器所能感光的时间 τ 都远大于光振动周期 T，所以接收到的是在 τ 时间内的平均光强 I（以后简称光强）．在同种介质中，有

$$I \propto \overline{E_0^2} = \frac{1}{\tau}\int_0^\tau E_0^2\mathrm{d}t = E_{10}^2 + E_{20}^2 + 2E_{10}E_{20}\frac{1}{\tau}\int_0^\tau \cos(\varphi_2 - \varphi_1)\mathrm{d}t$$

即

$$I = I_1 + I_2 + 2\sqrt{I_1 I_2}\frac{1}{\tau}\int_0^\tau \cos\Delta\varphi\mathrm{d}t \tag{14-3}$$

式中，$I_1 \propto E_{10}^2, I_2 \propto E_{20}^2$分别是两列光波单独在 P 点处的强度．$\Delta\varphi = \varphi_2 - \varphi_1$，是两列光波在 P 点处光振动的相位差．显然，在 τ 时间内 P 点处的平均光强不是两个光强 I_1 和 I_2 的简单相加，第三项 $\frac{1}{\tau}\int_0^{\tau}\cos\Delta\varphi \mathrm{d}t = \overline{\cos\Delta\varphi}$ 将起决定性作用，我们称其为干涉项．

1．相干叠加

如果 $\Delta\varphi$ 恒定，即不随 t 变化，那么这两列光波满足相干条件，称为相干光波．此时干涉项有

$$\overline{\cos\Delta\varphi} = \cos\Delta\varphi$$

则式 (14-3) 为

$$I = I_1 + I_2 + 2\sqrt{I_1 I_2}\cos\Delta\varphi \tag{14-4}$$

在两光波相遇区域内的光强，便有稳定的非均匀分布，产生光的干涉现象，空间各点处的明暗情况取决于两相干光波在各点的相位差 $\Delta\varphi$．

在 $I_1 = I_2$ 时，式 (14-4) 为

$$I = 4I_1\cos^2\frac{\Delta\varphi}{2}$$

显然，当 $\Delta\varphi = \pm 2k\pi$ 时，有

$$I = 4I_1 \propto (2E_{10})^2 \tag{14-5}$$

干涉加强时的光强将 4 倍于单个光波的光强，而干涉减弱时的光强则为零．

2．非相干叠加

如果 $\Delta\varphi$ 在时间 τ 内等概率地分布在 $0 \sim 2\pi$，那么干涉项

$$\overline{\cos\Delta\varphi} = 0$$

我们称这两列光波为非相干叠加．由式 (14-4) 可得两列光波在相遇区域内非相干叠加时的光强为

$$I = I_1 + I_2 \tag{14-6}$$

等于每列光波的光强 I_1 和 I_2 之和．这时，在相遇区域内光强均匀分布，不出现光的干涉现象．

在 $I_1 = I_2$ 时，式 (14-6) 也可表示为

$$I = 2I_1 \propto 2E_{10}^2$$

所以，对于两列光波来说，能否产生干涉，除了必须满足频率相同、存在平行的光振动分量这两个条件以外，最需要着重研究的是：在叠加点两列光波的相位差 $\Delta\varphi$ 的稳定性，它涉及两个问题：普通光源的发光机制和光探测器的响应时间 τ．

14.1.3 普通光源发光微观机制的特点

光波的振源是原子或分子等微观客体．按照量子理论，微观客体的发光过程有两种微观机制：自发辐射和受激辐射．普通光源（非激光光源）

以自发辐射 (spontaneous radiation) 为主，即处在较高激发态的微观客体自发地向低能态或基态跃迁，同时产生光辐射，也就是发射一个光波列 (wave train). 由于微观客体在高能态（非亚稳态）的平均逗留时间（寿命）很短，小于 10^{-8} s，又由于自发辐射是一个不受外界因素影响的随机过程，因此，普通光源发光具有以下两个显著特点：

(1) 间歇性．处于激发态的原子何时发生跃迁是完全随机的，每次跃迁发光所持续时间 Δt 的数量级不大于 10^{-8} s．因此，就每个原子而言，其辐射的光波列是断断续续的，具有间歇性．每次辐射的光波列的长度 $l = c\Delta t$ 也很短．

(2) 随机性．每个原子或分子先后发射的不同波列，以及不同原子或分子发射的各个波列，彼此之间在振动方向和初相位上没有任何联系，具有随机性．

由于普通光源发出的光波列长度有限，按傅里叶分析，一个有限长的波列可以表示为许多不同频率和振幅的简谐波的叠加．因此，普通光源发出的光波是含有很多不同的波长的复合光，即复色光 (polychromatic light)．实际光源的光波一般都不是单色光．在实际使用中，常用各种方法将光波波长限制在一定的小范围内，这种光称为准单色光 (quasi-monochromatic light)．

在研究光的干涉现象中，要产生光波的相干叠加，其条件比机械波或无线电波要苛刻得多，必须设法使光波之间有稳定的相位差．为此，人们设计了各种光的干涉装置，主要的方法是将同一光源发出的光束分成两支（或多支），然后使这些光束经过不同的光程 (optical path) 后再相遇产生干涉．从同一个光束分离出几个光束的方法一般有分波面干涉法 (wavefront-splitting interference) 和分振幅干涉法 (amplitude - splitting interference) 两种．

14.1.4 光程　薄透镜不引起附加光程差

下面在具体介绍光的干涉现象前，我们还必须建立光程和光程差的概念，同时还需要了解当光通过薄透镜时是不引起附加光程差的．

我们知道当两相干光波在同一种介质中传播时，在相聚点干涉加强或减弱取决于两相干光波在该处的相位差 $\Delta\varphi$，单色光经过不同的介质时，频率不变，而传播速度和波长都要发生变化，对于折射率为 n 的介质来说，光在这种介质中传播的速度 u 为

$$u = \frac{c}{n}$$

因此在该介质中光的波长为

$$\lambda_n = \frac{u}{\nu} = \frac{c}{n\nu} = \frac{\lambda_0}{n} \tag{14-7}$$

式中，c 为光在真空中的传播速度，$\lambda_0 = \frac{c}{\nu}$ 为光在真空中的波长．

假若波长为 λ 的单色光在介质界面处分成两束光，这两束相干光分别在不同的介质中传播后再相遇．设两束光各自所经历的几何路程为 x_1 和 x_2，则在相遇处，这两束相干光的相位差为

$$\begin{aligned}\Delta\varphi &= 2\pi\left(\frac{x_2}{\lambda_2}-\frac{x_1}{\lambda_1}\right)=2\pi\left(\frac{x_2}{\lambda_0/n_2}-\frac{x_1}{\lambda_0/n_1}\right)\\ &= 2\pi\left(\frac{n_2x_2-n_1x_1}{\lambda_0}\right)=2\pi\frac{\delta}{\lambda_0}\end{aligned} \tag{14-8}$$

式中，λ_1、λ_2 分别为光在这两种介质中的波长，λ_0 为光在真空中的波长，通常将 nx 定义为光程，$\delta = n_2x_2-n_1x_1$ 称为光程差．

可以这样来理解光程 nx 的物理意义；如果光在介质中通过几何路程 x 所用的时间为 $\frac{x}{u}$（u 为在介质中的光速），则在此相同时间内，光在真空中通过的路程为 $c\cdot\frac{x}{u}=nx$．可见光程是光在介质中通过的路程折合到同一时间内在真空中通过的相应路程．相干光在各处干涉加强或减弱取决于两束光的光程差，而不是几何路程之差．

此外，我们在观察干涉、衍射现象时，常借助于薄透镜。从透镜成像的实验中知道，从波阵面 $A(A_1A_2A_3\cdots)$ 发出的与透镜的主光轴平行的平行光，经透镜后会聚于焦平面 E 上并形成焦点 F(图 14-2(a))．而从波阵面 $B(B_1B_2B_3\cdots)$ 发出的与透镜副光轴平行的平行光，经透镜后会聚于焦平面 E 上并形成亮点 F'(图 14-2(b))．这说明平行光经过透镜不改变它们之间的相位差，也就是说，由于平行光的同一波阵面上各点有相同的相位，经透镜会聚于焦平面成焦点后仍有相同的相位并形成亮点．说明薄透镜不引起附加的光程差．

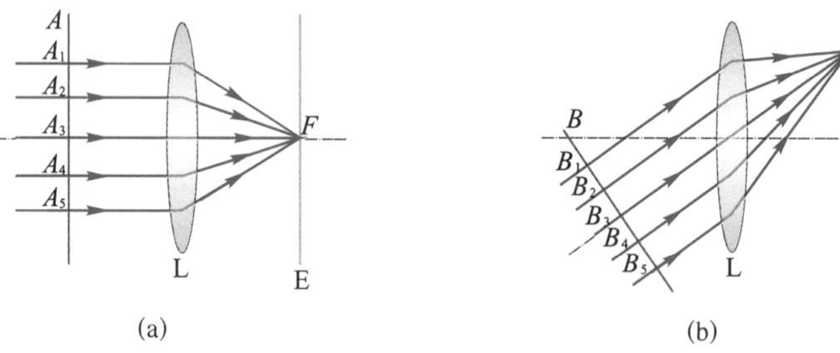

图 14-2　从同一波阵面发出的平行光经薄透镜至焦平面不引起附加光程差

14.2 双缝干涉

14.2.1 杨氏双缝实验

1801 年，英国医生兼物理学家托马斯·杨用波的干涉原理，设计了光的干涉实验并首次成功地测定了光的波长．这个实验意义重大，而实验的设计既巧妙又简单．

将图 14-3 的实验装置示意图置于空气 ($n\approx 1$) 中，单色平行光入

射在垂直于纸面的狭缝 S 上，在与 S 平行而又对称位置上，放置双狭缝 S_1 和 S_2，并在距离双狭缝为 D 处放置观察屏 E．双狭缝 S_1 和 S_2 中心的间隔 d 很小，通常在毫米数量级以下，而 D 很大，为米的数量级，即 $D \gg d$．由于 S_1 和 S_2 总是处在从 S 发出的同一个光波的波面上，因此，S_1 和 S_2 成为两个具有相同初相位的单色线光源．它们满足相干光的条件，发出的光波在空间叠加，形成光的干涉 (interference of light) 现象．在观察屏 E 上可以观察到与狭缝平行的明暗相间的干涉条纹 (interference fringe)．这就是杨氏双缝实验，显然它是通过分波面法来获得相干光的．

托马斯 • 杨 (T.Young，1773 ~ 1829) 英国医生、物理学家，光的波动说的奠基人之一．1801 年进行了著名的双缝实验，证明光以波动形式存在

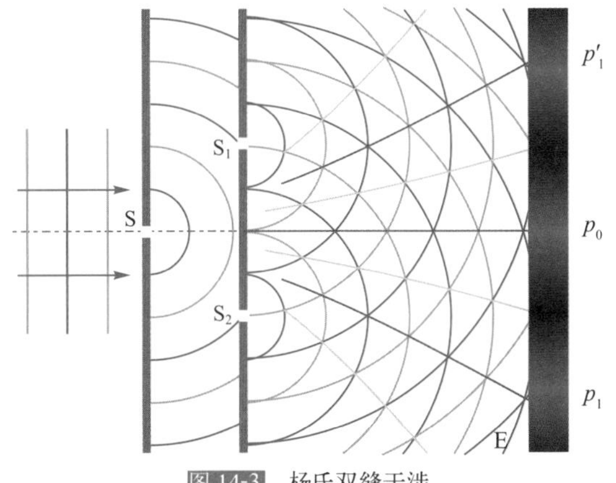

图 14-3　杨氏双缝干涉

现在，我们分析当波长为 λ 的单色光垂直入射于双缝实验装置时，观察屏上明暗干涉条纹位置的分布．如图 14-4 所示，设实验装置置于空气中，在观察屏上取坐标 Ox 轴向上为正方向，坐标原点 O 位于 S_1 和 S_2 的对称中心轴上，P 为屏上距 O 为 x 的任意一点．由于 S_1 和 S_2 同相位，则从它们发出光波的初相位相同，若设 $\varphi_1 = \varphi_2 = 0$，则两光波到达 P 点的光线的光程分别为 r_1 和 r_2，光程差为

$$\delta = r_2 - r_1 \approx d\sin\theta \tag{14-9}$$

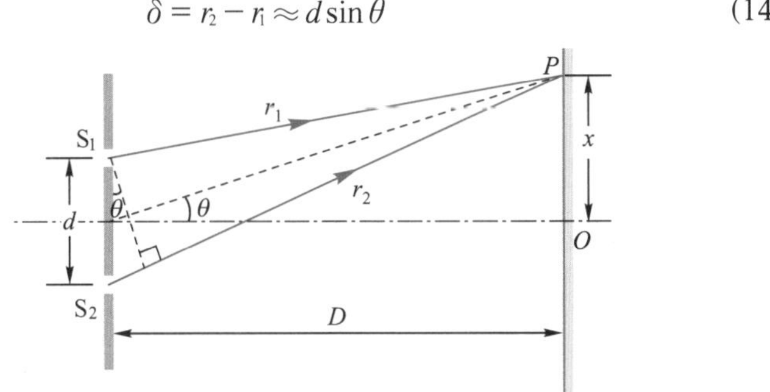

图 14-4　双缝干涉计算用图

由于 $d \ll D$，因此 θ 很小，所以

$$\sin\theta \approx \tan\theta = \frac{x}{D}$$

故有

$$\delta = r_2 - r_1 \approx \frac{xd}{D} \tag{14-10}$$

根据波动理论，当光程差为波长的整数倍（或半波长偶数倍）时，即 $\delta \approx \frac{xd}{D} = \pm k\lambda$ 时，两光波在 P 点的合振动加强，屏上 P 点处出现干涉明条纹，该明纹的位置为

$$x = \pm \frac{D}{d} k\lambda, \quad k = 0, 1, 2, \cdots \tag{14-11}$$

式中，k 表示条纹的级次．$k = 0$ 的明条纹称为零级明纹或中央明纹，对应的光程差为零，位于 $x = 0$ 处．在其两侧对称地依次分布有 $k = 1$，$k = 2$，$k = 3$，…各级明条纹．

当光程差为半波长的奇数倍时，即 $\delta \approx \frac{xd}{D} = \pm(2k+1)\frac{\lambda}{2}$ 时，两列光波在 P 点的合振动减弱，屏上 P 点处为干涉暗条纹，该暗纹的位置为

$$x = \pm \frac{D}{d}(2k-1)\frac{\lambda}{2}, \quad k = 1, 2, 3, \cdots \tag{14-12}$$

显然，在相邻两个明条纹之间分布有一个暗条纹．

相邻两明条纹（或暗条纹）的级次差 $\Delta k = 1$，在屏上的间距都是

$$\Delta x = \frac{D}{d}\lambda \tag{14-13}$$

可见，屏上条纹是明暗相间等距分布的．

当白光（复色光）垂直入射于双缝实验装置时，在屏上的对称中心 $x = 0$ 处，各波长光波的光程差都为零，是各自的中央明纹的中心．该处不同波长的光强之间，因非相干叠加而仍为白色．在其两侧，由式(14-13)可知，相邻明条纹的间距正比于波长而对称地按波长排列成干涉光谱．各波长光波的同一级明纹将排列成紫色靠近中央明纹而红色偏离中央明纹的彩带．

例 14-1

以单色光照射到相距为 0.2 mm 的双缝上，双缝与屏幕的垂直距离为 0.8 m．(1) 从第一级明纹到同侧旁第四级明纹间的距离为 7.5 mm，求单色光的波长；(2) 若入射光的波长为 600 nm，求相邻两明纹间的距离．

解 (1) 根据双缝干涉明纹的条件式(14-11)

$$x = \pm k\frac{D}{d}\lambda$$

取同一侧的第一级和第四级明纹，即 $k = 1$ 和 $k = 4$ 代入上式，得

$$\Delta x_{4,1} = x_4 - x_1 = (4-1)\frac{D}{d}\lambda$$

$$\lambda = \frac{\Delta x_{4,1} d}{3D} = \frac{7.5\times10^{-3}\times0.2\times10^{-3}}{3\times0.8}$$
$$= 6.25\times10^{-7}(\text{m}) = 625(\text{nm})$$

(2) 当 $\lambda = 600$ nm 时，相邻两明纹间的距离为

$$\Delta x = \frac{D}{d}\lambda = \frac{0.8\times600\times10^{-9}}{0.2\times10^{-3}} = 2.4\times10^{-3}(\text{m})$$

例 14-2

在杨氏干涉实验中，当用白光 (400 ~ 760 nm) 垂直入射时，在屏上会形成彩色光谱，试问从哪一级光谱开始发生重叠？开始产生重叠的波长是多少？

解 由白光的波长范围可知，这是可见光．设 $\lambda_1 = 400$ nm，$\lambda_2 = 760$ nm．在杨氏双缝干涉实验中，观察屏上明条纹的位置满足

$$x = \pm k\frac{D}{d}\lambda, \quad k = 0, 1, 2, \cdots$$

$x = 0$，对应各波长 $k = 0$ 的中央明纹中心，为白色．在其两侧对称地排列有从紫色到红色的各级可见光光谱．

在屏上中央明纹的一侧，如果从 O 点到第 k+1 级最短波长 λ_1 的明纹的距离，恰好大于第 k 级最长波长 $\lambda_2 = \lambda_1 + \Delta\lambda$ 的明纹距离时，第 k 级光谱是独立而不重叠的．所以，不发生光谱重叠的级次 k 应满足的光程差是

$$\delta = (k+1)\lambda_1 \geqslant k\lambda_2 = k(\lambda_1 + \Delta\lambda)$$

即

$$k \leqslant \frac{\lambda_1}{\Delta\lambda} = \frac{400}{760 - 400} = 1.1$$

所以，可见光入射于杨氏双缝时，只有第 1 级光谱是独立的，第 2 级光谱与第 3 级光谱开始发生重叠．

设第 2 级光谱中与第 3 级的最短波长 λ_1（紫光）发生重叠的波长为 λ'，则屏上开始发生光谱重叠的 P 点处应满足的光程差是

$$\delta = 2\lambda' = 3\lambda_1$$

得

$$\lambda' = \frac{3 \times 400}{2} = 600\,(\text{nm})$$

14.2.2 劳埃德镜

如图 14-5 所示，一狭缝光源 S 和一块下表面涂黑的平板玻璃 MN，构成了著名的劳埃德镜实验 (Lloyd's mirror experiment) 装置．狭缝光源 S_1 距平板玻璃的 M 端很远但又非常靠近玻璃板平面 MN 的延长线．S_1 发出的光线，一部分直接入射到屏幕 E 上，另一部分则以接近 90° 的入射角掠射到平板玻璃 MN 表面，并被反射到屏幕 E 上，于是，实际来自狭缝光源 S_1 的反射光，却好像是从 S_1 的虚像 S_2 发出的．所以，入射于屏幕上的这两部分光始终来自于同一光源的同一波面，是由分波面法得到的相干光．因此在屏幕上这两束光的重叠区域内会出现明暗相间的干涉条纹．

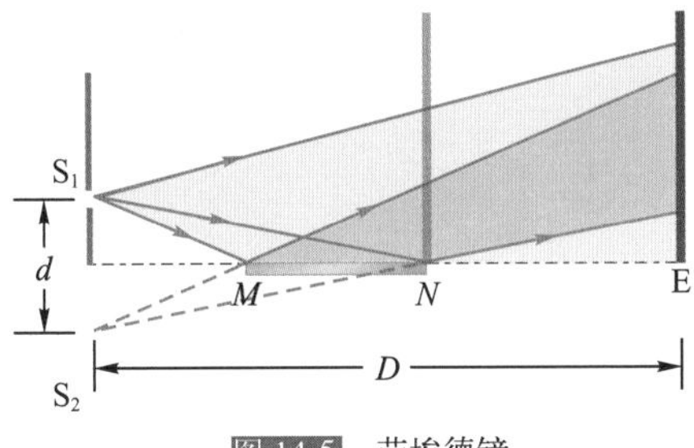

图 14-5 劳埃德镜

劳埃德镜实验揭示了光在介质（玻璃）表面反射时的一个重要特征．S_1 和 S_2 相对反射面 MN 对称分布，若取它们的间隔为 d，到观察屏幕的

距离为 D，则由图可见，劳埃德镜实验装置的光路与杨氏双缝的完全相同，在屏幕上两光束的重叠区域内干涉条纹的分布也应该相同．当把屏幕 E 平移到紧靠镜面的 N 点时，接触点处似乎应该是光程差为零的中央明纹中心．然而，实验事实与此相反，是一个暗条纹，其他条纹的明暗位置也都与杨氏双缝的相反．这表明两相干光波在 N 点处的光振动反相叠加，相位差为 π，在其他条纹处两光振动的相位差也都附加了 π．分析这一变化的原因，必然是在反射过程中发生的，严格的理论作出了与实验结果相符的解释：光作为电磁波，以接近 90° 或 0° 的入射角从光疏介质入射于光密介质表面（掠射或垂直入射）并反射时，在界面上反射波的振动相位相对入射波会发生 π 的相位突变，相当于光波多走（或少走）了半个波长的距离．通常称此为半波损失 (half-wave loss) 现象．根据式 (14-10)，当屏幕 E 靠近 N 点时，此时 N 点的光程差应附加这一项，于是

$$\delta = r_2 - r_1 + \frac{\lambda}{2} \approx \frac{xd}{D} + \frac{\lambda}{2}$$

基于上述原因，劳埃德镜实验的干涉条纹分布，除了与杨氏双缝干涉条纹同一位置明暗相反外，另一区别是它只分布于中央明纹的一侧，而杨氏双缝则对称地分布在中央明纹 O 点的两侧．

例 14-3

如图 14-6 所示，一射电望远镜的天线设在湖岸上，距湖面高度为 h．对岸地平线上方有一颗恒星正在升起，发出波长为 λ 的电磁波．当天线第一次接收到电磁波的一个极大强度时，恒星的方位与湖面所成的角度 θ 为多大？

解　天线接收到的电磁波一部分直接来自恒星，另一部分经湖面反射，这两部分电磁波满足相干条件，天线接收到的极大是它们干涉的结果．所以，可以用类似劳埃德镜的方法进行分析．

设电磁波在湖面上 A 点反射，由图 14-6 可知，$AB \perp BC$．这两束相干电磁波的波程差为

$$\begin{aligned}\delta &= \overline{AC} - \overline{BC} + \frac{\lambda}{2} \\ &= \overline{AC}\left[1 - \sin\left(\frac{\pi}{2} - 2\theta\right)\right] + \frac{\lambda}{2} \\ &= \overline{AC}(1 - \cos 2\theta) + \frac{\lambda}{2}\end{aligned}$$

式中，$\frac{\lambda}{2}$ 为湖面反射时附加的额外波程差（即半波损失）．干涉极大时，波程差为波长的整数倍．即

$$\overline{AC}(1 - \cos 2\theta) + \frac{\lambda}{2} = k\lambda$$

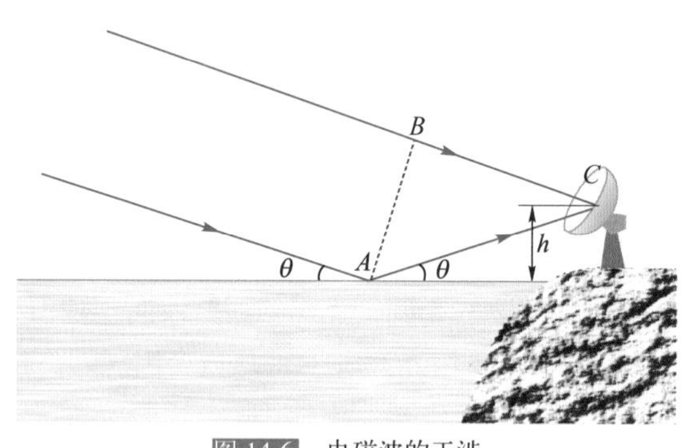

图 14-6　电磁波的干涉

上式可改写为

$$2\overline{AC}\sin^2\theta = (2k-1)\frac{\lambda}{2}$$

利用几何关系

$$\overline{AC}\sin\theta = h$$

取 $k = 1$，可得

$$\theta = \arcsin\frac{\lambda}{4h}$$

14.3 薄膜干涉

14.3.1 薄膜干涉

日光照射下肥皂泡闪现出斑斓色彩，水面上油膜呈现出彩色条纹，这些都是薄膜在光照下产生的干涉现象，称为薄膜干涉(thin film interference). 由于各种薄膜的表面形状不同，光照方式也各不相同，因此，薄膜干涉的现象是丰富多样的.

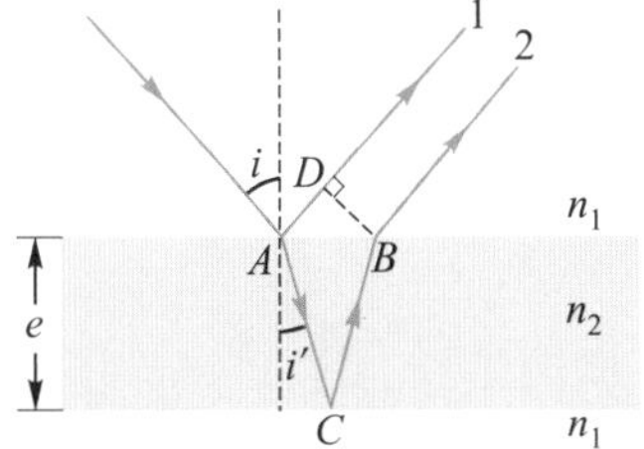

图 14-7 薄膜的反射光干涉

我们先从图 14-7 分析薄膜干涉现象的规律. 设上、下表面平行，折射率为 n_2，厚度为 e 的薄膜处在折射率为 n_1 的均匀介质中，并设 $n_2 > n_1$. 当一束单色平行光以入射角 i 投射到薄膜上时，其光能的一部分被反射，成为反射光线 1，另一部分折射入薄膜内，在膜的下表面反射，再经上表面折射回介质 n_1 中，成为反射光线 2. 若薄膜的厚度 e 很小时，反射光线 1 和 2 都可认为是来自同一个入射光波列的，因而满足相干条件，它们相遇时即可产生干涉现象. 由于反射光的能量来自入射光，而能流正比于光振动振幅的平方，所以，在薄膜干涉中，相干光的获得方法属分振幅法，其干涉亦称分振幅干涉.

蝴蝶的翅膀在阳光下形成绚丽的色彩，部分原因是由于薄膜干涉

当薄膜的两表面平行时，光线 1 和 2 也相互平行，此时可利用透镜使它们在透镜的焦平面会聚而相干. 根据图 14-7 可以得出它们的光程差. 因为 $DB \perp AD$，光线 1 和 2 自 DB 面以后至无限远的光程相等，所以光程差的计算应从入射光束在 A 点“一分为二”开始，到 DB 面为止. 光线 2 在薄膜中的光程为 $n_2(\overline{AC}+\overline{CB})$，光线 1 在路径 $\overline{AD}$ 上的光程为 $n_1\overline{AD}$，记这部分总光程差为 δ_0，有

$$\delta_0 = n_2(\overline{AC}+\overline{CB}) - n_1\overline{AD} \tag{14-14}$$

在 $n_2 > n_1$ 情况下，光线 1 是由光疏介质 n_1 向光密介质 n_2 入射后而被反射的，在接近垂直入射或掠射时的反射光会发生半波损失，而光线 2 则是在薄膜的下表面，由光密介质 n_2 向光疏介质 n_1 入射而被反射回 n_2 的，在反射时不发生半波损失. 因此，在这两条光线的光程差中需添加一项因光线 1 反射产生半波损失而引起的额外光程差，记为 δ'，在图 14-7 情况下有

$$\delta' = \frac{\lambda}{2}$$

所以，光线 1 和 2 自 A 点分开到无限远相遇处的光程差为

$$\delta = \delta_0 + \delta'$$

根据图 14-7 所示的几何关系，可有

$$\overline{AC} = \overline{CB} = \frac{e}{\cos i'}, \qquad \overline{AD} = \overline{AB}\sin i = 2e\tan i'\sin i$$

代入式(14-14)，并利用折射定律 $n_1\sin i = n_2\sin i'$ 可得

$$\delta_0=\frac{2n_2e}{\cos i'}-2en_1\tan i'\sin i=\frac{2n_2e}{\cos i'}(1-\sin^2 i')$$
$$=2n_2e\cos i'=2e\sqrt{n_2^2-n_1^2\sin^2 i}$$

所以，光线 1 和 2 的光程差为

$$\delta=2e\sqrt{n_2^2-n_1^2\sin^2 i}+\frac{\lambda}{2} \tag{14-15}$$

式 (14-15) 是我们讨论薄膜干涉光程差的重要关系式．

当光程差 δ 是波长 λ 的整数倍，即

$$\delta=2e\sqrt{n_2^2-n_1^2\sin^2 i}+\frac{\lambda}{2}=k\lambda,\quad k=1,2,3,\cdots \tag{14-16}$$

时，反射光干涉加强．式中，k 为干涉加强的级次．

当光程差 δ 是半波长 $\frac{\lambda}{2}$ 的奇数倍时，即

$$\delta=2e\sqrt{n_2^2-n_1^2\sin^2 i}+\frac{\lambda}{2}=(2k+1)\frac{\lambda}{2},\quad k=0,1,2,\cdots \tag{14-17}$$

时，反射光干涉减弱，k 为干涉减弱的级次．

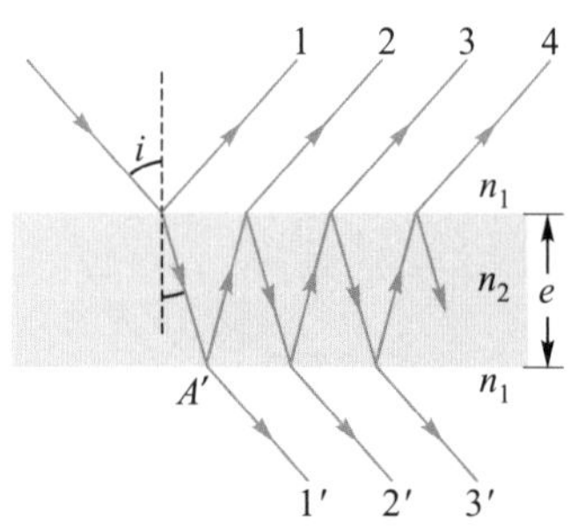

图 14-8　薄膜的透射光干涉

同样的分析也适用于透射光的干涉情况．如图 14-8 所示，透射光束在 A' 点被“一分为二”，形成相干的透射光束 1′, 2′, 3′, …光线 1′ 和 2′ 间的光程差根据分析计算可得

$$\delta=2e\sqrt{n_2^2-n_1^2\sin^2 i}$$

式中没有出现额外光程差 $\frac{\lambda}{2}$，或者说 $\delta'=0$，是由于光线 1′ 未经反射过程，而光线 2′ 在薄膜下表面和薄膜上表面的两次反射都由光密介质向光疏介质入射后而被反射，最后透射而成．由于在反射过程中不发生相位 π 突变．当透射光的光程差 δ 是半波长 λ 的偶数倍时，透射光干涉加强；而当透射光的光程差 δ 是半波长 $\frac{\lambda}{2}$ 的奇数倍时，透射光干涉减弱．对照式 (14-16) 和式 (14-17) 可知，**透射光的干涉和反射光的干涉是互补的．**这就是说，一束光入射于薄膜时，若在反射光中是干涉减弱的，则必然在透射光中因干涉而加强，反之亦然，这是能量守恒定律在光的干涉现象中的必然表现．

严格地说，一束入射光在薄膜内可以相继多次发生反射和折射，如图 14-8 中所表示的那样，应当考虑多束反射光或折（透）射光间的干涉．但在上述讨论中我们仅考虑了两个光束间的干涉，这是为什么呢？理论和实验表明：当两种介质的折射率之差 $\Delta n=(n_2-n_1)$ 越大时，在其界面的反射光就越强，反之则越小．比如钻石的折射率为 $n_2=2.40$，在空气中看起来闪闪发光 ($\Delta n=1.40$)，而普通玻璃的折射率为 $n_2=1.50$，从空气看玻璃其反射光强度较钻石要逊色得多 ($\Delta n=0.50$)，水中 ($n_1=1.33$) 的玻璃则更难看得清 ($\Delta n=0.17$)．对于空气中的单层膜，以图 14-8 为例，设 $n_2=1.50$，$n_1=1.00$，在单色平行光垂直入射时，反射光线 1 的光能流（或光强）约占入射光能流的 4%，光线 2 约占 3.7%，而光线 3 经过了二次折射和三次

反射，仅占 0.006% 左右，以后的光线 4，5，…则更小．所以，在通常情况下，薄膜干涉主要考虑 1 和 2 两束光的干涉，并且近似认为它们的光强相等．当然，如果采取适当措施，增大薄膜上下表面的反射能力，这时就必须考虑强度彼此近似相等的多光束间的干涉．

14.3.2 等厚干涉——劈尖干涉和牛顿环

1．劈形膜　劈尖干涉

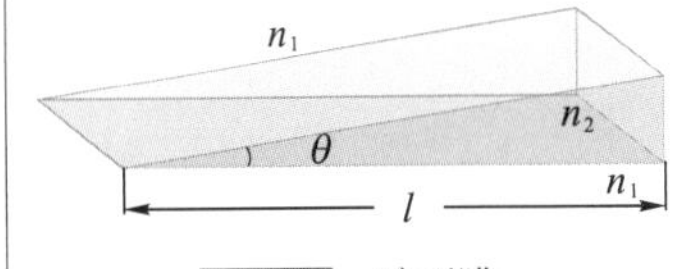

图 14-9　劈形膜

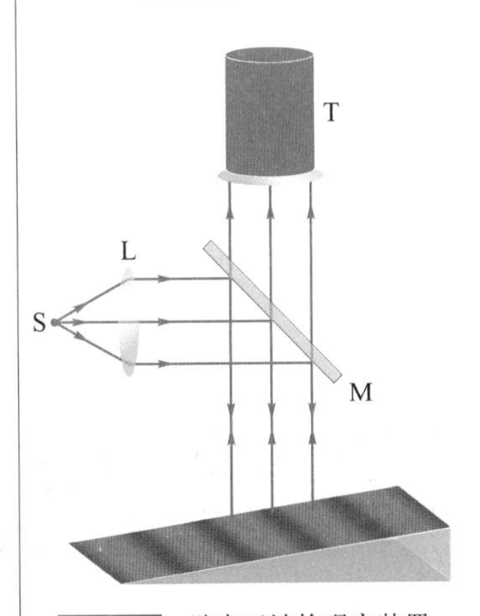

图 14-10　劈尖干涉的观察装置

现在考察一个厚度不均匀，折射率为 n_2 的薄膜，置于折射率为 n_1 的均匀介质中时的情况，设薄膜的两个表面是光学平面，两平面间的夹角 θ 非常小，如图 14-9 所示，这样的薄膜称劈形膜，简称劈尖．在如图 14-10 所示的劈尖干涉装置中，当单色平行光束垂直向下入射于劈形膜时，在膜的上下表面的反射光可以满足相干条件．由于 θ 很小，两反射光束在劈形膜的上表面附近相遇，可以用助视仪（如显微镜）来观察所形成干涉条纹．用 e 表示上下两反射点处劈形膜的平均厚度，当 $n_2 > n_1$ 时，由式 (14-15) 可知，在 λ 一定，$i \approx 0$ 时，两束相干的反射光在相遇处的光程差只取决于该处薄膜的厚度 e，为

$$\delta = 2en_2 + \frac{\lambda}{2} \tag{14-18}$$

式中，$\frac{\lambda}{2}$ 是两反射光线之一在反射时因产生半波损失而附加的额外光程差．

当反射光的光程差 δ 是波长 λ 的整数倍，即

$$\delta = 2en_2 + \frac{\lambda}{2} = k\lambda, \quad k = 1, 2, \cdots \tag{14-19}$$

时，形成第 k 级干涉明条纹．

当反射光的光程差 δ 是半波长 $\frac{\lambda}{2}$ 的奇数倍，即

$$\delta = 2en_2 + \frac{\lambda}{2} = (2k+1)\frac{\lambda}{2}, \quad k = 0, 1, 2, \cdots \tag{14-20}$$

时，形成第 k 级干涉暗条纹．

显然，每一 k 级次的明（暗）条纹都与劈形膜在该条纹处的厚度 e 相联系，在劈形膜的相同厚度处有相同的光程差，该厚度处条纹轨迹对应同一级干涉条纹，这种条纹称为等厚干涉条纹 (interference fringes of equal thickness)．

如图 14-11 所示，劈形膜两个表面相交的直线称为棱边，形成于劈

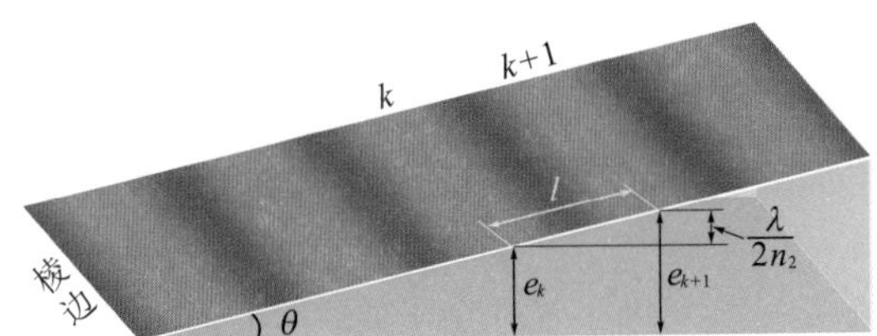

图 14-11　劈尖干涉的明（暗）条纹间距

形膜表面附近的等厚干涉条纹是一些与棱边平行的明暗相间的直条纹，棱边处 $e=0$，其光程差为$\frac{\lambda}{2}$，满足式(14-20)．可见，当 $n_2>n_1$ 特定情况下，半波损失使棱边处成为零级暗条纹．随着 e 增加依次排列有一级明纹、一级暗纹、二级明纹、二级暗纹……

相邻两个明条纹（或暗条纹）的级次差 $\Delta k=1$，由式(14-19)或式(14-20)很容易得到相邻两个明条纹（或暗条纹）所对应的膜的厚度差为

$$\Delta e=e_{k+1}-e_k=\frac{\lambda}{2n_2} \tag{14-21}$$

由于劈尖的夹角 θ 很小，由图 14-11 可得到相邻两个明条纹（或暗条纹）的间距 l 为

$$l=\frac{\lambda}{2n_2\sin\theta}\approx\frac{\lambda}{2n_2\theta} \tag{14-22}$$

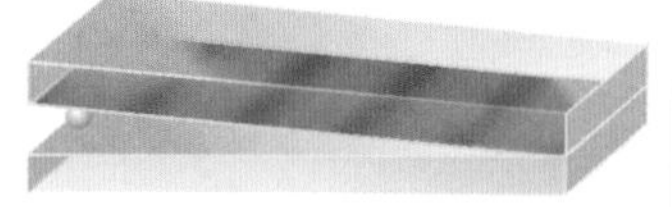

图 14-12 空气劈尖

从上式可知，对于一定波长的入射光，条纹间距与 θ 角成反比．劈尖夹角 θ 愈小，条纹分布愈疏；θ 愈大，则条纹分布愈密．

夹角 θ 一定时，条纹间距与波长 λ 成正比．在平行白光入射情况下，由于各波长对应的相邻明条纹的间距不同，因此将呈现彩色的等厚干涉条纹．

如图 14-12 所示，两块玻璃平板，使其一端叠合，另一端夹一纸片所形成的间隙相当于厚度不均匀的空气薄膜通常称空气劈尖，同样可以形成等厚干涉条纹，膜的折射率 $n_2=1$．但要注意此时 $n_2<n_1$．另外，细心的读者也许会提出，光在一块玻璃板的两个表面都有反射，但是为什么观察不到它们的干涉现象呢，显然这是由于两反射光的光程差已超过了普通光源发射光波列长度的缘故．所以，在普通窗玻璃上通常是不会出现光干涉现象的．

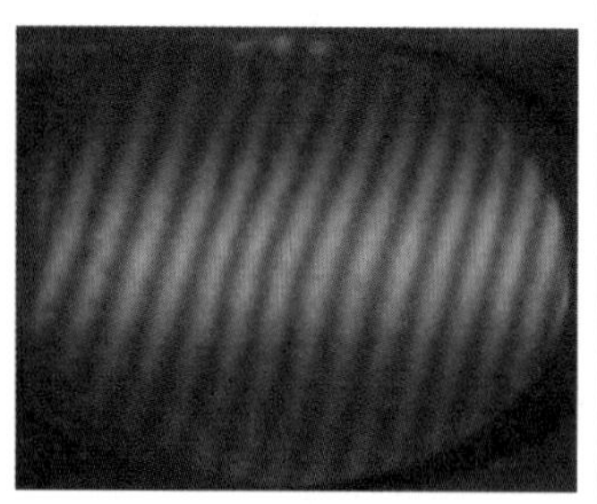

通过等厚干涉的条纹的分布，能够判断加工工件表面的缺陷

利用等厚干涉原理可以检测加工件表面的平整程度．譬如在凹凸不平的玻璃板上放一块光学平板玻璃块，根据所显示的等厚干涉条纹的分布和间距，能够判断出加工件的表面形状以及不超过$\frac{\lambda}{4}$的表面凹凸缺陷．

例 14-4

一折射率 $n=1.50$ 的玻璃劈尖，夹角 $\theta=10^{-4}$ rad，放在空气中，当用单色平行光垂直照射时，测得相邻两明条纹间距为 0.20 cm，求：

(1) 此单色光的波长；

(2) 设此劈尖长 4.00 cm，则总共出现几条明条纹．

解 (1) 设入射光的波长为 λ．由玻璃劈尖上相邻两条明条纹的间距 l 和它所对应玻璃层的高度差 Δe 的几何关系为

$$\Delta e=l\sin\theta=\frac{\lambda}{2n_2}$$

得

$$\lambda=2n_2l\sin\theta=2\times1.50\times0.20\times10^{-2}\times10^{-4}$$
$$=6.00\times10^{-7}(\text{m})=600(\text{nm})$$

(2) 由于玻璃劈尖处在空气中，根据光程分

析，在棱边处出现的应该是暗条纹．设劈尖最高端的厚度为 h，则最高端处条纹的光程差为

$$\delta = 2n_2h + \frac{\lambda}{2} + 2n_2l\sin\theta + \frac{\lambda}{2}$$

假定该处为一暗条纹，则应满足

$$\delta = (2k+1)\frac{\lambda}{2}$$

得

$$k = \frac{2n_2l\sin\theta}{\lambda} = \frac{2\times1.50\times4.00\times10^{-2}\times10^{-4}}{600\times10^{-9}} = 20$$

级次 k 恰为 20 表明，在劈尖的最高端是一条 $k=20$ 的暗条纹中心．因此，在劈尖上共出现 20 个明条纹．

2．牛顿环

图 14-13 表示由曲率半径为 R 的一个平凸透镜，放在一个光学平板玻璃上，两者之间形成厚度不均匀的空气薄膜．当单色平行光垂直地射向平凸透镜时，可以形成一组等厚干涉条纹．这些条纹都是以接触点为圆心的一系列的间距不等的同心圆环，称为**牛顿环** (Newton's rings)．

在图 14-13 所示牛顿环装置中，空气薄膜的上表面是一曲面，且 $n_1 > n_2$，考虑到空气膜的厚度 $e \ll R$ 情况下，当用单色平行光垂直入射时，可得到类似于图 14-7 所示的两束反射光的光程差．

当

$$\delta = 2e + \frac{\lambda}{2} = k\lambda, \quad k = 1,2,\cdots \tag{14-23}$$

时，出现明条纹；当

$$\delta = 2e + \frac{\lambda}{2} = (2k+1)\frac{\lambda}{2}, \quad k = 0,1,2,\cdots \tag{14-24}$$

时，出现暗条纹．

由于在平凸透镜和平板玻璃的接触处 O 点的空气膜厚为零，其光程差产生于空气膜下表面反射光的半波损失，所以在反射光中，图 14-13 所示条件下牛顿环的中心是一个暗斑．由中心往边缘，膜厚的增加越来越快，因而牛顿环的分布也就越来越密．

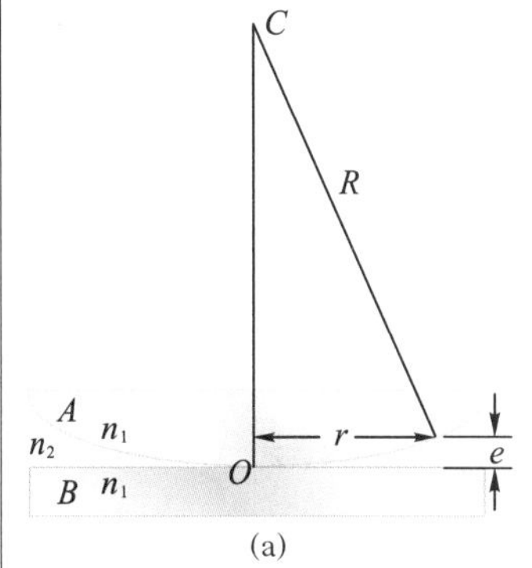

(a)

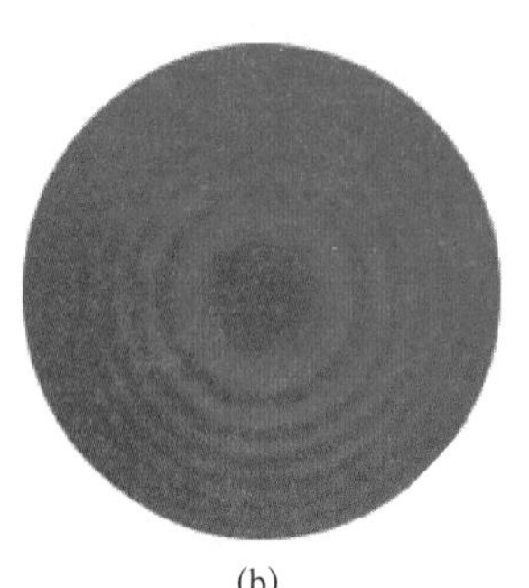
(b)

图 14-13 牛顿环及其装置

利用图 14-13(a) 可计算出牛顿环的半径 r．由几何关系可知

$$r^2 = R^2 - (R-e)^2 = 2Re - e^2$$

由于 $R \gg e$，略去 e^2，所以有

$$e \approx \frac{r^2}{2R}$$

将上式代入式 (14-23) 和式 (14-24) 中，化简后得到在反射光中，牛顿环的明环和暗环的半径分别为

明环

$$r = \sqrt{\frac{(2k-1)R\lambda}{2}}, \quad k = 1,2,\cdots \tag{14-25}$$

暗环

$$r = \sqrt{kR\lambda}, \quad k = 0,1,2,\cdots \tag{14-26}$$

由于暗环较明环易于辨认，在实验中常利用暗环来测量透镜的曲

率半径 R，但由于牛顿环中心是一个暗斑而非一个点，因此又难以准确测定某一暗环的半径．解决的方法是先测出某个暗环的直径 d，记为 $d_k = 2r_k$，然后再测出由它往外数的第 m 个暗环的直径 $d_{k+m} = 2r_{k+m}$，便可由暗环表达式 (14-26) 得出 R 为

$$R = \frac{d_{k+m}^2 - d_k^2}{4m\lambda}$$

这样，只需测出两环的直径和它们的级次之差即可求出透镜的曲率半径，而不必知道某一暗环的级次．

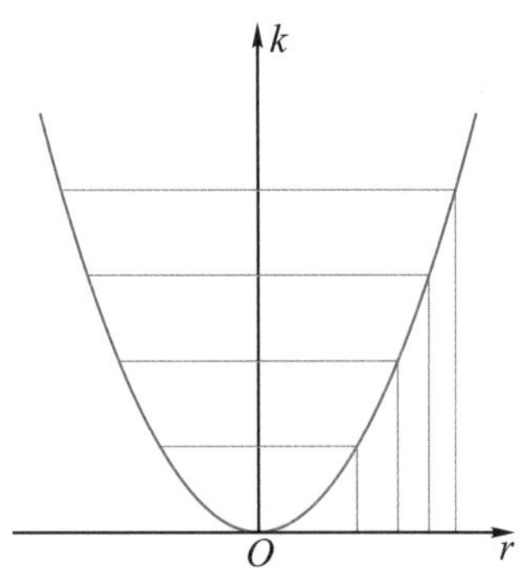

图 14-14　牛顿环的 k-r 曲线

对确定的 R 和 λ，根据式 (14-26) 可知，暗环的级次 k(整数) 正比于暗环半径 r_k 的平方，即 $k \propto r_k^2$．其 k-r 的关系曲线是一条抛物线，如图 14-14 所示．因为相邻两条纹的级次差 $\Delta k = 1$，由曲线可判断在题设空气膜条件下，牛顿环条纹的分布特征是：内疏外密的同心圆环条纹和内低外高的级次分布．

14.3.3 增反膜和增透膜

光学仪器通常含有多个折射和反射面，如照相机镜头一般由三个透镜构成，若不采取措施，6 个界面反射损失的光能流可占入射光能流的 30%．因此，在光学元件的表面往往镀有一层或多层透明薄膜，可消除反射以增强透射，这样的薄膜称增透膜 (antireflecting film)，或称减反膜．反之，用来提高反射强度的一层或多层透明薄膜则被称为增反膜或减透膜．

在实际应用中，通常要求近轴的入射光线，即以入射角 $i \approx 0$ 入射于薄膜表面．当波长为 λ 的单色平行光垂直入射于厚度均匀的薄膜上时，由式 (14-15) 可知，反射光的光程差只取决于薄膜的厚度 e．即

$$\delta = 2en_2 + \delta' \tag{14-27}$$

式中，δ' 需根据光在薄膜上下表面的反射情况而定．有半波损失时，$\delta' = \dfrac{\lambda}{2}$，否则 $\delta' = 0$．

应该注意，厚度一定的增反 (透) 膜并非对所有波长的光都能满足对反射光干涉加强或减弱的条件；增反 (透) 膜所表现的光的干涉现象也并不表现为干涉条纹，而是随着级数 k 的变化，膜厚也相应变化，此时，人眼 (或仪器) 观察薄膜表面时会感到周期性的变亮或变暗．

例 14-5

照相机的透镜表面通常镀一层类似 MgF_2(n = 1.38) 的透明介质薄膜，如图 14-15 所示，目的是利用光的干涉来降低玻璃表面的反射．试问：为了使透镜在可见光中对人眼和感光物质最敏感的黄绿光 (波长为 550 nm) 产生极大的透射，薄膜应该镀多厚？其最小厚度为多少？当薄膜具有上述厚度时，在可见光中哪些波长的光反射干涉加强？

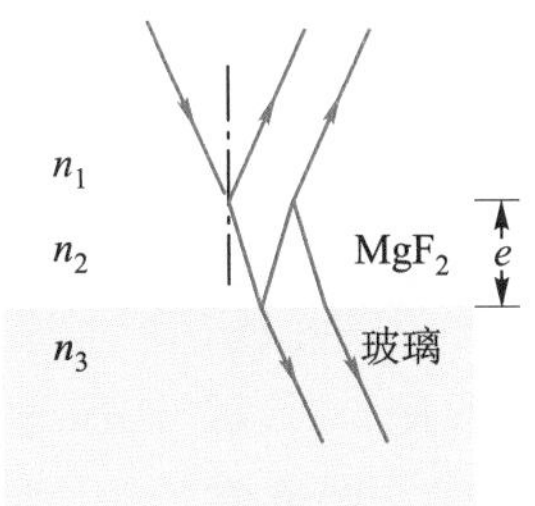

图 14-15 镀 MgF_2 薄膜的照相机镜头

解 设可见光正入射于 MgF_2 薄膜．由于薄膜的折射率 n_2 介于空气与玻璃折射率 n_1 和 n_3 之间，所以光在薄膜的上、下表面反射时都存在着半波损失，因此，额外光程差 $\delta'=0$．

反射光干涉减弱（即透射加强）

$$\delta = 2en_2 = (2k+1)\frac{\lambda}{2}, \quad k = 0,1,2,\cdots$$

取 $k=0$，有

$$e_0 = \frac{\lambda}{4n_2} = \frac{550}{4\times 1.38} = 99.6(\text{nm})$$

取 $k=1$，有

$$e_1 = \frac{3\lambda}{4n_2} = \frac{3\times 550}{4\times 1.38} = 298.9(\text{nm})$$

取 $k=2$，有

$$e_2 = \frac{5\lambda}{4n_2} = \frac{5\times 550}{4\times 1.38} = 498.2(\text{nm})$$

……

可见，在反射光中使波长为 550 nm 的光干涉减弱的薄膜的最小厚度为 $\frac{\lambda}{4n_2}$，即 $e_0=99.6$ nm．实际上在膜厚为 $\frac{\lambda}{4n_2}$ 的奇数倍时也呈现干涉减弱现象，即随着薄膜厚度的增大，会周期性地在透射光中观察到黄绿光加强的现象．

对一定的膜厚，在反射光中干涉加强时应满足光程差条件

$$\delta = 2en_2 = k\lambda$$

由于可见光的波长范围为 400 ～ 760 nm，由

$$\lambda = \frac{1}{k}2en_2$$

可知当 $e_0=99.6$ nm 时，$\lambda = 2e_0n_2 = 274.90$ nm，反射加强的光波长在紫外光区域．

当 $e_1=298.9$ nm 时，$\lambda = 2e_1n_2 = 824.96$ nm，$k=2$ 时，$\lambda=412.48$ nm 的反射光得到干涉加强（可见光区域，蓝紫色）．

当 $e_2=498.2$ nm 时，$\lambda=2e_2n_2=1\,375.03$ nm，$k=2$ 时，$\lambda=687.52$ nm 的反射光得到干涉加强（可见光区域，橙红色）；$k=3$ 时，$\lambda=458.34$ nm 的反射光得到干涉加强（可见光区域，青蓝色）……

在反射光中加强的这些光波长，与我们对着镜头所能看到的颜色大致是相符合的．

*14.3.4 等倾干涉

当波长为 λ 的单色光以不同的角度入射于厚度均匀的薄膜时，从薄膜上下表面反射光的光程差可由式 (14-15) 得

$$\delta = 2e\sqrt{n_2^2 - n_1^2\sin^2 i} + \delta'$$

此时光程差随入射角 i 而变．在这种情况下，凡入射的倾角 i 相同的相干光线在相遇时的光程差都相同，即对应同一个级次的干涉条纹，我们称这种干涉为等倾干涉 (equal inclination interference)．

在图 14-16 所示的等倾干涉实验装置中，从面光源上某一发光点，比如 S_1 发出的同心光束，透过与透镜主轴成 45° 角设置的半透半反平面镜 MN 后入射于薄膜上．这些从 S_1 发出的并分布在同一锥面上的光线，在薄膜 PQ 上有相同的入射角 i，其入射点的轨迹是个圆．它们从薄膜上

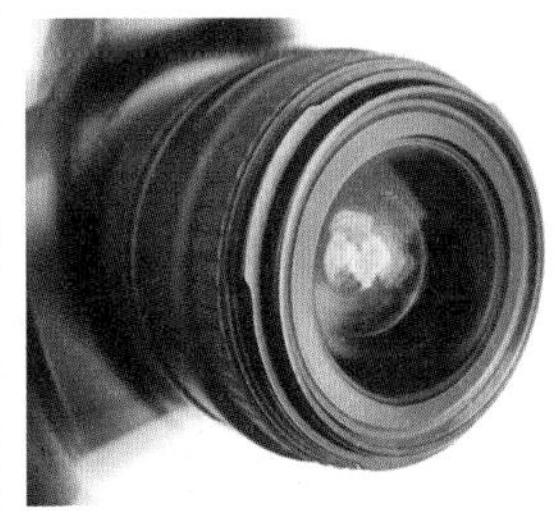

照相机镜头呈淡紫色，是因为其上有一层增透膜（对绿光）

下表面反射的光线成为相干光，再经半透半反镜反射后会聚于透镜像方焦平面 E．这些相干光线与透镜 L 主轴的夹角都是 i，到透镜焦平面上各会聚点的光程差都相同，所有会聚点在透镜焦平面上形成一个干涉圆条纹．从 S_1 发出的以倾角为 i' 入射于薄膜的光线，则形成另一个同心的干涉圆条纹，入射角与干涉条纹一一对应．所以，从 S_1 发出的同心光束在透镜焦平面上形成一系列属于 S_1 的同心圆条纹，而面光源上的其他发光点如 S_2，S_3，…在透镜焦平面上也都形成各自的一系列同心干涉圆条纹．各系列干涉条纹之间虽然互不相干，但它们的位置完全重合．可见，在等倾干涉装置中**用面光源可使干涉条纹更加清晰明亮**．

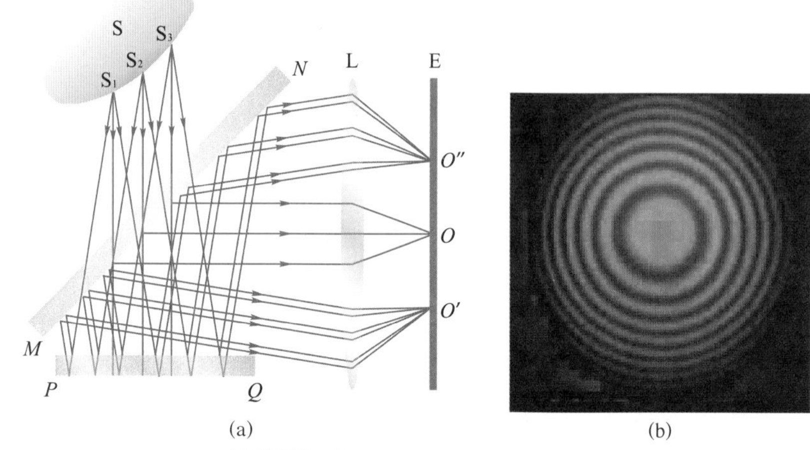

图 14-16　等倾干涉装置及其干涉图样

由图 14-16(b) 可见，等倾干涉圆条纹是一组呈内疏外密分布的同心圆环．由式 (14-15) 可知，当薄膜厚度 e 和入射光波长一定时，在干涉圆条纹近中心处的入射角 i 小，对应的光程差大，其条纹的 k 值也大．所以，等倾干涉条纹级次分布的特点是内高外低．

以上讨论的是单色光的干涉情况，若是复色光照射，则干涉图样是彩色的．

14.3.5 迈克耳孙干涉仪

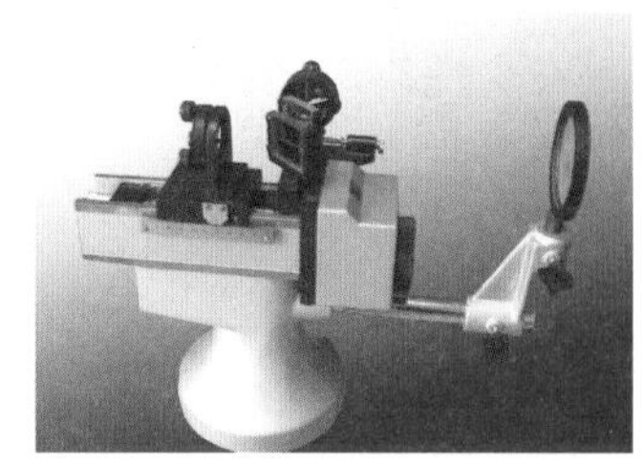

迈克耳孙干涉仪

迈克耳孙干涉仪 (Michelson interferometer) 是根据分振幅干涉原理制成的精密测量仪器，由美国物理学家迈克耳孙于 1881 年研制成功，1907 年迈克耳孙因此而获得诺贝尔物理学奖．

迈克耳孙干涉仪的结构如图 14-17 所示．平面反射镜 M_1 和 M_2 安置在相互垂直的两臂上，M_2 固定不动，M_1 可沿臂轴方向用螺旋控制作微小移动．与一臂成 45° 角安置有两块完全相同的平行平板玻璃 G_1 和 G_2．G_1 背面涂有半透半反膜，使入射光分成强度相等的透射光 1 和反射光 2，称**分束器** (beam splitter)．G_2 起补偿光程的作用，称**补偿板**．透射光束 1 被 M_1 反射后又被分束器反射，成为光线 1′，进入观察系统 E(人眼或其他观测仪器）. M_1' 是 M_1 对 G_1 反射膜所成的虚像，光线 1′ 犹如反射自 M_1'. 反射光 2 则被 M_2 反射后又经分束器透射，成为光线 2′，进入观察系统 E. 所以，1′ 和 2′ 是相干光，它们相遇时可以形成干涉现象.

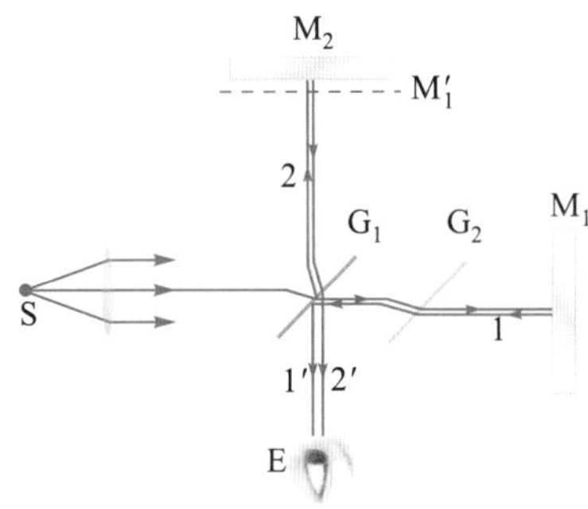

图 14-17 迈克耳孙干涉仪结构图

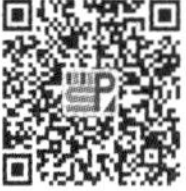

迈克耳孙干涉仪

补偿板 G_2 使光从 G_1 分束后的光线 1 与光线 2 均先后两次通过平行平板玻璃，从而使光线 1′ 和 2′ 会聚时的光程差与 G_1 的厚度无关.

当 M_1 和 M_2 相互严格垂直时，M_1' 和 M_2 之间形成厚度均匀的空气膜，这时可以观察到等倾干涉现象；当 M_1 和 M_2 不严格垂直时，M_1' 和 M_2 之间形成空气劈尖，则可以观察到等厚干涉现象.

利用等厚干涉原理，用迈克耳孙干涉仪可精确测定微小位移量. 当 M_1 的位置发生微小平移变化时，M_1' 和 M_2 之间的空气劈尖膜保持夹角不变，而厚度发生变化. 在 E 处观测的视场中，可观察到等厚条纹的平移. 当 $M_1(M_1')$ 的位置发生 $\frac{\lambda}{2}$ 的变化时，视场中某一刻度处移过一个明条纹（或一个暗条纹）. 当连续移过 N 个干涉明（或暗）条纹时，M_1 移动的距离为

$$d = N\frac{\lambda}{2} \tag{14-28}$$

由于光波的波长数量级是 10^{-7} m，因此用迈克耳孙干涉仪测定的长度，具有很高的精度.

迈克耳孙为检验“以太”是否存在而设计的干涉仪，是近代干涉仪的原型. 现代干涉计量中所采用的光路，在原理上与迈克耳孙干涉仪是一致的.

14.4 单缝衍射和圆孔衍射

14.4.1 惠更斯-菲涅耳原理

1. 光的衍射现象

衍射现象是一切波动的普遍特性，光波也不例外. 当光通过小孔、狭缝等障碍物的边缘时而出现偏离直线传播的现象，称为光的衍射(diffraction of light).

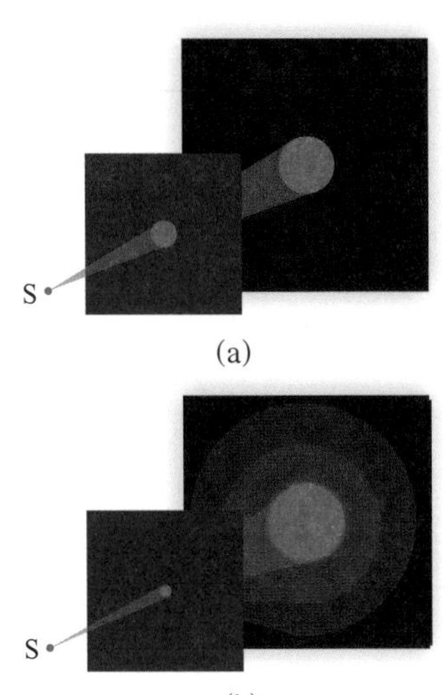

图 14-18 光的直线传播和光的衍射

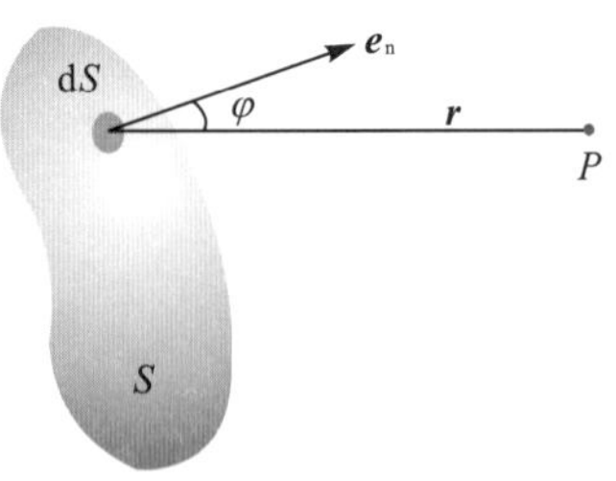

图 14-19 菲涅耳衍射公式引出用图

在图 14-18 中，使单色光照射到开有圆孔的障碍屏上，当圆孔的直径远大于光波波长时，在观察屏上呈现一个均匀的圆形光斑，缩小圆孔，光斑也相应缩小，如图 14-18(a) 所示，此时光的直线传播规律成立．但是，若把圆孔直径进一步缩小，直到可与光波波长相比拟时，发现光斑不再缩小，反而变大，并在其周围还出现一圈圈明暗相间的衍射条纹，如图 14-18(b) 所示．这说明，发生衍射现象时光的直线传播规律不再成立，几何光学的这一规律是在障碍物的尺度远大于光波波长时的一种近似．

在光学的发展史上，正是衍射问题使光的波动说决定性地战胜了微粒说．在法国科学院于 1818 年举办的关于光的衍射现象的有奖征答辩论中，年仅 30 岁的菲涅耳用创新了的惠更斯原理，圆满地解释了光在圆孔、狭缝等物体边缘的衍射现象，赢得了辩论的胜利，从而使光的波动说获得最终的确认．

2. 惠更斯–菲涅耳原理

菲涅耳吸取惠更斯的次波（子波）概念，根据叠加原理进一步发展了惠更斯原理，他认为：波阵面上每一个次波的振幅与传播方向有关，下一时刻空间某点的振动由各次波在该点引起振动的相干叠加所决定．菲涅耳提出的次波相干叠加观点，不但对衍射问题给出了与实验相符的定量描述方法，更揭示了衍射现象的本质，被后人称为惠更斯–菲涅耳原理 (Huygens-Fresnel principle)．

如图 14-19 所示，S 是光波被障碍物阻挡后对空间 P 点“露出”的波前，菲涅耳认为：P 点的光振动 E，取决于 S 上所有次波在 P 点引起的光振动之间相互干涉的结果．用 $\mathrm{d}E$ 表示 S 上面积元 $\mathrm{d}S$ 的次波在 P 点引起的光振动．因 $\mathrm{d}S$ 很小，它的次波近似以球面波的形式传播．设 $\mathrm{d}S$ 到 P 点的距离为 r，其法线方向 $\boldsymbol{e}_n$ 与 $\boldsymbol{r}$ 间的夹角为 φ，则 $\mathrm{d}E$ 的大小应正比于 $\frac{\mathrm{d}S}{r}$，并与夹角 φ 有关，相位则取决于光程 nr（在空气中时 $n=1$），所以，面积元 $\mathrm{d}S$ 在 P 点引起的光振动可以表示为

$$\mathrm{d}E = CK(\varphi)\frac{\mathrm{d}S}{r}\cos\left(\omega t - \frac{2\pi r}{\lambda}\right)$$

式中，C 为比例常数．$K(\varphi)$ 是为了说明次波不向后方传播而引入的与倾角 φ 有关的函数项，称倾斜因子．菲涅耳认为，$K(\varphi)$ 应随倾角 φ 的增大而缓慢减小．当 $\varphi=0$ 时，$K(\varphi)=1$；当 $\varphi \geqslant \frac{\pi}{2}$ 时，$K(\varphi)=0$，因而 $\mathrm{d}E=0$．

P 点的光振动 E 为 S 上所有面元 $\mathrm{d}S$ 的次波在 P 点产生光振动的叠加，所以

$$E = \int_S \mathrm{d}E = C\int_S \frac{K(\varphi)}{r}\cos\left(\omega t - \frac{2\pi r}{\lambda}\right)\mathrm{d}S$$

上式称为菲涅耳衍射积分公式，这是菲涅耳赋予惠更斯原理的一个精确而普适的数学表达式．对于具有对称性的障碍物，如圆孔、狭缝等，菲涅耳设计了一种极为巧妙而简单的求上述积分的波带法，可方便地得到与实验基本相符合的结果．我们将着重讨论波带法．

3. 菲涅耳衍射与夫琅禾费衍射

光的衍射问题通常可归纳为两种类型：其一，光源、光屏 E(观察屏) 与衍射孔 (障碍物) 三者间的距离皆为有限远，或其中之一为有限远，这种类型的衍射叫**菲涅耳衍射** (Fresnel diffraction)，如图 14-20(a) 所示. 其二，光源、光屏 E 与衍射孔三者间的距离皆为无限远，或相当于无限远的衍射，这种类型的衍射称**夫琅禾费衍射** (Fraunhofer diffraction)，如图 14-20(b) 所示. 在实验中夫琅禾费衍射装置可利用两个会聚透镜来实现，如图 14-20(c) 所示. 本质上，这是个考虑平行光入射时，平行的衍射光之间的干涉问题. 我们将重点讨论夫琅禾费衍射.

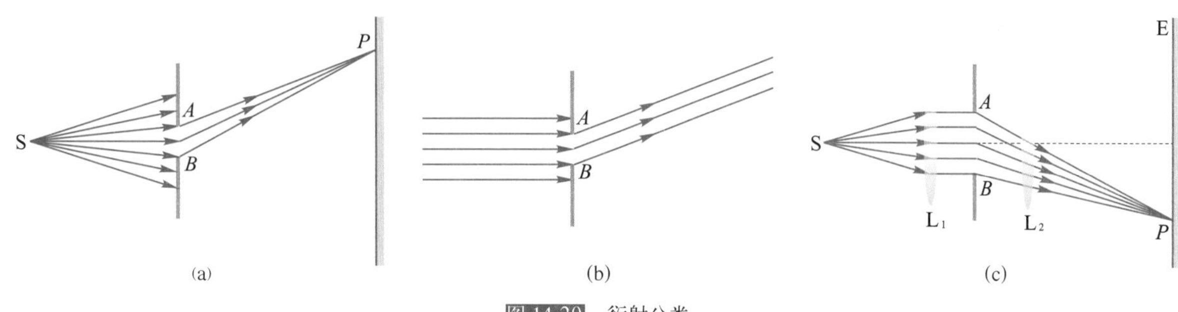

图 14-20 衍射分类

14.4.2 单缝夫琅禾费衍射

如图 14-21 所示为夫琅禾费单缝衍射示意图. 单色光源 S 置于透镜 L_1 的物方焦点，经透镜 L_1 成为平行光，并垂直照射在宽度为 a 的单狭缝 AB 上. 通过狭缝后，将发生衍射现象. 衍射光偏离缝面法线的倾角 φ 称为衍射角. 对观察屏 E 而言，入射光被单缝屏阻挡后“露出”的波面是一宽度为 a 的“波带” AB. 根据惠更斯原理，波带 AB 上的各点将成为次波波源并向各个方向发射次波，这就是衍射光波. 所有衍射角 φ 相同的衍射光线按理应在无限远处相遇，但经透镜 L_2 后，将会聚在置于其焦平面处的观察屏 E 上. 根据菲涅耳的思想，波带 AB 上的所有次波波源均是相干波源，且初相位相同 (不妨设为零)，它们在 L_2 的焦平面 E(即观察屏) 上某处相遇时，将发生干涉. 由于在相遇处所经历的光程各不相同，因此在观察屏 E 上会形成平行于单缝的明暗相间的干涉条纹，即衍射条纹.

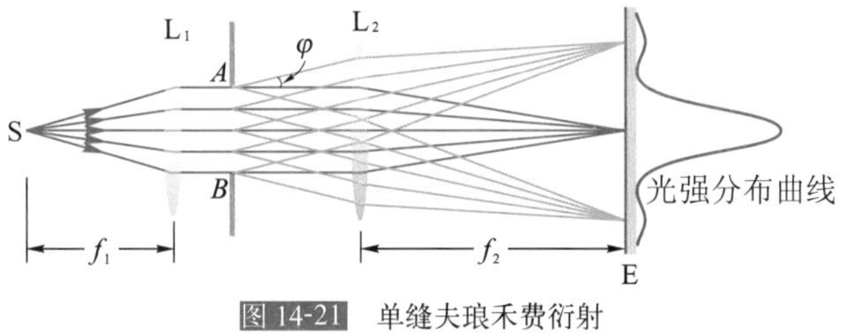

图 14-21 单缝夫琅禾费衍射

显然如图 14-22 所示，观察屏上 P 处的光振动取决于所有次波到达 P 时的光程差．我们遵循菲涅耳的思路，将波带 AB 分割成 N 条平行的窄波带，每一窄波带的面积为 ΔS，宽度为 $\frac{a}{N}$．可见，分割的窄波带数 N 越多，则 ΔS 越小，每一窄波带对 P 处光振动的贡献也就越小．由于衍射现象总发生在缝宽 a 很小的情况下，故衍射总光能较弱，而其中的近 90% 集中在 L_2 的近轴区域．为此，我们只考虑近轴的衍射光波．

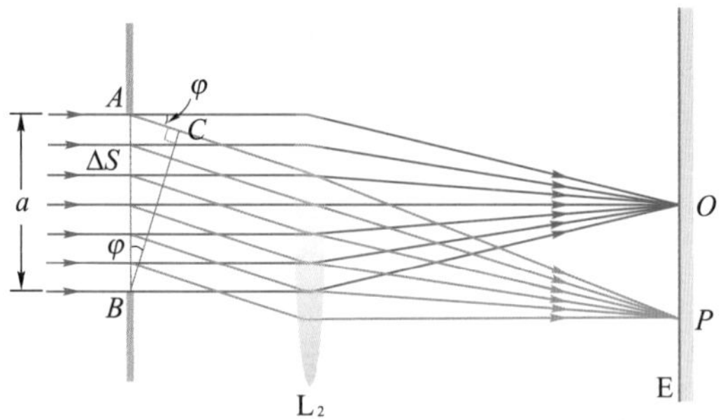

图 14-22 单缝衍射的波带法

由于透镜 L_2 不产生附加的光程差，所有次波在 φ 方向上的衍射光线中会聚在 P 处所对应的最大光程差（或者说是单缝两端 A 点和 B 点发出的边缘光线的光程差）是 $\overline{AC}$．由图 14-22 可知

$$\delta = \overline{AC} = a\sin\varphi \tag{14-29}$$

注意，图 14-22 中 L_2 与单缝 AB 实际上是紧靠在一起的，拉开距离是便于显示它们之间的光路．显然每一窄波带的边缘光线（或相邻窄波带相应点发出的光线）在 φ 方向衍射光线的光程差为

$$\frac{1}{N}a\sin\varphi$$

当这个光程差等于半波长，即当

$$\frac{1}{N}a\sin\varphi = \frac{\lambda}{2} \tag{14-30}$$

时，每一个窄波带称为半波带 (half-wave zone)．图 14-23 表示半波带数 $N = 3$ 的情况．

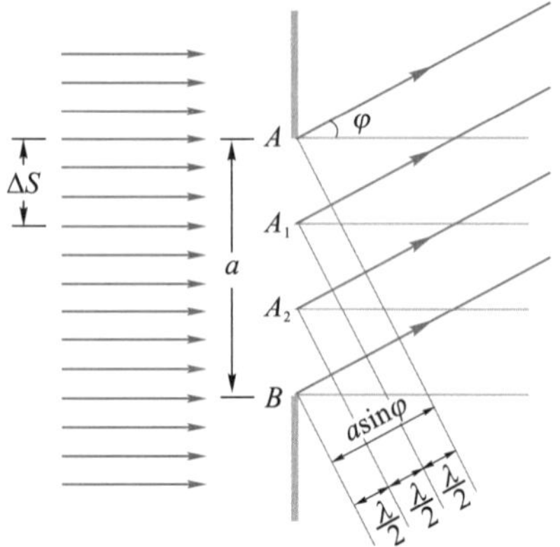

图 14-23 $N = 3$ 时的单缝衍射

显然，相邻两个半波带上的所有相对应位置上发出的光线，在 P 点相遇时的光程差都是 $\frac{\lambda}{2}$，相位差都为 π，譬如图 14-23 中的 A 和 A_1，A_1 和 A_2 等，它们对 P 点的光振动合振幅为零.

当 AB 两端发出的边缘光线在 φ 方向的最大光程差 δ 恰为半波长 $\frac{\lambda}{2}$ 的偶数倍时，单缝“露出”的波面 AB 被分成偶数个半波带，它们在观察屏上 P 处的光振动一一干涉相消，总光强为零. 所以，当

$$\delta = a\sin\varphi = \pm 2k\frac{\lambda}{2}, \qquad k = 1,2,3,\cdots \tag{14-31}$$

时，观察屏上 P 处为单缝衍射光强的暗条纹中心. $k = 1$，为第 1 级暗条纹，对应衍射角为 φ_1 时的波面 AB 可被分成 2 个半波带；$k = 2$，为第 2 级暗条纹，对应衍射角 φ_2，波面 AB 可被分成 4 个半波带……

当 AB 两端发出的边缘光线在 φ 方向的最大光程差 δ 恰为半波长 $\frac{\lambda}{2}$ 的奇数倍时，AB 可被分成奇数个半波带，其中偶数个半波带对屏上 P 处的光振动一一干涉相消，而剩下一个半波带的光振动形成了 P 处的明条纹. 所以，当

$$\delta = a\sin\varphi = \pm(2k+1)\frac{\lambda}{2}, \qquad k = 1,2,3,\cdots \tag{14-32}$$

时，观察屏上 P 处为单缝衍射光强的明条纹中心，它是由未被抵消的该半波带上连续分布的所有次波在 P 处的光振动所贡献的. $k = 1$，为第 1 级明条纹，波面 AB 可被分成 3 个半波带. $k = 2$，为第 2 级明条纹，对应有 5 个半波带……

可见，随着明条纹级次的增高，波面 AB 可被分成的半波带数随之增多，明条纹的光强将随着级次的增高、半波带面积的减小而减弱. 此外，随着级次的增高，衍射角 φ 也随之增大，衍射明条纹光强亦随级次增高而急剧地减弱.

当 $\varphi = 0$，即 AB 上所有次波的衍射光线都平行于 L_2 的主轴传播，在 L_2 的焦平面上形成最大光强，对应中央明条纹的中心. 中央明纹两侧，两个第 1 级暗纹中心的间隔给出了中央明纹的宽度范围，这里集中了近 90% 衍射光能. 中央明纹范围满足的光程差条件是

$$-\lambda < a\sin\varphi < \lambda \tag{14-33}$$

在近轴条件下，φ 角很小，故

$$\sin\varphi \approx \varphi$$

则第 1 级暗条纹的衍射角为

$$\varphi_{\pm 1} = \pm\frac{\lambda}{a}$$

中央明纹的角宽度为

$$\Delta\varphi_0 = \varphi_1 - \varphi_{-1} = 2\frac{\lambda}{a} \tag{14-34}$$

在观察屏上，中央明纹的线宽度为

$$l_0 \approx f\Delta\varphi_0 = 2f\frac{\lambda}{a} \tag{14-35}$$

式中，f 为 L_2 的像方焦距.

相邻两暗条纹中心（或明条纹中心）的角宽度为

$$\Delta\varphi = \varphi_{k+1} - \varphi_k = \frac{\lambda}{a} \tag{14-36}$$

可见，中央明纹的宽度是其他各级明条纹宽度的两倍.

对于观察屏上某一光强介于最大和最小之间的 P 点，根据以上分析可知，单缝 AB 发出的边缘光线所对应的最大光程差 δ 显然不是半波长的整数倍.

单缝衍射光强的分布如图 14-24 所示，其特征是：**中央明纹最宽、最亮，两侧其他明条纹的光强迅速减弱.**

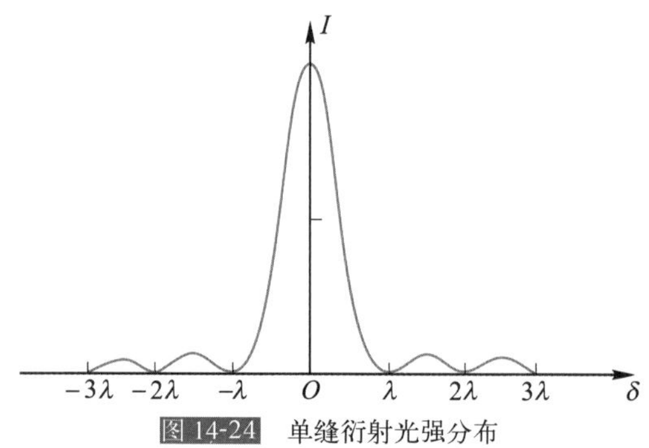

图 14-24　单缝衍射光强分布

由式 (14-35) 可知，入射光波长 λ 一定时，单缝宽度 a 越小，中央明纹越宽，衍射越显著. 反之，随着 a 的扩大，各级条纹将逐渐向中央明纹靠拢，当 $a \gg \lambda$ 时，各级条纹将密集得无法分辨，只呈现中央明条纹，这就是被照亮的单缝通过透镜所成的几何像. 因此可以说，**几何光学是波动光学在 $\frac{\lambda}{a} \to 0$ 时的极限.**

当用白光入射至宽度 a 的单缝时，衍射角 φ 的大小正比于光波长，除中央明纹中心因各色光非相干地重叠在一起仍为白色外，其余各级明条纹都以由紫到红的顺序向两侧对称排列，形成衍射光谱.

例 14-6

有一单缝，宽 $a = 0.10$ mm，在缝后放一焦距为 50 cm 的会聚透镜，用平行绿光（$\lambda = 546.0$ nm）垂直照射单缝，求位于透镜焦面处的屏幕上的中央明条纹及第二级明纹宽度.

解　观察屏上明条纹的线宽度由相邻两个暗纹中心的距离决定. 在观察屏上取坐标轴 Ox 向上为正，坐标原点在透镜焦点处. 设屏上第 k 级暗纹的位置为 x. 由单缝夫琅禾费衍射暗纹条件有

$$a\sin\varphi = \pm k\lambda$$

因 φ 很小，故

$$\sin\varphi \approx \tan\varphi = \frac{x}{f}$$

即

$$x_k = k\frac{f}{a}\lambda$$

$k = \pm 1$，得中央明纹线宽度为

$$\Delta x_0 = x_1 - x_{-1} = 2\frac{f}{a}\lambda = 5.46\ \text{mm}$$

第 k 级明纹宽度为

$$\Delta x_k = x_{k+1} - x_k = (k+1)\frac{f}{a}\lambda - k\frac{f}{a}\lambda = \frac{f}{a}\lambda$$

显然，各级明纹宽度 Δx_k 相等，与级次 k 无关．所以，第 2 级明纹宽度为

$$\Delta x_2 = \frac{f}{a}\lambda = 2.73\ \text{mm}$$

中央明纹的线宽度是其他各级明条纹线宽度的两倍，即 $\Delta x_0 = 2\Delta x_k$．

14.4.3 圆孔衍射和光学仪器的分辨本领

1. 圆孔的夫琅禾费衍射

在夫琅禾费衍射装置中，如果用小圆孔替代单狭缝，在屏上将显示夫琅禾费圆孔衍射图样．这是一组如图 14-25 所示的明暗相间的同心圆环、围绕着中央有一个明亮的亮斑，当圆孔直径$d \gg \lambda$时，整个衍射图样向中心靠拢，缩成一个亮点，成为几何光学的像点．圆孔衍射现象普遍存在于所有光学仪器中，如照相机、望远镜、显微镜乃至人眼的瞳孔．所有对光束波面有限制的孔径，都会产生衍射现象，因此，必须影响光学仪器分辨物体细节的能力．

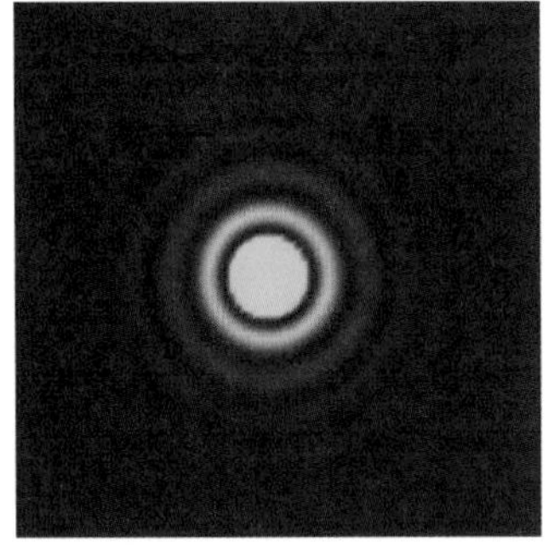

图 14-25 圆孔衍射和艾里斑

夫琅禾费衍射动画

夫琅禾费圆孔衍射的中央亮斑，称艾里斑 (Airy disk)．计算表明，艾里斑集中了全部衍射光能的 84%，第 1 级亮环只占 7%，其他亮环则更小．艾里斑的半角宽由第一暗环的衍射角给出，为

$$\theta_0 = 1.22\frac{\lambda}{d} = 0.61\frac{\lambda}{r} \tag{14-37}$$

式中，r 为小圆孔的半径．

艾里斑的半角宽 θ_0 与入射光波长 λ 成正比而与圆孔的直径 d 成反比．这表明，波长一定时，圆孔越小，则屏上的艾里斑越大；d 很大，则 $\theta_0 \to 0$，光线沿直线传播；孔径一定时，波长越短，则艾里斑越小．这也是衍射现象的普遍规律．

2. 光学仪器的分辨本领

来自远处两个物点的平行光线通过透镜时，透镜的边框相当于透光小圆孔边缘．由于衍射，在透镜的焦平面上会形成两个衍射斑，而不是两个清晰的像点．当两束平行光线通过人眼的瞳孔时，在视网膜上也同样会形成两个“亮团”即两个艾里斑．这两束衍射光即使频率相同也不相干，在它们重叠区域的合光强应遵循非相干叠加的规律，即由式 (14-6) 给出的 $I = I_1 + I_2$．

如图 14-26(a) 所示，当两个艾里斑中心对透镜光心 (optical center) 张角 $\theta > \theta_0$ 时，它们在屏上合光强的极大和极小相差悬殊，很容易辨认

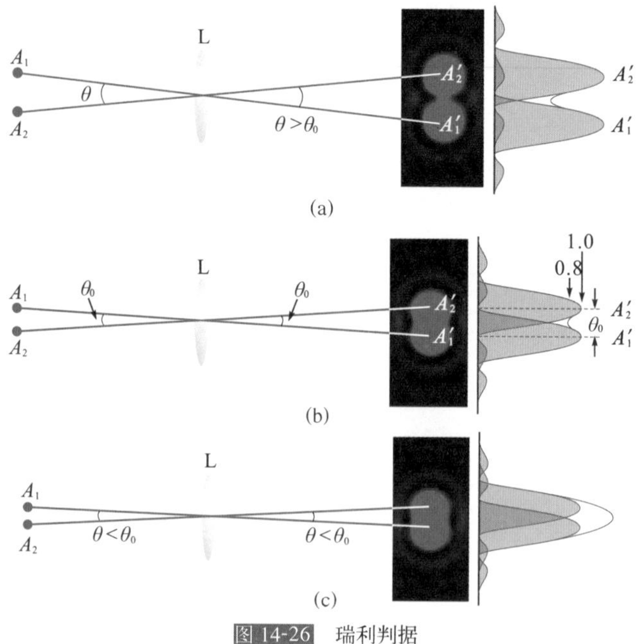

图 14-26　瑞利判据

出这是两个艾里斑；而当 $\theta < \theta_0$，在屏上的间距很小时，两个艾里斑合光强“合二为一”变得无法分辨，如图 14-26(c) 所示．在人眼的视网膜上，当合光强的两个极大处在相邻的两个视锥细胞上时，人眼可以分辨远处的两个物点；而当它们落在同一个视锥细胞上时，则只能认为是一个亮点．在明视距离 (25 cm) 处，两个相距 0.1 mm 的物点，在正常人眼视网膜上形成的两个艾里斑，其中心的间距约为 5 μm，恰好落在两个视锥细胞上，这时恰好为正常人眼所分辨．

两个离得很近的艾里斑恰能分辨的判据是由德国物理学家瑞利 (Rayleigh) 提出的：**两个强度分布相同的艾里斑重叠后，如果一个艾里斑的中心刚好与另一个艾里斑边缘第一暗环的中心相重合，恰能分辨**．如图 14-26(b) 所示，恰能分辨时合光强的极小 (凹处) 约为极大的 80%，大多数正常人眼刚能够分辨光强的这种差别．恰能分辨时，两个不相干物点对透镜光心的张角 $\theta = \theta_0$，称**最小分辨角** (angle of minimum resolution)，用 $\delta\theta$ 表示．显然有

$$\delta\theta = 1.22\frac{\lambda}{d} \tag{14-38}$$

光学仪器分辨两个邻近不相干物点的能力，称光学仪器的**分辨本领** (resolving power) 或**分辨率**．用最小分辨角的倒数表示，即

$$R = \frac{1}{\delta\theta} = \frac{d}{1.22\lambda} \tag{14-39}$$

上式表明，**提高光学仪器分辨本领的有效途径是增大透镜的直径或采用较短的光波波长**．

在天文观测中，为了减小望远镜的最小分辨角，即提高望远镜的分辨本领，必须加大其物镜的直径 D，这就是为什么天文望远镜的物镜直

径设计得越来越大的原因．由于大直径透镜制造困难，通常都采用反射式物镜．

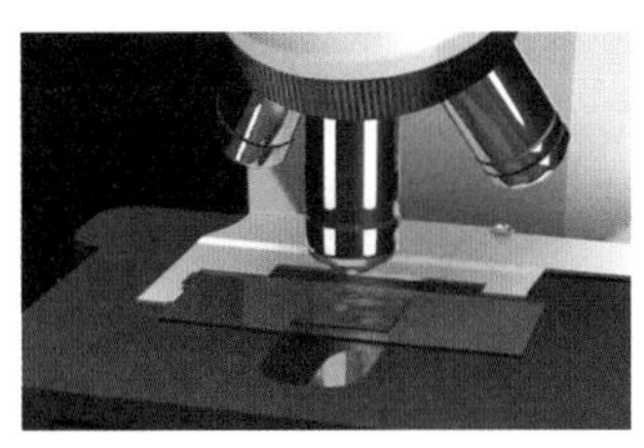
显微镜

显微镜用来观察放在物镜焦点附近的物体，它的分辨本领是以刚好可分辨的两个物点间的最小距离 δy 来衡量的．按照瑞利判据，可以得出显微镜的最小分辨距离为

$$\delta y=\frac{0.61\lambda}{n\sin u} \tag{14-40}$$

式中，n 为被观察物所在介质的折射率，u 为显微镜物镜半径对物点的张角．

可见，$n\sin u$ 越大，则 δy 越小，显微镜的分辨本领就越高．通常把 $n\sin u$ 称为物镜的数值孔径 (numerical aperture)，用 N.A. 表示，其数值标在显微镜的镜头上．对于浸在油液里的物镜，其 $\frac{0.61}{\text{N.A.}}$ 值可小到 0.5，亦即可分辨的最小物距约为半个波长，比人眼直接观察明视距离处的两物点的分辨本领大 $10^2\sim10^3$ 倍．

由式 (14-40) 还可以看出，所利用的光的波长 λ 越短，则 δy 越小，显微镜的分辨本领也越高．因此，利用波长只有 10^{-3} nm 的电子束，可以制成最小分辨距离 δy 达 10^{-1} nm 的电子显微镜，它的放大倍数可达几万乃至几百万，而光学显微镜的放大率最高也只有 1 000 倍左右．

例 14-7

人眼瞳孔直径约为 3 mm．在人眼最敏感的黄绿光 $\lambda=550$ nm 照射下，人眼能分辨物体细节的最小分辨角是多大？教室的最后一排座位离黑板的距离为 15 m，坐在最后一排的人能看清黑板上间隔为 4.0 mm 的黄绿色的“等号”吗？

解 由式 (14-38) 可知，人眼可分辨两不相干物点的最小分辨角为

$$\delta\theta=1.22\frac{\lambda}{d}=1.22\times\frac{550\times10^{-9}}{3.0\times10^{-3}}\approx2.24\times10^{-4}(\text{rad})$$

设黑板上等号的两条平行线间的距离为 L，则对人眼瞳孔的张角为

$$\delta\varphi=\frac{L}{S}=\frac{4\times10^{-3}}{15}\approx2.67\times10^{-4}(\text{rad})$$

由于 $\delta\varphi>\delta\theta$，因此最后一排观察者能看清（分辨）黑板上的这个等号．

14.5 光栅衍射

14.5.1 衍射光栅

在夫琅禾费衍射装置中，用如图 14-27 所示的 N 条等宽等间距的平

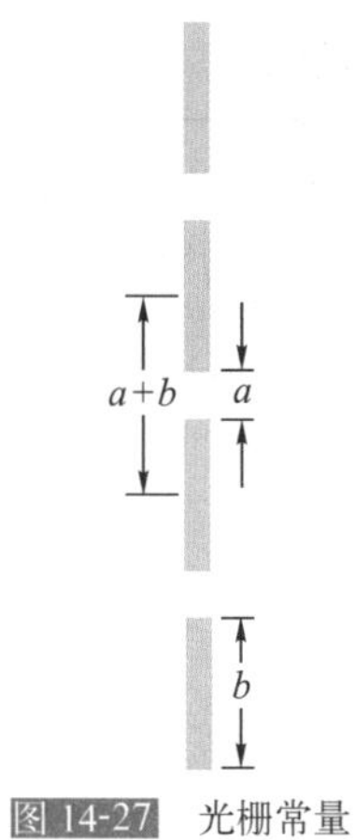

图 14-27 光栅常量

光盘可看成是反射光栅

行狭缝代替单狭缝或小圆孔，在屏上将显示如图 14-28 所示的衍射光强分布．这个由 N 条平行狭缝构成的元件称衍射光栅 (diffraction grating) 或多缝．取透光缝的宽度为 a，遮光部分宽度为 b，则衍射光栅的周期为 $d=(a+b)$，称作光栅常量．普通光栅在 1 cm 长度范围内可有几百乃至上万条透光缝，光栅常量为 $d=\frac{1}{N}$ cm，式中，N 为缝数．

多缝衍射的光强分布有着明显的不同于单缝衍射的特征：

(1) 明条纹很细很亮，称作主极大，在主极大间较宽的范围内，分布有称作次极大的较弱明条纹；

(2) 主极大的位置与缝数 N 无关，但它们的宽度随 N 增大而变细；

(3) 相邻主极大间有 $N-1$ 个暗条纹和 $N-2$ 个次极大，形成一片较宽的暗背景；

(4) 光强分布保留了单缝衍射的痕迹，如图 14-28 中的虚线包络所示，它的形状与单缝衍射的相同．

当入射光中包含有几种不同的波长成分时，每一波长都会形成各自的光强分布，形成光栅光谱，并且每一谱线都因很细很亮而易于分辨．因此，衍射光栅是重要的分光元件，在实验中常利用它对光波波长和其他微小的量作精确测量．

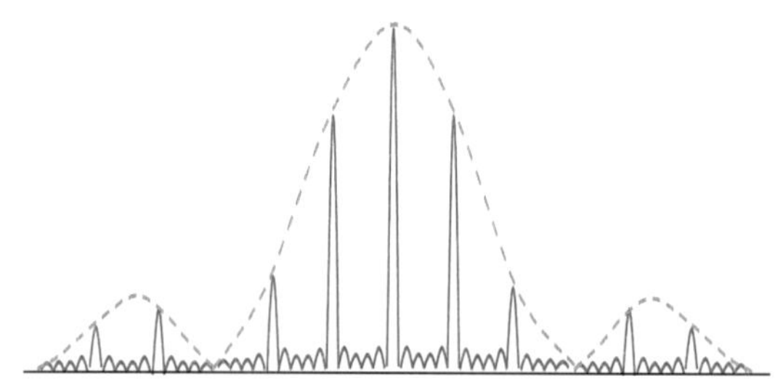
图 14-28 光栅衍射的光强分布与单缝衍射有关

光栅衍射光强的这些特征是由单缝衍射和多缝的缝间干涉的综合效应决定的．单色平行光垂直入射于光栅后，在屏幕上每个缝的单缝衍射图样在形状上完全相同，在位置上也完全重合；而由光的相干性可知，各狭缝的衍射光都是相干光．下面我们通过图 14-29 来说明各狭缝间出射的衍射光是如何形成明暗条纹的．

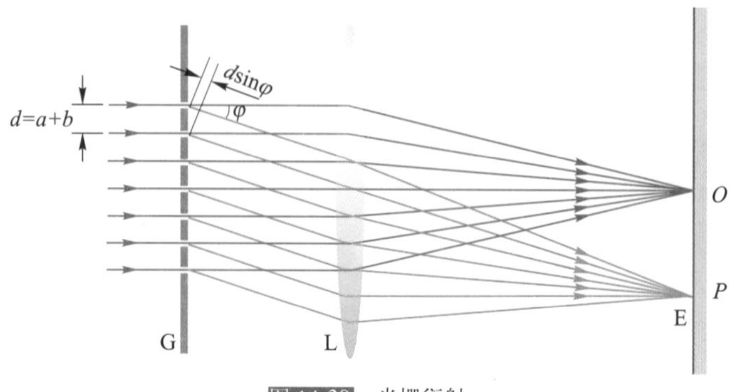

图 14-29 光栅衍射

14.5.2 光栅方程

1. 主极大

当相邻两束 φ 方向的衍射光线，在屏上相遇处 P 点的光程差为波长的整数倍时，即

$$\delta=(a+b)\sin\varphi=\pm k\lambda,\qquad k=0,1,2,\cdots \tag{14-41}$$

或者，相应地在 P 点引起光振动的相位差为

$$\Delta\alpha=\frac{2\pi}{\lambda}\delta=\frac{2\pi}{\lambda}(a+b)\sin\varphi=\pm 2k\pi,\qquad k=0,1,2,\cdots \tag{14-42}$$

这时，两个光振动干涉加强．若用图 14-30 所示的矢量图来表示的话，这两个光振动矢量的方向一致．由光栅的周期性可知，在这方向上，N 束衍射光在 P 的光振动矢量方向也是相同的，它们的矢量和即 P 处光振动的合振幅，是每一光振动振幅 a_φ 的 N 倍．由式 (14-5) 可知，φ 方向上的光强 $I_\varphi\propto(Na_\varphi)^2$，形成第 k 级主极大．所以，式 (14-41) 决定了缝间干涉形成主极大的位置，称为**光栅方程**．

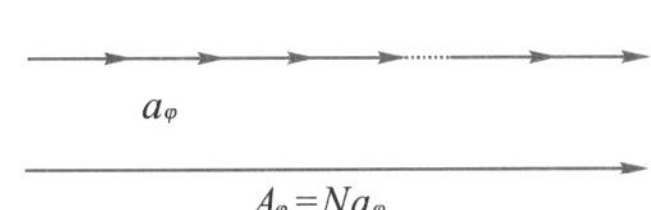

图 14-30　光栅衍射主极大矢量图

满足光栅方程的主极大也称光谱线，k 是主极大的级数．$k=0$，为中央明纹即零级主极大，$k=1, 2, 3, \cdots$分别为第 1 级、第 2 级、第 3 级……主极大．

2. 暗纹条件

若相邻两束 φ 方向的衍射光线，在屏上 P 处两个光振动间的相位差 $\Delta\alpha$ 满足

$$N\cdot\Delta\alpha=\pm 2m\pi,\qquad m=1,2,3,\cdots,\ m\neq kN \tag{14-43}$$

则此时根据矢量合成的多边法则，N 个光振动矢量叠加构成了闭合的等边多边形，矢量和为零，相应 P 处应为暗条纹．在第 k 级和第 k+1 级主极大之间，存在着 N−1 个这样的机会．为便于理解，我们以图 14-31 所示 $N=3$ 时的矢量合成图为例来说明：当相邻两束光的相位差 $\Delta\alpha=0$ 时，对应 $\varphi=0$，这正好与 $k=0$ 的零级主极大相对应；随着衍射角 φ 的增大，相邻两束光的相位差 $\Delta\alpha$ 也会随之增大，当 $\Delta\alpha=\frac{2\pi}{3}$ 时出现第一个暗条纹，此时如图 14-31(a) 所示，当 $\Delta\alpha=\frac{4\pi}{3}$ 时出现第二个暗条纹，如图 14-31(b) 所示；当 $\alpha=\frac{6\pi}{3}=2\pi$ 时 φ 方向上出现 $k=1$ 的主极大．由此可见，在零级和一级主级大间有 2 个极小（即暗条纹）．以上为 $N=3$ 时的情况，对有 N 条缝的光栅，其暗条纹所能满足的光程差条件可写为

$$\delta=(a+b)\sin\varphi=\pm\frac{m}{N}\lambda,\qquad m=1,2,3,\cdots,\ m\neq kN \tag{14-44}$$

显然在 k 和 k+1 两个主极大之间有 N−1 个暗条纹．

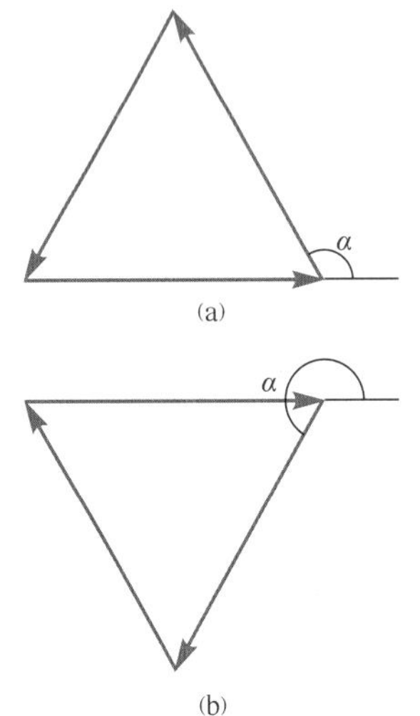

图 14-31　$N=3$ 时的矢量合成图

可见，N 越大，在相邻两主极大间的暗纹就越多，以致连成一片暗区，主极大（明条纹）就会变得很细，其光强会因 $I_\varphi\propto(Na_\varphi)^2$ 而变得很亮．若将杨氏双缝视为 $N=2$ 的多缝，相邻两个极大之间自然就只有一个极小（暗条纹）．

每一狭缝在 φ 方向的光振动振幅 a_φ 是由单缝衍射在该方向的光强决

定的，它随衍射角 φ 的增大而迅速衰减，因此，光栅衍射主极大光强的包络线形状（图 14-32(c) 中的虚线）由单缝衍射的条纹分布决定．单缝衍射对缝间干涉的这种影响，也称为“调制”作用．图 14-32 给出了单缝衍射、缝间干涉以及两者的综合效果．

光的衍射

光栅衍射光强分布动画

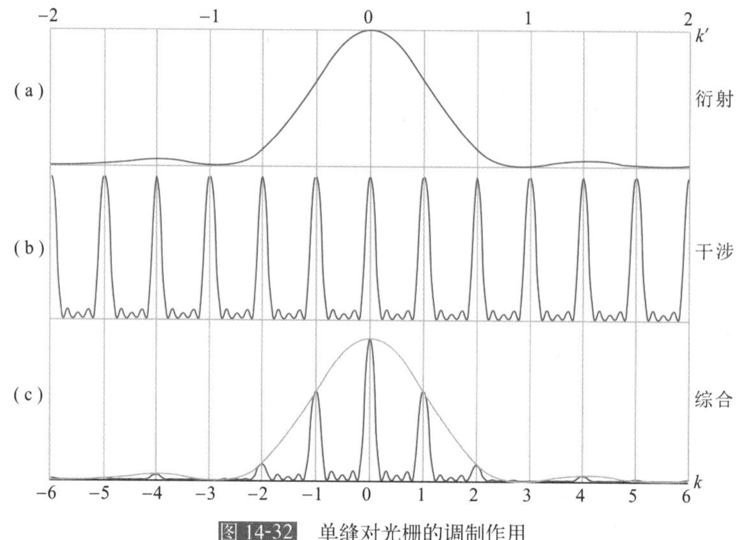

图 14-32 单缝对光栅的调制作用

3. 光栅的缺级

在图 14-32(c) 中，我们注意到缺失了一些主极大，比如 $k=\pm3$，±6 等．在这些方向上，衍射角 φ 同时满足式 (14-41) 和式 (14-31)，即

$$(a+b)\sin\varphi=\pm k\lambda,\qquad k=0,1,2,\cdots$$

和

$$a\sin\varphi=\pm k'\lambda,\qquad k'=1,2,\cdots$$

按照缝间干涉的光栅方程式 (14-41)，这个方向上应该出现 N 个相干光干涉的第 k 级主极大，但由于每个相干光的光强为零（即无光从每缝间射出）而使该主极大消失了，这称为谱线的**缺级** (missing order)．由上两式可得缺级条件

$$k=\pm\frac{a+b}{a}k',\qquad k'=1,2,\cdots \tag{14-45}$$

可见，图 14-32(c) 是由 $\frac{a+b}{a}=3$，$N=5$ 的多缝夫琅禾费衍射得到的图样，在可观察范围内，级次为 3 的整数倍的主极大都不会出现，即 $k=\pm3$，±6，…为缺级，显然由缺级的条件式 (14-45) 还可判断：这个光栅的 $b=2a$，即遮光部分的宽度是透光缝宽的 2 倍．

14.5.3 光栅光谱和色分辨本领

1. 光栅光谱

当平行白光垂直入射于光栅时，由光栅方程可知，在光栅常量 d 和

主极大级次 k 一定的情况下，衍射角 φ 随波长的增大而增大，零级主极大与波长无关．所以，零级主极大为白色，其两侧则对称地分布着由紫到红的各级光谱．

在低级次光谱中，此时有 $\sin\varphi \approx \varphi$(但要注意，高级次光谱中，$\sin\varphi \neq \varphi$)，各波长的主极大近似均匀排列，称匀排光谱．当 $k+1$ 级光谱中 λ 的衍射角与 k 级光谱中 $\lambda+\Delta\lambda$ 的衍射角相等时，光谱便发生重叠．可见光入射时，$\lambda = 400$ nm，$\lambda+\Delta\lambda = 760$ nm，由 $(k+1)\lambda = k(\lambda+\Delta\lambda)$ 可知，只有第 1 级光谱是独立的．

*2. 色分辨本领

光栅能分辨两个波长差 $\Delta\lambda$ 很小的谱线的能力称光栅的色分辨本领(resolving power)，用 R 表示．其定义为

$$R = \frac{\lambda}{\Delta\lambda}$$

根据瑞利判据，当波长为 $\lambda+\Delta\lambda$ 的 k 级主极大与同级光谱中，在其一侧另一波长为 λ 的第一个极小的角位置重合时，这两个谱线恰可分辨．由式(14-41)和式(14-44)，有

$$k(\lambda + \Delta\lambda) = \frac{kN+1}{N}\lambda$$

可得光栅的分辨本领为

$$R = \frac{\lambda}{\Delta\lambda} = kN \tag{14-46}$$

由上式可知，光栅的分辨本领 R 取决于光谱的级次 k 和光栅实际受光照的缝数 N 的乘积．对一定的光栅，可通过斜入射和扩束的方法来提高它的分辨本领．

例 14-8

有一平面光栅，每厘米有 6 000 条刻痕，一平行白光垂直照射到光栅平面上．求：

(1) 在第 1 级光谱中，对应于衍射角为 20° 的光谱线的波长；

(2) 此波长的第 2 级谱线的衍射角．

解 (1) 该光栅的光栅常量为

$$d = a + b = \frac{1}{6\,000} \approx 1.667\times10^{-4}\text{(cm)} = 1.667\times10^{-6}\text{(m)}$$

由光栅方程

$$d\sin\varphi = k\lambda$$

对第 1 级光谱

$$k = 1$$

第 1 级光谱中衍射角为 20° 的光谱线的波长为

$$\lambda = d\sin\varphi = 1.667\times10^{-6}\times\sin 20^\circ \approx 5.701\times10^{-7}\text{(m)} = 570.1\text{(nm)}$$

(2) 上述波长的第 2 级谱线的衍射角可由

$$d\sin\varphi = 2\lambda$$

求得为

$$\sin\varphi = \frac{2\lambda}{d} = \frac{2\times5.701\times10^{-7}}{1.667\times10^{-6}} \approx 0.684$$

于是得

$$\varphi \approx 43^\circ 9'$$

例 14-9

波长 600 nm 的单色平行光垂直入射在一光栅上，相邻的两条明条纹分别出现在 $\sin\varphi = 0.20$ 与 $\sin\varphi = 0.30$ 处，第 4 级缺级．试问：

(1) 光栅上相邻两缝的间距有多大?

(2) 光栅上透光缝的宽度有多大?

(3) 在所有衍射方向上，这个光栅可能呈现的全部级数．

解 (1) 设 $\sin\varphi_k = 0.20$, $\sin\varphi_{k+1} = 0.30$． 根据光栅方程，得

$$\begin{cases} d\sin\varphi_k = d\times 0.20 = k\lambda \\ d\sin\varphi_{k+1} = d\times 0.30 = (k+1)\lambda \end{cases}$$

得

$$k = 2$$

$$d = \frac{2\lambda}{\sin\varphi_k} = \frac{2\times 600\times 10^{-9}}{0.20} = 6\times 10^{-6}(\text{m})$$

由此，光栅的光栅常量为 6×10^{-6} m．

(2) 由光栅的缺级条件

$$k = \frac{d}{a}k'$$

根据题意，第一次缺级发生在 $k'=1$，$k=4$，所以

$$d = 4a$$

$$a = \frac{d}{4} = 1.5\times 10^{-6}\ \text{m}$$

即，光栅上狭缝的宽度为 1.5×10^{-6} m．

(3) 光栅衍射的光强分布在 $-\frac{\pi}{2} < \varphi < +\frac{\pi}{2}$ 内，在 $\varphi = \pm\frac{\pi}{2}$ 的极限方向上，由倾斜因子可知，此时实际已无光强．

将 $\varphi = \frac{\pi}{2}$ 代入光栅方程 $d\sin\varphi = k\lambda$，得最高级次为

$$k_m = \frac{d}{\lambda} = \frac{6\times 10^{-6}}{600\times 10^{-9}} = 10$$

事实上，$k = 10$ 的主极大是观察不到的．

由缺级条件

$$k = \frac{d}{a}k'$$

可知，缺级发生在 ±4，±8，±12，…处．这样，可能观察到的主极大数为：$k = 0$，±1，±2，±3，±5，±6，±7，±9．共 15 个．

14.6 X 射线的衍射

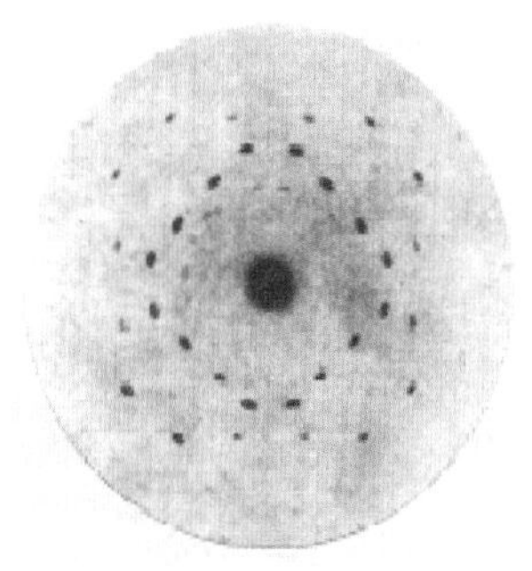

图 14-33 劳厄斑

1895 年，伦琴 (W. K. Röntgen) 发现了 X 射线．研究表明，这是在高速电子撞击某些固体时产生的一种波长很短、穿透力很强的电磁波，它不为人眼所感觉，但可使感光乳胶感光．然而，正是由于 X 射线的波长很短 (在 $10^{-3}\sim1$ nm 范围)，用普通的光学光栅显然观察不到它的衍射现象．

1912 年，劳厄 (M. von Laue) 利用一片薄晶体作为衍射光栅，直接观察到了 X 射线的衍射图样．图 14-33 是 X 射线通过 NaCl 晶体后，在照相底片上形成的衍射图样．研究表明，这些具有某种对称性的斑点是由晶体衍射线的主极大形成的，称**劳厄斑**．

晶体具有周期性结构，可以抽象成由许多周期性排列的格点组成的点阵．X 射线的衍射图样证明了 X 射线作为电磁波，其波长与格点的间隔差不多是同数量级的．

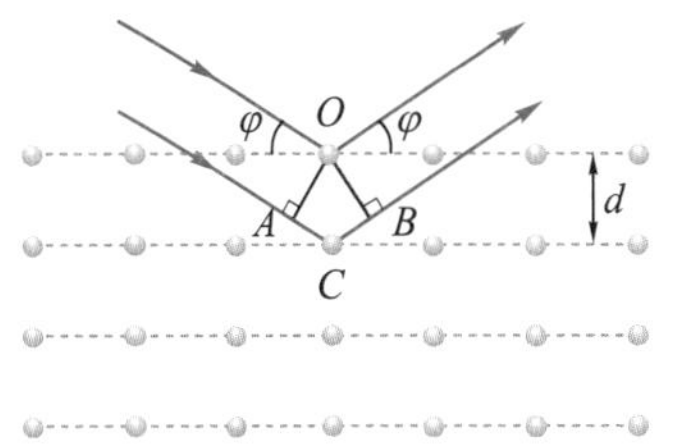

图 14-34　布拉格条件

布拉格父子 (W. H. Bragg, W. L. Bragg) 对 X 射线在晶体上的衍射现象，提出了一种简明而有效的解释方法．事实上，当 X 射线照射到晶体上时，组成晶格点阵的每个格点都可看成是次波波源，它们吸收入射波并立即向各个方向发出相干的衍射（散射）波．如图 14-34 所示，布拉格把晶格点阵看成是由许多平行的晶面 (crystal plane) 堆积而成的，这组平行晶面称**晶面族**，每一个晶面都是点阵平面．当一束平行的 X 射线，以掠射角 φ 入射于图示晶面时，在每个周期排列的格点上将产生衍射，对每一晶面而言，在镜面反射方向上具有最强的衍射；但就所有相互平行的晶面而言，在镜面反射方向上总的衍射强度则取决于各晶面反射波相干涉的结果．

如图 14-34 所示，对相邻晶面间距为 d 的这组晶面，两反射线之间的光程差为

$$\delta = \overline{AC} + \overline{CB} = 2d\sin\varphi$$

当满足

$$2d\sin\varphi = k\lambda, \quad k = 1,2,3,\cdots \tag{14-47}$$

时，所有这组平行晶面反射的 X 射线之间都干涉加强．由于是很多晶面的很多反射光束间的相干加强，因此在反射方向上出现的衍射斑点清晰而明锐．式 (14-47) 是分析晶体 X 射线衍射形成干涉极大所必须满足的条件，称**布拉格条件** (Bragg's condition)．

实际上，一个晶格点阵可以有许多不同取向的晶面族．在如图 14-35 所示的 NaCl 点阵图面内，a 和 b 等分别表示不同取向的晶面族，它们的**晶面间距** (interplanar spacing) 各不相同．对一束入射 X 射线，不同的晶面族有不同的掠射角，只有满足式 (14-47) 布拉格条件的晶面族才能形成劳厄斑点．

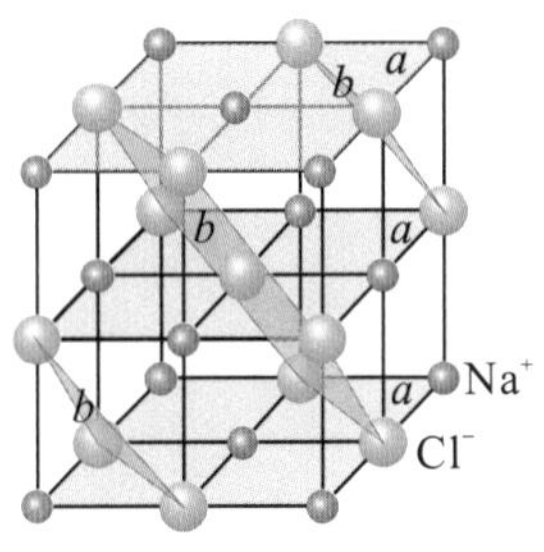

图 14-35　NaCl 点阵图

在实验中，若已知晶体的结构，比如晶格常数或某晶面间距，可利用 X 射线衍射法测出 X 射线的波长．反之，若已知 X 射线波长，则可得到关于晶体结构的各种信息，比如晶格常数、对称性、晶轴取向等．X 射线衍射法是进行晶体结构分析和 X 射线谱研究的重要手段，已经发展成为物理学的一个专门分支——X 射线结构分析，在结晶学和工程技术中都有很广泛的应用．

14.7 光的偏振现象

光的干涉和衍射现象揭示了光的波动特性，光的偏振现象从实验上清楚地显示出光的横波性，进一步证实了光的电磁波本性．

14.7.1 光的偏振态

麦克斯韦理论指出，光波是横波，在光的传播过程中，光振动矢量 $\boldsymbol{E}$、

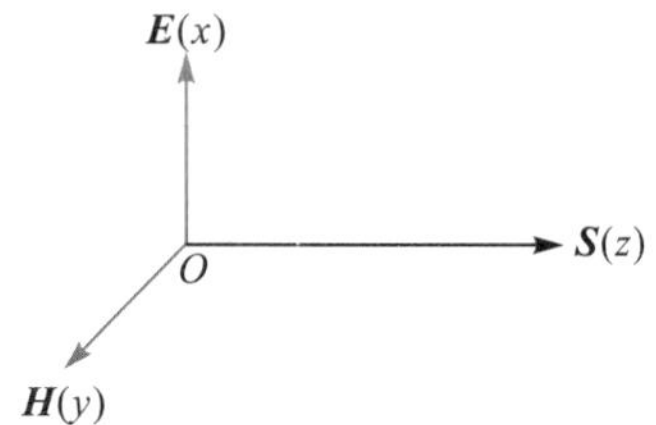

图 14-36　E，H，S 三者关系

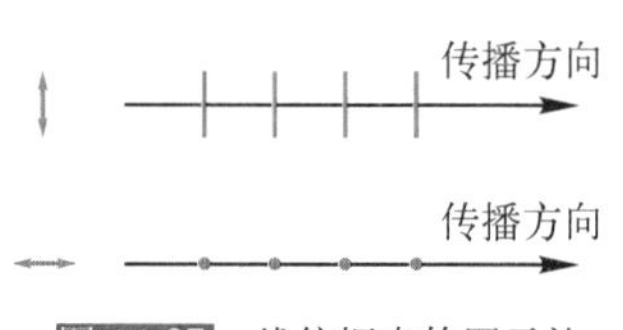

图 14-37　线偏振光的图示法

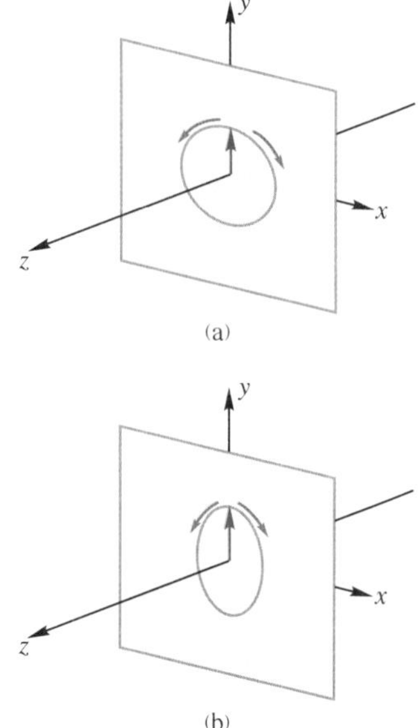

图 14-38　圆偏振光和椭圆偏振光在 xOy 面内的投影

磁场强度 $\boldsymbol{H}$ 和光线方向 $\boldsymbol{S}$(坡印亭矢量方向)三者正交,构成右手螺旋关系,如图 14-36 所示.光振动矢量 $\boldsymbol{E}$ 和光线方向 $\boldsymbol{S}$ 所组成的平面称振动面(plane of vibration)，即图中的 xz 平面．光的偏振态 (polarization state) 是指在垂直于光线传播方向（沿 z 轴）的二维平面 (xOy 平面）上，光振动矢量 $\boldsymbol{E}$ 的运动状态．按光的偏振态，可以将光分为偏振光 (polarized light) 和自然光 (natural light) 两大类．

1. 线偏振光

在光的传播过程中，如果光振动矢量 $\boldsymbol{E}$ 始终保持在一个确定的平面内（如 xOz 平面），这样的光称为平面偏振光 (plane polarized light)，这种偏振态称平面偏振，这个确定的振动平面称为偏振面 (plane of polarzation)．在 xOy 平面内，平面偏振光的偏振面表现为一直线，因此也称为线偏振光 (linear polarized light) 或完全偏振光 (complete polarized light)．图 14-37 表示振动面分别在纸面内和垂直于纸面的线偏振光．

图 14-37 中用短线和点分别表示在纸面内和垂直于纸面的光矢量的振动方向．

2. 圆偏振光和椭圆偏振光

迎着光线 (z 轴)，在 xOy 平面内，在光向前传播中，如果光矢量的端点不断地旋转（左旋或右旋），且光矢量端点的轨迹是一个圆，这种光称圆偏振光 (circular polarized light)；而如果光矢量端点的轨迹是一个椭圆，则称为椭圆偏振光 (elliptical polarized light)，如图 14-38(a) 和 (b) 所示．

根据振动学知识，由两个频率相同、振动方向互相垂直的简谐运动的合成可知，圆偏振光和椭圆偏振光都可看成是由两个振动面相互垂直，存在确定相位差的线偏振光的叠加而成的，而线偏振光、圆偏振光都是椭圆偏振光在一定条件下的特例．

3. 自然光

由光源的发光机理可知，在普通光源（自发辐射为主的光源）的大量发光原子中，各原子的每次辐射所发出光波列的振动方向和发光时间都具有随机性．迎着光线方向 (z 轴）看，光振动矢量以相等的振幅均匀地分布在 xOy 平面内，这些振动或者同时存在，或者迅速而无规则地替代着、旋转着，它们的振动取向是随机的，统计地说，相对光线是对称的．这种由普通光源发出的，光振动矢量相对 z 轴呈对称分布的光称为自然光，如图 14-39 所示．可见，偏振光不具备这种对称性．

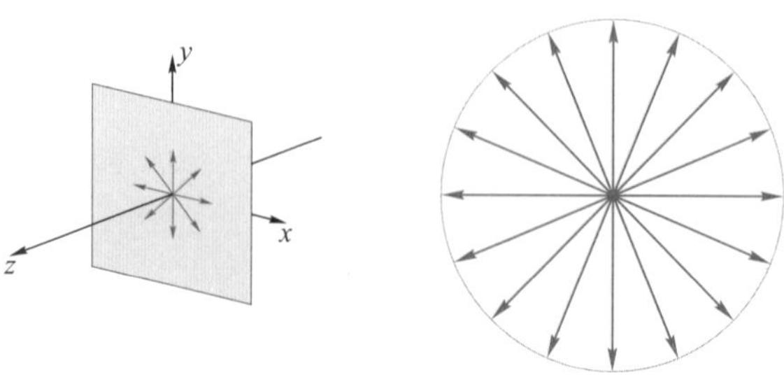

图 14-39　自然光

因为每一个光振动矢量都可以在两个互相垂直的方向上分解，因此自然光可以用两个振动方向互相垂直，没有恒定相位关系的两个独立光振动代替，它们的振幅 A_x，A_y 相等，光强各占自然光总光强的 1/2．简而言之，**自然光可看成是两个振动方向正交的，没有恒定相位关系的，等振幅的线偏振光的混合**．

自然光的表示如图 14-40 所示．

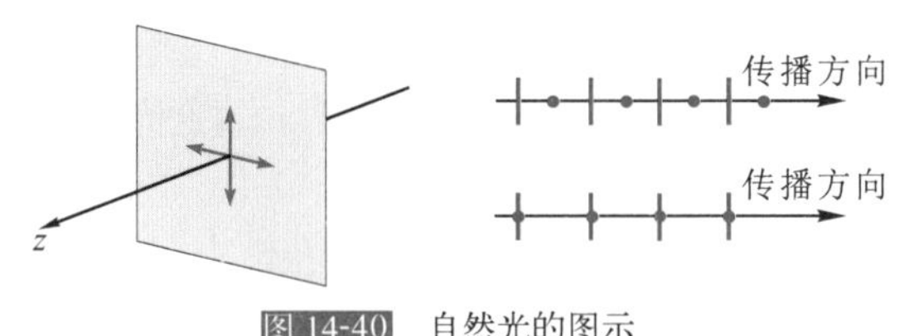

图 14-40 自然光的图示

4. 部分偏振光

偏振光（包括线偏振光、圆偏振光及椭圆偏振光）和自然光的混合光称部分偏振光 (partial polarized light)．图 14-41(a) 所示为在图面内的光振动较强的部分偏振光，图 14-41(b) 所示为垂直于图面的光振动较强的部分偏振光．

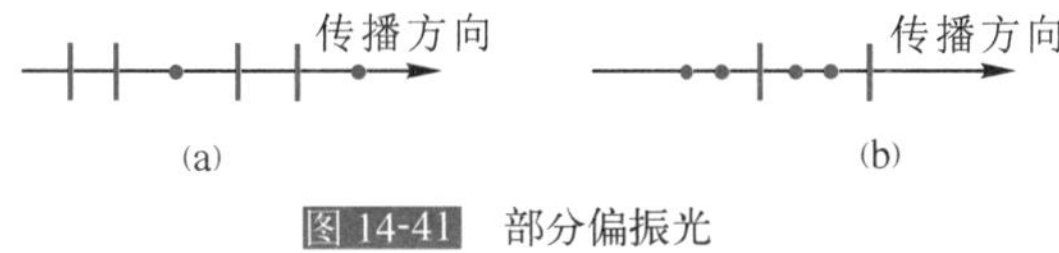

图 14-41 部分偏振光

14.7.2 偏振片　马吕斯定律

通过多种途径，我们可从自然光获得偏振光．例如利用晶体或人造物质对光振动的各向异性获得偏振光，或者利用自然光在介质界面上的反射和折射来获得偏振光等．

1. 偏振片

在某些天然或人造材料（如硫酸碘奎宁、电气石晶体和经特殊加工的聚氯乙烯薄膜等）内部存在着一个特定的方向：当光振动方向与之相垂直时，被强烈地吸收而不能通过；而当光振动方向与之相平行时，则因吸收很小而得以通过．这种对光振动的方向具有选择性吸收的性质称作物质的二向色性 (dichroism)．当自然光入射于用这种材料制成的光学元件时，由于某方向的光振动被吸收而消失，就得到了与吸收方向垂直的光振动的线偏振光．这个元件称作偏振片 (polaroid sheet)，能透过的光振动方向称偏振化方向，常用符号↕表示．理想的偏振片对与偏振化方向一致的光振动全部透射，而对与偏振化方向垂直的光振动则全部吸收，我们的讨论限于理想偏振片情况．

我们把从自然光获得偏振光的过程称为起偏，相应的光学元件称为起偏器 (polarizer)．

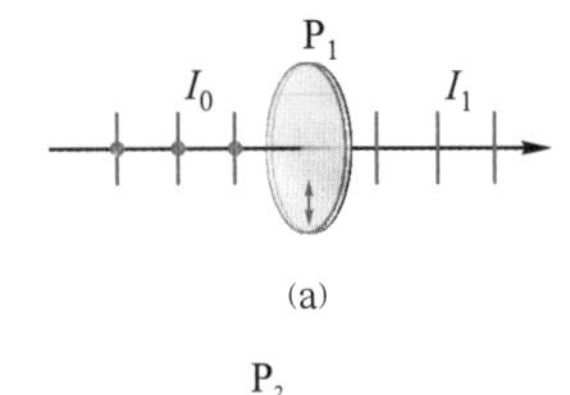

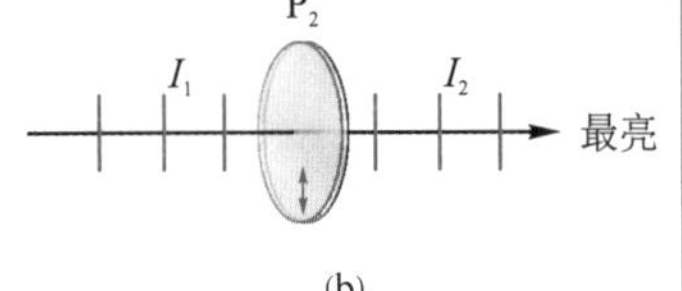

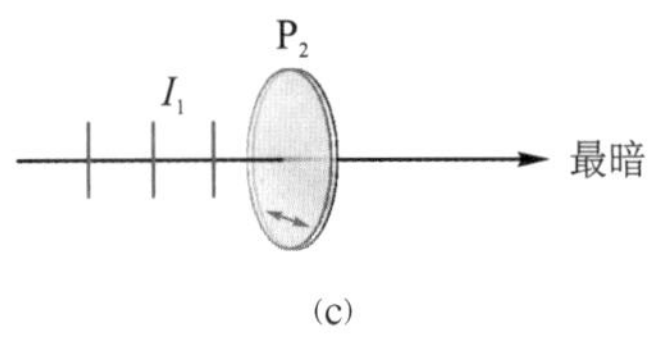

图 14-42　偏振片

如图 14-42(a) 所示，光强为 I_0 的自然光垂直入射到偏振片 P$_1$ 后，透射光是振动方向与 P$_1$ 的偏振化方向平行的线偏振光，P$_1$ 成为起偏器．以光线为轴转动 P$_1$ 时，线偏振光的偏振面将随之转动，但光强不发生变化，始终为 $I_1=\frac{1}{2}I_0$．

如图 14-42(b) 所示，以光强为 I_1 的线偏振光垂直入射到偏振片 P$_2$，在以光线为轴转动 P$_2$ 的过程中，透射光仍为线偏振光，但光强将发生变化．当 P$_2$ 的偏振化方向平行于 I_1 的光振动方向时，透射光 I_2 最强，$I_2=I_1$；当 P$_2$ 的偏振化方向垂直于 I_1 的光振动方向时，透射光为零，这称为消光现象，如图 14-42(c) 所示．

当垂直入射到偏振片 P 的为部分偏振光时，在以光线为轴转动 P 的过程中，透射光仍为线偏振光，其光强虽也发生变化，但不存在光强为零的消光现象．

综上所述，旋转一个偏振片，可以通过透射光的光强变化来确定入射光的偏振态．这个过程叫检偏，有检偏作用的光学元件叫检偏器 (polarization analyzer)，比如上文中提到的 P$_2$ 和 P 都是检偏器，它们和起偏器 P$_1$ 可以是两块构造完全相同的偏振片．

偏振片的应用——流水画

偏振片反转产生什么效果?

2. 马吕斯定律

如图 14-43 所示，两偏振化方向成 α 角的偏振片 P$_1$ 和 P$_2$ 共轴地平行放置，光强为 I_0 的自然光垂直入射于该系统，得到线偏振光 I_1 和 I_2．已知 $I_1=\frac{1}{2}I_0$，它的光振动方向与 P$_1$ 的偏振化方向一致，振幅 $A_1\propto\sqrt{I_1}$．按检偏器 P$_2$ 的偏振化方向可将 A_1 分解为平行和垂直两分量，由图可知，平行分量 A_2 为

$$A_2=A_1\cos\alpha$$

这是可通过 P$_2$ 的光振动振幅．因光强正比于振幅的平方，所以有

$$I_2=I_1\cos^2\alpha \tag{14-48}$$

上式称为马吕斯定律．

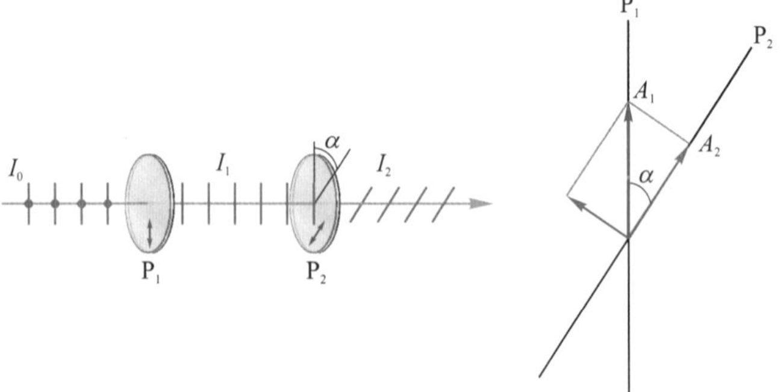

图 14-43　马吕斯定律

根据马吕斯定律，$\alpha=k\pi,k=0,1,2,\cdots$时，$I_2=I_1$；$\alpha=(2k+1)\frac{\pi}{2},k=0,1,2,\cdots$时，$I_2=0$．$\alpha$ 为其他值时，I_2 介于 0 和 I_1 之间，该规律与实验事实是相符合的．

例 14-10

一束光由自然光和线偏振光混合而成．当它垂直入射并通过一偏振片时，透射光的强度随偏振片的转动而变化，其最大光强是最小光强的 5 倍．入射光中自然光和线偏振光的强度各占入射光强度的几分之几？

解 设入射光中自然光和线偏振光的强度分别为 I_{10} 和 I_{20}，则入射光的总强度为

$$I_0 = I_{10} + I_{20} \quad ①$$

设通过偏振片后，由自然光产生的偏振光强度为 I_1，由入射的偏振光产生的偏振光强度为 I_2，则透射偏振光的总强度 I 为

$$I = I_1 + I_2 = \frac{1}{2}I_{10} + I_{20}\cos^2\alpha \quad ②$$

式中，α 为入射偏振光的振动方向与偏振片的偏振化方向间的夹角．

由式②，可得

$$I_{max} = \frac{1}{2}I_{10} + I_{20}, \qquad I_{min} = \frac{1}{2}I_{10}$$

按题意，有

$$I_{max} = 5I_{min}$$

即

$$\frac{1}{2}I_{10} + I_{20} = 5\times\frac{1}{2}I_{10} \quad ③$$

由式①和式③可得

$$\frac{I_{10}}{I_0} = \frac{1}{3}, \qquad \frac{I_{20}}{I_0} = \frac{2}{3}$$

14.8 反射和折射时的偏振现象 布儒斯特定律

1808 年马吕斯偶然从窗玻璃反射的太阳光中发现了光的偏振现象．进一步的电磁理论和实验研究表明，自然光在两种各向同性介质的界面上发生反射和折射时，反射光和折射光一般都是部分偏振光，反射光中垂直于入射面的光振动占优势，而折射光中平行于入射面的光振动占优势，如图 14-44 所示．

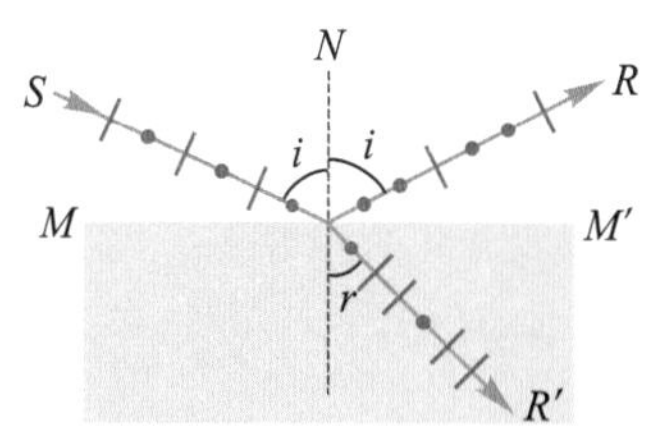

图 14-44 反射和折射的偏振现象

改变入射角时，反射光和折射光的偏振化程度会相应地发生变化，当入射角为某一特定角度时，反射光成为线偏振光，即完全偏振光．1811 年，布儒斯特 (D．Brewster) 从实验现象中归纳出一个规律：当光以某一特定入射角 i_B 从折射率为 n_1 的介质射向折射率为 n_2 的介质时，反射光是光振动垂直于入射面的线偏振光，并且反射光线和折射光线相互垂直．这个特定的入射角称起偏角 (polarizing angle) 或布儒斯特角．

如图 14-45 所示，当自然光以布儒斯特角 i_B 入射时，设折射角为 γ，有

$$i_B + \gamma = \frac{\pi}{2}$$

由折射定律

$$n_1 \sin i_B = n_2 \sin\gamma = n_2 \cos i_B$$

所以

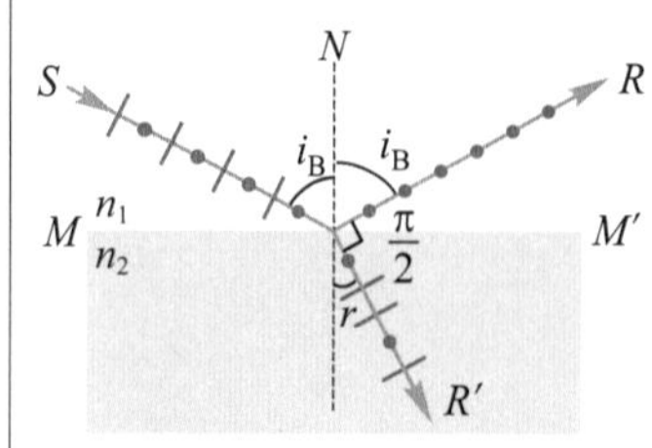

图 14-45 布儒斯特定律

$$\tan i_B = \frac{n_2}{n_1} \tag{14-49}$$

式 (14-49) 称为布儒斯特定律.

设普通玻璃的折射率为 1.50，空气的折射率近似为 1，由式 (14-49) 可以得出，当自然光从空气射向玻璃的起偏振角约为 56°，而由玻璃射向空气的起偏振角约为 34°.

应该注意，当自然光以布儒斯特角入射于两种各向同性介质界面的情况下，反射光是完全偏振光，但折射光仍然是部分偏振光；当自然光以布儒斯特角从空气射向玻璃时，入射光中平行于入射面的光振动能量 100% 被折射，而垂直于入射面的光振动能量被反射的仅仅约占 15%，其余的仍被折射入玻璃内.

利用如图 14-46 所示的玻片堆，可以提高反射偏振光的强度和折射光的偏振化程度，将自然光以布儒斯特角入射到这些平行放置的玻璃片时，光在各玻璃片上下表面的入射角都是起偏振角，经多次反射，反射光中的垂直振动成分越来越强，而折射光中的垂直振动成分越来越弱，最后透射出的几乎全部为平行于入射面的光振动.

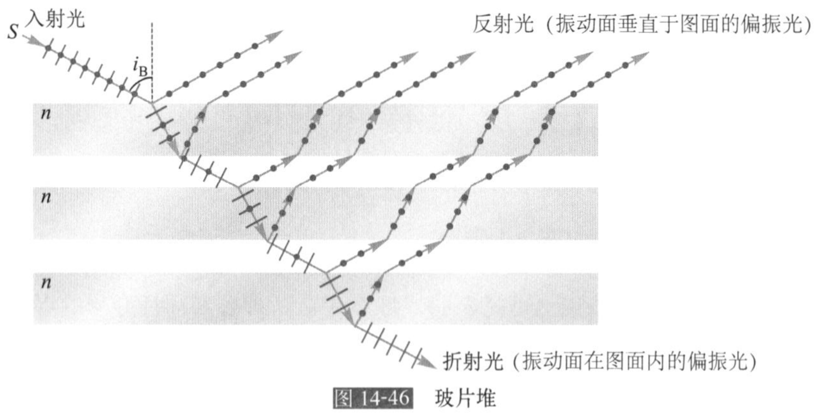

图 14-46 玻片堆

在外腔式气体激光器中，谐振腔两端的透明窗都安置成使入射光的入射角成为布儒斯特角. 在这种情况下，入射光中垂直于入射面的振动因每次反射损失 15%，不能建立起稳定振荡，而平行于入射面的振动则因不存在反射损失，可以在腔内形成稳定振荡，最终使激光器输出线偏振光.

14.9 双折射现象

14.9.1 晶体双折射现象的基本规律

人们很早就发现，一束光射到一些透明晶体如方解石 ($CaCO_3$) 上时，会产生两束传播方向略有差异的折射光，离开晶体后成为两束光，这被称为晶体的双折射(birefringence)现象．如图 14-47 所示，如果通过方解石晶体去看纸上的一个黑点时，就可以看到两个像点．

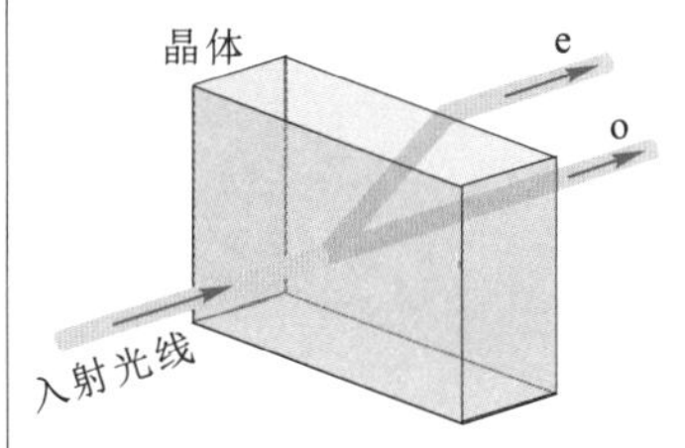

图 14-47　晶体双折射

对方解石等透明晶体双折射现象的进一步研究，还发现了以下规律：

(1) 寻常光线和非寻常光线．

双折射产生的两束折射光中，有一束折射光满足通常的折射定律，这束折射光称为寻常光(ordinary light)，简称 o 光．所谓满足通常的折射定律，就是指：折射光线一定在入射面内，而且当入射角增大时折射角也必随之增大，两者正弦之比

$$\frac{\sin i}{\sin \gamma_o}=n_o$$

式中，n_o 为常数，称晶体对 o 光的折射率，式中γ_o是晶体内 o 光的折射角．

另一束折射光不遵守通常的折射定律，称为非常光(extraordinary light)，简称 e 光．对 e 光而言，当入射角 i 变化时对应的折射角 γ_e 虽然也随之改变，但两者的正弦之比$\frac{\sin i}{\sin \gamma_e}$不是一个常数，并且，这条折射光线一般不在入射面内．

由式(14-2)给出的介质折射率$n=\frac{c}{u}\approx\sqrt{\varepsilon_r}$可知，由于 $n_o=$ 常数，所以在晶体内 o 光在所有方向上的相位传播速率 u 相同．于是，晶体对 o 光是光学各向同性的，显然，方解石晶体对 e 光则是光学各向异性的．

(2) 光轴．

改变入射角的方向，我们发现在晶体内部有一个特殊方向：当光沿此方向传播时不发生双折射现象．这个特殊方向称为晶体的光轴(optic axis)．应该注意，光轴不是一条确定的线而是一个方向，晶体内所有平行于此方向的直线都是光轴．在光轴方向上 o 光和 e 光的折射率相同，传播速率也相同．方解石、石英、红宝石、冰等晶体只有一个这样的方向，称为单轴晶体(uniaxial crystal)；而如云母、硫磺和蓝宝石等有两个这样的方向，称为双轴晶体(biaxial crystal)．我们将以方解石为例着重讨论单轴晶体情况．

如图 14-48 所示，方解石晶体是个斜六面体，每个面都是平行四边形，有八个顶点．各面的锐角均为 78°8′(近似为 78°)，钝角均为 101°52′(近似为 102°)，相交于两个特殊顶点 A 和 B 的三个面中的角度都是钝角．从顶点 A 或 B 作一条直线，使它与过此顶点的三条棱边成相等的角度，这条直线方向就是方解石晶体的光轴．

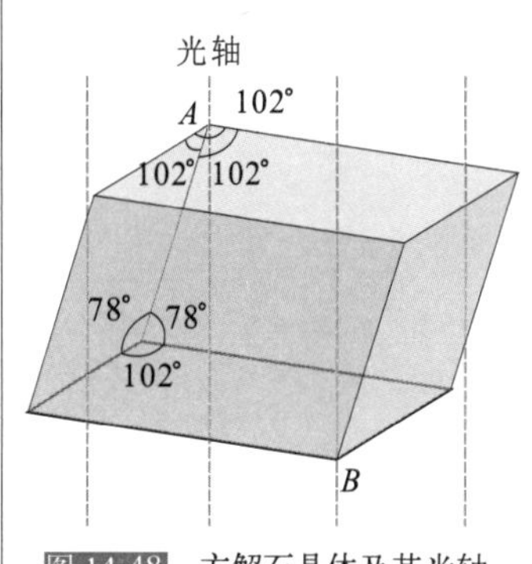

图 14-48　方解石晶体及其光轴

(3) o 光和 e 光都是完全偏振光．

在晶体内部，由光轴和任一折射光线组成的平面称为该光线的主平面(principal plane)．用检偏器观察 o 光和 e 光的偏振状态时可以发现：它们都是线偏振光即完全偏振光；o 光的振动方向垂直于 o 光的主平面，因而也总垂直于光轴；e 光的振动方向总是在自己的主平面内，即平行于 e 光主平面，而与光轴可以有不同的夹角．通常情况下，o 光和 e 光的主平面

不重合，它们的光振动方向也不相互垂直．在实际应用中，常有意选择入射光的方向，使入射面包含晶体的光轴，这时，晶体内 o 光和 e 光的主平面重合，o 光和 e 光的振动方向也相互垂直．应该指出：**在晶体内部 o 光和 e 光具有不同的传播特性，必须加以区分**，但一旦从晶体透射出，进入各向同性介质后就成为普通的线偏振光，也就无所谓 o 光和 e 光了．

14.9.2 惠更斯对双折射现象的解释

光的电磁理论可以对光在晶体中的双折射现象作出严格的解释，但理论计算比较复杂．早在 1690 年，惠更斯应用次波概念对双折射现象就已作出了初步解释，其结论与电磁理论和实验相符，而惠更斯作图法则利用次波波面，可以简单而直观，定性地确定光在晶体内的传播方向．

1. 单轴晶体中光波的波面

根据惠更斯的次波概念，光在各向同性介质中传播时，由于沿各个方向的传播速率相同，波面上每个次波波源发出的都是球面波．在波动学的讨论中，用作图法已经证明了通常的折射定律．

对于单轴晶体中的双折射现象，惠更斯认为晶体中任一点发出的次波应该有两个，相应有两个波面：o 光遵从通常的折射定律，沿各个方向的传播速率 u_o 应该相同，因而 o 光的次波面是球面；e 光的次波面显然不是球面，他假定为对光轴对称的旋转椭球面，因而 e 光在晶体中沿各个方向的传播速率不同；由于在光轴方向上不发生双折射现象，o 光和 e 光并不分开，因而它们沿光轴方向的传播速率应该相同，所以 o 光的球面和 e 光的椭球次波面在光轴方向上相切．

2. 主折射率

在图 14-49 中画出了两类单轴晶体内次波波面的情况．由图可见，在垂直于光轴的方向上，o 光和 e 光的传播速率相差最大．以 u_o 表示寻常光线的速率，n_o 为它的折射率，有 $n_o=\dfrac{c}{u_o}$，为一常数；以 u_e 表示 e 光在垂直于光轴方向上的速率，这个方向上的比值 $n_e=\dfrac{c}{u_e}$ 称为晶体对 e 光的**主折射率**(principal refractive index)．在其他方向上，e 光的折射率介于 n_o 和 n_e

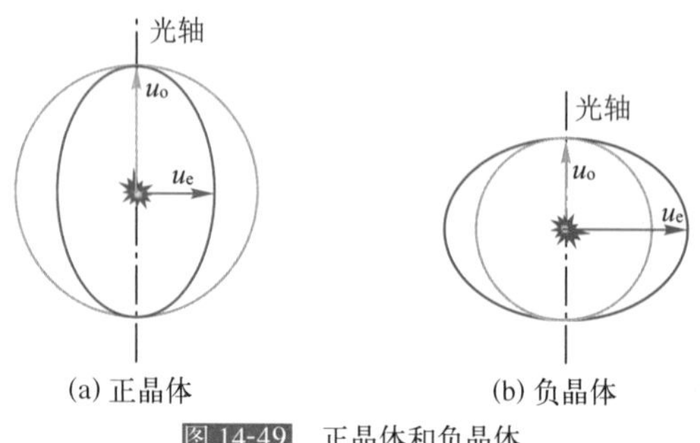

图 14-49　正晶体和负晶体

之间．在图 14-49(a) 中，$u_o > u_e$，即 $n_o < n_e$，这类晶体称正晶体 (positive crystal)，如石英、冰等；在图 14-49(b) 中，$u_o < u_e$，即 $n_o > n_e$，方解石、电气石等属于这类晶体，称为负晶体 (negative crystal)．

方解石和石英作为典型的负晶体和正晶体，它们对黄钠光（波长为 589.3 nm) 的 n_o 和 n_e 如表 14-2 所示．

表 14-2　方解石和石英对黄钠光的 n_o 及 n_e

方解石		石英	
n_o	n_e	n_o	n_e
1.6584	1.4864	1.5443	1.5534

3. 惠更斯作图法

根据单轴晶体内 o 光的球面次波和 e 光的旋转椭球面次波，应用惠更斯作图法，可以定性地确定单轴晶体内寻常光线和非常光线的传播方向．

按惠更斯原理作图的基本步骤是：当平行光入射到晶体表面时，在晶体内激发出相应的 o 光球面次波和 e 光椭球面次波，它们在光轴方向上相切；作出某时刻 t，晶体内所有 o 光次波的公切面（包络面），即为 o 光的波阵面，所有 e 光次波的公切面，即为 e 光的波阵面；从次波中心向次波波面与公切面的切点作连线，该连线方向就是晶体中 o 光和 e 光能量的传播方向，即光线传播方向．

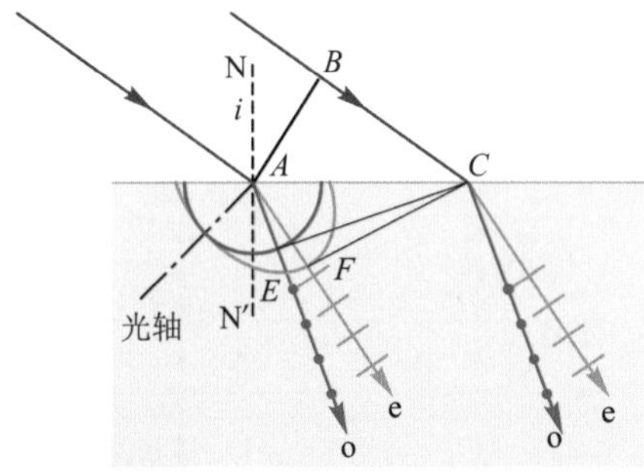

图 14-50　平面波在方解石内的传播

在图 14-50 所示情况中，一束平行光以入射角 i 照射到方解石（负晶体）上，用虚线表示的晶体光轴在入射面（图面）内，与晶体表面成一定角度．AB 是入射光 t_0 时刻的波面．当 B 点发出的次波在 t 时刻到达晶体表面的 C 点时，从 A 点所发的两个不同次波已在晶体中传播了一段距离．以 A 为中心作寻常光和非常光的次波波面，它们在光轴方向上相切．过 C 点作与 o 光的球面相切的公切面 CE，就是寻常光在 t 时刻的波面；作与 e 光的椭球面相切的公切面 CF，就是非常光在 t 时刻的波面．从入射点 A 分别向切点 E 和 F 引连线，得到 o 光和 e 光的光线传播方向．在本情况中，o 光和 e 光的光线都在入射面内，它们的光振动方向互相垂直．但是，e 光的光振动方向不垂直于光轴，e 光的光线方向也不垂直于 e 光 t 时刻的波阵面 CF，即 e 光的能量传播方向和相位的传播方向是不同的．这也是晶体光学各向异性的表现.

在对晶体双折射现象的实际应用中，常对晶体进行切割加工，使光轴与晶体表面垂直或者平行. 当平行光（自然光）垂直入射于负晶体的晶体表面时，晶体内光振动方向互相垂直的 o 光和 e 光的传播方向如图 14-51 所示.

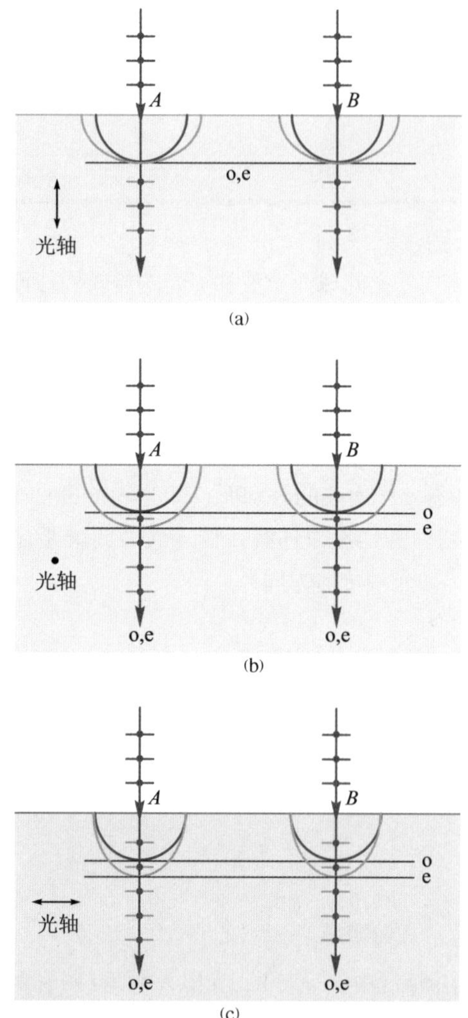

图 14-51　平行光（自然光）在双折射晶体中的传播

在图 14-51(a) 中，光轴垂直于晶体的表面. 平行光（自然光）沿光轴传播，o 光和 e 光的速度相同，次波面重合在一起，因而两束光并不分开，这种情况下，晶体内不出现双折射现象.

在图 14-51(b) 和 (c) 中，光轴都平行于晶体表面. 平行光进入晶体后，o 光和 e 光都沿原方向传播，但传播速率不同（对应不同的折射率），两者的次波面不重合. 在这两种情况下，晶体内虽然也不出现方向上分开的两个折射光束，但传播一定距离后，o 光和 e 光所经历的光程不同，对物体成像的位置也就不同. 比如，通过双折射晶体垂直观察纸上的一个黑点时，看到的高低两个像点就是双折射所致．

切割晶体，使光轴平行于表面，并适当选择厚度 d，那么图 14-51(b) 和 (c) 所示的晶体片就成了称为**波片** (wave plate) 或**波晶片**的光学元件．当偏振光通过波片时，振动方向互相垂直的 o 光和 e 光间将产生附加的光程差：$\delta=|n_o-n_e|d$．对一定的光波长 λ，取不同的晶片厚度 d，可制成

$$d=\frac{1}{n_o-n_e}\frac{\lambda}{4} \tag{14-50}$$

(或 d 的奇数倍) 的 $\frac{1}{4}$ 波片，简称为 $\frac{1}{4}$ 波片．当波长为 λ 的单色偏振光通过 $\frac{1}{4}$ 波片后，o 光和 e 光的光程差恰好等于 $\frac{\lambda}{4}$，若入射偏振光的振动方向与 $\frac{1}{4}$ 波片的光轴方向成 $\alpha=45°$ 角，即 $E_o=E_e$，则从该波片出射的便是圆偏振光．因此可利用 $\frac{1}{4}$ 波片获得或检验圆偏振光和椭圆偏振光．

同理，可制成

$$d=\frac{1}{n_o-n_e}\frac{\lambda}{2} \tag{14-51}$$

这种厚度的晶片叫 $\frac{1}{2}$ 波片 (简称半波片)．当波长为 λ 的单色光通过该晶片后，o 光和 e 光的光程差恰好等于半波长．射出晶体后，它们仍然是偏振光，但其偏振方向转过了 2α 角，亦即 $\frac{1}{2}$ 波片可改变入射偏振光的偏振方向．因此，波片既可用作相位延迟器，也可用来改变光的偏振态，是研究和应用光的偏振态的重要光学元件．

14.9.3 偏振棱镜

利用双折射晶体可以制成适合各种用途的偏振器件，具有起偏效果好、使用方便的特点．偏振棱镜 (polarizing prism) 就是其中的一类，其基本原理是设法将晶体中的 o 光和 e 光彼此分开，或将其中之一借助全反射消除掉，从而得到线偏振光．光学实验中常用尼科耳 (W. Nicol) 棱镜、沃拉斯顿 (Wollaston) 棱镜等从自然光获得纯度很高的线偏振光．

1. 尼科耳棱镜

将两块加工成图 14-52 所示形状的天然方解石晶体，用加拿大树胶粘合起来，即可组成尼科耳棱镜．

如图 14-52(b) 所示，自然光从左端面射入，被分解为 o 光和 e 光，并以不同的角度入射于左晶体与加拿大树胶的界面．选用的加拿大树胶折射率为 1.550，小于 o 光折射率 1.658 而大于 e 光主折射率 1.486，对 o 光而言，是由光疏介质射向光密介质，棱镜的设计使其在界面的入射角 (77°) 大于临界角 (62.9°) 从而发生了全反射，结果被涂黑的侧面所吸收．而 e 光在界面上是由光疏介质射向光密介质，因而能透过树胶层，从右

晶体端面射出.透射光是光振动方向在入射面内的线偏振光.微调入射角,可以使出射的光线方向平行于棱镜的底边.

尼科耳棱镜的实际作用是一个偏振器.

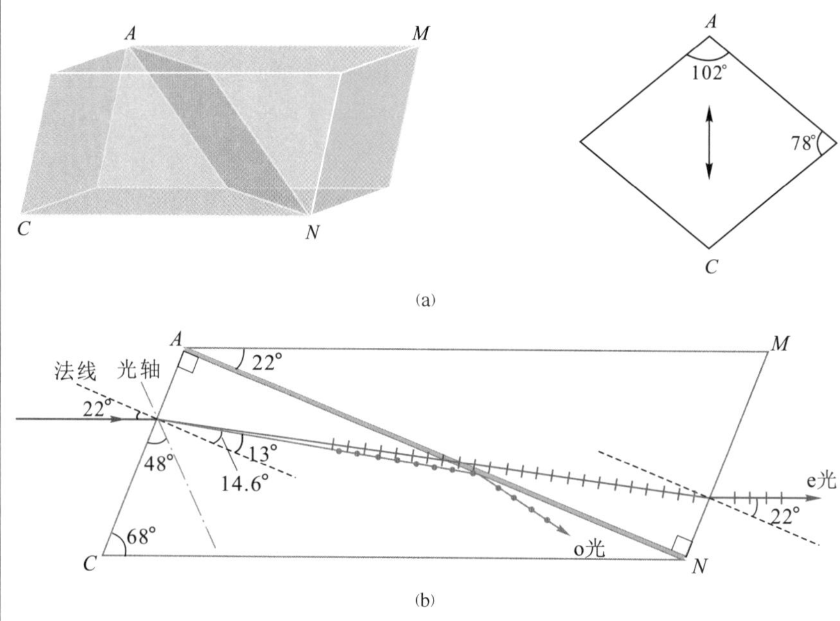

图 14-52 尼科耳棱镜

2. 沃拉斯顿棱镜

沃拉斯顿棱镜由两块光轴互相垂直的方解石直角棱镜胶合而成,可产生两束分离的,振动方向互相垂直的线偏振光.如图 14-53 所示,自然光垂直入射到 *AB* 面上,进入第一棱镜后 o 光和 e 光并不分开,但它们具有不同的波速,对应不同的折射率.进入第二个棱镜后,原来的 o 光变成 e 光,原来的 e 光变成 o 光,并彼此分开.穿出棱镜后两束线偏振光分得更开.与沃拉斯顿棱镜原理相同的还有罗雄 (Rochon) 棱镜,如图 14-54 所示.自然光正入射于罗雄棱镜后,在第一棱镜中不发生双折射,在第二棱镜中,o 光继续沿原方向传播,e 光则发生偏折.

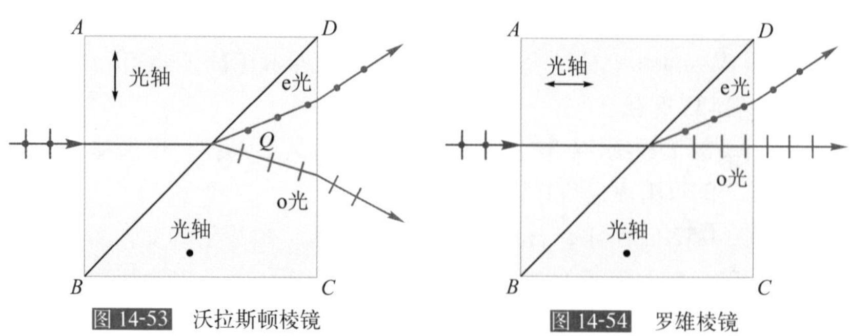

图 14-53 沃拉斯顿棱镜

图 14-54 罗雄棱镜

沃拉斯顿棱镜和罗雄棱镜的作用相当于两个偏振化方向互相垂直的起偏器,挡掉一束光便是一个偏振器.

14.10 偏振光的干涉 人为双折射现象 旋光现象

14.10.1 偏振光的干涉

我们知道，两束光产生干涉的条件是频率相同、振动方向相同和相位差恒定．无论对自然光还是对偏振光都是如此．同一单色线偏振光通过双折射晶体后，所产生的互相垂直的 o 光和 e 光具有相同频率和恒定的相位差，这两束线偏振光是有可能相干的，只要通过偏振片把 o 光和 e 光的光振动引到同一方向，使它们在该方向均有分量，就可观察到干涉现象．

图 14-55 是产生偏振光干涉的实验装置．图中，P_1 和 P_2 为相互正交的偏振片，C 为光轴平行于晶面的双折射晶片．偏振片 P_1 的偏振化方向（↕ 或 ↔）和晶片的光轴方向（CC'）成 α 夹角．当单色自然光垂直入射到 P_1，通过 P_1 后成为线偏振光，此线偏振光进入晶片 C 后分解为有一定相位差但光振动相互垂直的 o 光和 e 光．这两束光再通过 P_2 时，只有沿 P_2 的偏振化方向的光振动才能通过，这样就得到两束相干的线偏振光．

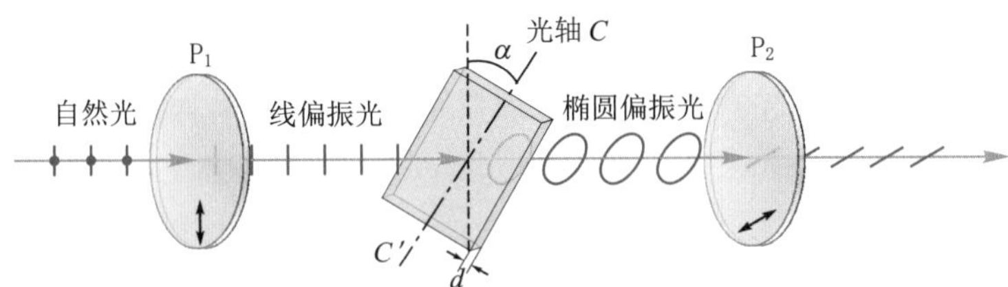

图 14-55 偏振光的干涉

图 14-56 为偏振光干涉的振幅矢量图．图中 MM' 和 NN' 分别表示正交的 P_1 和 P_2 的偏振化方向，CC' 表示晶片的光轴方向．A 为入射到晶片

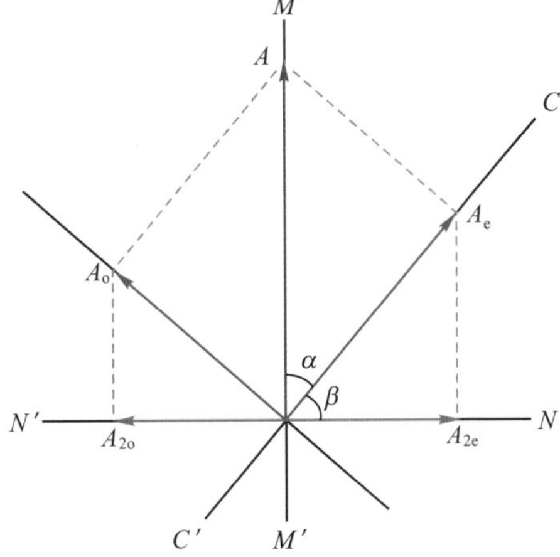

图 14-56 两束相干偏振光的振幅的确定

偏振光干涉

的线偏振光的振幅，A_o 和 A_e 为通过晶片后分解成垂直光轴方向的 o 光和平行光轴方向的 e 光的振幅，A_{2o} 和 A_{2e} 分别为 A_o 和 A_e 在 NN' 方向上的分量的量值.

由图 14-56 可得

$$A_{2o} = A_o\cos\alpha = A\sin\alpha\cos\alpha$$
$$A_{2e} = A_e\sin\alpha = A\cos\alpha\sin\alpha$$

由此可见，通过 P_2 后的光是振幅相等、振动方向相同、有恒定相位差的两束相干光.

由于 A_{2o} 和 A_{2e} 的方向相反，相应的相位差为 π，所以通过厚度为 d 的晶片后，两束相干偏振光总的相位差为

$$\Delta\varphi = \frac{2\pi}{\lambda}(n_o - n_e)d + \pi \tag{14-52}$$

上式中，π 为 A_{2o} 和 A_{2e} 投影方向不同引起的相位差. 显然，当相位差 $\Delta\varphi = \pm 2k\pi$ 或 $(n_o - n_e)d = \pm(2k-1)\frac{\lambda}{2}(k = 1,2,3\cdots)$ 时，干涉加强；当 $\Delta\varphi = \pm(2k+1)\pi$ 或 $(n_o - n_e)d = \pm k\lambda(k = 1,2,3,\cdots)$ 时，干涉减弱.

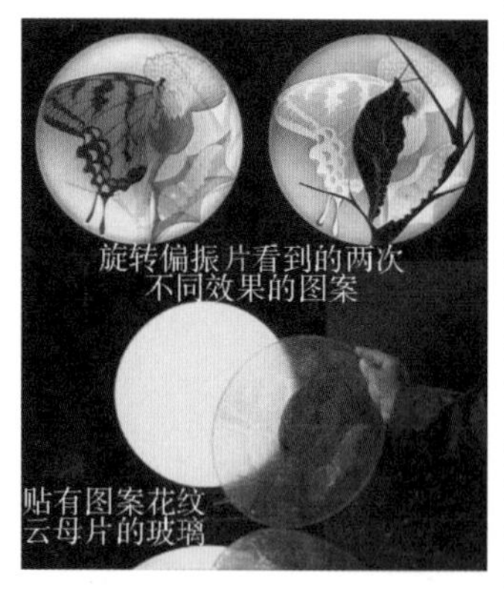

取不同厚度的云母片将它们以各种图案贴在玻璃板上，并将其放在两个用白光照明的偏振片之间，出射光的颜色和亮度会发生变化. 旋转上面的偏振片，可呈现彩色斑斓的图案花纹

由此可见，当用单色偏振光照射时，如果晶片厚度均匀，则从 P_2 透出的光的强弱由晶片的厚度决定，视场呈现最亮、最暗或介于两者之间，但无干涉条纹. 当晶片的厚度不均匀时，由于晶片上各处干涉条件不同，则在视场中出现了干涉条纹.

如果用白光入射时，由于对各种波长的光，干涉加强和减弱的条件不同，不同波长的光有不同程度的加强或减弱，当晶片厚度一定时，将出现一定的彩色. 如果晶片厚度不均匀，则视场中将出现彩色条纹. 这种偏振光干涉时出现彩色的现象称为色偏振 (chromatic polarization). 色偏振现象有着广泛的应用，如可以用来鉴定某种材料有无双折射性质，只要把这种物质的薄片放在两块偏振片之间，用白光照射后观察是否有彩色，便可确定是否存在双折射. 在地质和冶金工业中广泛应用的偏光显微镜 (polarizing microscope)，就是根据这个原理制成的.

14.10.2 人为双折射现象

某些各向同性的非晶体材料或液体，本来是不具备双折射性质的，但在人为条件下，可以显示出各向异性而产生双折射现象. 下面简单介绍两种人为双折射现象.

1. 光弹效应

塑料、玻璃、环氧树脂等非晶体物质，当它们受到机械应力作用时，会变成光学上的各向异性而表现出双折射性质，这种现象称为光弹效应 (photoelastic effect).

应用光弹效应研究物体内部应力分布是一种极好的实验方法. 可以

把待分析的机械零件用透明材料制成一定比例的模型，并按实际受力情况用相似理论对模型施力，在各受力部分会产生相应的双折射．设 n_o 和 n_e 分别为材料对 o 光的折射率和对 e 光的主折射率，实验表明，在一定范围内，n_e-n_o 与应力 p 成正比，即

$$n_e - n_o = kp$$

式中，k 为应力光学系数，由材料的性质而定．把受力模型放在正交的偏振片之间，便可看到干涉条纹，观察和分析条纹的形状和分布便可以了解物体内部的应力情况．图 14-57 表示一个用有机玻璃制成的横梁模型，在中央受压后所产生的干涉条纹分布情况，条纹的疏密反映出应力的分布情况．条纹越密的地方表示应力越集中．许多物体的复杂应力分布，实际上是不可能用数学方法分析的，但用这种偏振光干涉的方法却可以直观地表现出来．正是因为光弹性方法在工程技术上有着广泛的应用，使之发展成为一个专门的应用学科——光测弹性学 (photoelasticity).

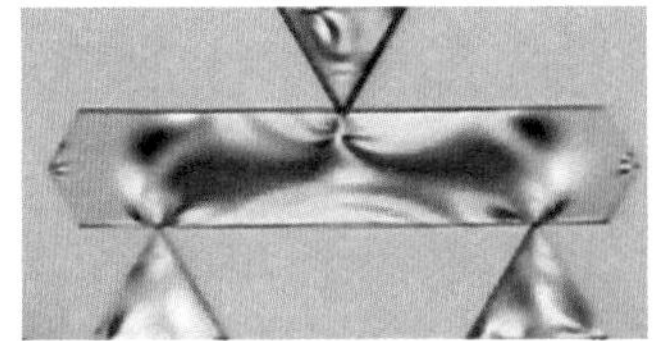
图 14-57 横梁的光测弹性干涉图样

光测弹性演示

2. 电光效应

物体在电场的影响下所产生的各向异性性质，是人为双折射的另一个例子．

在电场作用下，某些透明非晶体或液体的分子将作定向排列，因而获得类似于晶体的各向异性的特性．这种现象称为电光效应 (electrooptical effect)，它是由克尔 (Kerr) 在 1875 年首次发现的，所以也称为克尔效应 (Kerr effect).

图 14-58 为克尔效应的实验装置．图中 P_1 和 P_2 为两个偏振化方向正交的偏振片．M 为盛有液体（如硝基苯）的容器，称为克尔盒 (Kerr cell). 盒内装有长为 l、极间距离为 d 的平行板电极，在不加电场时，没有光通过 P_2．加上电压后，两极板间的液体将产生双折射．实验表明，折射率差正比于电场强度 E 的平方，即

$$n_o - n_e = kE^2$$

式中，k 为克尔常量，它只与液体的种类有关．在通过长为 l 的液体后，o 光和 e 光之间所产生的相位差为

$$\Delta\varphi = \frac{2\pi l}{\lambda}(n_o - n_e) = \frac{2\pi}{\lambda}klE^2$$

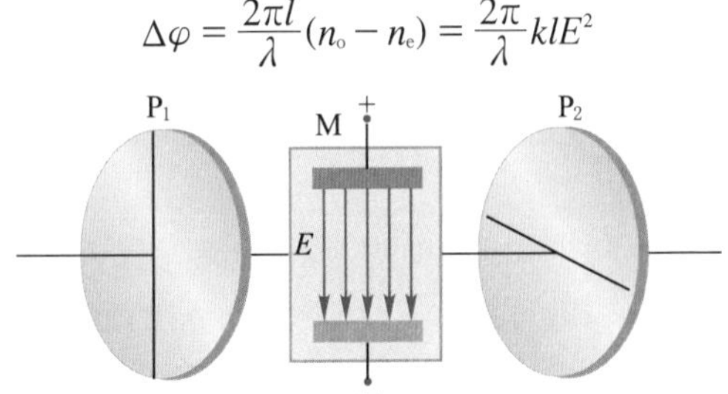

图 14-58 克尔电光效应装置图

若两极板间电势差为 V，有 $E=\frac{V}{d}$，则相位差与电势差的关系为

$$\Delta\varphi = \frac{2\pi}{\lambda}kl\frac{V^2}{d^2} \tag{14-53}$$

上式表示，当电势差变化时，相位差随之变化，因而通过 P_2 的光强也随之变化.

克尔效应最重要的特点是产生和消失的时间极短，约为 10^{-9}s，因而克尔效应可用作没有惯性的电光开关，比机械开关有很大的优点. 若在两极板间加上调制信号电压，则克尔盒又可作为光调制器.

此外，又发现有些晶体，在电场的作用下，也能改变其各向异性的性质，并由单轴晶体变成双轴晶体. 这种电光效应是泡克耳斯 (Pockels) 在 1893 年发现的，所以称为**泡克耳斯效应** (Pockels effect). 这类晶体中最典型的有磷酸二氢钾 (简称 KDP) 和磷酸二氢铵 (简称 ADP). 与克尔效应的差别在于泡克耳斯效应中晶体的折射率差 (n_e-n_o) 与所加电场的强度成线性关系，所以，泡克耳斯效应又称为**线性电光效应** (linear electro-optic effect).

近年来，随着激光技术的发展，利用电光效应制成的电光开关、电光调制器在高速摄影和激光通信等方面有着越来越广泛的应用.

14.10.3 旋光现象

偏振光通过某些物质后，其振动面将以光的传播方向为轴线转过一定的角度，这种现象叫做**旋光现象**. 能产生旋光现象的物质叫做**旋光物质**. 石英晶体、糖溶液、酒石酸溶液等都是旋光物质.

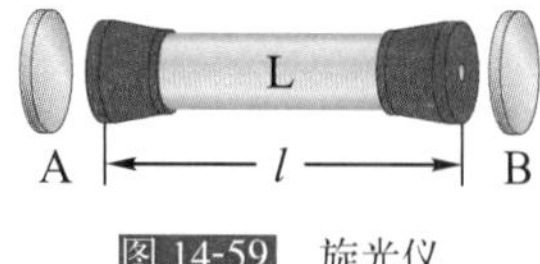

图 14-59 旋光仪

图 14-59 所示是一种观察偏振光振动面旋转的旋光仪.

A 为起偏器，B 为检偏振器，L 为盛有液体旋光物质的管子，两端为透明的玻璃片. 观察前，管中没有注入液体，并使 A 和 B 的偏振化方向互相垂直. 这时，若以单色自然光照射 A，则透过 B 的光强为零，视场全暗. 然后，把液体旋光物质注入管内，由于偏振面的旋转，在 B 后将看到视场由原来的全暗变为明亮，旋转检偏振器 B，使其视场再度变为全暗，这时 B 所转过的角度，就是偏振光振动面所转过的角度 $\Delta\phi$. 由实验得知，对于旋光性物质的溶液，当入射的单色光波长一定时，振动面的旋转角 $\Delta\phi$ 取决于

$$\Delta\phi = \alpha l \rho \tag{14-54}$$

式中，l 为旋光物质的透光长度，ρ 为旋光物质的浓度，α 为一与旋光物质有关的常量.

在制糖工业中，利用如图 14-59 所示的旋光仪，在已知糖溶液的 α 及 l 的条件下测出 $\Delta\phi$，就可根据式 (14-54) 算出糖溶液的浓度 ρ. 这种旋光仪又叫做糖量计，在化学及制药工业中有广泛的应用.

对于固体的旋光物质，其旋转角 $\Delta\phi$ 取决于

$$\Delta\phi = \alpha l \tag{14-55}$$

式中，α 为与旋光物质及入射光的波长有关的常量. 如厚度为 1 mm 的石

英晶片，可使波长 $\lambda = 5.89\times10^2$ nm 的黄光振动方向旋转 21.7°，使 $\lambda = 4.05\times10^2$ nm 的紫光旋转 45.9°.

旋光物质使光振动面的旋转有右旋和左旋①两种，前者叫右旋物质，后者叫左旋物质．实验表明，蔗糖溶液是左旋物质，而葡萄糖溶液是右旋物质．

① 右旋和左旋的规定是：面对着光源观察时，旋转方向为顺时针的是右旋，旋转方向为逆时针的是左旋．

用人工方法也可以产生旋光现象．例如，外加一定强度的磁场，可以使某些不具有自然旋光性的物质产生旋光现象．这种旋光现象称为磁致旋光效应，亦叫法拉第旋转效应．实验表明，对于给定的磁性介质，光的振动面的转角 $\Delta\phi$ 与外加磁场的磁感应强度 B 和介质的透光长度 l 成正比，即

$$\Delta\phi = VlB \tag{14-56}$$

式中，V 叫做韦尔代常数．

习题 14

14-1 在双缝干涉实验中，两缝的间距为 0.6 mm，照亮狭缝 S 的光源是汞弧灯加上绿色滤光片．在 2.5 m 远处的屏幕上出现干涉条纹，测得相邻两明条纹中心的距离为 2.27 mm．试计算入射光的波长．如果所用仪器只能测量 $\Delta x \geqslant 5$ mm的距离，则对此双缝的间距 d 有何要求?

14-2 在杨氏双缝实验中，设双缝之间的距离为 0.2 mm，在距双缝 1 m 远的屏上观察干涉条纹，若入射光是波长 400 nm 至 760 nm 的白光，问屏上离零级明纹 20 mm 处，哪些波长的光最大限度地加强 ($1\ \text{nm} = 10^{-9}$ m)？

14-3 如题图 14-3 所示，在杨氏双缝干涉实验中，若 $\overline{S_2P} - \overline{S_1P} = r_2 - r_1 = \lambda/3$，求 P 点的强度 I 与干涉加强时最大强度 $I_{\max}$ 的比值．

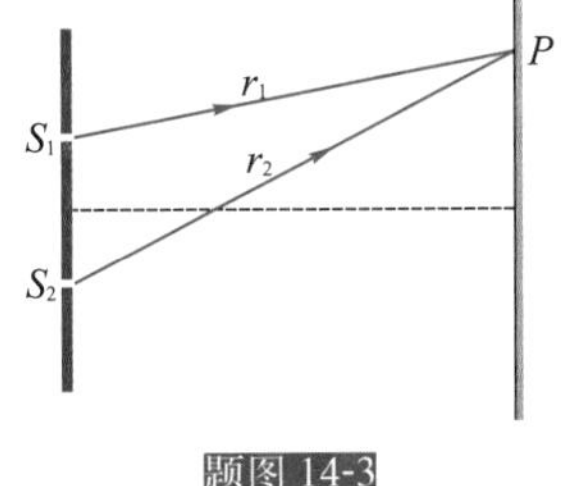

题图 14-3

14-4 在双缝干涉实验中，波长 $\lambda = 550$ nm 的单色平行光，垂直入射到缝间距 $d = 2\times10^{-4}$ m 的双缝上，屏到双缝的距离 $D = 2$ m．求：

(1) 中央明纹两侧的两条第 10 级明纹中心的间距；

(2) 用一厚度为 $e=6.6\times10^{-6}$ m、折射率为 $n=1.58$ 的玻璃片覆盖一缝后，零级明纹将移到原来的第几级明纹处．

14-5 在题图 14-5 所示劳埃德镜实验装置中，距平面镜垂距为 1 mm 的狭缝光源 S_0 发出波长为 680 nm 的红光．求平面反射镜的右边缘 M 到观察屏上第一条明条纹中心的距离．已知 $MN = 30$ cm，光源至平面镜一端 N 的距离为 20 cm．

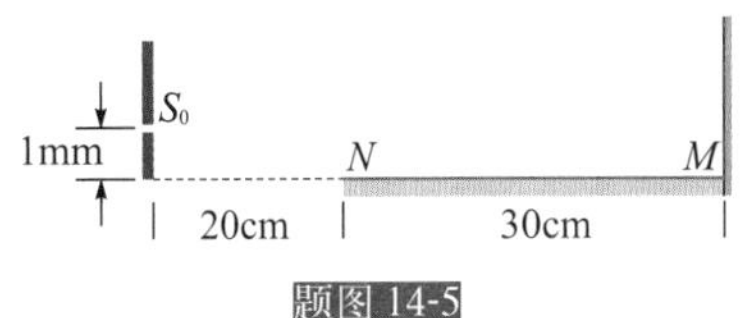

题图 14-5

14-6 如题图 14-6 所示，在双缝干涉实验中，单色光源 S_0 到两缝 S_1 和 S_2 的距离分别为 l_1 和 l_2，并且 $l_1-l_2 = 3\lambda$，λ 为入射光的波长，双缝之间的距离为 d，双缝到屏幕的距离为 $D(D \gg d)$，求：

(1) 零级明纹到屏幕中央 O 点的距离；

(2) 相邻明条纹间的距离．

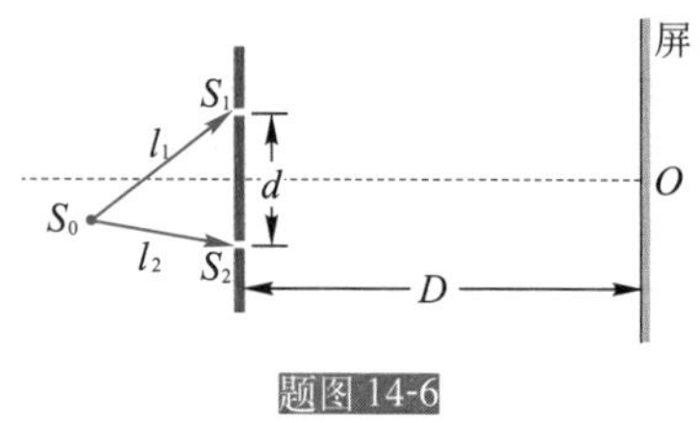

题图 14-6

14-7　在折射率 $n_3 = 1.52$ 的照相机镜头表面涂有一层折射率 $n_2 = 1.38$ 的 MgF_2 增透膜，若此膜仅适用于波长 $\lambda = 550$ nm 的光，则此膜的最小厚度为多少？

14-8　如题图 14-8 所示在折射率 $n = 1.50$ 的玻璃上．镀上 $n' = 1.35$ 的透明介质薄膜，入射光波垂直于介质表面，然后观察反射光的干涉，发现对 $\lambda_1 = 600$ nm 的光波干涉相消，对 $\lambda_2 = 700$ nm 的光波干涉相长．且在 600 nm 到 700 nm 之间没有别的波长的光是最大限度的相消和相长的情况，求所镀介质膜的厚度．

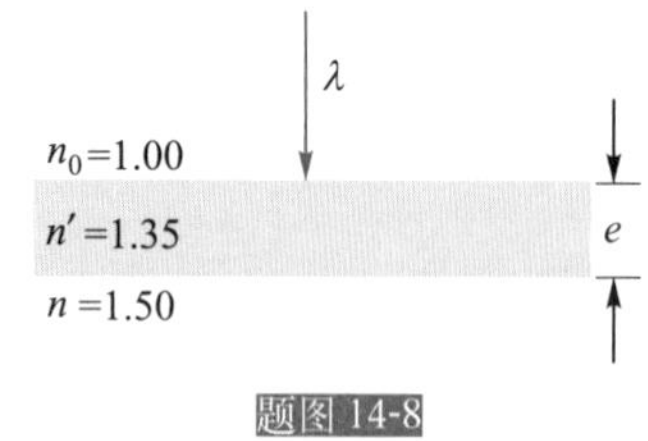

题图 14-8

14-9　白光垂直照射在空气中厚度为 0.40 μm 的玻璃片上，玻璃的折射率为 1.50．试问在可见光范围内，哪些波长的光在反射中增强？哪些波长的光在透射中增强？

14-10　波长为 λ 的单色光垂直照射到折射率为 n_2 的劈形膜上，如题图 14-10 所示，图中 $n_1 < n_2 < n_3$，观察反射光形成的干涉条纹．问：

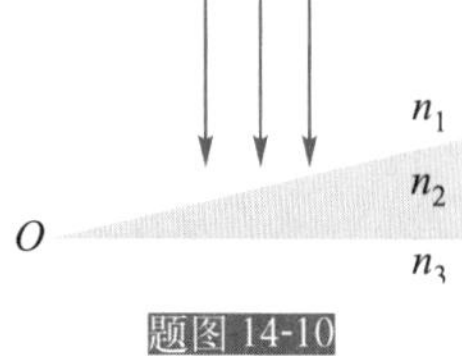

题图 14-10

(1) 从劈形膜顶部 O 开始向右数，第五条暗纹中心所对应的薄膜厚度 e_5 是多少？

(2) 相邻的两明条纹所对应的薄膜厚度之差是多少？

14-11　如题图 14-11 所示，G_1 是用来检验加工件质量的标准件．G_2 是待测的加工件．它们的端面都经过磨平抛光处理．将 G_1 和 G_2 放置在平台上，用一光学平板玻璃 T 盖住．设垂直入射光的波长 $\lambda = 589.3$ nm，G_1 与 G_2 相隔 $d = 5$ cm，T 与 G_1 以及 T 与 G_2 间的干涉条纹的间隔都是 0.5 mm．求 G_1 与 G_2 的高度差 Δh．

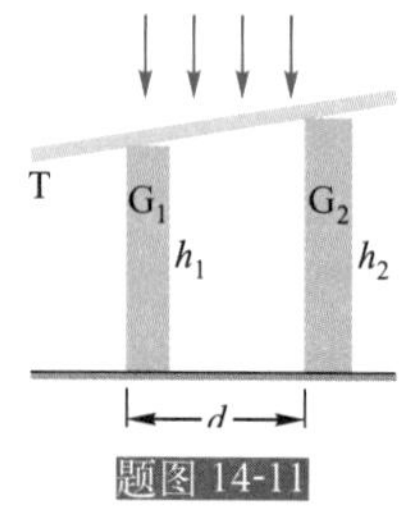

题图 14-11

14-12　用波长为 λ_1 的单色光垂直照射牛顿环装置时，测得中央暗斑外第 1 和第 4 暗环半径之差为 l_1，而用未知单色光垂直照射时，测得第 1 和第 4 暗纹半径之差为 l_2，求未知单色光的波长 λ_2．

*14-13　如题图 14-13 所示，曲率半径为 R_1 和 R_2 的两个平凸透镜对靠在一起，中间形成一个空气薄层．用波长为 λ 的单色平行光垂直照射此空气层，测得反射光中第 k 级的暗环直径为 D．

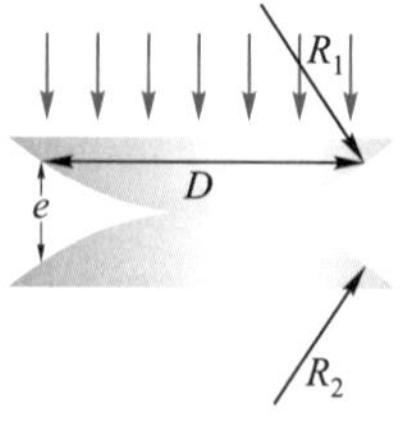

题图 14-13

(1) 说明此暗环的空气层厚度 e 应满足

$$e = \frac{1}{8}D^2\left(\frac{1}{R_1} + \frac{1}{R_2}\right)$$

(2) 已知 $R_1 = 24.1$ m，$\lambda = 589$ nm，$k = 20$，

D = 2.48 cm．求 R_2．

14-14 用迈克耳孙干涉仪可测量单色光的波长．当 M_2 移动距离 d = 0.322 mm 时，测得某单色光的干涉条纹移过 N = 1204 条，求该单色光的波长．

14-15 某种单色平行光垂直入射在单缝上，单缝宽 a = 0.15 mm，缝后放一个焦距 f = 400 mm 的凸透镜，在透镜的焦平面上，测得中央明条纹两侧第三级暗条纹之间的距离为 8.0 mm，求入射光的波长．

14-16 在单缝夫琅禾费衍射实验中，如果缝宽 a 与入射光波长 λ 的比值分别为 (1)1、(2)10、(3)100，试分别计算中央明条纹边缘的衍射角．再讨论计算结果说明什么问题．

14-17 在复色光照射下的单缝衍射图样中，其中某一波长的第 3 级明纹位置恰与波长 λ = 600 nm 的单色光的第 2 级明纹位置重合，求这光波的波长．

14-18 汽车的两盏前灯相距 1.2 m，试问汽车离人多远的地方，眼睛才可能分辨这两盏前灯？假设夜间人眼瞳孔直径为 5.0 mm，车灯发光波长为 λ = 550.0 nm．

14-19 已知天空中两颗星相对于一望远镜的角距离为 4.84×10^{-6} rad，由它们发出的光波波长 λ = 550.0 nm．问望远镜物镜的口径至少要多大，才能分辨出这两颗星？

14-20 一束平行光垂直入射到某个光栅上，该光束有两种波长的光，λ_1 = 440 nm，λ_2 = 660 nm，实验发现，两种波长的谱线（不计中央明纹）第二次重合于衍射角 φ = 60° 的方向上，求此光栅的光栅常量 d．

14-21 波长 600 nm 的单色光垂直入射在一光栅上，第 2 级主极大在 $\sin\varphi$ = 0.20 处，第 4 级缺级，试问：

(1) 光栅上相邻两缝的间距 $a+b$ 有多大？

(2) 光栅上狭缝可能的最小宽度 a 有多大？

(3) 按上述选定的 a，b 值，试问在光屏上可能观察到的全部级数是多少？

14-22 用一个每毫米有 500 条刻痕的平面透射光栅观察钠光谱 (λ = 589 nm)，设透镜焦距 f=1.00 m．求：(1) 光线垂直入射时，最多能看到第几级光谱；*(2) 光线以入射角 30° 入射时，最多能看到第几级光谱；(3) 若用白光垂直照射光栅，求第一级光谱的线宽度．

14-23 以波长为 0.11 nm 的 X 射线照射岩盐晶体，实验测得 X 射线与晶面夹角为 11.5° 时获得第一级反射极大．(1) 岩盐晶体原子平面之间的间距 d 为多大？(2) 如以另一束待测 X 射线照射，测得 X 射线与晶面夹角为 17.5° 时获得第一级反射光极大，求该 X 射线的波长．

14-24 将三个偏振片叠放在一起，第二个与第三个的偏振化方向分别与第一个的偏振化方向成 45° 和 90° 角．

(1) 强度为 I_0 的自然光垂直入射到这一堆偏振片上，试求经每一偏振片后的光强和偏振状态．

(2) 如果将第二个偏振片抽走，情况又如何？

14-25 如果起偏振器和检偏器的偏振化方向之间的夹角为 30°．问：

(1) 假设偏振片是理想的，则非偏振光通过起偏振器和检偏器后，其出射光强与原来光强之比是多少？

(2) 如果起偏振器和检偏器分别吸收了 10% 的可通过光线，则出射光强与原来光强之比是多少？

14-26 一光束由强度相同的自然光和线偏振光混合而成，此光束垂直入射到几个叠在一起的偏振片上．问：

(1) 欲使最后出射光振动方向垂直于原来入射光中线偏振光的振动方向，并且入射光中两种成分的光出射光强相等，至少需要几个偏振片？它们的偏振化方向应如何放置？

(2) 这种情况下最后出射光强与入射光强的比值是多少?

14-27　如题图 14-27 所示，测得一池静水的表面反射出来的太阳光是线偏振光，求此时太阳处在地平线的多大仰角处?（水的折射率为 1.33.）

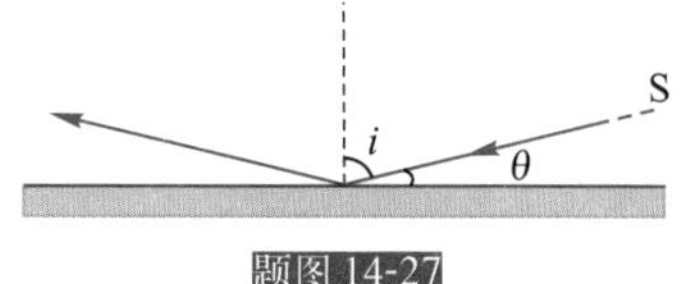

题图 14-27

14-28　测得不透明釉质（珐琅）的起偏振角为 $i_B = 58.0°$，它的折射率为多少?

14-29　如题图 14-29 安排的三种透明介质 Ⅰ、Ⅱ、Ⅲ，其折射率分别为 $n_1 = 1.00$，$n_2 = 1.43$ 和 n_3，Ⅰ、Ⅱ和Ⅱ、Ⅲ的界面相互平行. 一束自然光由介质 Ⅰ 中入射，问若在两个交界面上的反射光都是线偏振光，则:

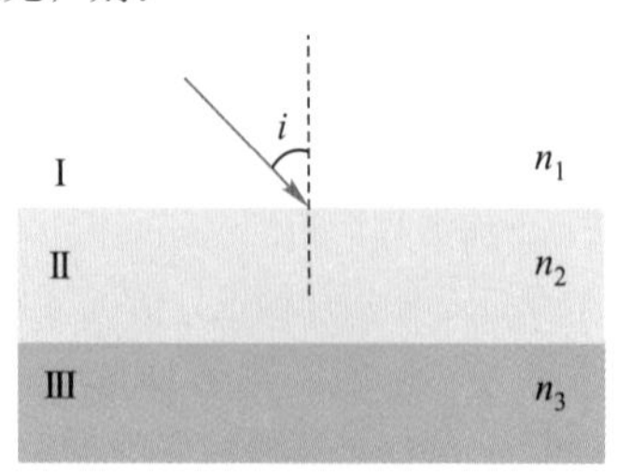

题图 14-29

(1) 入射角 i 是多大?

(2) 折射率 n_3 是多大?

14-30　一束平行的自然光从空气中垂直入射到石英上，石英（正晶体）的光轴在纸面内，方向如题图 14-30 所示，试用惠更斯作图法示意地画出折射线的方向，并标明 o 光和 e 光及其光矢量的振动方向.

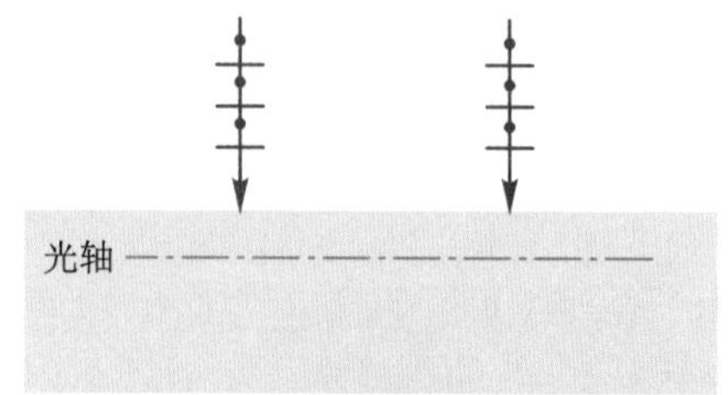

题图 14-30

14-31　用方解石制作钠黄光 ($\lambda = 589.3 \times 10^{-9}$ m) 适用的 1/4 波片.

(1) 请指出应如何选取该波片的光轴方向.

(2) 对于钠黄光，方解石的 $n_o = 1.658$，$n_e = 1.486$，求此 1/4 波片的最小厚度 d.

第6篇 量子物理基础

在19世纪末，物理学似乎已经发展到“完美”的地步了．当时物理学对世界的认识，可以概括如下：宇宙中主要存在两种客体（即客观对象），一种是微粒，另一种是波——主要是电磁波．微粒的运动遵从牛顿力学的规律；而电磁波则服从麦克斯韦方程．再加上统计理论，原则上也可以从电子、原子、分子在电磁场作用下的微观运动来说明物质结构及其宏观属性．至此，物理学确实取得了巨大成功．但是，随着生产的发展，实验技术的进步，在19世纪末20世纪初，人们又发现了许多当时的物理学理论无法解释的新现象和新问题．其中最主要的有三个问题：黑体辐射、光电效应以及原子的线状光谱和原子结构．物理学面临的困难促使科学家认识到，现有的物理学仍然需要发展．量子物理就是在这样的背景下产生的．

量子物理是研究微观粒子（粒子的线度小于10^{-10} m）运动规律及物质的微观结构的理论．量子物理诞生于20世纪初，当时为了解决黑体辐射的能谱分布而由普朗克最早提出了量子假设；其后经过爱因斯坦、玻尔、德布罗意、玻恩、海森伯、薛定谔、狄拉克等许多物理大师的创新努力，到20世纪30年代，就已经建成了一整套完整的量子力学理论．量子力学的建立，开辟了人们认识微观世界的道路，找到了探索原子、分子的微观结构及在原子、分子水平上物质结构的理论武器，在各种研究微观物理学的领域中也都相应得到了广泛的应用，如晶体管、集成电路、超导材料和激光等．

量子力学是一门奇妙的理论，它的许多基本概念、规律与方法都和经典物理的基本概念、规律和方法截然不同．本篇将介绍有关量子力学的一些基础知识．其中第15章通过对黑体辐射、光电效应、康普顿效应、玻尔氢原子理论等的介绍，详细地描述了量子理论诞生初期对微观粒子的本性还缺乏全面认识时的理论雏形；然后再在第16章就不确定关系、波函数、薛定谔方程等量子力学的基本概念逐一介绍，进一步展示量子力学的特点和规律；最后介绍电子在原子中运动的几个主要规律．

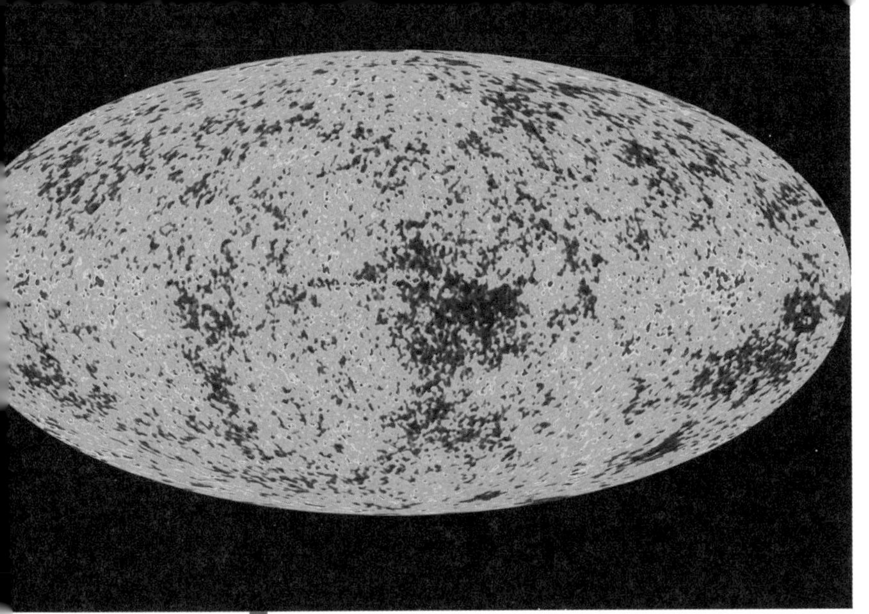

在这张覆盖全天的微波背景辐射照片中，显示了早期宇宙令人目眩的细节，我们可以发现上千个大小不一的温度涨落区，红色代表较“高温”的区域，蓝色则为较“低温”的部分

第15章 早期量子论

到19世纪末，经典物理学已经建立了比较完整的理论体系，并取得了很大的成功．从19世纪末到20世纪初，在爱因斯坦提出相对论的同时，人类对自然界的研究进入了微观领域，研究的对象也由宏观客体变为微观粒子(microscopic particle)．这个时期，有一系列重大的实验发现都无法用经典物理学的理论来解释，这就迫使物理学家们必须跳出传统的经典物理学的理论框架去寻找新的解决途径．1900年，普朗克为了解释黑体辐射(black body radiation)规律引入了能量子(quantum of energy)的概念；随后，爱因斯坦针对光电效应实验提出了光量子(light quantum)的假设；1913年，玻尔根据卢瑟福原子核模型以及氢原子光谱的规律，提出了原子结构量子化(quantization)假设．1923年，康普顿进一步证实了光的量子性．从此，人们对微观粒子运动规律的认识进入了一个全新的阶段．但是，这一时期人们对微观粒子的本性还缺乏全面的认识，因此被称为早期量子论或旧量子论．本章按照量子论的发展顺序，对早期量子论的几个重大发现进行逐一介绍．

15.1 黑体辐射和普朗克量子假设

每个处于热平衡状态的物体都具有一定的温度，它提供了物体内带电粒子的热运动能量．因此，当物体内带电粒子在进行热运动的时候，这些粒子均以电磁波的形式向外辐射能量，如红外线、可见光、紫外线等．由于这种辐射与温度有关，因此，被称为**热辐射** (thermal radiation)．无论是高温物体还是低温物体都有热辐射，只是在不同的温度下所辐射的各种电磁波的能量按频率有不同的分布．温度越高，发射的电磁波的能量越高，其频率也就越高．当热辐射的电磁波频率在可见光波段时，则物体在不同温度下的热辐射就直接表现为其不同的外在颜色．例如，当加热铁块的时候，开始看不出它发光，但是随着加热温度的不断升高，铁块的颜色不断变化为暗红、赤红、橙色而最后变成白色．

物体在辐射电磁波的同时，也在不断吸收照射到它表面的电磁波．理论和实验证实辐射本领大的物体表面，其吸收本领也大，反之亦然．投射到物体表面的电磁波可能被物体吸收，也可能被物体反射和透射．当投射到物体表面的各种波长的电磁波都被物体吸收而完全不发生任何反射和透射时，我们就称该物体为绝对黑体，简称**黑体** (black body)．显然，在相同温度下，黑体的吸收本领最大，相应地，其辐射本领也最大．如果在同一时间内从某物体表面辐射出的电磁波的能量等于它所吸收到的电磁波的能量时，则该物体的辐射过程就达到了一个**平衡态** (equilibrium state)，通常把这种热辐射称为**平衡热辐射** (equilibrium radiation), 此时物体处于热平衡态，因此，具有确定的温度，本节讨论的就是这种平衡热辐射．

15.1.1 黑体辐射及其基本规律

为了定量地描述某物体在一定温度下发出的能量随波长的分布，引入**辐射出射度** (radiant excitance) 的概念，简称**辐出度**．某一物体的辐射出射度指的是**在单位时间内从该物体表面单位面积上辐射出来的各种波长电磁波能量的总和**．由于物体的热辐射与温度有关，因此，该辐射出射度是物体的热力学温度 T 的函数，用 $M(T)$ 表示．它的国际单位制单位为瓦・米$^{-2}$，记作 $\mathrm{W \cdot m^{-2}}$．相应地．我们也引入**单色辐出度**的概念，它指的是在温度为 T 时，**单位时间内从物体表面单位面积上发出的波长在 λ 附近，λ 到 $\lambda + \mathrm{d}\lambda$ 单位波长间隔所辐射的能量**，通常用 $M_\lambda(\lambda, T)$ 表示．它与辐射出射度之间的关系为

$$M_\lambda(\lambda,T) = \frac{\mathrm{d}M(T)}{\mathrm{d}\lambda} \tag{15-1}$$

显然，在一定温度 T 下，有

$$M(T) = \int \mathrm{d}M(T) = \int_0^\infty M_\lambda(\lambda,T)\,\mathrm{d}\lambda \tag{15-2}$$

对于不同材料而言，其单色辐出度都不同，而且即使是同种材料当其表面结构发生改变时，其单色辐出度也随之改变．由于我们研究的是平衡热辐射，因此，除了考虑物体的辐射本领，我们还要研究物体的吸收本领．类似于单色辐出度，我们定义**单色吸收率**(absorptance)为**单位时间内物体所吸收的波长在** $\lambda \sim \lambda + d\lambda$ **内的电磁波能量与相应波长间隔的入射电磁波能量之比**．有了单色辐出度和单色吸收率这两个表征物体辐射和吸收电磁波本领的物理量之后，现在只需搞清楚二者之间的关系就可以明白物体的平衡热辐射特性了．1859 年，基尔霍夫应用热力学理论得出：**对每一个物体而言，其单色辐出度与单色吸收率的比值是一个只与温度和辐射波长有关的函数**．由于只与温度和辐射波长有关，也就是说与材料及其表面结构无关，因此，该比值具有普适性，因而对于研究物体的平衡热辐射特性具有非常重要的作用．特别是，对于黑体而言，由于其对入射的电磁波只吸收而不反射和透射，因此黑体的单色吸收率恒等于 1．也就是说，黑体的单色辐出度仅仅是温度和辐射波长的函数，与黑体的具体材料无关．因此，黑体模型的引入，使得物体的材料及其大小、形状以及表面粗糙程度等诸因素对热辐射的影响都得到了排除，从而使研究材料热辐射的问题得到了大大的简化．于是对黑体热辐射的研究便成为热辐射研究中的最重要的课题．

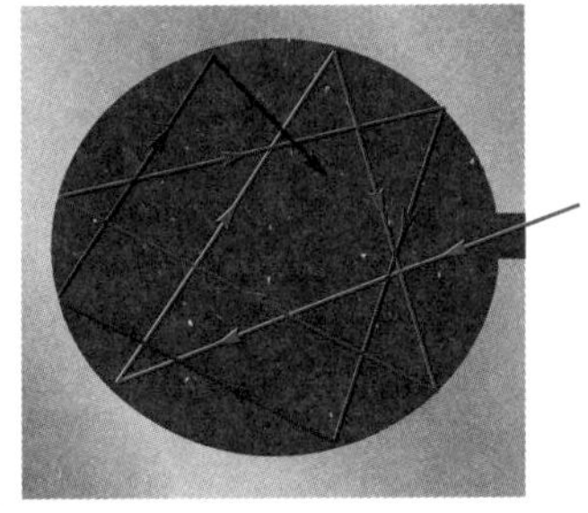

图 15-1 绝对黑体模型

自然界中的物体都不是绝对黑体，单色吸收率最高也只能达到 98% 左右．然而，我们可以人为地制造一种绝对黑体的模型，如图 15-1 所示，用一种不透明的材料制成一个空心容器，器壁上开一个很小的孔，当入射电磁波通过小孔射入空腔后，在空腔内壁经过多次反射，每反射一次空腔内壁都将吸收一部分能量．当小孔的面积远小于空腔表面的面积时，入射电磁波在腔壁内反射的次数就会很大，以至于入射电磁波能量几乎全部被吸收．因此，该空腔物体可以被用来作为黑体的模型．

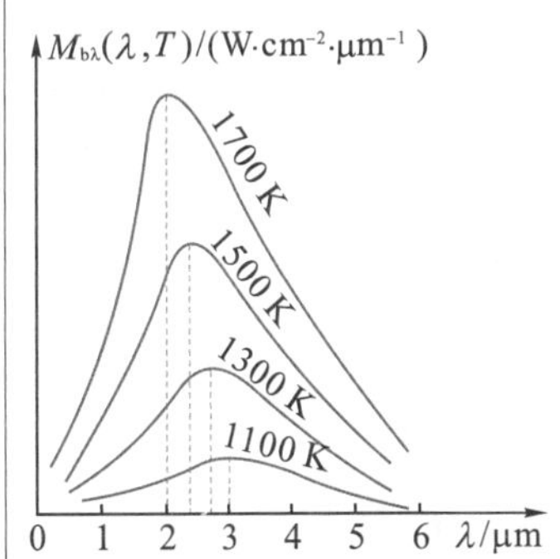

图 15-2 黑体单色辐出度随温度和波长变化的关系

由于黑色辐射只与温度和波长有关，因此我们可以通过保持一定温度来测量黑体单色辐出度随波长的变化曲线，将不同温度下的黑体单色辐出度随波长的变化曲线进行对照，如图 15-2 中所示，就可以定性地得出黑体单色辐出度 $M_{b\lambda}(\lambda,T)$ 随温度和波长的变化关系．对应于每一个确定的温度，$M_{b\lambda}(\lambda,T)$-λ 曲线都有一个峰值存在，且随着温度的升高，该峰值所对应的单色辐出度就越大，取得该最大值的入射波长也越小．通过大量精确实验，1879 年，斯特藩总结出物体的辐出度与温度的定量关系．对黑体来说，其辐出度 $M_b(T)$ 与温度 T 的关系为

$$M_b(T) = \int_0^\infty M_{b\lambda}(\lambda,T)d\lambda = \sigma T^4 \tag{15-3}$$

式中，比例常数 $\sigma = 5.670\,41 \times 10^{-8}\ \mathrm{W \cdot m^{-2} \cdot K^{-4}}$，称为斯特藩常量，$T$ 为绝对温度．1884 年，玻尔兹曼也从理论上推出了该公式，因此该结论被称为**斯特藩－玻尔兹曼定律**(Stefan-Boltzman's law)．另外，图 15-2 中黑体单色辐出度最大值处的波长也与温度有关．1894 年，维恩在实验中

发现，黑体辐射 $M_{b\lambda}(\lambda,T)$-λ 曲线峰值处所对应的波长与黑体的绝对温度的乘积为一个常数，即

$$\lambda_m T = b \tag{15-4}$$

式中，常数 $b = 2.897\,756\times10^{-3}\ \mathrm{m\cdot K}$，称为维恩常量．该结论称为维恩位移律 (Wien's displacement law)．

上述两条实验规律是黑体辐射的基本定律，在现代科学技术中有着广泛的应用．由斯特藩－玻尔兹曼定律可以看出，辐射能量随绝对温度增高而迅速增大．因此，如果要获得非常高的温度，就需要大量的能量来克服热辐射损失．例如，在氢弹爆炸中所涉及的温度可达 3×10^7 K 以上．在这么高的温度下，1 $\mathrm{cm^2}$ 的表面所辐射出的能量可在 1 s 内煮开 2×10^7 t 冰水．另外，根据维恩位移律，可以根据物体发出的辐射光谱来测量物体的温度，如可以用来测量高温物体或是无法直接测量的物体（如恒星）的温度，而且在已知物体的温度的情况下，还可以根据物体的最强热辐射所对应的波长（即 λ_m，也称峰值波长）的具体数值来进行遥感或是红外追踪．

以上两条定律虽然都是从图 15-2 中得出的，但是它们都只是研究了该曲线的某些特殊性质．例如，斯特藩－玻尔兹曼定律研究的是图 15-2 中曲线与横轴（波长）所围成的面积与温度的关系，而维恩位移律则研究的是曲线峰位处所对应的波长与温度的关系．但是，这两条定律都不能得出曲线上任一点与温度的关系．换句话说，就是得不出符合实验曲线的函数关系式 $M_{b\lambda}(\lambda,T) = f(\lambda,T)$．在 19 世纪末，许多物理学家都致力于这项工作．他们希望在经典物理学的基础上解决这一问题，但是所有这些尝试都遭到了失败，根据经典物理学理论推导出的公式都与实验结果不符合，其中最典型的是维恩在 1896 年从热力学理论出发得出的维恩公式以及瑞利和金斯在 20 世纪初根据经典电动力学和统计物理学理论得出的瑞利－金斯公式．这两个公式都在一定程度上符合实验所测量出的数据，但是前者在长波波段与实验曲线有明显的偏离而后者则只适用于长波波段．所有这些尝试的失败都暴露出了经典物理学的缺陷，因此为了解决黑体辐射的问题，经典物理学面临着新的“革命性”突破．

普朗克 (M.Planck，1858 ~ 1947)，德国物理学家，量子力学的创始人，20 世纪最重要的物理学家之一，因发现能量量子而对物理学的进展做出了重要贡献，并在 1918 年获得诺贝尔物理学奖

15.1.2 普朗克量子假设

为了寻找一个正确的公式来描述黑体辐射的单色辐出度 $M_{b\lambda}(\lambda,T)$，考虑到维恩公式和瑞利－金斯公式分别适合黑体辐射实验中的短波波段和长波波段，德国物理学家普朗克结合上述两个公式，提出了一个新的经验公式

$$M_{b\lambda}(\lambda,T) = \frac{2\pi hc^2}{\lambda^5\left(e^{\frac{hc}{\lambda k_B T}} - 1\right)} \tag{15-5}$$

该式称为**普朗克公式** (Planck's formula)．式中，c 为真空中的光速，k_B 为

玻尔兹曼常量，h 为一待定常数，被称为普朗克常量 (Planck constant). 由实验测定为

$$h = (6.6256 \pm 0.0005) \times 10^{-34}\ \mathrm{J \cdot s} \tag{15-6}$$

由于普朗克公式非常简单，而且和实验数据符合得非常好，因此，人们都试图从理论上来解释这个公式. 由于普朗克公式脱胎于由经典理论出发得出的维恩公式和瑞利－金斯公式，因此，人们都试图将经典理论进行一个特殊的修正来解决这个问题. 经典理论中认为电磁辐射来源于构成物体的带电粒子. 这些带电粒子在各自平衡位置附近振动成为带电的谐振子，这些谐振子既可以发射，也可以吸收辐射能，而且所发射或吸收的电磁波的频率与谐振子的振动频率相同；另外，谐振子发射或吸收的电磁波含有各种频率，因而导致各频率辐射的能量是连续的；最后，随着温度的升高，谐振子的振动也相应的加强，从而使得辐射能加大. 1900 年 12 月 14 日，普朗克自己提出了一种理论解释，他对经典电磁理论进行了修正，提出了以下的假定：**对于振动频率为 ν 的谐振子，谐振子辐射的能量是不连续的，只能取一些分立值，这些分立值是某一最小能量 $h\nu$ 的整数倍**，即

$$\varepsilon_n = nh\nu$$

式中，n 是正整数，称为**量子数** (quantum number). 换言之，物体发射或吸收电磁辐射只能以"量子化" (quantization) 的方式进行，物体与周围的辐射场交换能量时，只能整个地吸收或放出一个个能量子，每个能量子的能量为

$$\varepsilon = h\nu \tag{15-7}$$

由于普朗克常量 h 是一个非常小的量，所以在宏观世界的尺度上这种能量的不连续性反映不出来，再加上当时人们的经典概念根深蒂固，要一下子摆脱它是一件非常困难的事情. 普朗克所提出来的量子假设，突破了经典物理学的观念，第一次提出了微观粒子具有分立的能量值，在物理学发展史上起到了一个划时代的作用. 由于对量子理论所做出的卓越贡献，普朗克获得了 1918 年的诺贝尔物理学奖.

下面为绘制黑体辐射曲线的源程序

```
#define   h     6.626e-34           // 定义普朗克常量.
#define   k     1.38e-23            // 定义玻尔兹曼常量.
#define   c     3.0e+8              // 定义光速.
float     bc ;                      // 定义波长变量.
float     T=3000 ;                  // 定义温度为 3000 K.
float     c1=2*3.1415926*h*c*c ;    // 定义计算中间变量 c1.
float     c2=h*c/(k*T) ;            // 定义计算中间变量 c2.
float     Mb ;                      // 定义单色辐出度变量.
    DW::OpenGL::DW_BeginLineStrip();        // 开始准备画线.
```

```
for( float  bc1=0.1;  bc1 <= 6;  bc1+=0.1)   // 波长取 0.1 ～ 6 μm.
  {  bc=bc1*1.0e−6 ;
        Mbλ=c1*pow(bc,−5)/exp(c2/bc);    // 计算单色辐出度 .
        DW::OpenGL::DW_LineTo(toP(bc1, Mb, 0 )); //画 Mbλ-λ 曲线.
        }
  DW::OpenGL::DW_EndDraw();                 // 结束画线 .
```

例 15-1

一个质量 $m = 1$ kg 的球，挂在弹性系数 $k = 10$ N • m 的弹簧下，做振幅 $A = 4\times10^{-2}$ m 的简谐运动．

(1) 如果该系统的能量是按照普朗克假设量子化的，则该系统的量子数 n 为多少？

(2) 如果 n 改变为 $n + 1$，则系统能量变化的百分比是多大？

解　(1) 该谐振子的振动频率为

$$\nu = \frac{1}{2\pi}\sqrt{\frac{k}{m}} = \frac{1}{2\pi}\sqrt{\frac{10}{1}} = 0.503(\text{s}^{-1})$$

则振子的能量为

$$E = \frac{1}{2}kA^2 = \frac{1}{2}\times10\times(4\times10^{-2})^2 = 8\times10^{-3}(\text{J})$$

所以，该系统的量子数为

$$n = \frac{E}{\varepsilon} = \frac{E}{h\nu} = \frac{8\times10^{-3}}{6.63\times10^{-34}\times0.503} \approx 2.40\times10^{31}$$

(2) 量子数变化 1，能量变化 $h\nu$，故能量变化率为

$$\frac{\Delta E}{E} = \frac{h\nu}{nh\nu} = \frac{1}{n} = \frac{1}{2.40\times10^{31}} \approx 4.17\times10^{-32}$$

因此，对于宏观谐振子来说，量子数很大，振动能量的分立不可能观察到．只有对于微观振子（分子、原子等），其能量的能级与能量子的量级可以比拟的时候，量子化的特性才能显现出来．

15.2 光电效应和光的量子性

15.2.1 光电效应

1887 年，赫兹在证明麦克斯韦波动理论的实验中发现，当紫外线照射在金属上时，能使金属发射带电粒子．1900 年，勒纳通过对这些带电粒子的**荷质比** (charge-to-mass ratio) 的测定，证明了金属所发射出来的带电粒子是电子．我们把这种金属在电磁辐射的照射下发射电子的现象称为**光电效应** (photoelectric effect)，发射出来的电子称为**光电子** (photoelectron)．图 15-3 即为研究光电效应的实验装置示意图，将一个玻璃泡抽成真空后在其内装上金属电极 K(阴极) 和 A(阳极) 就制成了一个简单的光电管，当用适当频率的入射光通过石英窗照射到光电管的金属电极表面(阴极 K) 上时，就有电子发射出来，并经电极 K 和 A 之间的电场加速后为阴极 A

所收集，形成**光电流**(photocurrent)．当我们不断改变加在光电管上的电压，并测量相应的光电流便可以得到光电效应的伏安特性曲线．图 15-4 即为对某种特定材料，当入射光频率固定时，在不同入射光强下，光电流与外加电压之间的关系．

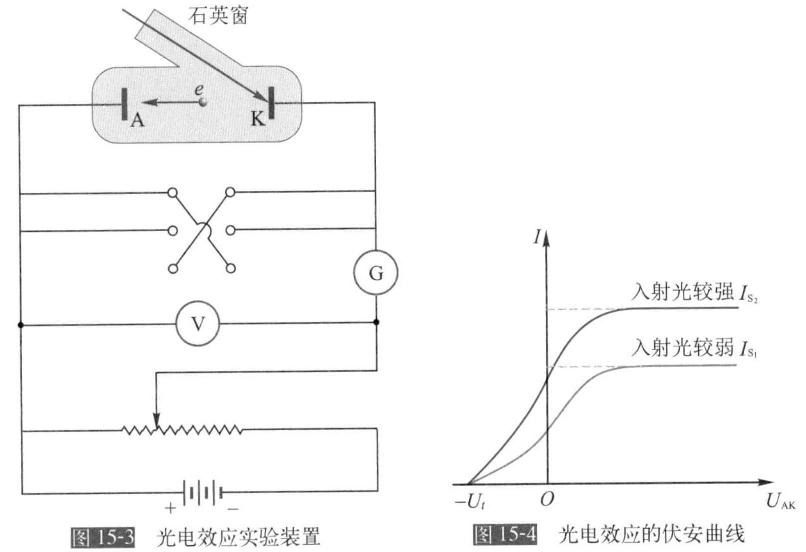

图 15-3 光电效应实验装置

图 15-4 光电效应的伏安曲线

大量的实验结果表明，光电效应具有以下几条规律：

(1) **饱和光电流 I_S 与入射光强成正比**．由图 15-4 可以看出，光电流 I 开始随加在光电管两极之间的电压 U_{AK} 增大而增大，而后就趋于一个饱和值 I_S，此后无论怎么增大 U_{AK} 光电流也不再增大，这表明在单位时间内从阴极 K 发射的所有光电子都全部到达阳极 A 了．实验证明，**饱和电流** (saturation current)I_S **值的大小与入射光强成正比**．**这也同时说明在单位时间内从阴极 K 发射的光电子数目与入射光强成正比**．

(2) **对于每一种金属材料，只有当入射光的频率大于该材料的截止频率时才会发生光电效应**．实验表明，对任意一种金属材料制成的电极，当入射光的频率 ν 小于某个最小值 ν_0 时，无论入射光的强度多大、照射时间多长，该电极都不会释放光电子，即没有光电流产生，这个最小频率 ν_0 称为该种金属的**截止频率** (cutoff frequency)．实验证明，这个截止频率只与电极 K 的材料有关，而多数金属的截止频率的范围都处于紫外区．

(3) **光电子的最大初动能随入射光频率的增加而增加，与入射光强无关**．图 15-4 表明，当光电管所加的电压为反向电压时，回路中还有电流，只有当所加的负向电压超过某一临界值时，光电流才为零．这个临界电压被称为**截止电压** (cutoff voltage)．这个截止电压的存在是因为当光电子从阴极逸出时必然具有初动能．当光电管所加反向电压较小或为零时，光电子仍然具有足够的能量克服电场力做功从阴极飞到阳极，只有当电压达到截止电压 U_0 的时候，那些具有最大初动能的光电子其能量也不足以克服电场力做功飞到阳极，这时光电流才为零．即此时满足

$$eU_0 = \frac{1}{2}mv_{\max}^2 \tag{15-8}$$

式中，e 和 m 分别为光电子的电量和静止质量．由图 15-4 还可以看出，对于某一种特定的金属材料，当入射光的频率固定时，对应不同的入射光强，其截止电压都相同，因此可以得出：**光电效应中所产生的光电子的最大初动能与入射光的光强无关**．

既然光电子的最大初动能与光强无关，那么它又与什么有关呢？大量的实验证明，**当入射光的频率逐渐增大时，截止电压也随之线性增加**．图 15-5 给出了几种金属的 U_0-ν 曲线，从这些曲线中我们可以看出，此时金属的截止电压 U_0 与入射光的频率之间的关系满足

$$U_0 = k(\nu - \nu_0), \quad \nu \geqslant \nu_0 \tag{15-9}$$

式中，k 为图 15-5 中曲线的斜率．由图中可以看出，对于不同金属，其曲线的斜率是相同的，也就是说，k 是一个与材料性质无关的普适常数．ν_0 是图中曲线在横轴上的截距，其大小等于该种金属光电效应的截止频率．

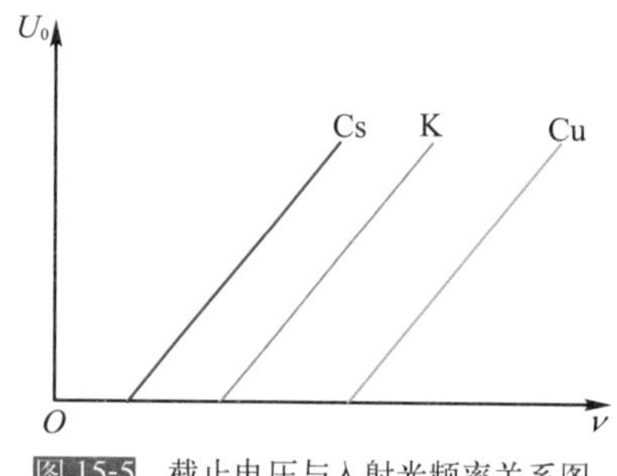

图 15-5　截止电压与入射光频率关系图

由式 (15-9) 可知，电极的截止电压与入射光的频率成线性关系，而根据式 (15-8) 可知，截止电压与光电子的最大初动能成正比，因此根据上述两式可知，**在入射光的频率超过电极材料的光电效应的截止频率时，从电极材料中所发射出来的光电子的最大初动能与入射光的频率成线性关系**．

(4) **光电效应是瞬时发生的**．实验发现，只要入射光的频率大于电极材料的截止频率，无论光强多么微弱，从光照射到电极材料表面到光电子从电极材料表面逸出，这段时间不会超过 1 ns．滞后时间如此之短，以至于我们通常都认为光电效应是瞬时发生的．

以上我们所描述的都是光电效应的实验规律，但是这些被大量精确实验所证实的规律在用经典理论解释时却遇到了许多困难．根据经典的电磁理论，光波作为一种波，其能量只与光的强度和振幅有关，因此，一定强度的光照射一段时间后，材料表面的电子都可以获得足够的能量从而逸出金属表面，因而不应该存在截止频率 ν_0；另外，随着光的强度的增大，逸出电子的最大初动能也应该相应的增大，至少也不应该与入射光的频率有关；最后，如果入射光的光强很小，此时材料表面的电子必须需要较长时间的能量积累过程，才能获得足够的能量逸出材料表面，

因此，光电子的发射也就不可能是瞬时的．这些矛盾都阻碍了人们对光电效应的认识和理解．另外，光电效应的研究不仅具有重要的理论意义，而且其应用也非常的广泛．例如，在军事上用于夜视的红外变像管就可以把不可见的红外辐射图像转换成可见光图像；又如，根据光电效应制成的光电倍增管，由于其极高的灵敏度而被广泛应用于弱光探测等方面．因此，无论是从理论上还是从生产实践中都迫切的需要一种新的理论来对光电效应加以诠释．

15.2.2 爱因斯坦光子假说

在普朗克的能量子假说成功解释了黑体辐射公式之后，爱因斯坦首先注意到它也有可能解决经典物理学所遇到的其他困难．按照普朗克的能量子假说，既然振子的能量可以被认为是量子化的，那么对于空间传播的电磁波而言，其能量就一定是连续分布的吗？鉴于此，爱因斯坦于 1905 年在他发表的一篇论文中提出了光子假说．该理论认为电磁波的辐射场是由光量子组成的，每一个光量子的能量与辐射频率之间的关系是

$$\varepsilon = h\nu \tag{15-10}$$

式中，h 为普朗克常量．因此，作为电磁波的光在空间传播时，不仅具有波动性，也具有粒子性．一束光就是一束以光速运动的粒子流，这些粒子也就是所谓的光子．对于光子而言，它不能被再分割，而只能整个地被吸收或产生出来．这就是爱因斯坦的光子假说．按照他的观点，当光入射到电极表面时，光子被电子吸收，电子获得了$h\nu$的能量．由于电极表面的电子还要受到电极表面的束缚，因此，电子要脱离电极表面必须要克服表面对它的吸引．我们定义电极材料的**逸出功** (work function)A 为电子脱离电极材料表面时为克服表面阻力所需做的功，因此只有当入射光子的能量大于电极材料的逸出功时才会有电子从电极表面发射出来．当电子所吸收的光子能量足够大时，该能量将分成两部分，一部分用来克服电极材料所做的逸出功，另一部分则用来作为逸出电子的初动能．即此时有

$$h\nu = A + \frac{1}{2}mv_{\max}^2 \tag{15-11}$$

此式被称为**爱因斯坦光电效应方程**．由上式可以看出，当入射光的频率$\nu < \nu_0 = \dfrac{A}{h}$时，电子所吸收光子的能量不足以克服电极表面的吸引力而从电极中逸出，此时就不会有光电效应的产生．另外，当光照射到电极表面上时，一个光子的能量立即整个地被电子所吸收，因而光电子的发射是瞬时的．最后，从上式还可以看出，逸出的光电子的最大初动能只与入射光的频率有关，而并不依赖于入射光的强度．入射光的强度只决定了单位时间内单位面积上入射的光子数，它只能影响饱和光电流的大

小．因为饱和光电流可以表示为 $I_S = Ne$，式中，N 为单位时间内通过单位面积的光电子数．而按照光子假说，入射光的强度可以表示为 $I = Nh\nu$，这里的 N 是单位时间内通过单位面积的光子数．当采用光子假说时，一个光子使一个电子逸出金属表面，因此上面两个 N 的数值应该相等．在入射光频率一定的情况下，饱和光电流与入射光强度应该成正比，即 $I_S \propto I$；而当入射光的强度一定时，由于入射光频率 ν 越大，则入射的光子数密度 N 越小，从而导致饱和光电流也越小．综上所述，光电效应方程可以全面地解释光电效应的实验规律．

结合式 (15-8) 和式 (15-11)，也就是在光电效应方程中用截止电压与电子电量的乘积来代替电子的最大初动能，我们可以得出以下关系式：

$$U_0 = \frac{h}{e}\nu - \frac{A}{e} \tag{15-12}$$

比较式 (15-9) 和式 (15-12)，我们可以得出如下关系：

$$\begin{cases} h = ek \\ A = ek\nu_0 \end{cases} \tag{15-13}$$

因此我们可以通过实验精确地测量出 k 和 ν_0 的值，然后再根据式 (15-13) 推算出普朗克常量 h 和逸出功 A 的大小．1916 年，美国物理学家密立根经过对光电效应的精确测量，采用上述方法成功测量出了普朗克常量的值，该结果与用其他方法得到的测量值符合得很好，因而从实验上直接验证了光子假说和光电效应方程的正确性．由于光子假说的提出以及光电效应方程的发现，爱因斯坦获得了 1921 年的诺贝尔物理学奖．

光子假说揭示的是光的粒子性，与此同时，通过光的干涉、衍射等实验，人们已经认识到光作为一种电磁波又具有波动性，因此，综合起来，关于光的本性的全面认识是：光既具有波动性，又具有粒子性．在某些情况下，光突出地显示其波动性，而在另一些情况下，光又突出地表现其粒子性．光的这种本性被称为**波粒二象性** (wave-particle duality)．光既不是经典意义上的“单纯”的波，也不是经典意义上“单纯”的粒子．

既然光既具有波动性，又具有粒子性，那么这二者之间有没有什么联系呢？光的波动性是用光波的波长 λ 和频率 ν 来描述的，而光的粒子性则是用光子的质量、能量和动量来描述的，因此，我们所要寻求的就是这些量之间的内在联系．

由式 (15-10) 可知，一个光子的能量是 $h\nu$，根据相对论的质能关系 $E = mc^2$, 因此我们可以得出光子的质量为

$$m = \frac{h\nu}{c^2} = \frac{h}{c\lambda} \tag{15-14}$$

我们知道，一个粒子的质量与速度之间满足

$$m = \frac{m_0}{\sqrt{1 - \left(\frac{v}{c}\right)^2}}$$

由于光子是以光速运动的粒子，因此代入上式可知，光子的静止质量为零. 但是，由于光速的不变性，因此，在任何参考系中光子都不会是静止的，所以在任何的参考系中光子的质量都不会是零.

根据相对论的能量－动量关系式

$$E^2=p^2c^2+m_0^2c^4=p^2c^2$$

对于光子而言，其静质量为零，所以，光子的动量为

$$p=\frac{E}{c}=\frac{h\nu}{c}=\frac{h}{\lambda} \tag{15-15}$$

式 (15-10) 和式 (15-15) 都是描述光的性质的基本关系式，式中等号左侧的物理量描述的是光的粒子性，而等号右侧的物理量描述的是光的波动性，整个等式描述的是光的粒子性和波动性之间的内在关系，而且这种内在关系从数值上是通过普朗克常量联系在一起的，通常把式(15-10)和式 (15-15) 联合起来称为**普朗克－爱因斯坦关系式**.

例 15-2

波长 $\lambda=450$ nm 的单色光入射到逸出功 $A=3.7\times10^{-19}$ J 的电极表面，求：

(1) 入射光子的能量；

(2) 逸出电子的最大初动能；

(3) 电极材料的截止频率；

(4) 入射光子的动量.

解 (1) 入射光子的能量为

$$\varepsilon=h\nu=\frac{hc}{\lambda}=\frac{6.63\times10^{-34}\times3\times10^{8}}{450\times10^{-9}}\approx4.4\times10^{-19}(\text{J})$$

(2) 逸出电子的最大初动能为

$$E_k=h\nu-A=4.4\times10^{-19}-3.7\times10^{-19}=0.7\times10^{-19}(\text{J})$$

(3) 电极材料的截止频率为

$$\nu_0=\frac{A}{h}=\frac{3.7\times10^{-19}}{6.63\times10^{-34}}\approx5.6\times10^{14}(\text{Hz})$$

(4) 入射光子的动量为

$$p=\frac{h}{\lambda}=\frac{6.63\times10^{-34}}{450\times10^{-9}}\approx1.5\times10^{-27}(\text{kg}\cdot\text{m}\cdot\text{s}^{-1})$$

15.3 康普顿散射

在热辐射内容中，我们讨论了电磁辐射的规律，光电效应中，我们又研究了电磁波入射到物质表面，与物质发生相互作用时产生的现象，本节我们要讨论电磁波入射到物质表面时，被物质散射的规律.

早在 1904 年伊夫就发现，γ 射线被物质散射后波长有变长的现象. 1919 年以后，康普顿先后研究了 γ 射线和 X 射线的散射问题，先是确定了 γ 射线被物质散射后波长变长的事实，后来又用自制的 X 射线分光计，对钼的 K_α 线经石墨散射后在不同方向的散射强度进行了测量，他发现散射线中有两种波长，其中一种波长比入射线的长，且波长改变量与入射

线波长无关，而是随散射角的增大而增大．这种波长变长的散射现象称为**康普顿散射** (Compton scattering)，或**康普顿效应**．

研究康普顿散射的实验装置如图 15-6 所示，单色 X 射线源发出一束波长为 λ_0 的单色 X 射线，通过光阑投射到散射体石墨上，然后在不同的方向上用摄谱仪测量出散射线的波长及其相对强度．实验结果表明：除 $\theta = 0°$ 外，对于任意一个散射角都能测量到两种波长 λ_0 和 λ 的散射线，且两种波长的差值随散射角的增大而增大，而与 λ_0 及散射物质无关．另外，实验还表明对轻元素，波长变长的散射线强度相对较强，而对重元素则刚好相反，波长变长的散射线强度相对较弱．

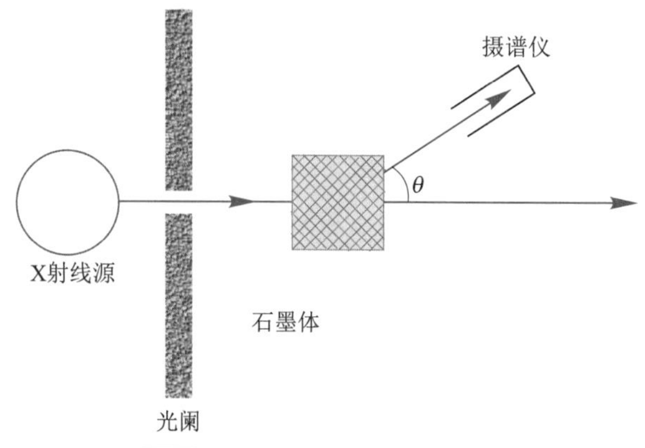

图 15-6　康普顿散射实验装置示意图

按照经典电磁理论，当用一定频率电磁波照射物质时，物质中带电粒子将从入射电磁波中吸收能量，作同频率的受迫振动．振动的带电粒子又向各方向发射同一频率的电磁波，这就是散射线．显然，经典理论只能说明波长不变的散射现象（通常称为瑞利散射），但是不能说明散射光波长发生改变的康普顿散射．那么康普顿散射的机理又是什么呢?

在吸取了爱因斯坦光子假说的成功经验之后，考虑到 X 射线也是电磁波的一种，光子理论也同样适合于 X 射线，因此康普顿提出这种特殊的散射效应是由于 X 射线中的光子与物质中弱束缚电子相互作用的结果．按照光子理论，电磁辐射是一种光子流，每一个光子都具有确定的能量和动量，由于 X 射线光子的能量很高，那些散射物质中受原子核束缚较弱的电子的热运动动能比 X 射线光子能量小得多，因此光子与这些电子的相互作用过程可以看成是光子与静止的自由电子发生弹性碰撞的过程，在整个碰撞过程中能量与动量是守恒的，由于反冲，电子带走了一部分能量与动量，因而散射出去的光子的能量与动量都要相应地减小，根据 15.2 节中式 (15-10) 和式 (15-15) 可以得出，散射线的频率会变小而波长会变长．

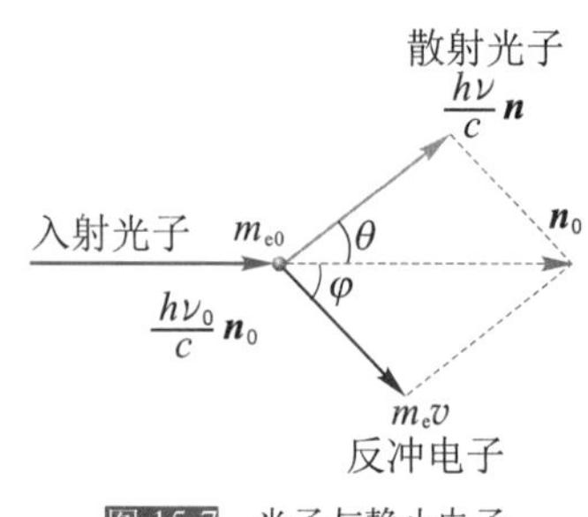

图 15-7　光子与静止电子碰撞示意图

以上是定性地解释康普顿散射波长变长的成因，接下来我们从理论上定量的推导出康普顿散射后波长的改变量．如图 15-7 所示，设入射光的频率为 ν_0，则一个光子的能量为 $h\nu_0$，而动量为 $\frac{h\nu_0}{c}\boldsymbol{n}_0$ ($\boldsymbol{n}_0$ 为光子入射方向单位矢量），自由电子的能量为 $m_{e0}c^2$，动量为零．碰撞后，考虑散射角为 θ 的光子，此时其频率变为 ν，能量为 $h\nu$，动量为 $\frac{h\nu}{c}\boldsymbol{n}$，$\boldsymbol{n}$ 为散射光子方向上的单位矢量，而反冲电子的速度为 v, 质量变为 $m_e = \dfrac{m_{e0}}{\sqrt{1-\left(\frac{v}{c}\right)^2}}$ 能量为 m_ec^2，动量为 $m_e v$．由动量守恒和能量守恒我们可以得到

$$\begin{cases} h\nu_0 + m_{e0}c^2 = h\nu + m_e c^2 \\ \dfrac{h\nu_0}{c}\boldsymbol{n}_0 = \dfrac{h\nu}{c}\boldsymbol{n} + m_e \boldsymbol{v} \end{cases} \tag{15-16}$$

利用余弦定理，有

$$(m_e v)^2 = \left(\frac{h\nu_0}{c}\right)^2 + \left(\frac{h\nu}{c}\right)^2 - 2\left(\frac{h\nu_0}{c}\right)\left(\frac{h\nu}{c}\right)\cos\theta \tag{15-17}$$

由上述两个式子可得康普顿散射后波长的改变量为

$$\Delta\lambda = \frac{c}{\nu} - \frac{c}{\nu_0} = \frac{h}{m_{e0}c}(1-\cos\theta) = \lambda_c(1-\cos\theta) = 2\lambda_c \sin^2\frac{\theta}{2} \tag{15-18}$$

式中，$\lambda_c = h/m_{e0}c = 0.002\,426\ \text{nm}$ 称为电子的**康普顿波长** (Compton wavelength), 其值等于散射角 $\theta = 90°$ 时所测得的波长改变量．

既然我们已经推导出散射线的波长要发生变化，那么在实验中我们还观测到波长没有发生改变的散射线（瑞利散射），对于这些波长不变的散射线，其散射机制又是什么呢？我们认为之所以会有这种情况发生，是因为此时光子不仅同物质中的弱束缚电子发生相互作用，而且光子还与原子的内层电子发生相互作用．在康普顿散射线中，由于光子是和弱束缚电子相作用，因此，此时可以假定这些电子是自由的；而在瑞利散射线中，由于光子是和原子的内层电子发生作用，此时内层电子被原子紧紧束缚着，光子和这种电子碰撞就相当于和整个原子发生碰撞，因此，在应用康普顿公式 (15-18) 计算波长时，m_{e0} 应为整个原子的质量而不再是单个电子的质量，所以计算出来的波长改变量极其微小，可以近似认为波长没有发生改变．这就是散射线中为什么有两种成分的原因．对于轻物质而言，原子核所形成的库仑电场较弱，外层价电子占总电子数的比例较大，因此发生康普顿散射的概率远大于发生瑞利散射的概率，所以，在所有的散射线中波长变长的散射线强度相对较强；而对于重物质而言，原子中大多数内层电子受到原子核的强烈束缚，外层价电子占总电子数比例较小，此时发生瑞利散射的概率要大于发生康普顿散射的概率，所以，在重物质的散射线中波长变长的散射线强度相对较弱，也就是说，此时的康普顿效应不显著．值得注意的是，此时康普顿效应不显著只是指此时波长变长的散射线部分相对波长没有改变的部分强度较弱，而不是指散射线波长的变化值变小，散射线波长的变化值和散射物质无关，只与散射角有关．这样我们就对康普顿散射实验中所有的实验规律都作出了圆满的解释．

根据光的量子理论和动量、能量守恒定律推导出来的式 (15-18) 与康普顿散射实验完全相符，这不仅有力地证明了光子理论的正确性，而且

由于在推导过程中应用了动量守恒和能量守恒定律，从而还证明了光子和微观粒子的相互作用过程也是严格地遵守这两条基本定律的．由于发现了康普顿效应并能够正确地加以解释，康普顿因此获得了 1927 年的诺贝尔物理学奖．

应当指出的是，康普顿散射只有在入射波的波长与电子的康普顿波长可以相比较的时候才显著．因为此时虽然对于某一确定的散射角而言散射波长的改变量 $\Delta\lambda$ 没变．例如，根据式 (15-18)，当散射角为 π 时，$\Delta\lambda$ 应为两倍的电子的康普顿波长，但是由于入射波长小到可以与康普顿波长相比拟，所以，此时 $\frac{\Delta\lambda}{\lambda}$ 的比值将显著增大，此时康普顿散射效应就比较显著，这也就是为什么采用 X 射线来观察康普顿散射的原因了．

最后，我们要澄清一个概念问题．在讨论康普顿散射中，我们曾说过光子和自由电子相碰撞，碰撞中光子把一部分能量传给了电子，这就意味着在整个碰撞过程中光子发生了分裂，这似乎与 15.3 节中所讲的光子永不分裂相矛盾．其实康普顿散射并不是一步完成的，它是自由电子先整体吸收一个光子然后再释放出一个散射光子或是自由电子先释放出一个散射光子再吸收入射光子，无论是采取哪种方式，光子都是完整地被吸收或释放的，入射光子和散射光子并不是同一个光子．

例 15-3

波长 $\lambda_0 = 22\times10^{-12}$ m 的 X 射线与可以认为静止的自由电子碰撞，在散射角为 85° 处观测，试求：

(1) 康普顿散射线的波长；

(2) 入射光子的能量向电子转移的百分比．

解　(1) 根据式 (15-18)，有

$$\Delta\lambda = \frac{h}{m_0 c}(1-\cos\theta) = \frac{6.63\times10^{-34}\times(1-\cos85°)}{9.11\times10^{-31}\times3\times10^{8}} \approx 2.21\times10^{-12}\ (\text{m})$$

$$\lambda = \lambda_0 + \Delta\lambda = 24.21\times10^{-12}\ \text{m}$$

(2) 入射光子向电子转移的能量即为入射光子与散射光子的能量差，因此入射光子能量向电子转移的百分比为

$$\eta = \frac{h\nu_0 - h\nu}{h\nu_0} = 1-\frac{\nu}{\nu_0} = 1-\frac{\lambda_0}{\lambda} = \frac{\Delta\lambda}{\lambda} = \frac{2.21}{24.21}\times100\% \approx 9.1\%$$

15.4 玻尔氢原子理论

前面介绍了电磁辐射的一些基本性质，包括物体向外发出的热辐射以及入射到物体表面的电磁辐射与物体发生的相互作用等．由于这些都与辐射物体的材料特性有关，而且对于每种原子而言，无论是发射光谱

还是吸收光谱，在其光谱中所出现的各种波长成分都是非常有规律的，因此，对于物体发射或吸收的光谱的研究成为了研究物体的各种物理特性（尤其是原子的内部结构的性质）的一种重要手段．氢原子是结构最简单的原子，因此，我们首先从研究氢原子的光谱开始．在研究氢原子的光谱之前，让我们首先来看看经典理论是如何描述氢原子的．

15.4.1 经典氢原子模型

1．汤姆孙模型

1897 年，汤姆孙 (J.P.Thomson) 在原子中发现了带负电的电子的存在．由于通常情况下原子总是呈电中性的，所以在原子内部，一定还含有带正电的组成部分．后来经过密立根通过油滴实验对电子的荷质比进行精确的测量，发现电子的质量比整个原子的质量小得多，故而汤姆孙于 1903 年提出了一个原子结构模型：整个原子是一个质量均匀分布的具有弹性的胶状球，正电荷均匀分布于这个球内，电子则镶嵌在球内或是球面上，每个电子都在它的平衡位置处做简谐运动而发射同频率的电磁波．这样的原子模型能够很好地解释当时的一些诸如原子发光、散射等实验现象．

2．卢瑟福的核式模型

由于光子的质量与原子的质量相比非常小，因此当用光子入射到原子上并与原子发生作用的时候，能够引起光子波长发生改变的康普顿散射只能发生在那些原子的弱束缚电子上，也就是说只能了解原子最外层电子的信息．因此为了了解内层电子与原子的正电部分的结合情况，势必要改变入射粒子．1909 年，卢瑟福等采用 α 粒子来进行一系列的散射实验．α 粒子是放射性物质中发出的快速粒子，它带有两个单位的正电荷，质量为氢原子的四倍，用它来作为入射粒子进行散射实验时，他们发现绝大多数散射线的偏转角都不大，只有少数散射线的偏转角大于 90°，而且约有总数的数万分之一被向后散射，对于这种情况，汤姆孙的原子结构模型无法解释，为此，卢瑟福于 1911 年提出了一种新的模型：原子中带正电的部分集中了原子的绝大部分质量，而且分布在一个极小的区域内，其线度不超过 10^{-15} m，而电子则围绕着它运动．这一模型也称为**核式模型**．该模型不但能解释 α 粒子散射问题，而且同样也能解释汤姆孙模型所能解释的那些原子发光或是散射的问题，因此该模型逐渐为大家所接受．

但是，这个模型与经典的电磁理论仍然存在矛盾．按照经典的电磁理论，电子绕核做旋转运动，由于做曲线运动的电子都具有加速度，电子将不断地向外发射电磁波，势必造成电子的能量越来越小，相应的电子的运动轨道尺度也随之减小，最后电子将落到原子核上．但是事实并非如此．一般情况下，原子是一个非常稳定的系统，没有发现电子会陷入原子核内，另外，原子发射电磁波的频率也不是连续的，而是分立的．由于核式模型已经被实验所证实，那么只能说经典的电磁理论不能用于原子系统，那么原子又是如何发射电磁波的呢？原子核周围的电子又是如何运动的呢？

15.4.2 氢原子光谱

由于原子体积太小，所以不能直接观测其结构．然而，人们发现，每种原子的辐射都具有由一定的频率成分构成的特征光谱，它们是一条条离散的谱线，称为线状谱．这种光谱只取决于原子本身，而与温度和压力等外界条件无关，因此研究各种原子的光谱成为研究原子结构的一种重要手段．

利用光栅来观察氢光谱

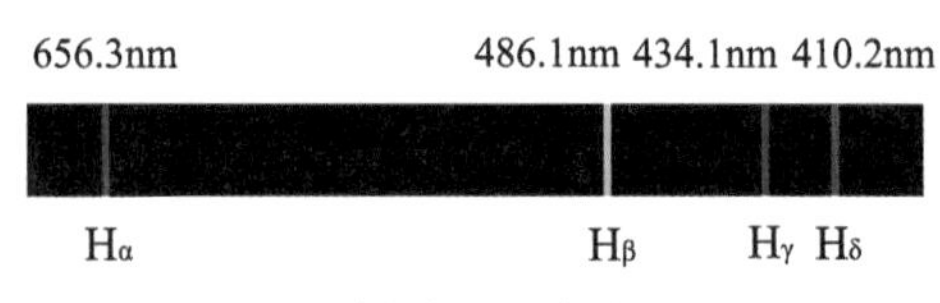

玻尔氢原子光谱

氢原子光谱可以通过氢气放电管获得，其实验规律可归纳如下：

(1) 氢原子光谱是彼此分立的线状光谱，每一条谱线都具有确定的波长．

(2) 对于每一条光谱线，定义**波数**$\tilde{\nu}$为单位长度内所包含的完整波长的数目，则每条光谱线的波数满足

$$\tilde{\nu}=\frac{1}{\lambda}=T(k)-T(n)=R_{\mathrm{H}}\left(\frac{1}{k^2}-\frac{1}{n^2}\right) \tag{15-19}$$

式中，k 和 n 都是正整数，且 $k<n$，$R_{\mathrm{H}}=1.097\times10^{7}\ \mathrm{m}^{-1}$ 称为里德伯常量．上式也被称为广义巴耳末公式．$T(n)=\frac{R_{\mathrm{H}}}{n^2}$ 称为氢的**光谱项** (spectral term)，可见氢原子光谱的任一条光谱线的波数都可以用两个光谱项之差来表示，因此上式又被称为**里兹组合原理** (Ritz combination principle)．

(3) 当整数 k 取一定值时，n 取大于 k 的各个整数所对应的各条谱线构成一谱线系，由式 (15-19) 可知，对于每一个谱线系，当 $n\to\infty$ 时，该谱线系的波数都将得到一个极限值，该值称为线系限．下面列出对应于不同 k 值的线系：

莱曼系　$\tilde{\nu}=R_{\mathrm{H}}\left(\frac{1}{1^2}-\frac{1}{n^2}\right)$，$n=2,3,4,\cdots$在紫外区；

巴耳末系　$\tilde{\nu}=R_{\mathrm{H}}\left(\frac{1}{2^2}-\frac{1}{n^2}\right)$，$n=3,4,5,\cdots$在可见光区；

帕邢系　$\tilde{\nu}=R_{\mathrm{H}}\left(\frac{1}{3^2}-\frac{1}{n^2}\right)$，$n=4,5,6,\cdots$在近红外区；

布拉开系　$\tilde{\nu}=R_{\mathrm{H}}\left(\frac{1}{4^2}-\frac{1}{n^2}\right)$，$n=5,6,7,\cdots$在远红外区；

普丰德系　$\tilde{\nu}=R_{\mathrm{H}}\left(\frac{1}{5^2}-\frac{1}{n^2}\right)$，$n=6,7,8,\cdots$在远红外区．

15.4.3 玻尔氢原子理论

氢原子光谱的实验规律已经非常清楚，现在剩下的就是从这些规律中如何发掘出氢原子的结构信息，换句话说，就是通过探讨这些谱线的产生机制从而得出电子在原子中是如何运动的．

1913 年，玻尔在卢瑟福的核式模型的基础上，把普朗克的能量子理论以及爱因斯坦的光子的概念运用到原子系统中，再加上从氢原子光谱实验中总结出来的巴耳末公式，创建了氢原子结构的半经典量子理论．他提出了三个基本假设：

(1) **定态** (stationary state) **假设**．原子系统存在一系列不连续的能量状态，处于这些状态的原子中的电子只能在一定的轨道上绕核做圆周运动，但是不辐射能量．这些状态是原子系统的稳定状态，简称定态．原子能够而且只能够稳定地存在于这些不连续的状态中．

(2) **频率假设**．原子能量的任何变化，包括发射或吸收电磁辐射，都只能在两个定态之间以跃迁 (transition) 的方式进行，当原子从一个较高的能量 E_n 的定态跃迁到另一个能量较低的定态 E_k 时，原子将辐射出一个光子，根据爱因斯坦光子假设，该光子的能量应该为 $h\nu$，而这个能量应由两个定态之间的能量差决定，即

$$h\nu = E_n - E_k \tag{15-20}$$

式中，h 为普朗克常量．同样，当原子从定态 E_k 跃迁到定态 E_n 时，原子将吸收一个光子，其频率也由式 (15-20) 决定．发射 (或吸收) 光子的能量由两个定态之间的能量差来决定是玻尔理论的一个关键，因为它背弃了经典理论中关于辐射的光子频率必须与带电粒子的振动频率相同的观点．另外，由于每个定态的能量都是不连续的，因此相应的两个定态之间的能量差也是不连续的，所以根据式 (15-20), 原子所辐射出的光子的频率也就是分立的，这就说明了为什么原子光谱是一个线状光谱而不是一个连续谱．

(3) **轨道角动量量子化假设**．为了简单起见，电子绕核运动的轨道选择为一些圆形轨道．但是原子中的电子在绕核做稳定的圆周运动时，其轨道角动量必须是 $\frac{h}{2\pi}$ 的整数倍，即此时角动量必须满足

$$L = mvr = n\frac{h}{2\pi} = n\hbar, \quad n = 1, 2, 3, \cdots \tag{15-21}$$

式中，$\hbar = \frac{h}{2\pi} = 1.0546 \times 10^{-34}\ \mathrm{J \cdot s}$ 称为**约化普朗克常量**，n 只能取不为零的正整数，称为量子数．此式也称为轨道角动量量子化条件．

玻尔根据上述假设计算了氢原子在稳定态中的轨道半径和能量．他认为在原子中，原子核可近似认为不动，而电子以核为中心做半径为 r 的圆周运动．此时提供电子做圆周运动的向心力为电子所受到的库仑引力，因此根据牛顿第二定律有

玻尔 (N. H. D. Bohr, 1885～1962)，丹麦物理学家．他通过引入量子化条件，提出了玻尔模型来解释氢原子光谱，提出对应原理、互补原理和哥本哈根诠释来解释量子力学，对 20 世纪物理学的发展影响深远．由于“对原子结构以及从原子发射出的辐射的研究”，荣获 1922 年诺贝尔物理学奖

$$m\frac{v^2}{r}=\frac{e^2}{4\pi\varepsilon_0 r^2}$$

结合玻尔的角动量量子化假设，即式 (15-21)，可以得到电子轨道半径的表示式为

$$r_n=n^2\left(\frac{\varepsilon_0 h^2}{\pi me^2}\right)=n^2 r_1 \tag{15-22}$$

式中，m 为电子的质量，e 为电子的电量，$r_1=\frac{\varepsilon_0 h^2}{\pi me^2}=5.29\times 10^{-11}$ m，是氢原子中电子的最小轨道半径，称为玻尔半径，r_n 表示原子处于第 n 个定态时电子的轨道半径．$n=1$ 的定态称为**基态** (ground state)，n 取其他值的定态均称为**激发态** (state of excitation)．式 (15-22) 表明，由于轨道角动量不能连续变化，相应的电子轨道半径也不能连续变化．

玻尔还认为原子系统的能量应等于电子的动能与电子和核组成的系统的势能之和，即

$$E=\frac{1}{2}mv^2-\frac{e^2}{4\pi\varepsilon_0 r}=-\frac{e^2}{8\pi\varepsilon_0 r}$$

由上式可以看出，原子系统的总能量与电子所处的轨道的半径 r 有关，因此根据已经得到的电子轨道半径的表达式，对于量子数为 n 的定态，其能量为

$$E_n=-\frac{e^2}{8\pi\varepsilon_0 r_n}=-\frac{1}{n^2}\left(\frac{me^4}{8\varepsilon_0^2 h^2}\right),\quad n=1,2,3,\cdots \tag{15-23}$$

由此可见，由于电子轨道角动量不能连续变化，氢原子的能量也只能取一系列不连续的值，这称为**能量量子化**，这种量子化的能量值称为**能级** (energy level)．在式 (15-23) 中令 $n=1$，即可得到氢原子基态能级的能量

$$E_1=-\frac{me^4}{8\varepsilon_0^2 h^2}=-13.6\ \text{eV} \tag{15-24}$$

基态能级能量最低，此时原子最稳定．随着量子数 n 的增大，能量 E_n 也增大，相邻能级之间的能量间隔减小．当 $n\to\infty$ 时，$r_n\to\infty$，$E_n\to 0$，此时电子已经脱离原子核成为自由电子．由于基态和各激发态中的电子都没有脱离原子核的束缚，因此这些定态也统称为**束缚态**．能量在 $E_\infty=0$ 以上时，此时电子脱离了原子，这种状态所对应的原子称为**电离态**，此时电子的能量是连续的，不受量子化条件限制．电子从基态到电离态所需要的能量称为**电离能** (ionization energy)．显然，按照玻尔理论算出的基态氢原子的电离能为 13.6 eV，这与实验测得的结果相符．

现在再来看玻尔理论是否能解释氢原子光谱的实验规律．根据玻尔的频率假设，当原子从较高能态 E_n 向较低能态 $E_k\,(n>k)$ 跃迁时，原子将发射一个光子，其频率为

$$\nu_{nk}=\frac{E_n-E_k}{h}=\frac{me^4}{8\varepsilon_0^2 h^3}\left(\frac{1}{k^2}-\frac{1}{n^2}\right)$$

用波数表示，则

$$\tilde{\nu}_{nk}=\frac{1}{\lambda_{nk}}=\frac{\nu_{nk}}{c}=\frac{me^4}{8\varepsilon_0^2 h^3 c}\left(\frac{1}{k^2}-\frac{1}{n^2}\right),\qquad n>k \tag{15-25}$$

与式(15-19)比较，显然这两个式子是一致的，因此我们可以得到里德伯常量的理论值为

$$R_{\text{H 理论}}=\frac{me^4}{8\varepsilon_0^2h^3c}=1.097\times10^7\ \text{m}^{-1}$$

这个值与实验值符合得很好．由式(15-25)可知，当 $k=1$ 时，即此时原子由 $n>1$ 的能级向 $n=1$ 的能级跃迁时，将产生莱曼系各谱线；从 $n>2$ 的能级向 $n=2$ 的能级跃迁时，将产生巴耳末系各谱线；从 $n>3$ 的能级向 $n=3$ 的能级跃迁时，将产生帕邢系各谱线；其余线系依此类推．

玻尔理论假设氢原子中的电子绕原子核做圆周运动，虽然数学处理上方便了不少，但是这样处理过于简单，电子受到有心力场的作用，而且该力与距离的平方成反比，按照经典力学理论，此时电子绕核运动的轨道应采取类似于太阳系中八大行星围绕太阳运动所采取的椭圆轨道，原子核位于椭圆的一个焦点上，而玻尔所假设的圆周运动仅仅是椭圆运动的一种特殊情况．1916 年，德国物理学家索末菲提出了椭圆轨道理论．在此理论中，他提出要用两个量子数来确定电子的一个稳定的运动轨道，并给出了两个量子化条件：

(1) 原子的能量是正整数 n 的函数，$E=E(n)$，n 称为**主量子数**．实际上，由索末菲根据他的椭圆轨道理论推导出的氢原子能量公式与玻尔的完全相同．

(2) 电子轨道角动量 L 等于 $\hbar$ 的整数倍，即

$$L=l\hbar,\qquad l=1,2,3,\cdots,n$$

式中，l 为**角量子数**．对于给定的主量子数 n，角量子数 l 可取 n 个不同的值，对应于 n 个不同的角动量状态．

推广后的量子化条件适用于多自由度的情形，这样可以对类氢离子(核外只有一个电子的原子体系，如 He^+，Li^{2+}，Be^{3+} 等)的光谱作出很好的解释．

玻尔的氢原子理论是原子结构理论发展的一个重要阶段，他首先提出经典物理学对原子内部现象不适用，提出了原子能量量子化和角动量量子化的概念，并于 1914 年由弗兰克和赫兹在电子和汞原子的碰撞实验中直接得到了证实．另外，他在处理氢原子(或类氢离子)的光谱问题上取得了成功，第一次使光谱实验得到了理论上的说明．玻尔还创造性地提出了定态假设和能级跃迁决定谱线频率的假设，这些假设在现代量子力学理论中仍然是非常重要的基本概念．当然，玻尔理论也有很大的局限性．他只能计算氢原子谱线的频率，无法计算谱线的强度、宽度及偏振性等问题，而且对于稍复杂一些的原子，玻尔量子理论不但从定量上无法处理，甚至在原则上也有问题．从理论体系上来讲，这个理论的根本问题在于它以经典理论为基础，但又生硬地加上与经典理论不相容的若干重要假设，如定态不辐射能量和量子化条件等，缺乏系统完整的理

论体系．玻尔尚未抓到微观粒子的本质特征，没有从根本上揭示出不连续性的本质，因此玻尔理论还远不是一个完善的理论．这充分说明量子力学就是在克服这些困难和局限性的过程中发展起来的．

例 15-4

求莱曼系中波长最长的谱线波长．

解　莱曼系的谱线对应于原子从激发态到基态的跃迁．由于波长最长，所以相应的频率也最低，也就是说能量最低，因此，最长波长的跃迁应当是从第一激发态到基态的跃迁，所以有

$$\begin{aligned}\lambda &= \frac{hc}{E_2 - E_1} \\ &= \frac{6.63\times10^{-34}\times3\times10^{8}}{(-3.4+13.6)\times1.6\times10^{-19}} \\ &\approx 1.22\times10^{-7}(\mathrm{m})\end{aligned}$$

例 15-5

以动能为 12.5 eV 的电子通过碰撞使基态氢原子激发时，最高能激发到哪一能级？当回到基态时能产生哪些谱线？分别属于什么线系？

解　设氢原子全部吸收 12.5 eV 的能量后最高能激发到第 n 个能级，由式 (15-23) 可得

$$\begin{aligned}E_n - E_1 &= E_1\left(\frac{1}{n^2}-1\right) \\ &= 13.6\left(1-\frac{1}{n^2}\right) \\ &= 12.5\ \mathrm{eV}\end{aligned}$$

由于 n 只能取整数，所以由上式可得 $n=3$，显然氢原子最高只能激发到 $n=3$ 的能级，于是将产生三条谱线．

当 n 从 $3\to1$：

$$\tilde{\nu}_1 = R_{\mathrm{H}}\left(\frac{1}{1^2}-\frac{1}{3^2}\right)=\frac{8}{9}R_{\mathrm{H}}$$

$$\lambda_1 = \frac{9}{8R_{\mathrm{H}}} = 102.6\ \mathrm{nm}$$

当 n 从 $2\to1$：

$$\tilde{\nu}_1 = R_{\mathrm{H}}\left(\frac{1}{1^2}-\frac{1}{2^2}\right)=\frac{3}{4}R_{\mathrm{H}}$$

$$\lambda_2 = \frac{4}{3R_{\mathrm{H}}} = 101.6\ \mathrm{nm}$$

当 n 从 $3\to2$：

$$\tilde{\nu}_3 = R_{\mathrm{H}}\left(\frac{1}{2^2}-\frac{1}{3^2}\right)=\frac{5}{36}R_{\mathrm{H}}$$

$$\lambda_3 = \frac{36}{5R_{\mathrm{H}}} = 656.3\ \mathrm{nm}$$

式中，λ_1，λ_2 属于莱曼系，λ_3 属于巴耳末系．对于单个原子来说一次跃迁只能发出一种波长，而实际观测到的是大量氢原子发光，所以三种波长同时存在．

习题 15

15-1　某物体辐射频率为 6.0×10^{14} Hz 的黄光，问这种辐射的能量子的能量是多大？

15-2　假设把白炽灯中的钨丝看作黑体，其点亮时的温度为 2 900 K．求：

(1) 电磁辐射中单色辐出度的极大值对应的波长；

(2) 据此分析白炽灯发光效率低的原因．

15-3　假定太阳和地球都可以看成黑体，

如太阳表面温度 $T_s = 6\ 000$ K，地球表面各处温度相同，试求地球的表面温度(已知太阳的半径 $R_0 = 6.96\times10^5$ km，太阳到地球的距离 $r = 1.496\times10^8$ km).

15-4 一波长 $\lambda_1 = 200$ nm 的紫外光源和一波长 $\lambda_2 = 700$ nm 的红外光源，两者的功率都是 400 W．问：

(1) 哪个光源单位时间内产生的光子多?

(2) 单位时间内产生的光子数等于多少?

15-5 在天体物理中，一条重要辐射线的波长为 21 cm, 问这条辐射线相应的光子能量等于多少?

15-6 一光子的能量等于电子静能，计算其频率、波长和动量．在电磁波谱中，它源于哪种射线?

15-7 钾的光电效应红限波长为 550 nm，求钾电子的逸出功．

15-8 波长为 200 nm 的紫外光照射到铝表面，铝的逸出功为 4.2 eV．试求：

(1) 出射的最快光电子的能量；

(2) 截止电压；

(3) 铝的截止波长；

(4) 如果入射光强度为 2.0 W • m^{-2}，单位时间内打到单位面积上的平均光子数．

15-9 光照射到金属表面的入射光波长从 λ_1 减小到 λ_2(λ_1 和 λ_2 均小于该金属的红限波长)．求：

(1) 光电子的截止电压改变量；

(2) 当 $\lambda_1 = 295$ nm，$\lambda_2 = 265$ nm 时截止电压的改变量．

15-10 试求波长 $\lambda = 7\times10^{-5}$ cm 的红光光子的能量、动量和质量．

15-11 用波长为 λ 的单色光照射某一金属表面时，释放的光电子最大初动能为 30 eV, 用波长为 2λ 的单色光照射同一表面时，释放的光电子的最大初动能为 10 eV．求能引起这种金属表面释放电子的入射光的最大波长．

15-12 波长 $\lambda_0 = 0.100$ nm 的 X 射线在碳块上受到康普顿散射，求在 90° 方向上所散射的 X 射线波长以及反冲电子的动能．

15-13 在康普顿散射中，入射光子的波长为 0.003 nm，反冲电子的速度为 $0.6c$，c 为真空中的光速．求散射光子的波长及散射角．

15-14 设康普顿散射实验的反射光子波长为 0.071 1 nm，求：

(1) 这些光子的能量；

(2) 在 $\theta = 180°$ 处，散射光子的波长和能量；

(3) 在 $\theta = 180°$ 处，电子的反冲能量．

15-15 一光子与自电子碰撞，电子可能获得的最大能量为 6 keV, 求入射光子的波长和能量(用 J 或 eV 表示)．

15-16 用里德伯常量 R 表示氢原子光谱的最短波长．

15-17 计算氢原子的电离电势和第一激发电势．

15-18 试求：(1) 氢原子光谱巴耳末线系辐射的、能量最小的光子的波长；(2) 巴耳末线系的线系极限波长．

15-19 一束单色光被一批处于基态的氢原子吸收，在这些氢原子重回基态时，观察到具有六种不同波长谱线的光谱．求入射单色光的波长．

15-20 用 12.2 eV 能量的电子激发气体放电管中的基态氢原子，确定氢原子所能放出的辐射波长．

48 个铁原子围成一个直径 7 nm 的圆圈，相邻铁原子间的距离为 0.9 nm. 铜表面存在一层二维电子气，只能沿表面运动. 铁原子对这些电子有很强的散射作用，使得被铁原子圈围住的表面电子“困”在圈内，故称此为量子围栏

第 16 章 量子力学简介

量子力学是描述微观粒子运动规律的系统理论. 自从 1924 年德布罗意提出微观粒子的波粒二象性的假说以后，人们开始对微观粒子的本性进行研究. 1926 年，薛定谔提出波动力学，建立了一个量子体系下物质波的运动方程. 它与 1925 年由海森伯等提出的矩阵力学一起构成了量子力学最初的两种不同形式. 薛定谔后来证明了波动力学与矩阵力学是同一种力学规律的两种不同表述，二者是完全等价的，都属于非相对论性的量子力学. 直到 1928 年，狄拉克把量子力学和狭义相对论结合起来，创立了相对论量子力学，量子力学的体系才基本完成.

量子力学是关于微观世界的理论. 它的建立，不仅使人们对物质结构的认识从宏观到微观产生了一个大飞跃，而且它还大大推动了新技术的发明，促进了生产力的发展. 人们的日常生活已经和量子论密切相关. 本章从微观粒子的波粒二象性出发，引入波函数这一描述微观粒子状态的特殊方法，然后介绍微观粒子所遵守的波动方程——薛定谔方程，并介绍其在一维定态问题中的应用，最后介绍电子在原子中运动的几个主要规律.

16.1 微观粒子的波粒二象性和不确定关系式

物理学家十分看重自然界的和谐与对称．运用对称性思想研究和解决新问题、发现新规律的例子屡见不鲜．面对经典物理在研究原子、分子等微观粒子运动规律时所遇到的严重困难，法国物理学家德布罗意注意到光作为一种电磁波，在与物质发生相互作用的时候，却是以光子的形式进行能量交换．因此，他在光的波粒二象性的启发下想到，既然自然界在许多方面都是明显地对称的，那么如果光具有波粒二象性，则实物粒子也应该具有波粒二象性．这一假设不久就被电子衍射实验所证实，而且还引发了一门新理论——量子力学的诞生，德布罗意也因此获得了1929年的诺贝尔物理学奖．

16.1.1 微观粒子的波粒二象性

1. 玻尔理论的困难

在第15章中我们介绍了玻尔的氢原子结构的半经典量子理论，它在解释氢原子光谱实验上获得了成功．但是它也有其局限性．它只是在经典理论的基础上生硬地加上了几条与经典理论相矛盾的量子化假设．由于对微观粒子的本性并没有足够的认识，因此，它并没有给出这几条量子化假设成立的原因，因而也就没有从本质上给出微观粒子的运动规律．但是由于玻尔理论可以很好地解释氢原子和类氢离子的光谱现象，于是人们认为这几条量子化假设中必然蕴涵着某些微观粒子的基本运动规律．另外，考虑到玻尔理论对于其他复杂原子不再适用，那么这些量子化假设也就必然需要得到进一步的修正．这些都要求对微观粒子的本性进行深层次的认识和理解．

2. 微观粒子的波粒二象性

在受到光的波粒二象性的启发之下，法国物理学家德布罗意大胆地提出假设：**不仅光具有波粒二象性，一切实物粒子如电子、原子、分子等也都具有波粒二象性**．类似于爱因斯坦对光的处理，他也把表征实物粒子波动特性的物理量波长λ、频率ν与表征其粒子特性的物理量质量m、动量p和能量E用下式联系起来：

$$\begin{cases} E = mc^2 = h\nu \\ p = mv = \dfrac{h}{\lambda} \end{cases} \tag{16-1}$$

式(16-1)被称为**德布罗意公式**(de Broglie relation)．这种与实物粒子相联系的波称为**德布罗意波**(de Broglie wave)或**物质波**(matter wave)．

德布罗意（L.de Broglie，1892～1987），出生于迪耶普，法国著名理论物理学家，波动力学的创始人．物质波理论的创立者，量子力学的奠基人之一．1929年获诺贝尔物理学奖．1932年任巴黎大学理论物理学教授，1933年被选为法国科学院院士

德布罗意用物质波概念分析了玻尔量子化条件的物理基础．玻尔理论假设原子中的电子都在定态中运动，电子虽然做变加速运动但没有辐

射发生．于是德布罗意用电子的物质波沿轨道传播来解释这个假设．他认为既然电子在轨道中运动时，没有电磁波的辐射，那么也就没有能量的耗散，因此，电子的物质波在沿轨道传播时必然要形成驻波，唯有这样才能保证能量不会耗散出去，所以电子所运动的那个稳定的圆形轨道的周长一定要等于电子的物质波的波长的整数倍，这样才能满足驻波条件，即满足

$$2\pi r = n\lambda, \qquad n = 1, 2, 3, \cdots \tag{16-2}$$

式中，r 为电子稳定圆轨道的半径，将德布罗意公式 (16-1) 代入，可得

$$mvr = \frac{h}{\lambda} r = \frac{h}{\lambda} \times \frac{n\lambda}{2\pi} = n\frac{h}{2\pi} = n\hbar$$

这就是玻尔理论中的角动量量子化条件．于是，我们就从物质波驻波条件，很容易地寻出玻尔的量子化条件，也就说明了能量的离散性．

当然，对于物质波而言，从宏观角度来看，由于 h 是一个非常小的量，因此实物粒子的波长通常来说都是非常短的，一般的情况下波动性都显现不出来，只有到了原子尺度实物粒子的波动性才会表现出来．现在我们不妨估算一下电子的德布罗意波长．假设电子的动能为 E_k，静止质量为 m_{e0}，根据相对论原理，它的总能量为

$$E = E_k + m_{e0} c^2$$

它的动量大小为

$$p = \frac{m_{e0} v}{\sqrt{1 - \frac{v^2}{c^2}}}$$

由动量与能量关系式 $E^2 = m_{e0}^2 c^4 + p^2 c^2$ 可得

$$p = \sqrt{\left(\frac{E_k}{c}\right)^2 + 2m_{e0} E_k}$$

因此由德布罗意公式 (16-1) 可得电子的德布罗意波长为

$$\lambda = \frac{h}{\sqrt{\left(\frac{E_k}{c}\right)^2 + 2m_{e0} E_k}}$$

由上式可知，静止质量和动能越大，德布罗意波长就越短．当电子的速度远小于光速时，上式可以简化为

$$\lambda = \frac{h}{\sqrt{2m_{e0} E_k}} \tag{16-3}$$

因此，对于一个具有 1 eV 动能的电子，按式 (16-3) 可计算出其物质波长约为 1.225 nm．该波长已经可以和 X 射线相比较．如果一个 50 g 的子弹以 250 m • s^{-1} 的速度运动时，其德布罗意波长按式 (16-3) 计算约为 2.65×10^{-34} m，这么短的波长已经小到实验难以测量的程度，这使得宏观物体只能表现出粒子性．由此可见，只有在原子尺度里，实物粒子的波动性才能表现出来．

3. 物质波的实验证明

德布罗意的物质波假设，其正确与否必须要通过实验来证实．实物粒子的粒子性已经是众所周知的事，因此，需要证实的是实物粒子的波动性．既然是验证波动性，那么自然是通过观察它的干涉或是衍射现象来证实．1927 年戴维孙和革末在做电子束在晶体表面散射实验时，观察到了和 X 射线在晶体表面衍射相类似的电子衍射现象，从而证实了电子具有波动性．

实验装置类似于康普顿散射实验中的装置，只是将原来的 X 射线源换成电子枪．加热电子枪发射热电子，经过加速电势差 U 后入射到晶体表面．晶体中原子排列非常有规律，因此形成了各种方向的平行面．当电子束入射到晶体表面上时，将向各个方向散射，如果电子确实具有波动性的话，那么向各个方向散射的电子波将出现相干叠加产生衍射现象．改变探测器的位置寻找散射加强的角位置 φ，此时收集到的电子流应该最大．由布拉格公式可得散射加强的角位置为

$$2d\sin\varphi = k\lambda$$

若德布罗意假设成立，则电子的波长为

$$\lambda = \frac{h}{\sqrt{2m_0E_k}} = \frac{h}{\sqrt{2m_0eU}} \approx \frac{1.225}{\sqrt{U}}\text{nm}$$

将 $\lambda = \frac{1.225}{\sqrt{U}}$ nm 代入布拉格公式，得散射加强的位置应满足

$$\sqrt{U} = k\frac{1.225}{2d\sin\varphi}$$

上式说明，只有当电子束的加速电势差 U、晶格间距 d 和散射角 φ 满足上式时才能得到加强的散射电子波．戴维孙和革末在实验中固定晶格间距 d 和散射角 φ，不断改变加速电势差 U 的值，测出不同电压下在 φ 方向所测得的散射电子数．实验测出的散射电子束强度产生峰值时所对应的加速电压值与理论计算出的值符合得很好，证实了电子的波动性．

同年，汤姆孙把电子入射到金和铝箔（相当于多晶膜）上，在其后的感光片上产生圆环衍射图，这与 X 射线通过多晶膜产生的衍射图样极其相似，这也证实了电子的波动性．后来，人们又做了中子、质子、原子、分子的衍射实验，都说明这些粒子具有波动性．因此，我们可以断言，客观世界中一切实物粒子都具有波粒二象性．

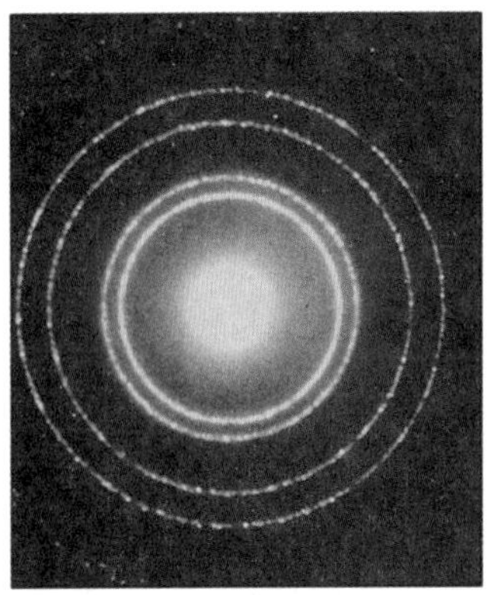

600 eV 的电子束穿过铝箔形成的电子衍射花样

汤姆孙管电子衍射

例 16-1

计算经过加速电势差 $U = 150$ V 和 $U = 10^4$ V 加速的电子的德布罗意波长（在 U 不大于 10^4 V 时，可不考虑相对论效应）．

解　经过电势差 U 加速后，电子获得的动能为

$$\frac{1}{2}m_{e0}v^2 = eU$$

因此

$$v = \sqrt{\frac{2eU}{m_{e0}}}$$

式中，m_{e0} 为电子的静止质量. 将上式代入德布罗意关系式 (16-1)，可得该加速电子的德布罗意波长为

$$\lambda = \frac{h}{m_{e0}v} = \frac{h}{\sqrt{2m_{e0}eU}}$$

所以当加速电势差为 150 V 时，其德布罗意波长为

$$\lambda_1 = \frac{h}{\sqrt{2m_{e0}eU}} = \frac{6.63\times10^{-34}}{\sqrt{2\times9.11\times10^{-31}\times1.60\times10^{-19}\times150}} \approx 0.1(\text{nm})$$

当加速电势差为 10^4 V 时，其德布罗意波长为

$$\lambda_2 = \frac{h}{\sqrt{2m_{e0}eU}} = \frac{6.63\times10^{-34}}{\sqrt{2\times9.11\times10^{-31}\times1.60\times10^{-19}\times10^4}} \approx 0.012(\text{nm})$$

例 16-2

证明物质波的相速度 u 与相应粒子的运动速度 v 之间的关系为

$$u = \frac{c^2}{v}$$

解　根据德布罗意公式 (16-1) 有

$$\lambda = \frac{h}{mv}, \quad \nu = \frac{E}{h} = \frac{mc^2}{h}$$

而波的相速度为 $u=\nu\lambda$, 因此有

$$u = \nu\lambda = \frac{mc^2}{h}\times\frac{h}{mv} = \frac{c^2}{v}$$

16.1.2 不确定关系式

在经典力学中，一个质点（宏观物体或粒子）在任何时刻都具有完全确定的位置、动量、能量和角动量等，而且一旦知道了某一时刻的位置和动量，则在一般情况下，任意时刻该质点的位置和动量原则上都可以较精确地加以预言. 但是对于微观粒子而言，由于微观粒子都具有波粒二象性，因此它的某些成对的物理量不可能同时具有确定的量值. 例如，位置坐标和动量、角坐标和角动量、能量和时间等，其中一个物理量值确定得越准确，另一个量的不确定程度就越大. 这一规律直接来源于粒子的波粒二象性，因此我们借助电子的单缝衍射实验来加以说明.

图 16-1 所示为电子的单缝衍射示意图，其中单缝宽为 Δx, 今有一束电子沿 y 轴方向射向狭缝，在缝后放置照相底片以记录电子落在底片上的位置. 由于电子可以从缝宽 Δx 间任一点通过该狭缝，因此，对于某一给定电子，在该电子通过狭缝的时候我们无法确定它到底是从哪一点通

过的，因此电子在通过狭缝时其在 x 方向的位置的不确定度就是缝宽 Δx. 由于电子具有波动性，底片上将呈现出与光通过单缝时相似的电子单缝衍射图样，电子流强度的分布示意图已经在图 16-1 中标注. 显然，电子在通过狭缝的时候其 x 方向横向动量也有一个不确定量 Δp_x, 该不确定量可通过分析衍射电子的分布来进行估计. 衍射条纹表明，如果通过狭缝的电子其 x 方向动量的不确定量 Δp_x 为零，将只能观测到与缝同宽的一条明条纹，而实际衍射条纹要比缝宽大得多，因此 Δp_x 为一非零值. 为简单起见，我们先考虑到达单缝衍射中央明条纹区的电子. 类似于光的单缝衍射，由单缝衍射公式可得中央明条纹的半角宽度应满足

$$\Delta x \sin\varphi = \lambda$$

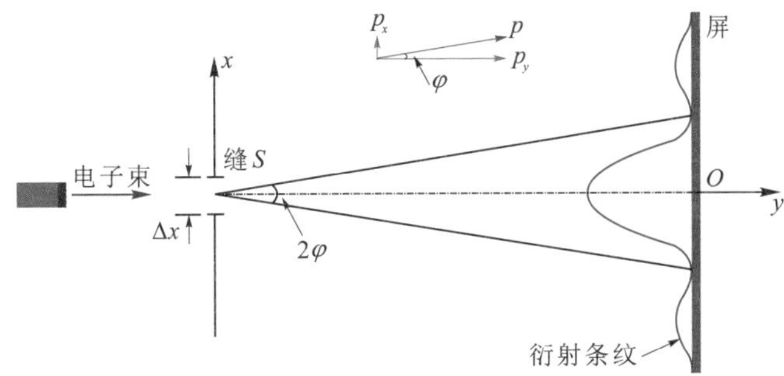

图 16-1　电子的单缝衍射实验

由图 16-1 可知，在中央明纹区域中 x 方向的动量的不确定量即为该动量在此区域中的最大值，即

$$\Delta p_x = p_x = p\sin\varphi$$

将上述两式联立可得

$$\Delta p_x = p\frac{\lambda}{\Delta x}$$

由德布罗意公式 (16-1) 可知

$$\Delta p_x = p\frac{\lambda}{\Delta x} = \frac{h}{\lambda}\cdot\frac{\lambda}{\Delta x} = \frac{h}{\Delta x}$$

当考虑一级以上的条纹时，有 $\Delta x\sin\varphi > \lambda$, 相应地，此时动量的不确定量满足

$$\Delta x\Delta p_x > h$$

这是粗略估算的结果. 德国物理学家海森伯根据量子力学推导出，对于一个粒子的位置坐标的不确定量 Δx 和同一时刻下该粒子的动量在同一方向上的不确定量 Δp_x, 这两个量的乘积应满足

$$\Delta x\Delta p_x \geqslant \frac{\hbar}{2} \tag{16-4}$$

上式称为海森伯的**不确定关系** (uncertainty relation)，习惯上也被称为测**不准关系**，式中，$\hbar = \dfrac{h}{2\pi}$ 称为约化普朗克常量. 类似地，对于其他方向的分量，有

$$\Delta y \Delta p_y \geqslant \frac{\hbar}{2} \tag{16-5}$$

$$\Delta z \Delta p_z \geqslant \frac{\hbar}{2} \tag{16-6}$$

不确定关系说明微观粒子的位置坐标和同一方向的动量不可能同时进行准确的测量．如果要用坐标和动量这些概念来同时描述微观粒子，那只能是一定范围内的近似．因此，对于具有波粒二象性的微观粒子，不可能用某一时刻的位置和动量来描述其运动状态，轨道的概念已经失去了意义，经典力学的规律也已经不再适用．如果在所讨论的具体问题中，粒子坐标和动量的不确定量相对很小，说明此时粒子的波动性不显著，或者说实际上观测不到，这种情况下经典力学的规律仍然适用．不确定关系反映了微观粒子运动的基本规律．在处理微观世界中的现象时，无论是作定性分析或者是作粗略的估计，该不确定关系都非常有用．

不确定关系也存在于能量和时间之间，一个体系处于某一状态时，在一段时间 Δt 内该粒子的动量为 p，能量为 E, 根据相对论，此时有

$$p^2c^2 = E^2 - m_0^2c^4$$

即此时动量的大小满足

$$p = \frac{1}{c}\sqrt{E^2 - m_0^2c^4}$$

而其动量的不确定量为

$$\Delta p = \Delta\left(\frac{1}{c}\sqrt{E^2 - m_0^2c^4}\right) = \frac{E}{c^2p}\Delta E$$

在 Δt 时间内，粒子可能发生的位移为 $v\Delta t = \dfrac{p}{m}\Delta t$．该位移就是在这段时间内粒子位置坐标的不确定量，即

$$\Delta x = \frac{p}{m}\Delta t$$

将上述两式相乘，再对照不确定关系有

$$\Delta x \Delta p = \frac{E}{mc^2}\Delta E \Delta t = \Delta E \Delta t \geqslant \frac{\hbar}{2}$$

即此时类似于式(16-4)，在同一时刻下，该体系时间的不确定量和能量的不确定量的乘积满足

$$\Delta E \Delta t \geqslant \frac{\hbar}{2} \tag{16-7}$$

上式被称为能量和时间的不确定关系．将其应用于原子系统可以讨论原子各激发态能级宽度 ΔE 和该能级平均寿命 Δt 之间的关系．通常将原子处于某激发能级的平均时间 Δt 称为平均寿命(mean lifetime)，根据能量和时间的不确定关系，在该 Δt 时间内，原子的能量状态并非完全确定，它有一个弥散 $\Delta E \geqslant \dfrac{\hbar}{2\Delta t}$，称为该原子的能级宽度(width of energy level)．显然，平均寿命越长的能级越稳定，能级宽度 ΔE 越小，能量也就越确定．

只有当平均寿命 Δt 为无限长时，该原子的能量状态才是完全确定的，即只有当 $\Delta t \to \infty$时，才有 $\Delta E = 0$．由于能级有一定的宽度，因此两个能级间跃迁所产生的光谱线也就具有一定的宽度．对于某一激发态而言，当其平均寿命越长时，能级宽度越小，跃迁到基态所发射的光谱线的单色性也就越好．

例 16-3

设子弹的质量为 10 g，枪口的直径为 5 mm，试用不确定关系计算子弹射出枪口时的横向速度．

解 枪口直径可以当作子弹射出枪口时的位置不确定量 Δx，所以由式 (16-4) 可得

$$\Delta x m \Delta v_x \geqslant \frac{\hbar}{2}$$

取等号计算，可得

$$\Delta v_x = \frac{\hbar}{2m\Delta x} = \frac{1.05\times 10^{-34}}{2\times 0.01\times 0.005} = 1.05\times 10^{-30}(\text{m}\cdot\text{s}^{-1})$$

此即为子弹的横向速度．相对于子弹每秒几百米的飞行速度而言，该速度引起的运动方向的偏转是微不足道的．因此，对于类似于子弹这种宏观粒子，其波动性很不显著，对于射击时的瞄准也不会带来任何实际的影响．

例 16-4

假定原子中的电子在某激发态的平均寿命 $\tau = 10^{-8}$ s, 该激发态的能级宽度是多少?

解 根据能量和时间的不确定关系式 (16-7) 有

$$\Delta E \geqslant \frac{\hbar}{2\tau} = \frac{1.05\times 10^{-34}}{2\times 10^{-8}} = 5.25\times 10^{-27}(\text{J})$$

16.2 波函数及其统计解释

在 16.1 节中我们介绍了德布罗意的物质波假设，并通过电子的衍射实验证实了微观粒子都具有波粒二象性这一客观事实，这为我们理解微观世界中粒子的运动规律提供了新的思路．在经典力学中，所谓粒子，指的是既具有一定的质量或电量等属性，又具有一定的位置和一条确切的运动轨道的客观实体；而所谓波动则指的是某种实在的物理量的空间分布在作周期性的变化，并呈现出干涉和衍射等反映相干叠加性的现象．显然，在经典概念下，粒子性和波动性很难统一到一个客观实体上．但是，电子衍射实验又证实了电子的波动性确实存在，那么，德布罗意所提出的物质波的物理意义是什么呢?

16.2.1 概率波

关于如何理解波和所描述的粒子之间的联系，历史上曾经出现了多种不同的说法．1926 年薛定谔提出，电子的德布罗意波描述了电量在空间的连续分布，电子所呈现的粒子性是由于电子是三维空间中许多物质波所合成的波包．该波包的大小就是电子的大小，波包的群速度就是电子的运动速度．这种说法认为波动性是基本的，粒子性是建立在波动性基础上的．但是这种说法很快就被否定了．因为如果按照这种说法，首先作为波包，由于色散，组成波包的不同频率成分的行进速度各不相同，物质波包总是要发散而解体的，这与电子的稳定性相矛盾；其次，在电子衍射时，在空间不同方向上观测到的应该是物质波包的一部分，即电子的一部分，显然，这与电子的稳定性是相矛盾的．实际上，至少在现有的实验条件下，电子是稳定而不能被分割的．

与物质波包的看法相反，有人认为电子的波动性来源于大量电子分布在空间中所形成的疏密波．这种说法认为粒子性是基本的．但是这种说法也是与实验结果相矛盾的．电子的波动性使得它也可以产生类似于光波的双缝干涉图样．而且，电子的双缝干涉实验表明，即使入射电子流极其微弱，以至于电子是一个一个地通过狭缝的时候，只要实验记录的时间足够长，在底片上记录的仍然是有规律的干涉图样．这表明即使单个电子仍然是具有波动性的．

对电子衍射实验的进一步分析表明，在实验中电子所呈现出来的粒子性，只是经典粒子概念中的“不可分割”的特性，即它总是具有一定的质量和电量等属性的客观实体，但是它并不与“粒子具有确定的轨道”的概念有什么联系；而电子所呈现出的波动性，也只不过是波动性中最基本的相干叠加性，并不是某种实际物理量的传播．因此，**波粒二象性实际上是把微观粒子的“不可分割性”（原子性）与波的“相干叠加性”统一起来**．所以，在量子概念下，电子既是粒子，又是波，只是这里的粒子和波已经不是经典的粒子和波了．

当前得到公认的关于德布罗意物质波的实质的解释是玻恩在 1926 年提出的．**他认为物质波并不像经典波那样代表什么实在的物理量的波动，而是描述粒子在空间各处的概率分布的概率波** (probability wave)．换句话说，**也就是粒子在空间某处出现的概率服从一定的统计规律，而该统计规律显现了粒子具有波动性质**．因此，概率波主要不是显示粒子的“集体行为”，而其波动性才真正反映了单个微观粒子的本质．概率波概念的提出，给出了物质波的统计解释，它既维护了粒子性，又保持了波动性．由于概率波给出的是粒子的分布概率，所以并不需要分割粒子，满足了粒子性；而粒子的分布由概率波决定，又能解释实物粒子的干涉和衍射现象，满足了波动性．于是物质波（概率波）的概念将实物粒子的波动性和粒子性有机地结合在一起，赋予了量子概念下的粒子性和波动性以统一、明确的含义．

玻恩的概率波概念可以用电子的衍射实验结果来加以说明．类似于光的圆孔衍射，我们将具有一定动量的电子束射向一个小圆孔，在孔的后方放置一块照相底板以记录通过圆孔的电子的位置．实验结果发现，当入射电子束的强度很大时，此时照相底板上很快就会出现类似于光的圆孔衍射一样的衍射图样；而如果入射电子束的强度很弱时，在照射的时间较短时，照相底板上只会出现一些杂乱的、随意分布的亮点，而当照射时间足够长时，也就是说，到达底板上的电子足够多时，也能出现与电子束大强度入射时同样的衍射图样．该实验说明，当入射电子束强度很弱时，此时，图像为一些杂乱的亮点，这说明电子的确是粒子，而由于像点非常的散乱，没有任何规律，这表明电子的去向是完全不确定的，一个电子到达何处完全是概率事件；随着入射电子总数的增加，最后形成清晰的衍射条纹，这表明尽管单个电子的去向是概率性的，但其概率在一定条件下（如圆孔）还是有确定规律的，这就是玻恩概率波概念的核心．

由此可见，实验上所显示出来的电子的波动性，是一个在许多次相同实验中的统计结果，又或者可以说是许多电子在同一个实验中的统计结果．实验中所得到的衍射图样，代表的是电子在空间某点附近出现的概率的大小．因此，为了定量地描述微观粒子的状态，量子力学中引入了**波函数** (wave function) 的概念．我们把用来描述实物粒子德布罗意波的数学表达式称为波函数，并用 Ψ 表示．一般来说，波函数是空间和时间的函数，即

$$\Psi=\Psi(x,y,z,t) \tag{16-8}$$

在电子衍射实验中，从波动性看，照相底板上每一个点的“亮度”都代表了该点处的德布罗意波的强度 $|\Psi|^2=\Psi\Psi^*$ 的大小，而根据粒子性的观点，每一点的“亮度”与该点附近出现的电子数成正比，因此可以得出波函数在某一点的强度 $|\Psi|^2$ 和在该点找到电子的概率成正比的结论．推广到其他实物粒子的情况，于是玻恩假定 $|\Psi|^2=\Psi\Psi^*$ 就是实物粒子的**概率密度** (probability density)，即在时刻 t，在空间中的点 (x,y,z) 附近单位体积内发现粒子的概率，其中 Ψ^* 是波函数 Ψ 的共轭复数．波函数 Ψ 因此就称为**概率波幅**或**概率幅** (probability amplitude)．由此可见，波函数不是一个物理量，而是用来计算测量概率的数学量．由于实物粒子必然要在空间的某一点出现，因此空间各点出现的总概率为 1．由此我们可以得出波函数的**归一化条件** (normalization condition)

$$\int_{-\infty}^{+\infty}\int_{-\infty}^{+\infty}\int_{-\infty}^{+\infty}|\Psi|^2\mathrm{d}x\mathrm{d}y\mathrm{d}z=1 \tag{16-9}$$

如果某波函数尚未归一化，即此时有

$$\int_{-\infty}^{+\infty}\int_{-\infty}^{+\infty}\int_{-\infty}^{+\infty}|\Psi_A|^2\mathrm{d}x\mathrm{d}y\mathrm{d}z=A(>0)$$

则有

$$\int_{-\infty}^{+\infty}\int_{-\infty}^{+\infty}\int_{-\infty}^{+\infty}\left|\frac{1}{\sqrt{A}}\varPsi_A\right|^2\mathrm{d}x\mathrm{d}y\mathrm{d}z=1 \tag{16-10}$$

式中，$\frac{1}{\sqrt{A}}$称为归一化因子 (normalization factor)．波函数归一化后，仍然有一个模为 1 的因子不确定，因为任何归一化的波函数乘上 $e^{i\delta}$(δ 为常数）后，并不改变归一化的性质，新的波函数描述的仍然是同一个概率波．应该强调的是，由于波函数只描写所测到粒子的概率分布，所以有意义的是空间各点的相对取值．也就是说，对于概率分布而言，重要的是相对概率分布．因此，当把波函数$\varPsi$乘以任何常数 C(可以是复数）后，新的波函数并不反映新的物理状态．这就是说，$\varPsi$ 与 $C\varPsi$ 这两个波函数描写的是同一个概率波．因此，波函数有一个常数因子的不确定性．在这一点上，概率波与经典波相比是有着本质的区别的．对于经典波而言，如果它的振幅增大一倍，相应的其能量要变为原来的四倍，于是便代表了新的波动状态．再有对于经典波而言，完全没有归一化的问题，而概率波则需要进行归一化．

由于波函数是概率波，它描述的是粒子在空间各点出现的概率，尽管 $\varPsi$ 本身不代表某一确定的物理量，但$|\varPsi|^2=\varPsi\varPsi^*$有确切的物理含义；于是它也必须要满足以下几个条件：

(1) 在一定时刻 t，在空间的任一给定点上，粒子出现的概率应该是唯一的，所以波函数在空间各点都应该是单值的；

(2) 由于粒子必然在空间的某一点出现，因此空间各点的总概率之和必然为 1，这就要求在空间任何有限体积元中找到粒子的概率为有限值，即波函数必须有限；

(3) 由于概率的空间分布不能发生突变，所以要求波函数处处连续．

上述单值、有限、连续三个条件被称为波函数的标准条件．

下面我们介绍一种最简单的波函数——自由粒子的波函数．所谓的自由粒子指的是不受任何外场作用，动量和能量的大小保持为常量的这一类粒子．按照德布罗意关系，该自由粒子的频率和波长也是确定的，因此是一个单色的平面简谐波．我们已经知道一列沿 x 轴正方向传播的频率为 ν、波长为 λ 的平面简谐波的波动方程为

$$y(x,t)=A\cos 2\pi\left(\nu t-\frac{x}{\lambda}\right)$$

令虚数 $\mathrm{i}=\sqrt{-1}$，则上式可用复数形式表示为

$$y(x,t)=A\mathrm{e}^{-\mathrm{i}2\pi\left(\nu t-\frac{x}{\lambda}\right)}$$

取其实部即为可观测的波动方程．

根据德布罗意关系式，把频率和波长用能量和动量表示出来，并用 $\varPsi$ 表示，可得

$$\varPsi(x,t)=\varPsi_0\mathrm{e}^{-\mathrm{i}\frac{2\pi}{h}(Et-px)}=\varPsi_0\mathrm{e}^{-\frac{\mathrm{i}}{\hbar}(Et-px)} \tag{16-11}$$

这就是描述一维空间能量为 E，动量为 p 的自由粒子的波函数．当我们

研究的系统能量为确定值而不随时间变化时，该波函数可写成

$$\Psi(x,t)=\phi(x)\mathrm{e}^{-\frac{\mathrm{i}}{\hbar}Et}$$

式中，

$$\phi(x)=\Psi_0\mathrm{e}^{\frac{\mathrm{i}}{\hbar}px} \tag{16-12}$$

$\phi(x)$ 只与坐标有关而与时间无关，称为**振幅函数**，通常也称为**波函数**．量子力学中的波函数一般都用复数表示，这是因为实数形式的波函数不能满足后面将要介绍到的薛定谔方程．

16.2.2 态叠加原理

根据上一节中介绍的海森伯的不确定关系可知，微观粒子由于其波粒二象性的固有特点，其位置和动量是不可以同时确定的．因此对于微观粒子的描述再照搬经典力学的那一套已经完全不现实了．量子力学中是通过上面所说的波函数来描述粒子的状态的，由于波函数描述的是粒子在空间分布的概率，因此，当给定某一状态的波函数，则粒子在此状态下的一切力学量的测量值的概率分布就确定了，也就是说，一切力学量的平均值也就随之确定下来了．从这个意义上来说，波函数完全描述了三维空间的一个粒子的**量子态** (quantum state)，因此，波函数又被称为**态函数** (state function)．

粒子的波动性源于波函数的叠加性质，而波函数就代表了粒子的状态，因此由波的叠加性就可以得到**态叠加原理** (principle of superposition of state)：**如果 $\Psi_1,\Psi_2,\Psi_3,\cdots,\Psi_n,\cdots$ 都是体系的可能状态，那么，它们的线性叠加态 Ψ 也是这个体系的一个可能状态**．用数学表达式表示出来，即为

$$\Psi=c_1\Psi_1+c_2\Psi_2+\cdots+c_n\Psi_n$$

式中，$c_1,c_2,\cdots,c_n$ 为复数．从态叠加原理的表述可以看出，这一原理是“波函数可以完全描述一个体系的量子态”和“波的叠加性”这两个概念的概括．

为了理解态叠加原理的深刻含义，我们可以用电子的双缝干涉实验的结果来进行分析．对于狭缝 1 和狭缝 2，设 Ψ_1 和 Ψ_2 分别表示电子通过狭缝（此时另外一条狭缝关闭）到达照相底板的状态，Ψ 则表示电子同时穿过两个狭缝到达底板的状态．根据态叠加原理，显然有下式成立：

$$\Psi=c_1\Psi_1+c_2\Psi_2$$

式中，c_1、c_2 为复数．因此我们可以得出电子在底板上任一点出现的概率密度为

$$\begin{aligned}|\Psi|^2&=|c_1\Psi_1+c_2\Psi_2|^2=(c_1^*\Psi_1^*+c_2^*\Psi_2^*)(c_1\Psi_1+c_2\Psi_2)\\&=|c_1\Psi_1|^2+|c_1\Psi_2|^2+c_1^*c_2\Psi_1^*\Psi_2+c_2^*c_1\Psi_2^*\Psi_1\end{aligned}$$

上式表明，电子穿过双缝后在底板上任一点出现的概率密度 $|\Psi|^2$ 一般来说并不等于电子分别只从狭缝 1 或狭缝 2 通过到达底板上的概率密度 $|c_1\Psi_1|^2$ 与 $|c_2\Psi_2|^2$ 之和，而是等于它们二者之和再加上干涉项．这与实验结果非常吻合，实验得到的干涉图样也不仅仅等于两套单缝衍射图样的简单叠加而是确实存在干涉项．

需要注意的是，态叠加原理中各种状态 Ψ_n 指的都是同一个体系自身的可能存在的不同的状态，这里必须强调的是这些状态都属于同一个体系．如果对于不同体系，也就是说，对于复合体系（指不同体系的复合，而不是同一体系不同状态的复合）而言，这时候情况就不同了．

概率幅叠加这样的奇特规律，被费曼在他的著名的《物理学讲义》中称为“量子力学的第一原理”．他在书中写道：“如果一个事件可能以几种方式实现，则该事件的概率幅就是各种方式单独实现时的概率幅之和．于是出现了干涉．”

在物理理论中引入概率概念在哲学上有重要的意义．由于量子力学预言的结果和实验一样精确地相符，所以，它是一个很成功的理论，但是关于量子力学的哲学基础仍然有很大的争论．以哥本哈根学派，包括玻恩、海森伯等为首的一些物理大师们坚持波函数的概率或统计解释，而以爱因斯坦、德布罗意等为首的另外一些物理学家们则反对这样的结论．无论如何，概率概念的引入在人们了解自然的过程中都是一个非常大的转变，都具有非常重要的意义．

16.3 薛定谔方程

薛定谔（E.Schrödinger，1887～1961），奥地利物理学家，量子力学奠基人之一，发展了分子生物学．因发展了原子理论，和狄拉克（P.Dirac）共获 1933 年诺贝尔物理学奖

在经典力学中，如果某时刻质点的运动状态已经知道，那么以后各个时刻的状态都可由牛顿三大定律及其派生出来的其他的运动方程来求解．相应地，在量子力学领域里，既然一个微观粒子的状态是由一个波函数来描述的，当波函数确定以后，粒子的一切力学量的平均值以及各种可能取值的概率都相应地确定下来，那么为了了解粒子的运动规律，除了要在各种具体情况下找出描述体系状态的各种可能的波函数之外，还必然需要找出波函数随时间演化所遵从的规律，即要找到波函数的运动方程．1926 年，薛定谔提出的波动方程成功地解决了这个问题．

薛定谔方程（Schrödinger equation）**是量子力学中最基本的一个方程．也是量子力学的基本原理**．它在量子力学中的地位和作用就相当于牛顿运动方程在经典力学中的地位和作用．它是一个适用于低速情况的（也就是非相对论情况）、描述微观粒子在势场中运动的微分方程，也就是物质波波函数所满足的方程．该方程是不能从现有的经典规律推导出来的，因此，它只是量子力学的一个基本假定，它的正确与否只能通过根据该方程所得出的结论应用于微观粒子上时是否与实验结果相符合来检验．为了教学的方便，下面用简单的例子来引入（不是推导出）薛定谔方程．

在非相对论 ($v \ll c$) 情况下，设有一个做一维运动的自由粒子，其能量 E 与动量 p 的关系为 $E = \dfrac{p^2}{2m}$，而按上节式 (16-11) 所述一维自由粒子的波函数为 $\Psi(x,t) = \Psi_0 e^{-\frac{i}{\hbar}(Et-px)}$，现作如下运算：

$$\frac{\partial \Psi}{\partial t} = -\frac{i}{\hbar} E\Psi$$

$$\frac{\partial^2 \Psi}{\partial x^2} = -\frac{p^2}{\hbar^2}\Psi$$

将以上两式代入能量和动量的关系式可得

$$i\hbar\frac{\partial \Psi}{\partial t} = -\frac{\hbar^2}{2m}\frac{\partial^2 \Psi}{\partial x^2} \tag{16-13}$$

这就是一维自由粒子波函数所遵从的微分方程，其解便是一维自由粒子的波函数.

现在考虑将问题变得更复杂一点. 如果粒子不再是自由粒子而是在外力场中运动，且假定外力场是一个保守力场，也就是说，粒子在该外力场中运动时具有势能 V，此时粒子的总能量就为动能和势能之和，即为

$$E = \frac{p^2}{2m} + V$$

作类似上述的微分运算可得

$$i\hbar\frac{\partial \Psi}{\partial t} = -\frac{\hbar^2}{2m}\frac{\partial^2 \Psi}{\partial x^2} + V\Psi \tag{16-14}$$

当粒子在三维空间中运动时，上式可以推广为

$$i\hbar\frac{\partial \Psi}{\partial t} = -\frac{\hbar^2}{2m}\nabla^2\Psi + V\Psi \tag{16-15}$$

式中，∇^2 称为**拉普拉斯算符**，在直角坐标系内可表示为

$$\nabla^2 = \frac{\partial^2}{\partial x^2} + \frac{\partial^2}{\partial y^2} + \frac{\partial^2}{\partial z^2}$$

定义哈密顿算符 $\hat{H} = -\dfrac{\hbar^2}{2m}\nabla^2 + V$，则式 (16-15) 可表示为

$$i\hbar\frac{\partial \Psi}{\partial t} = \hat{H}\Psi \tag{16-16}$$

式 (16-15) 或式 (16-16) 称为**薛定谔方程**. 对于复杂体系的薛定谔方程的具体数学表达式，关键在于写出该复杂体系的哈密顿算符的具体表达式. 不同的薛定谔方程，区别仅仅在于势能函数的形式不同. 方程中出现虚数 i，这就要求波函数必须是复数，这也就是我们在推演薛定谔方程时从平面波的复数形式出发而不是从实数形式出发的原因. 不过这并不破坏它的统计解释，因为只有波函数模的平方 $|\Psi|^2 = \Psi\Psi^*$ 才给出粒子出现的概率密度，而 $|\Psi|^2$ 总是实数. 由于方程是二阶偏微分方程，因此要得到波函数的解还必须知道初值和边界条件. 另外，方程对 Ψ 是线性齐次方程，即若 Ψ_1 和 Ψ_2 分别是方程的两个解（体系的两个可能的状态），则它们的线性组合 $c_1\Psi_1 + c_2\Psi_2$(c_1 和 c_2 是两个常数）也是该方程的解（也是体系的一种可能的状态），这正是态叠加原理的要求. 总之，薛定谔方程揭示

出了微观世界中物质运动的基本规律．

上面的讨论是针对单个粒子的情况，现在将其推广到多粒子的体系中．如果某个微观体系中含有 N 个粒子，质量分别为 $m_1,m_2,\cdots,m_N$，粒子间相互作用的势能为 $V(r_1,r_2,\cdots,r_N)$，其中 $r_1,r_2,\cdots,r_N$ 表示这 N 个粒子的位置，则体系的能量为

$$E=\sum_{i=1}^{N}\frac{p_i^2}{2m_i}+V(r_i,r_2,\cdots,r_N)$$

式中，p_i 为第 i 个粒子的动量．采用类似单个粒子体系的处理方法可得

$$\mathrm{i}\hbar\frac{\partial\Psi}{\partial t}=-\sum_{i=1}^{N}\frac{\hbar^2}{2m_i}\nabla_i^2\Psi+V\Psi \tag{16-17}$$

这就是**多粒子体系的薛定谔方程**．

在玻尔理论中曾经提到过定态，它是能量不随时间变化的状态．现在从薛定谔方程式 (16-15) 出发讨论这种状态．设方程中的势能函数 V 只是空间坐标的函数，而与时间无关，即 $V=V(x,y,z)$．此时，薛定谔方程的解可以通过**分离变量法** (method of separation of variables) 来得到．分离变量法是求解偏微分方程的一种常用方法，它的实质就是探寻能否将方程的解表示成一些函数的乘积，其中每一个函数都只包含有一个变量，如果可行，则可通过分离变量法将偏微分方程化简成一组常微分方程来进行求解．因此，令方程解的形式为

$$\Psi(x,y,z,t)=\phi(x,y,z)f(t)$$

将其代入式 (16-15)，并进行适当的整理可得

$$\frac{\mathrm{i}\hbar}{f}\frac{\mathrm{d}f}{\mathrm{d}t}=\frac{1}{\phi}\left(-\frac{\hbar^2}{2m}\nabla^2\phi+V\phi\right) \tag{16-18}$$

此式等号左边仅仅是时间的函数，而等号的右边是空间坐标的函数，而时间 t 和空间坐标 (x,y,z) 是两组独立的变量，因此，若要使等式恒成立，必须两边都等于与坐标和时间无关的常数．不妨记该常数为 E，则有

$$\frac{\mathrm{i}\hbar}{f}\frac{\mathrm{d}f}{\mathrm{d}t}=E$$

利用分离变量法求得该方程的解为

$$f(t)=k\mathrm{e}^{-\frac{\mathrm{i}}{\hbar}Et}$$

式中，k 为积分常数，因此薛定谔方程的解为

$$\Psi(x,y,z,t)=\phi(x,y,z)\mathrm{e}^{-\frac{\mathrm{i}}{\hbar}Et} \tag{16-19}$$

积分常数 k 由于仅仅是一个常数，因此可将其置于 $\phi(x,y,z)$ 的表达式中．同自由粒子的波函数表达式比较可知 E 即为能量．由于式 (16-19) 中等号右边的 e 指数部分为一个纯虚数，也就是该部分的模为 1，这必然导致 $|\Psi|^2=\Psi\Psi^*=\phi\phi^*=|\phi|^2$，此式表明在这种状态下，在空间各点测到粒子的概率密度与时间无关，而且此时体系的能量 E 也是一个与时间无关的常数，所以，这种状态被称为**定态**，相应的波函数称为**定态波函数**．

令式 (16-18) 中等号右边也等于同一常数 E，可得

$$-\frac{\hbar^2}{2m}\nabla^2\psi + V\psi = E\psi \tag{16-20}$$

式中，ψ 只是空间坐标的函数．由于上式不显含时间 t, 因此式 (16-20) 被称为**定态薛定谔方程** (stationary Schrödinger equation)．它的解 ψ 通常也被称为定态波函数．通过求解定态薛定谔方程可得到体系的各种可能的定态．式 (16-20) 是定态薛定谔方程在直角坐标系下的数学表达式，而通常我们也经常用到该方程相应的球坐标形式

$$-\frac{\hbar^2}{2m}\left[\frac{\partial^2\psi}{\partial r^2} + \frac{2}{r}\frac{\partial\psi}{\partial r} + \frac{1}{r^2\sin\theta}\frac{\partial}{\partial\theta}\left(\sin\theta\frac{\partial\psi}{\partial\theta}\right) + \frac{1}{r^2\sin^2\theta}\frac{\partial^2\psi}{\partial\varphi^2}\right] + V\psi = E\psi \tag{16-21}$$

式中，r 为粒子的径矢的大小，θ 为极角，φ 为方位角．如果只考虑粒子在一维势场中运动，则直角坐标系下式 (16-20) 变为

$$\frac{\mathrm{d}^2}{\mathrm{d}x^2}\psi(x) + \frac{2m}{\hbar^2}(E - V)\psi(x) = 0 \tag{16-22}$$

对于自由粒子，此时势能 $V = 0$，在一维情况下，由于是非相对论的低速情况，即 $E = \frac{p^2}{2m}$，此时对照式 (16-12) 可得该方程的一个解为

$$\psi(x) = \Psi_0 \mathrm{e}^{\frac{\mathrm{i}}{\hbar}px}$$

这是一个空间波函数，代入式 (16-19) 便可得到式 (16-11), 它是沿 x 轴正向传播的平面简谐波．

从数学上讲，对于任何 E 值，式 (16-20) 都有解．但是并非对于一切 E 值所得出的波函数的解都能满足物理上的要求．如前所述，波函数都必须满足单值、有限、连续这三个条件，因此，只有某些特定的 E 值所对应的解才是物理上可以接受的解，这些 E 值称为体系的**能量本征值** (energy eigenvalue)，而相应于每个 E 值的解 ψ 也被称为**能量本征函数** (energy eigenfunction)．

例 16-5

一质量为 m 的粒子在自由空间绕一定点做圆周运动，圆半径为 r．求粒子的波函数并确定其可能的能量值和角动量值．

解 取定点为坐标原点建立球坐标系，取粒子做圆周运动的平面为方位角 φ 所在平面，显然此时 $\theta = \frac{\pi}{2}$ 为一常数，r 也为常数，所以由式 (16-21) 可知波函数 ψ 只是方位角 φ 的函数．因为粒子为自由粒子，所以粒子不受外力场作用，势能为零．令 $\psi = \Phi(\varphi)$，所以该粒子的定态薛定谔方程为

$$\frac{\mathrm{d}^2\Phi}{\mathrm{d}\varphi^2} + \frac{2mr^2E}{\hbar^2}\Phi = 0$$

这一方程类似于简谐运动的运动方程，其解为

$$\Phi = A\mathrm{e}^{\mathrm{i}m_l\varphi}$$

式中，

$$m_l = \pm\sqrt{\frac{2mr^2E}{\hbar^2}} \tag{16-23}$$

由于波函数要满足单值的标准条件，而方位角的特殊性使得 $\Phi(\varphi)$ 与 $\Phi(\varphi+2\pi)$ 描述的是粒子在同一个地方出现的概率，因此必然有 $\Phi(\varphi) =$

$\Phi(\varphi+2\pi)$, 即

$$e^{im_l\varphi} = e^{im_l(\varphi+2\pi)}$$

所以有

$$m_l = \pm 1, \pm 2, \cdots$$

再由归一化条件可得

$$1 = \int_0^{\infty} |\Phi|^2 d\varphi = \int_0^{2\pi} |\Phi|^2 d\varphi = 2\pi A^2$$

于是有

$$A = \frac{1}{\sqrt{2\pi}}$$

因此，与 m_l 对应的定态波函数为

$$\Phi_{m_l} = \frac{1}{\sqrt{2\pi}} e^{im_l\varphi}$$

最后可得粒子的波函数为

$$\Psi_{m_l} = \Phi_{m_l} e^{-iEt/\hbar} = \frac{1}{\sqrt{2\pi}} e^{i\left(m_l\varphi - \frac{Et}{\hbar}\right)}$$

由式 (16-23) 可得

$$E = \frac{\hbar^2}{2mr^2} m_l^2$$

此式表明，由于 m_l 是整数，所以粒子的能量只能取离散的值．这就是说，这个做圆周运动的粒子的能量“量子化”了．在这里，能量量子化这一微观粒子的重要特征很自然地从薛定谔方程和波函数的标准条件得出了．

由于该粒子的能量只有动能，根据动能和动量之间的关系式可得粒子的角动量大小为

$$L = rp = r\sqrt{2mE_k} = r\sqrt{2mE} = r\sqrt{2m\frac{\hbar^2}{2mr^2}m_l^2} = m_l\hbar$$

由此式可以看出，角动量也已经量子化了．

16.4 一维定态问题

量子力学中采用波函数来描述微观粒子的状态，并由薛定谔方程来描述粒子的波函数随时间变化的规律，揭示了粒子在量子条件下的运动规律．现在我们用定态薛定谔方程来处理一些一维问题，量子体系的许多特点都可以在这些比较简单的问题中体现出来．

16.4.1 一维无限深方势阱

在金属和原子中的电子等许多情况下，粒子的运动都被限制在一定的空间范围内．此时，在无限远处波函数的值趋于零，这种状态我们称其为束缚态 (bound state)．为了分析处于束缚态粒子的共同特点，我们先从一个最简单的理想化模型入手．假设粒子处在一维无限深势阱 (potential well) 中运动，如图 16-2 所示，它的势能函数为

$$V(x) = \begin{cases} 0, & 0 < x < a \\ \infty, & x \leqslant 0 \text{或} x \geqslant a \end{cases} \tag{16-24}$$

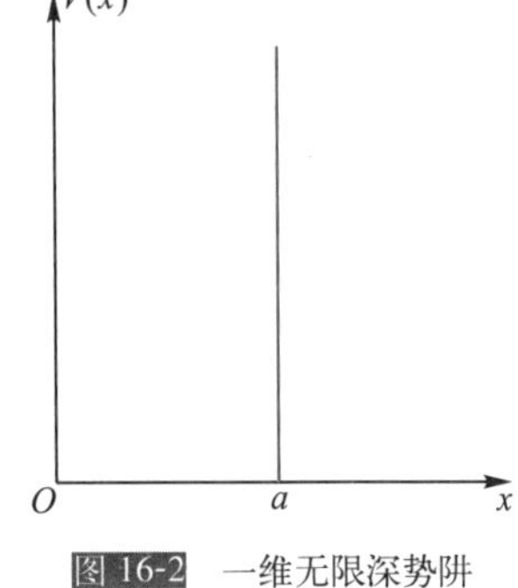

图 16-2　一维无限深势阱

因为在 x 不同的区间，$V(x)$ 不同，我们分“势阱内”和“势阱外”两类区域进行讨论．在势阱内，由于势能是常数，所以粒子不受力而做自由运动，在边界处，势能突然增至无限大，所以粒子会受到无限大的并指向阱内的力，从而使粒子的运动被局限在势阱内．

在势阱外时，由于势能为无穷大，也就是说势阱的“壁”无限高，从

物理上考虑，粒子不可能越过无限高的势阱壁，因此势阱外波函数为零.

当在势阱内时，将 $V=0$ 代入式 (16-22)，可得此时的定态薛定谔方程为

$$\frac{\mathrm{d}^2}{\mathrm{d}x^2}\psi(x)+\frac{2mE}{\hbar^2}\psi(x)=0$$

令 $k^2=\frac{2mE}{\hbar^2}$，则上式变为

$$\frac{\mathrm{d}^2}{\mathrm{d}x^2}\psi(x)+k^2\psi(x)=0$$

此式的通解为

$$\psi(x)=A\sin(kx+\varphi) \tag{16-25}$$

式中，A 和 φ 为待定常数. 由于势阱外波函数为零. 根据波函数的标准条件，在势阱壁上的波函数必须要满足连续性，因此可得边界条件

$$\psi(0)=\psi(a)=0$$

将边界条件代入式 (16-25) 可得

$$\begin{cases}\varphi=0\\ ka=n\pi, \qquad n=1,2,3,\cdots\end{cases}$$

之所以舍去 $n=0$ 的解，是因为当 $n=0$ 时，波函数恒为零，即粒子将不在任何地方出现，没有物理意义. 根据 $k^2=2mE/\hbar^2$，从而得到能量 E 为

$$E=E_n=\frac{\hbar^2\pi^2n^2}{2ma^2}, \qquad n=1,2,3,\cdots \tag{16-26}$$

式中，E_n 称为能量本征值，整数 n 称为粒子能量的**量子数** (quantum number). 由于 n 只能从 1 开始取值，于是得到能量的最小值

$$E_1=\frac{\hbar^2\pi^2}{2ma^2}$$

该能量被称作**零点能** (zero-point energy). 粒子的最低能量不为零，这与经典概念似乎有所不同，不过这在量子力学中是完全可以理解的. 因为如果处于势阱中的粒子的能量为零，直接导致粒子的动量也为零，于是动量的不确定度也为零. 根据海森伯的不确定关系可知，动量的不确定度与位置的不确定度的乘积不能小于 $\hbar$，即满足式 (16-4)，这就要求位置的不确定度必须要趋近于无穷大才有可能. 实际上粒子由于处于势阱中，所以粒子的位置的不确定度由势阱宽度所限制，必须是一个有限值，这以上种种因素导致粒子在势阱中的能量一定不能为零.

同样地，在得到 k 值以后，我们也可以将其代入式 (16-25)，从而得到与能量本征值 E_n 所对应的能量本征函数

$$\psi_n(x)=A\sin\left(\frac{n\pi x}{a}\right), \qquad 0<x<a$$

由归一化条件可得

$$\int_0^a|\psi_n(x)|^2\mathrm{d}x=\int_0^a\left|A\sin\left(\frac{n\pi x}{a}\right)\right|^2\mathrm{d}x=1$$

得

$$|A|=\sqrt{\frac{2}{a}}$$

不妨取 A 为实数，则粒子的归一化波函数可以表示为

$$\psi_n(x)=\begin{cases}\sqrt{\dfrac{2}{a}}\sin\left(\dfrac{n\pi x}{a}\right), & 0<x<a\\ 0, & x\geqslant a\text{或}x\leqslant 0\end{cases} \tag{16-27}$$

将此解再乘上时间因子 $e^{-\frac{i}{\hbar}Et}$，就可得到该粒子的波函数为

$$\Psi_n(x,t)=\begin{cases}\sqrt{\dfrac{2}{a}}\sin\dfrac{n\pi x}{a}e^{-\frac{i}{\hbar}Et}, & 0<x<a\\ 0, & x\geqslant a\text{或}x\leqslant 0\end{cases}$$

与量子数 $n=1,2,3,4$ 相应的波函数及概率密度分别如图 16-3 所示．由图 16-3(a) 可见除端点 $x=0$ 和 $x=a$ 外，基态 ($n=1$，能量最低的状态）波函数无节点，而随着 n 的数值增大，每个激发态 ($n=2,3,\cdots$) 都比下一级增加一个节点，即量子数为 n 的激发态其波函数有 $n-1$ 个节点．由于波函数具有驻波的形式，因此若把该体系看成是由传播方向相反的两列相干波叠加而成的驻波时，则很容易理解这一结果．因为节点越多，说明该驻波的波长越短，从而导致频率越高，能量也就越大．要在阱内形成稳定的驻波，阱宽必须是半波长的整数倍，即 $a=n\dfrac{\lambda_n}{2}$，因此，我们还可以求出对应不同量子数 n 的驻波的波长 λ_n 的表达式

$$\lambda_n=\frac{2a}{n},\qquad n=1,2,3,\cdots$$

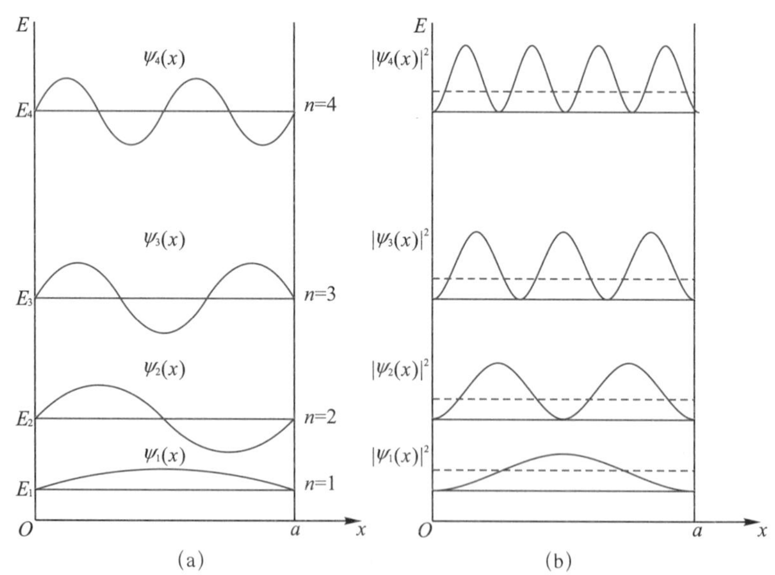

图 16-3　一维无限深势阱中粒子的波函数和概率密度

将上式代入德布罗意关系式，就可得到粒子的能量

$$E=\frac{p^2}{2m}=\frac{h^2}{2m\lambda_n^2}=\frac{4\pi^2\hbar^2}{2m}\cdot\frac{n^2}{4a^2}=\frac{\pi^2\hbar^2n^2}{2ma^2}$$

这与式 (16-26) 所得结果完全一致．而且这一结论和前面讲过的德布罗意关于粒子定态是对应于驻波的概念是一致的．

由图 16-3(b) 还可以看出，粒子在势阱中的概率密度随 x 坐标和量子数 n 而改变，这与经典力学不同．按照经典力学，粒子在阱内是自由的，各点出现的概率应该相等．

例 16-6

一粒子被限定在两刚体壁之间运动，壁间距离为 a, 试求在下列情况下，离一壁为 $\frac{a}{3}$ 的区域内发现粒子的概率有多大?

(1) n=1,(2) n=2, (3) n=3, (4) 经典情况下．

解 粒子限定在 $0 < x < a$ 之间运动，其定态归一化波函数为

$$\psi_n(x) = \sqrt{\frac{2}{a}}\sin\left(\frac{n\pi x}{a}\right), \quad 0 < x < a$$

概率密度为

$$|\psi_n(x)|^2 = \frac{2}{a}\sin^2\left(\frac{n\pi x}{a}\right), \quad 0 < x < a$$

在 $0 < x < \frac{a}{3}$ 区域发现粒子的概率为

$$P_n = \int_0^{\frac{a}{3}} \frac{2}{a}\sin^2\left(\frac{n\pi x}{a}\right)\mathrm{d}x = \frac{1}{3} - \frac{1}{2n\pi}\sin\left(\frac{2n\pi}{3}\right)$$

(1) 当 $n = 1$ 时，有

$$P_1 = \frac{1}{3} - \frac{1}{2\pi}\sin\left(\frac{2\pi}{3}\right) \approx 0.20$$

(2) 当 $n = 2$ 时，有

$$P_2 = \frac{1}{3} - \frac{1}{4\pi}\sin\left(\frac{4\pi}{3}\right) \approx 0.40$$

(3) 当 $n = 3$ 时，有

$$P_3 = \frac{1}{3} - \frac{1}{6\pi}\sin\left(\frac{6\pi}{3}\right) \approx \frac{1}{3}$$

(4) 在经典情况下，粒子在任何一点出现的概率密度相等，所以在 $0 < x < \frac{a}{3}$ 区域发现粒子的概率为 $\frac{1}{3}$，与粒子的能量状态无关．

16.4.2 隧道效应

上面我们讨论了粒子在一维无限深方势阱内运动的规律，并且知道粒子在势阱内的能量是量子化的，那么对于自由粒子在遇到势垒 (potential barrier) 时又将是怎样的情况呢? 这是一个在各种粒子的散射实验中都必须要面对的问题．显然，上面所讨论的束缚态的粒子的运动规律在这里不能照搬，毕竟此时的粒子可以从无穷远处来，再到无穷远处去，因而波函数在无穷远处已经不为零了．也就是说，此时波函数的边界条件已经完全改变了，因此需要通过其他手段来获得薛定谔方程的解．

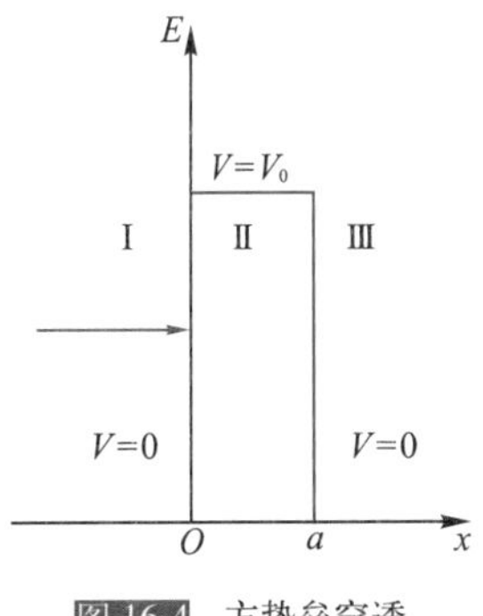

图 16-4 方势垒穿透

为了简化问题，我们只考虑一个一维方势垒的情况．如图 16-4 所示，设该势场可以表示为

$$V(x) = \begin{cases} V_0, & 0 \leqslant x \leqslant a \\ 0, & x < 0 \text{或} x > a \end{cases}$$

此时该势场被分为三个区，其中 I 区和III区的势能为零，而 II 区的势能为 V_0．当入射粒子的能量 E 低于 V_0 时，按照经典力学的观点，粒子将不能进入势垒而完全被弹回，只有能量 E 大于 V_0 的粒子才能越过势垒到达 $x > a$ 的区域．但从量子力学的观点来看，考虑到粒子的波动性，

无论粒子的能量是大于 V_0 还是小于 V_0，都有一定的概率穿透势垒，也有一定的概率被反射．我们只具体计算 $E < V_0$ 时的情况．

首先我们来看势垒外部的定态薛定谔方程的求解．在势垒外时，由于此时势能 $V(x) = 0$，同样令 $k_1^2 = \frac{2mE}{\hbar^2}$，因此，此时的薛定谔方程为

$$\frac{\mathrm{d}^2}{\mathrm{d}x^2}\psi(x) = -\frac{2mE}{\hbar^2}\psi(x) = -k_1^2\psi(x)$$

因此，对于Ⅰ区和Ⅲ区，该方程的解分别为

$$\psi_1(x) = A\sin(k_1 x + \varphi_1)$$
$$\psi_3(x) = B\sin(k_1 x + \varphi_2)$$

而对于势垒内部，由于有外势场作用，令 $k_2^2 = 2m(V_0 - E)\frac{1}{\hbar^2}$，此时的薛定谔方程为

$$\frac{\mathrm{d}^2}{\mathrm{d}x^2}\psi(x) = \frac{2m(V_0 - E)}{\hbar^2}\psi(x) = k_2^2\psi(x)$$

方程的解为

$$\psi_2(x) = C\mathrm{e}^{-k_2 x}$$

现在三个波函数在各自的区域内已满足单值、连续、有限的条件了，再根据方势垒边界上波函数及其导数的连续性条件以及波函数的归一化条件来确定各区域的波函数的各项常数．对于Ⅲ区而言，其波函数不为零，这说明原处于Ⅰ区的粒子有通过势垒区而进入Ⅲ区的可能．图 16-5 表明了在势垒贯穿过程的波动图像．

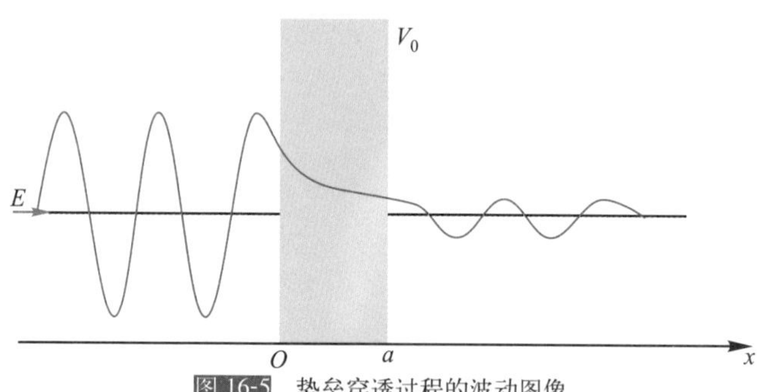

图 16-5　势垒穿透过程的波动图像

既然Ⅰ区的粒子有通过势垒区而进入Ⅲ区的可能，现在我们就来计算发生该事件的概率．我们用Ⅲ区的波函数在 $x = a$ 边界处的概率密度与Ⅰ区的波函数在 $x = 0$ 边界处的概率密度之比来表示粒子穿透势垒的概率 P，因此有

$$P = \frac{|\psi_3|_a^2}{|\psi_1|_0^2} = \frac{|\psi_2|_a^2}{|\psi_2|_0^2} = \frac{C^2\mathrm{e}^{-2k_2 a}}{C^2} = \mathrm{e}^{-2k_2 a} = \mathrm{e}^{-\frac{2a}{\hbar}\sqrt{2m(V_0 - E)}} \tag{16-28}$$

由上式可以看出，势垒高度 V_0 超过粒子的能量 E 越大，粒子穿透的概率越小；势垒的宽度 a 越大，粒子通过的概率也越小．

由以上的结果可以看出，按照量子力学，即使粒子的能量 E 小于势垒的高度 V_0，在一般情况下仍然有粒子穿透势垒．这种粒子能穿透比自

己动能更高的势垒的现象称为隧道效应(tunnel effect). 隧道效应在经典概念下是无法理解的，它是微观粒子具有波动性的表现. 当然隧道效应也只是在一定的条件下才比较显著. 例如，当势垒高度比粒子的能量高 1 MeV 时，α 粒子穿过宽度 a 为 10^{-14} m 势垒时透射系数的数量级为 10^{-4}，而当势垒的宽度 a 变为 10^{-13} m 时，此时透射系数的量级变为 10^{-38}！由此可见，对于宏观物体，隧道效应实际上已经没有意义，此时量子概念过渡到了经典概念. 隧道效应不仅在固体物体、放射性衰变等方面有重要应用，而且还在高新技术领域有着广泛而重要的应用. 1982 年宾尼和罗雷尔等利用电子的隧道效应研制成功了扫描隧道显微镜(scanning tunneling microscope,STM)，利用这种显微镜不仅能够得到 0.1 nm 量级高分辨率的表面原子排布图像，而且还可以用来搬动单个原子，按人们的需要来进行排列，实现了对单个原子的人为操纵. 我们知道，由于电子的隧道效应，金属中的电子并不完全局限于表面边界之内，电子密度也并不在表面边界处突变为零，而是在表面以外呈指数形式衰减，衰减长度为 1 nm 左右. 因此，只要将原子线度的极细探针以及被研究的材料表面作为两个电极，当样品与针尖的距离非常接近时(约 1 nm 左右)，它们的表面电子云就可能发生重叠. 若在针尖与样品之间加一微小的电压，电子就会穿越两电极间的空气或液体间隙(即势垒)从而产生隧道电流. 实验发现，该隧道电流的大小对针尖与样品表面原子间的间隙距离的变化十分敏感(间隙距离减小 0.1 nm，隧道电流就会增加 1 个数量级). 实验时使针尖在样品上进行水平横向电控扫描，利用电子反馈线路来控制隧道电流的恒定，利用压电陶瓷材料来控制针尖在样品表面上的扫描，则探针在垂直于样品方向上的高低变化，就反映出了样品表面的起伏. 对于表面起伏不大的样品，也可以通过控制针尖高度守恒扫描，由记录到的隧道电流的变化来得到表面态密度的分布. STM 的发明对表面科学、材料科学乃至生命科学等领域都具有十分重大的意义. 因研制扫描隧道显微镜，宾尼和罗雷尔获得了 1986 年的诺贝尔物理学奖.

扫描隧道显微镜(scanning tunneling microscope) 缩写为 STM

*16.4.3 一维谐振子

上面我们讨论了粒子在非常简单的势场($V=\infty$或为定值)中运动的情况，现在我们讨论粒子在略为复杂的势场中做一维运动的情形，即谐振子的运动. 这也是一个非常有用的模型，在研究电磁振荡、固体中原子在平衡位置附近的振动、分子中的原子振动等问题时，都要使用谐振子模型.

设质量为 m 的谐振子的势能函数为

$$V=\frac{1}{2}kx^2=\frac{1}{2}m\omega^2x^2$$

式中，$\omega=\sqrt{\dfrac{k}{m}}$ 为谐振子的固有角频率，m 为谐振子的质量，k 为谐振

子的等效劲度系数，x 为谐振子离开平衡位置的位移．由式 (16-22) 我们可以得到此时的薛定谔方程为

$$\frac{\mathrm{d}^2}{\mathrm{d}x^2}\psi(x)=\frac{2m}{\hbar^2}\left(E-\frac{1}{2}m\omega^2x^2\right)\psi(x)=0 \tag{16-29}$$

因为势能 V 是 x 的函数，所以这是一个变系数的常微分方程，求解较为复杂，这里不作进一步研究．因此我们将不再给出波函数的解析式，只是着重指出：为了使波函数满足单值、有限和连续的标准条件，谐振子的能量 E 必须满足

$$E_n=\left(n+\frac{1}{2}\right)\hbar\omega=\left(n+\frac{1}{2}\right)h\nu,\quad n=0,1,2,\cdots \tag{16-30}$$

这说明，谐振子的能量只能取离散的值，它是量子化的，n 就是相应的量子数．另外，与无限深方势阱中的粒子的能级不同的是，谐振子的能级是等间距的，间距都是 $h\nu$．这与普朗克在解释黑体辐射时的能量子假设是一致的．

式 (16-30) 还表明，由于不确定关系，导致了粒子的最低能量为 $\frac{1}{2}h\nu$，称为零点能．谐振子零点能的存在也已经被实验所证实．例如，光被晶格散射是由于原子的振动，按经典理论，当温度趋向于绝对零度时，原子能量也趋向于零，此时的原子应该保持静止，从而将不会引起任何的光散射．但是实验表明，在温度趋于绝对零度时，散射光的强度并没有趋向于零，而是趋向于一个不为零的极限值．这就表明，即使是在绝对零度，原子也不是静止而是有振动的，存在零点能．

图 16-6 中画出了谐振子的势能曲线、能级以及概率密度与坐标 x 的关系曲线．由图中可以看出，在任一能级上，在势能曲线以外，概率密度并不为零．这个现象与隧道效应一样也表明了微观粒子运动的这一特点，即粒子在运动中有可能进入势能大于其总能量的区域，这在经典理论看来是不可能出现的．

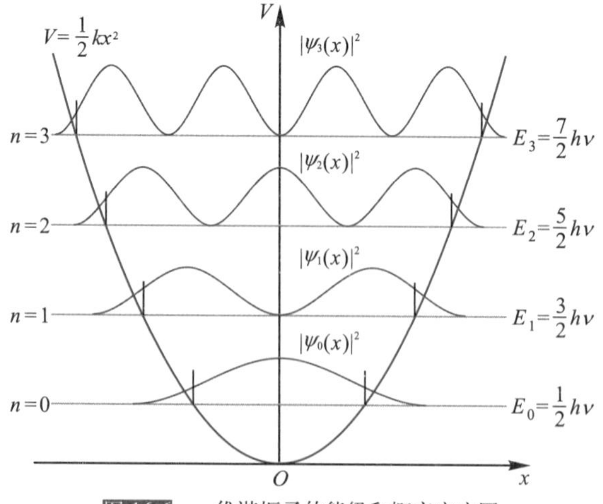

图 16-6　一维谐振子的能级和概率密度图

16.5 原子中的电子 原子的壳层结构

通过上一节几个简单的一维定态波函数的求解后，我们已经初步了解了量子力学理论的基本特点及如何利用薛定谔方程求解微观粒子运动规律的步骤．在量子力学发展史上，最初和最成功的应用就是通过解定态薛定谔方程，求出氢原子中电子的波函数（并由此了解电子在氢原子中按概率的分布状况）和能级（从而解释氢光谱）．本节将先简要介绍量子力学处理氢原子定态问题的方法、四个量子数和有关结论，然后再介绍多电子原子中电子的排布规律．

16.5.1 氢原子中电子的波函数及其概率分布

1．氢原子的定态薛定谔方程

氢原子中电子在原子核的库仑电场中做三维运动，其势能函数为

$$V=-\frac{\mathrm{e}^2}{4\pi\varepsilon_0 r}$$

式中，r 为电子距离核的距离．由于核的质量很大，为简单起见，通常假定核是静止不动的．由于 V 与时间 t 无关，所以仍是求解定态薛定谔方程，由于 V 只是 r 的函数，故将 V 代入式 (16-21) 所示的薛定谔方程球坐标形式，得

$$\frac{\hbar^2}{2m}\left[\frac{\partial^2\phi}{\partial r^2}+\frac{2}{r}\frac{\partial\phi}{\partial r}+\frac{1}{r^2\sin\theta}\frac{\partial}{\partial\theta}\left(\sin\theta\frac{\partial\phi}{\partial\theta}\right)+\frac{1}{r^2\sin^2\theta}\frac{\partial^2\phi}{\partial\varphi^2}\right]+\left(E+\frac{\mathrm{e}^2}{4\pi\varepsilon_0 r}\right)\phi=0 \tag{16-31}$$

由于势能 V 只是 r 的函数，而与 θ、φ 无关，因此可采用分离变量法来进行求解．设

$$\phi(r,\theta,\varphi)=R(r)\Theta(\theta)\Phi(\varphi)$$

式中，$R(r)$、$\Theta(\theta)$、$\Phi(\varphi)$ 分别只是 r、θ、φ 的函数，经过一系列数学运算后，得到三个独立函数 $R(r)$、$\Theta(\theta)$、$\Phi(\varphi)$ 所满足的三个常微分方程．即

$$\frac{\mathrm{d}^2\Phi}{\mathrm{d}\varphi^2}+m_l^2\Phi=0 \tag{16-32}$$

$$\frac{1}{\sin\theta}\frac{\mathrm{d}}{\mathrm{d}\theta}\left(\sin\theta\frac{\mathrm{d}\Theta}{\mathrm{d}\theta}\right)+\left(\lambda-\frac{ml^2}{\sin^2\theta}\right)\Theta=0 \tag{16-33}$$

$$\frac{1}{r^2}\frac{\mathrm{d}}{\mathrm{d}r}\left(r^2\frac{\mathrm{d}R}{\mathrm{d}r}\right)+\left[\frac{2m}{\hbar^2}\left(E+\frac{\mathrm{e}^2}{4\pi\varepsilon_0 r}\right)-\frac{\lambda}{r^2}\right]R=0 \tag{16-34}$$

式中，m_l 和 λ 为引入的常数．解此三个方程，并考虑波函数必须满足的单值、有限连续和归一化条件，即可得到波函数 $\phi(r,\theta,\varphi)$．由于数学运算较繁，我们这里只讨论由方程得出的重要结论．有兴趣的读者可参阅有关资料和文献．

2. 三个量子数

1) 能量量子化和主量子数

求解径向部分方程式 (16-34)，可得氢原子能级是量子化的．即

$$E_n = -\frac{1}{n^2}\left(\frac{me^4}{8\varepsilon_0^2 h^2}\right) \tag{16-35}$$

式中，$n = 1,2,3,\cdots$, 称为**主量子数** (principal quantum number)．这一结果与由玻尔理论得到的能级公式 (16-23) 是一致的．所不同的是玻尔理论是人为地加上量子化假设，而量子力学却是求解方程所得的必然结果．$n = 1$ 时，氢原子处于基态，$n > 1$ 时，氢原子处于激发态．

2) 角动量量子化和角量子数

求解角函数部分方程式 (16-33) 和径向部分方程式 (16-34)，可得氢原子中电子绕核运动的角动量也是量子化的，即

$$L = \sqrt{l(l+1)}\hbar \tag{16-36}$$

式中，$l = 0,1,2,\cdots,(n-1)$ 称为**轨道角动量量子数**，简称**角量子数**，或**轨道量子数** (orbital quantum number)．然而，量子力学的结论与玻尔理论不同，尽管二者都指出轨道角动量是分立的、量子化的，但二者的差别在于，量子力学得出角动量最小值为零，而玻尔理论的最小值为 $\frac{h}{2\pi}$，但实验证明式 (16-36) 是正确的．

3) 角动量的空间量子化和磁量子数

求解角函数部分方程式 (16-32)，可得角动量 $\boldsymbol{L}$ 在某特定方向（如氢原子在外磁场中运动，并取 z 轴为外磁场方向）上的分量（或投影）为

$$L_z = m_l\hbar \tag{16-37}$$

式中，$m_l = 0, \pm1, \pm2, \cdots, \pm l$ 称**轨道角动量磁量子数**，简称**磁量子数** (magnetic quantum number)．这就是说角动量矢量在空间的方位不是任意的，它在某特定方向（磁场方向或转轴方向）上的分量是量子化的．这通常称**角动量空间量子化**．对于一定的角量子数 l，m_l 可取 $(2l+1)$ 个值，这表明角动量在空间的取向只有 $(2l+1)$ 种可能，图 16-7 画出了 $l = 1$ 和 $l = 2$ 的电子轨道角动量空间取向量子化的示意图．

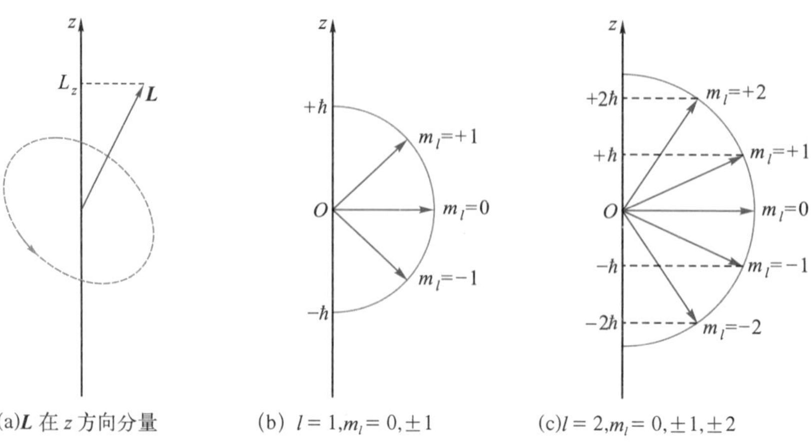

图 16-7 电子轨道角动量空间量子化

综上所述，氢原子中电子的定态量是用一组量子数 n、l、m_l 来描述的．在通常情况下，电子（指系统）的能量主要取决于主量子数 n，与角量子数 l 只有微小关系，在无外磁场时，电子能量与磁量子数 m_l 无关．因此电子的状态可以用 n,l 来表示，习惯上常用 s, p, d, f, …的字母分别表示 $l = 0,1,2,\cdots$ 的状态，而具有角量子数 $l = 0,1,2,\cdots$ 的电子通常分别称为 s 电子、p 电子、d 电子等．由此，我们可以看出，对应一个主量子数 n，角量子数 l 可以取 n 个值；对应一个 l 值，磁量子数 m_l 又可取 $(2l+1)$ 个值，所以，对每一个 n 值（即能量值），氢原子中电子的状态或波函数 $\psi\ (r,\theta,\varphi)$ 的数目为

$$\sum_{l=0}^{n}(2l+1)=n^2 \tag{16-38}$$

我们将一个能量值（能级）对应一个以上状态（或波函数）的情况称为简并，一个能级对应的状态（或波函数）的数目称为简并度(degeneracy)，可见氢原子的能级是 n^2 度简并的．

4）氢原子中电子的概率分布

求解定态薛定谔方程式（16-31）～式（16-34）的目的在于求氢原子中电子的能级及其波函数，某个定态的波函数 $\psi_{n,l,m_l(r,\theta,\phi)}$ 确定后，就可求得该定态电子出现在原子核周围的空间概率密度 $\left|\psi_{n,l,m_l(r,\theta,\phi)}\right|^2$．概率密度在核外空间的分布图被称为"电子云"图．图 16-8 就是氢原子在几个不同定态下的电子云图．对于 $l = 0$ 的态，电子云分布具有球对称性．图中浓密处表示电子出现的机会多，而稀疏处表示电子出现的机会少．

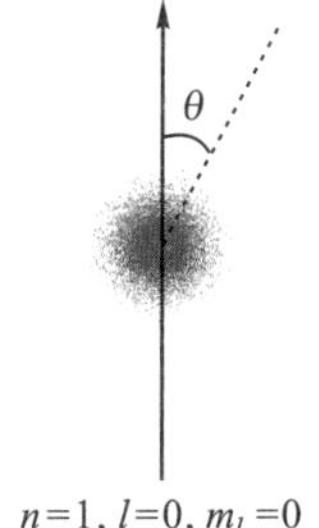

$n=1, l=0, m_l=0$

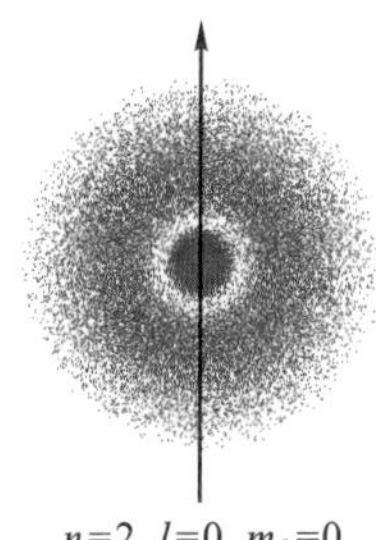

$n=2, l=0, m_l=0$

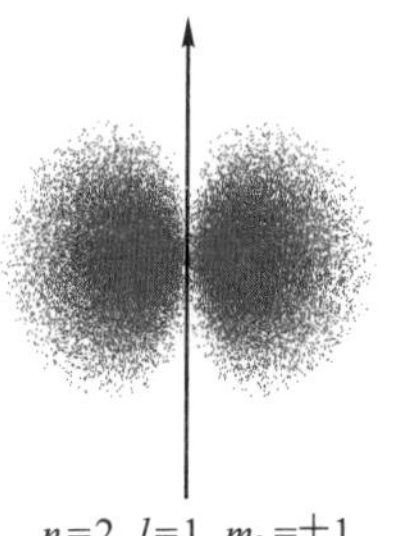

$n=2, l=1, m_l=\pm1$

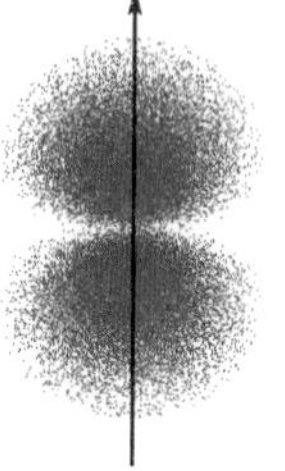

$n=2, l=1, m=0$

图 16-8 氢原子几个定态的电子云图

利用径向波函数 $R_{n,l}(r)$，可以求出电子概率的径向分布．不管方向如何，在半径 r 和 $r+\mathrm{d}r$ 的两球面间的体积内电子出现的概率为 $P_{n,l}(r)\mathrm{d}r = R_{n,l}^2(r)r^2\mathrm{d}r$．处于基态（$n = 1$）的氢原子，其波函数可用 $\psi_{1,0,0}(r,\theta,\varphi)$ 表示，此时电子虽可出现在核外空间的任一位置，但计算（从略）表明，当电子处于 $r_1 = 5.29\times10^{-2}$ nm 时，其径向概率密度 $P_{1,0}(r)$ 为最大（如图 16-9 所示）．此处的半径 r_1 称为最概然半径（most probable radius)，这与玻尔理论中氢原子的第一玻尔轨道半径正好吻合．也就是说，玻尔轨道从量子力学观点来看，并不是电子的运动轨道，而只是表示电子出现机会最多的地方．

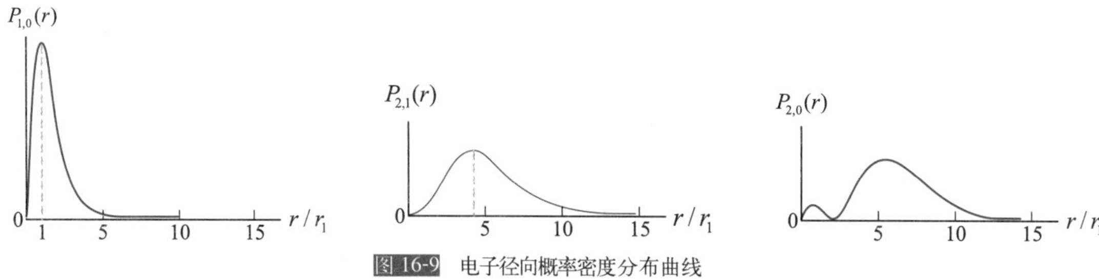

图 16-9　电子径向概率密度分布曲线

16.5.2 电子的自旋　施特恩–格拉赫实验

1921 年，施特恩 (O.Stern,1888~1969) 和格拉赫 (W.Gerlach，1899 ~ 1979) 为了验证索末菲的空间量子化假设，在德国汉堡大学做了一个实验．其实验装置如图 16-10 所示．图中 O 为银原子射线源，产生的银原子射线通过狭缝 S_1 和 S_2 准直后进入不均匀的强磁场区域，然后打在照相底板 E 上．整个装置放在真空容器中以减少外来影响．

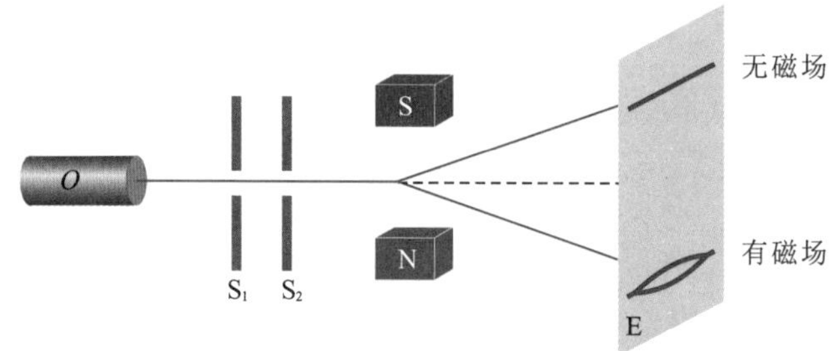

图 16-10　施特恩 - 格拉赫实验

实验发现，在不加外磁场时，底板 E 上呈现一条正对狭缝的银原子沉积，如图 16-10 照相底板 E 上所示，加上磁场后则呈现上下两条沉积，这说明原子束在经过非均匀磁场区时分为两束．这一现象证实了原子具有磁矩，且磁矩在外磁场中只有两种可能取向，即磁矩的空间取向是量子化的．

然而，进一步的实验发现，对于 Li(锂)、Na(钠)、Ag(银) 等原子在同样实验条件下，在照相底板 E 上确实得到了两条沉积，而对于 Zn(锌)、Hg(汞)、O(氧) 等原子在同样条件的实验中却得到不同的沉积，这一矛盾的结果是空间量子化理论所不能解释的．按空间量子化理论，当 l 一定时，磁矩应有 $(2l+1)$ 个空间取向，即有奇数个空间取向，这样照相底板上沉积应为奇数条，这在 Hg、O、Zn 等原子的实验中得到了证实．而 Li,Na,Ag 等原子为什么只有两条沉积呢？

为了能够说明和解释上述实验结果，1925 年，荷兰物理学家乌伦贝克 (G. E. Uhlenbeck) 和古兹密特 (S. A．Goudsmit) 在分析原子光谱实验的基础上，提出了电子具有自旋运动的假设．即电子在原子中一方面绕原子核旋转而具有轨道角动量，同时自身还做自旋运动并具有自旋角动量，这现象可借用的经典模型就是太阳系中地球的运动．当然，电子具有自旋仅是电子的基本内在属性之一，所以，通常将电子的自旋角动量和自旋磁矩称为内禀角动量 (intrinsic angular momentum) 和内禀磁矩 (intrinsic magnetic moment)．他们根据实验结果又指出，电子的自旋角动量和自旋磁矩是空间量子化的，而在外磁场中也是空间量子化的且只有两种取向，即若设电子自旋角动量 S 的大小为

$$S=\sqrt{s(s+1)}\frac{h}{2\pi}=\sqrt{s(s+1)}\hbar \tag{16-39}$$

式中，s 称为自旋量子数 (spin quantum number)，而自旋角动量 S 在外磁场方向（设为 z 方向）上的分量 S_z 为

$$S_z=m_s\frac{h}{2\pi}=m_s\hbar \tag{16-40}$$

式中，m_s 称为自旋磁量子数 (spin magnetic quantum number)，仿照轨道角动量在外磁场中分量 L_z 空间量子化，m_s 所取量值应和 m_l 相似，共有 $2s+1$ 个值，但考虑到施特恩－格拉赫实验指出 S_z 只有两个值，这样令

$$2s+1=2$$

即得自旋量子数为

$$s=\frac{1}{2}$$

从而自旋磁量子数 m_s 为

$$m_s=\pm\frac{1}{2}$$

将 s、m_s 分别代入式 (16-39) 和式 (16-40) 得

$$S=\sqrt{\frac{3}{4}}\hbar \tag{16-39a}$$

$$S_z=\pm\frac{1}{2}\hbar \tag{16-40a}$$

电子自旋概念引入后，使原子光谱的双线结构得以完满解释．事实证明，质子、中子和光子也都有自旋存在，但它们的自旋量子数并不都等于 $\frac{1}{2}$，自旋现象的发现是人类对微观粒子认识的一大进步．

16.5.3 泡利原理 多电子原子的壳层结构

1．描述原子中电子状态的四个量子数

除了氢原子和类氢离子外，其他元素的原子都有两个或两个以上电子．对于这些多电子原子中的电子，每个电子不仅受到原子核的作用，电子之间还有电磁相互作用，自旋与轨道运动间也有相互作用．因此，一般而言，一个电子的状态就不再能代表多电子原子的状态．

但是，如果对多电子原子中的电子间相互作用采取合理简化和近似，把其中每个电子看作氢原子中的单电子一样，在由原子核和其余电子所

形成的球对称势场中运动，那么，量子力学理论表明，原子中每个电子的量子状态仍然可用一组量子数 n、l、m_l、m_s 来表征，相应地，仍然可以用四个物理量来描述原子中电子的运动状态．

(1) 原子中电子的能量 E 和主量子数 n．主量子数 n 大体上决定原子中电子的能量，对于给定的 n，不同的 l 能量略有不同．

$$E = E(n,l),\quad n = 1,2,3,\cdots;\quad l = 0,1,2,3,\cdots,n-1$$

(2) 电子轨道角动量 L 和角量子数 l．

$$L = \sqrt{l(l+1)}\hbar,\quad l = 0,1,2,3,\cdots,n-1$$

(3) 电子轨道角动量 L 在外磁场方向的分量 L_z 和磁量子数 m_l．

$$L_z = m_l\hbar,\quad m_l = 0,\pm1,\pm2,\cdots,\pm l$$

(4) 电子自旋角动量 S 在外磁场方向的分量 S_z 和自旋磁量子数 m_s．

$$S_z = m_s\hbar,\qquad m_s = \pm\frac{1}{2}$$

于是，原子中每个电子的量子状态均可用一组量子数 (n,l,m_l,m_s) 来描述和表征．从而能全面地决定原子的状态．相应地，原子的能量则为其中各个电子能量的总和．

下面我们将根据四个量子数对原子中电子运动状态的限制和原子中电子分布的原理，来确定原子的核外电子的分布情况．

2．泡利不相容原理

玻尔在提出氢原子的量子理论之后，曾按照周期性的经验规律及光谱性质致力于元素周期表的解释．1925 年，奥地利物理学家泡利 (W.Pauli) 在分析了大量原子能级数据基础上，为解释元素的周期性，提出：在同一个原子中，不可能有两个或两个以上的电子处于完全相同的量子态．亦即不可能具有完全相同的四个量子数 (n,l,m_l,m_s)．这就是泡利不相容原理 (Pauli exclusion principle)，它是理解原子结构和元素周期表的重要理论基础，是量子力学的一条基本原理．

根据泡利不相容原理，当主量子数 n 确定后，角量子数 l 的可能值为 0，1，2，…，$n-1$ 共 n 个；当 l 给定后，磁量子数 m_l 的可能值为 $0,\pm1,\pm2,\cdots,\pm l$，共 $2l+1$ 个；当 n、l、m_l 都给定时，自旋磁量子数 m_s 取 $\pm\frac{1}{2}$ 两个可能值．因此，可以算出在原子中具有相同主量子数 n 的电子数目（或电子的状态数）最多为

$$z_n = \sum_{l=0}^{n-1} 2(2l+1) = \frac{2+2(2n-1)}{2}n = 2n^2 \tag{16-41}$$

1916 年，柯塞尔 (W.Kossel) 提出了形象化的原子壳层结构模型．他认为，主量子数 n 相同（即能量相同）的电子处于同一主壳层，简称壳层 (shell)．对应主量子数 $n = 1,2,3,4,\cdots$ 的壳层分别用大写字母 K,L,M,N,…来表示．在同一壳层内，又按角量子数 l 的不同而分为若干支壳层 (subshell)，并分别用小写字母 s,p,d,f，…分别表示 $l = 0,1,2,3,\cdots$ 的支壳层．通常用

并排写出的数字（代表 n 值）和字母（代表 l 值）来表示．例如，1s 表示 $n=1$ 和 $l=0$ 的支壳层；2p 表示 $n=2$ 和 $l=1$ 的支壳层；3d 表示 $n=3$ 和 $l=2$ 的支壳层，等等．当一个原子中的每一个电子的量子数 n 和 l 都确定下来后，则称该原子具有某一确定的电子组态(electronic configuration)．例如，Ca 的电子排布方式为

$$1s^2 2s^2 2p^6 3s^2 3p^6 4s^2$$

此即 Ca 的电子组态．为简单起见，一般电子的排布方式只写出价电子．如 Ca 的电子组态可用 $4s^2$ 表示．

表 16-1 根据泡利不相容原理列出了各主壳层分别可能容纳的电子数．

表 16-1 原子中主壳层和支壳层最多可容纳的电子数

支壳层 l 值 / 主壳层 n 值	0 s 支壳层	1 p 支壳层	2 d 支壳层	3 f 支壳层	4 g 支壳层	5 h 支壳层	6 i 支壳层	主壳层容纳电子数 z_n
1,K 壳层	2	–	–	–	–	–	–	2
2,L 壳层	2	6	–	–	–	–	–	8
3,M 壳	2	6	10	–	–	–	–	18
4,N 壳层	2	6	10	14	–	–	–	32
5,O 壳层	2	6	10	14	18	–	–	50
6,P 壳层	2	6	10	14	18	22	–	72
7,Q 壳层	2	6	10	14	18	22	26	98

3．能量最低原理

当我们根据泡利不相容原理知道了每壳层（或支壳层）中所能容纳的最多电子数（见表 16-1）后，那么电子将以何种顺序填充这些壳层呢？下面我们介绍电子排布所遵循的能量最低原理．

所谓能量最低原理是指原子处于正常稳定状态时，**每个电子总是趋向占有最低的能级**．由于能量主要取决于主量子数 n，n 愈小，能量也越低．因此，离核最近的壳层首先被电子填满．然而，由于能级的高低也还和角量子数 l 有关，所以，从 $n=4$ 的 N 壳层（即元素周期表第四周期）开始，就有先填 n 较大、l 较小的支壳层，后填 n 较小而 l 较大的支壳层的反常情况出现．我国科学家徐光宪根据大量实验事实总结出一条规律：即对于原子的外层电子，能量的高低可以用 $(n+0.7l)$ 值的大小来衡量．该值越大，则能级越高．例如，4s 和 3d 两个状态，4s 的 $n+0.7l=4+0.7\times0=4$，而 3d 的 $n+0.7l=3+0.7\times2=4.4$，故有

$$E(3d) > E(4s)$$

显然，电子要先填 4s 而后才能填 3d．

分析表明，当支壳层完全填满时，该元素的原子特别的稳定．由于此时各支壳层的电子都成对，故各支壳层的自旋角动量为零．相应地，此时总的轨道角动量也为零．这就使得该原子很难与其他原子结合而显得特别稳定．He、Ne、Kr 等原子就是实例．

表 16-2　元素周期表

族 周期	1*a*	2*a*	3*a*	4*a*	5*b*	6*b*	7*b*	8			1*b*	2*b*	3*a*	4*a*	5*a*	6*a*	7*a*	0
1	$_{1}$H $1s^{1}$																	$_{2}$He $1s^{2}$
2	$_{3}$Li $2s^{1}$	$_{4}$Be $2s^{2}$											$_{5}$B $2s^{2}2p^{1}$	$_{6}$C $2s^{2}2p^{2}$	$_{7}$N $2s^{2}2p^{3}$	$_{8}$O $2s^{2}2p^{4}$	$_{9}$F $2s^{2}2p^{5}$	$_{10}$Ne $2s^{2}2p^{6}$
3	$_{11}$Na $3s^{1}$	$_{12}$Mg $3s^{2}$											$_{13}$Al $3s^{2}3p^{1}$	$_{14}$Si $3s^{2}3p^{2}$	$_{15}$P $3s^{2}3p^{3}$	$_{16}$S $3s^{2}3p^{4}$	$_{17}$Cl $3s^{3}3p^{5}$	$_{18}$Ar $3s^{2}3p^{6}$
4	$_{19}$K $4s^{1}$	$_{20}$Ca $4s^{2}$	$_{21}$Sc $3d^{1}4s^{2}$	$_{22}$Ti $3d^{2}4s^{2}$	$_{23}$V $3d^{3}4s^{2}$	$_{24}$Cr $3d^{5}4s^{1}$	$_{25}$Mn $3d^{5}4s^{2}$	$_{26}$Fe $3d^{6}4s^{2}$	$_{27}$Co $3d^{7}4s^{2}$	$_{28}$Ni $3d^{8}4s^{2}$	$_{29}$Cu $3d^{10}4s^{1}$	$_{30}$Zn $3d^{10}4s^{2}$	$_{31}$Ga $4s^{2}4p^{1}$	$_{32}$Ge $4s^{2}4p^{2}$	$_{33}$As $4s^{2}4p^{3}$	$_{34}$Se $4s^{2}4p^{4}$	$_{35}$Br $4s^{2}4p^{5}$	$_{36}$Kr $4s^{2}4p^{6}$
5	$_{37}$Rb $5s^{1}$	$_{38}$Sr $5s^{2}$	$_{39}$Y $4d^{1}5s^{2}$	$_{40}$Zr $4d^{2}5s^{2}$	$_{41}$Nb $4d^{4}5s^{1}$	$_{42}$Mo $4d^{5}5s^{1}$	$_{43}$Tc $4d^{5}5s^{2}$	$_{44}$Ru $4d^{7}5s^{1}$	$_{45}$Rh $4d^{8}5s^{1}$	$_{46}$Pd $4d^{10}$	$_{47}$Ag $4d^{10}5s^{1}$	$_{48}$Cd $4d^{10}5s^{2}$	$_{49}$In $5s^{2}5p^{1}$	$_{50}$Sn $5s^{2}5p^{2}$	$_{51}$Sb $5s^{2}5p^{3}$	$_{52}$Te $5s^{2}5p^{4}$	$_{53}$I $5s^{2}5p^{5}$	$_{54}$Xe $5s^{2}5p^{6}$
6	$_{55}$Cs $6s^{1}$	$_{56}$Ba $6s^{2}$	$_{57}$La $_{71}$Lu	$_{72}$Hf $5d^{2}6s^{2}$	$_{73}$Ta $5d^{3}6s^{2}$	$_{74}$W $5d^{4}6s^{2}$	$_{75}$Re $5d^{5}6s^{2}$	$_{76}$Os $5d^{6}6s^{2}$	$_{77}$Ir $5d^{7}6s^{2}$	$_{78}$Pt $5d^{9}6s^{1}$	$_{79}$Au $5d^{10}6s^{1}$	$_{80}$Hg $5d^{10}6s^{2}$	$_{81}$Tl $6s^{2}6p^{1}$	$_{82}$Pb $6s^{2}6p^{2}$	$_{83}$Bi $6s^{2}6p^{3}$	$_{84}$Po $6s^{2}6p^{4}$	$_{85}$At $6s^{2}6p^{5}$	$_{86}$Rn $6s^{2}6p^{6}$
7	$_{87}$Fr $7s^{1}$	$_{88}$Ra $7s^{2}$	$_{89}$Ac $_{103}$Lr	$_{104}$Rf $6d^{2}7s^{2}$	$_{105}$Db $6d^{3}7s^{2}$	$_{106}$Sg $6d^{4}7s^{2}$	$_{107}$Bh $6d^{5}7s^{2}$	$_{108}$Hs $6d^{6}7s^{2}$	$_{109}$Mt $6d^{7}7s^{2}$	$_{110}$Ds $6d^{8}7s^{2}$	$_{111}$Rg	$_{112}$Cn	$_{113}$Unt	$_{114}$Fl	$_{115}$Uup	$_{116}$Lv	$_{117}$Uus	$_{118}$Uuo

f 区																
f 区	镧系	$_{58}$Ce $4f^{1}5d^{1}6s^{2}$	$_{59}$Pr $4f^{3}6s^{2}$	$_{60}$Nd $4f^{4}6s^{2}$	$_{61}$Pm $4f^{5}6s^{2}$	$_{62}$Sm $4f^{6}6s^{2}$	$_{63}$Eu $4f^{7}6s^{2}$	$_{64}$Gd $4f^{7}5d^{1}6s^{2}$	$_{65}$Tb $4f^{9}6s^{2}$	$_{66}$Dy $4f^{10}6s^{2}$	$_{67}$Ho $4f^{11}6s^{2}$	$_{68}$Er $4f^{12}6s^{2}$	$_{69}$Tm $4f^{13}6s^{2}$	$_{70}$Yb $4f^{14}6s^{2}$	$_{71}$Lu $4f^{14}5d^{1}6s^{2}$
	锕系	$_{90}$Th $6d^{2}7s^{2}$	$_{91}$Pa $5f^{2}6d^{1}7s^{2}$	$_{92}$U $5f^{3}6d^{1}7s^{2}$	$_{93}$Np $5f^{4}6d^{1}7s^{2}$	$_{94}$Pu $5f^{6}7s^{2}$	$_{95}$Am $5f^{7}7s^{2}$	$_{96}$Cm $5f^{7}6d^{1}7s^{2}$	$_{97}$Bk $5f^{9}7s^{2}$	$_{98}$Cf $5f^{10}7s^{2}$	$_{99}$Es $5f^{11}7s^{2}$	$_{100}$Fm $5f^{12}7s^{2}$	$_{101}$Md $5f^{13}7s^{2}$	$_{102}$No $5f^{14}7s^{2}$	$_{103}$Lr $5f^{14}6d^{1}7s^{2}$

16.5.4 元素周期表

自从 1869 年门捷列夫提出和创立按原子量的次序排列的元素周期表后，经 1913 年莫塞莱 (H.G.J.Moseley)，1925 年泡利和我国科学家徐光宪等的不断探究，同时也随着新元素的不断发现，根据目前的资料，元素周期表如表 16-2 所示.

表 16-2 所示的元素周期表，同时给出了元素的电子组态. 从表中可以看到，第一周期填充的是 1s 支壳层，只包含 2 个元素；第二和第三周期分别填充 2s,2p 和 3s,3p 支壳层，各包含 8 个元素；第四和第五周期分别填充 4s,3d,4p 和 5s,4d,5p 支壳层，各包含 18 个元素，其中电子逐渐填充 d 支壳层的 2×10 个元素称为过渡元素 (transition element)；第六周期分别填充 6s,4f,5d,6p 支壳层，包含 32 个元素，其中有 24 个过渡元素，电子逐渐填充 4f 支壳层的 14 个元素称为镧系元素 (lanthanide element)，它们与钪、钇、镧一起统称为稀土元素 (rare earth element)；第七周期分别填充 7s,5f,6d,7p 支壳层，所包含元素都是不稳定的，其中电子逐渐填充 5f 支壳层的 14 个元素称为锕系元素 (actinide element). 自然界存在的元素到铀 ($Z=92$) 为止，比铀更重的元素都是人工合成的.

习题 16

16-1 计算电子经过 $U_1=100\text{ V}$ 和 $U_2=10\,000\text{ V}$ 的电压加速后，它的德布罗意波波长 λ_1 和 λ_2 分别是多少?

16-2 子弹质量 $m=40\text{ g}$，速率 $v=100\text{ m}\cdot\text{s}^{-1}$，试问:

(1) 与子弹相联系的物质波波长等于多少?

(2) 为什么子弹的物质波其波动性不能通过衍射效应显示出来?

16-3 电子和光子各具有波长 0.2 nm，它们的动量和总能量各是多少?

16-4 若 α 粒子 (电荷为 $2e$) 在磁感应强度为 B 均匀磁场中沿半径为 R 的圆形轨道运动，则 α 粒子的德布罗意波长是多少?

16-5 试求下列两种情况下，电子速度的不确定量:

(1) 电视显像管中电子的加速电压为 9 keV，电子枪枪口直径取 0.10 mm;

(2) 原子中的电子. 原子的线度为 10^{-10} m.

16-6 如果一个电子处于原子某状态的时间为 10^{-8} s，试问该能态能量的最小不确定量为多少? 设电子从上述能态跃迁到基态，对应的能量为 3.39 eV, 试确定所辐射光子的波长及该波长的最小不确定量.

16-7 氦氖激光器发出波长为 632.8 nm 的光，谱线宽度 $\Delta\lambda=10^{-9}$ nm, 求这种光子沿 x 方向传播时，它的 x 坐标的不确定量.

16-8 一个质子在一维无限深势阱中，阱宽为 10^{-11} m，求:

(1) 质子的零点能量有多大 (质子的质量为 1.67×10^{-27} kg) ?

（2）由 $n=2$ 态跃迁到 $n=1$ 态时，质子放出多大能量的光子？

16-9　一粒子被禁闭在长度为 a 的一维箱中运动，其定态为驻波，试根据德布罗意关系式和驻波条件证明：该粒子定态动能是量子化的．求出量子化能级和最小动能公式（不考虑相对论效应）．

16-10　若一个电子的动能等于它的静能，试求该电子的德布罗意波长．

16-11　设在一维无限深势阱中，运动粒子的状态用

$$\Psi(x)=\sqrt{\frac{1}{a}}\left[\sin\frac{\pi x}{a}+\sin\frac{3\pi x}{a}\right]$$

$(0<x<a)$ 描述，求运动粒子能量的可能值及相应的概率．

16-12　粒子在一维无限深势阱中运动，其波函数为

$$\Psi_n(x)=\sqrt{\frac{2}{a}}\sin\left(\frac{n\pi x}{a}\right)\quad(0<x<a)$$

若粒子处于 $n=1$ 的状态，问在 $0\sim\frac{a}{4}$ 区间发现粒子的概率是多少？

16-13　原子内电子的量子态由 n、l、m、,m_s 四个量子数来表征．当 n、l、m_l 一定时，不同的量子态数目是多少？当 n、l 一定时，不同的量子态数目是多少？当 n 一定时，不同的量子态数目是多少？

16-14　试写出 $n=4$，$l=3$ 壳层所属各态的量子数．

16-15　根据量子力学理论，氢原子中电子的角动量为 $L=\sqrt{l(l+1)}\,\hbar$，当主量子数 $n=3$ 时，电子角动量大小的可能取值是多少？

16-16　写出铁 (Fe)，铜 (Cu) 的基态电子组态．

参 考 答 案

习 题 9

9-1 1.2×10^{-5} C，3.8×10^{-5} C

9-2 1.01×10^{-7} C

9-3 不变

9-4 3.24×10^{4} V·m^{-1}，与 BC 成 33.7° 角

9-5 $E=9.52\times10^{6}$ N·C^{-1}，$\theta=101°$

9-6 (a) $E=\dfrac{\sqrt{3}}{2}\times\dfrac{q}{\pi\varepsilon_0 a}$，方向垂直向下

9-7 $\boldsymbol{E}=\dfrac{\lambda l}{4\pi\varepsilon_0 R\sqrt{R^2+\dfrac{l_2}{4}}}\boldsymbol{j}$

9-8 取 q_1 处为原点，指向 q_2 方向为 x 轴正方向，

(1) $x=\dfrac{\sqrt{|q_1|}l}{\sqrt{|q_1|}+\sqrt{|q_2|}}$；

(2) $x=\dfrac{\sqrt{|q_1|}l}{\sqrt{|q_1|}-\sqrt{|q_2|}}$

9-9 $\boldsymbol{E}_P=\dfrac{\lambda}{4\pi\varepsilon_0 a}(\boldsymbol{i}+\boldsymbol{j})$，$\boldsymbol{E}_{P'}=\dfrac{-\lambda}{4\pi\varepsilon_0 a}(\boldsymbol{i}+\boldsymbol{j})$

9-10 $\left(\dfrac{\lambda_1}{0.8\pi\varepsilon_0}-\dfrac{4\lambda_2}{5\pi\varepsilon_0}\right)\boldsymbol{i}+\dfrac{3\lambda_2}{5\pi\varepsilon_0}\boldsymbol{j}$

9-11 $-\dfrac{Q}{\pi^2\varepsilon_0 R^2}\boldsymbol{j}$

9-12 0，3.48×10^{4} N·C^{-1}，方向沿半径向外，
4.10×10^{4} N·C^{-1}，方向沿半径向外.

9-13 (1) $\dfrac{\sigma}{2\varepsilon_0}\boldsymbol{i}$，$\dfrac{3\sigma}{2\varepsilon_0}\boldsymbol{i}$，$-\dfrac{\sigma}{2\varepsilon_0}\boldsymbol{i}$；
(2) 2.50×10^{5} V·m^{-1}，7.50×10^{5} V·m^{-1}，
-2.50×10^{5} V·m^{-1}

9-14 (1) $\dfrac{q}{6\varepsilon_0}$；(2) 0，$\dfrac{q}{24\varepsilon_0}$

9-15 $\dfrac{Q}{4\pi\varepsilon_0 R}$

9-16 $\pm\dfrac{\sigma x}{2\varepsilon_0}$

9-17 (1) 0，0；(2) 1.8×10^{3} V，-1.8×10^{3} V；
(3) 7.2×10^{-6} J；(4) 0

9-18 $\dfrac{q_0 q}{6\pi\varepsilon_0 R}$

9-19 -6.55×10^{-6} J

9-20 (1) $E=0(r<R_1)$，
$E=\dfrac{\lambda}{2\pi\varepsilon_0 r}(R_1<r<R_2)$，
$E=0(r>R_2)$；
(2) $\dfrac{\lambda}{2\pi\varepsilon_0}\ln\dfrac{R_2}{R_1}$

9-21 $U_{\mathrm{I}}=\dfrac{1}{4\pi\varepsilon_0}\left(\dfrac{q_2}{R_2}+\dfrac{q_1}{R_1}\right)(r\leqslant R)$，

$U_{\mathrm{II}}=\dfrac{1}{4\pi\varepsilon_0}\left(\dfrac{q_2}{R_2}+\dfrac{q_1}{r}\right)(R_1\leqslant r\leqslant R_2)$，

$U_{\mathrm{III}}=\dfrac{q_1+q_2}{4\pi\varepsilon_0 r}(r\geqslant R_2)$

习 题 10

10-1 (1) -1.0×10^{-7} C，-2.0×10^{-7} C；
(2) 2.26×10^{3} V

10-2 (1) $\dfrac{\sigma}{2\varepsilon_0}$，$\dfrac{\sigma}{2\varepsilon_0}$，二者方向皆由 A 指向 B；

(2) $\dfrac{\sigma}{\varepsilon_0}$，方向指向 B；

(3) $\dfrac{\sigma}{2\varepsilon_0}$，方向垂直 A 板，指向无限远处

10-3 $-\dfrac{q}{3}$

10-4 (1) 外球壳内表面，$-q$；外球壳外表面，$+q$；$\dfrac{q}{4\pi\varepsilon_0 R_2}$；
(2) 球壳内表面，$-q$；球壳外表面，0；电势，0

10-5 (1) $\dfrac{1}{4\pi\varepsilon_0}\left(\dfrac{q_1}{R_1}+\dfrac{q_2}{R_2}+\dfrac{q_3}{R_3}\right)$，

$\dfrac{1}{4\pi\varepsilon_0}\left(\dfrac{q_1+q_2}{R_2}+\dfrac{q_3}{R_3}\right)$，$\dfrac{1}{4\pi\varepsilon_0}\left(\dfrac{q_1+q_2+q_3}{R_3}\right)$；

(2) $\dfrac{1}{4\pi\varepsilon_0}\left(\dfrac{q_1}{R_1}+\dfrac{q_2}{R_2}-\dfrac{q_1+q_2}{R_3}\right)$，

$\dfrac{q_1+q_2}{4\pi\varepsilon_0}\left(\dfrac{1}{R_2}-\dfrac{1}{R_3}\right)$，0

10-6 $\dfrac{4\pi\varepsilon_0 ab}{b-a}$

10-7 (1) $\dfrac{\varepsilon_0 s}{d-t}$；(2) 无影响；(3) $\dfrac{\varepsilon_0 s}{d}$，$\infty$

10-8 (1) 8.85×10^{-6} C·m^{-2}；(2) 7.08×10^{-6} C·m^{-2}

10-9 (1) $\frac{\sigma_0}{\varepsilon_0\varepsilon_{r_1}},\frac{\sigma_0}{\varepsilon_0\varepsilon_{r_2}}$; (2) $\frac{\varepsilon_0\varepsilon_{r_1}\varepsilon_{r_2}S}{\varepsilon_{r_1}d_2+\varepsilon_{r_2}d_1}$

10-10 (1) $E=\begin{cases}\frac{\lambda}{2\pi r\varepsilon_0\varepsilon_r}, & r>R,\\ 0, & r<R,\end{cases}$

(2) $U=\begin{cases}U_0+\frac{\lambda}{2\pi\varepsilon_0\varepsilon_r}\ln\frac{R}{r}, & r\geqslant R\\ U_0, & r\leqslant R\end{cases}$

10-11 (1) $\boldsymbol{E}_{内}=\frac{Q\boldsymbol{r}}{4\pi\varepsilon_0\varepsilon_r r^3}$

$\boldsymbol{E}_{外}=\frac{Q\boldsymbol{r}}{4\pi\varepsilon_0 r^3}$

(2) $U_{外}=\frac{Q}{4\pi\varepsilon_0 r}(r>R_2)$

$U_{内}=\frac{Q}{4\pi\varepsilon_0\varepsilon_r}\left(\frac{1}{r}+\frac{\varepsilon_r-1}{R_2}\right)$

$(R_2>r>R_1)$

(3) $\frac{Q}{4\pi\varepsilon_0\varepsilon_r}\left(\frac{1}{R_1}+\frac{\varepsilon_r-1}{R_2}\right)$

10-12 ε_r

10-13 (1) 17.7 pF, 5.31×10^{-7} C·m^{-2}, 6×10^4 V·m^{-1};

(2) 88.5 pF, 1.2×10^4 V·m^{-1}, 60.0 V;

(3) 88.5 pF, 6.0×10^4 C·m^{-1}, 2.66×10^{-8} C

10-14 (1) $\frac{\lambda}{2\pi r},\frac{\lambda}{2\pi r\varepsilon_0\varepsilon_r}$; (2) $\frac{\lambda}{2\pi\varepsilon_0\varepsilon_r}\ln\frac{R_2}{R_1}$

10-15 (1) 4.5×10^{-4} C, 4.5×10^{-4} C, 9×10^{-4} C;

(2) 0.203 J;

(3) 6.75×10^{-4} C, 6.75×10^{-4} C, 1.35×10^{-3} C

习 题 11

11-1 ～ 11-5 略

11-6 $-\frac{\mu_0 I\mathrm{d}l}{4\pi a^2}\boldsymbol{k},0,\quad-\frac{\sqrt{2}\mu_0 I\mathrm{d}l}{16\pi a^2}\boldsymbol{k},$

$\frac{\sqrt{3}\mu_0 I\mathrm{d}l}{36\pi a^2}(\boldsymbol{i}-\boldsymbol{k})$

11-7 $\frac{\mu_0 I}{4\pi R}$，方向垂直纸面向外

11-8 $\frac{\mu_0 I}{2R}\left(\frac{1}{4}+\frac{1}{\pi}\right)$

11-9 1.2×10^{-4} T，1.33×10^{-5} T，0.1 m

11-10 $\frac{\mu_0 I}{2\pi r}\ln2$，方向垂直纸面向里

11-11 6.37×10^{-5} T，方向沿图 11-10 所示 P 点向右

11-12 $\frac{\mu_0 NI}{2(R-r)}\ln\frac{R}{r}$，方向垂直纸面向外

11-13 $\frac{\mu_0 NI\sin^3\theta}{2(R-r)}\ln\frac{R}{r}$

11-14 $\frac{\mu_0 NI}{4R}$

11-15 证明从略

11-16 (1) -0.24 Wb，负号表示 B 线穿入该面；

(2) 0；

(3) 0.24 Wb，正号表示 B 线穿出该面

11-17 $\frac{\sqrt{3}\mu_0 I}{3\pi}\left[(b+h)\ln\frac{b+h}{b}-h\right]$

11-18 (1) $\frac{\mu_0 I}{4\pi}$；(2) $\frac{\mu_0 I}{2\pi}\ln2$

11-19 证明从略

11-20 (1) 0；(2) $\frac{\mu_0 I}{2\pi r}$；(3) $\frac{\mu_0 I}{2\pi r}\left(1-\frac{r^2-b^2}{c^2-b^2}\right)$；

(4) 0

11-21 (1) $\frac{\mu_0 Ir^2}{2\pi a(R^2-r^2)}$；

(2) $\frac{\mu_0 Ia}{2\pi(R^2-r^2)}$

11-22 (1) 略；(2) 3.7×10^7 m·s^{-1}；

(3) 6.2×10^{-16} J

11-23 3.56×10^{-10} s, 1.67×10^{-4} m, 1.52×10^{-3} m

11-24 3.6×10^{-19} N，指向右上角，与 $\boldsymbol{v}_b$ 垂直

11-25 (1) 上、下导线 2.64×10^{-4} N

左边导线 1.44×10^{-3} N，向左

右边导线 1.6×10^{-4} N，向右；

(2) 合力 1.28×10^{-3} N，向左

11-26 $F_{AB}=\frac{\mu_0 I_1 I_2 a}{2\pi a}$，向左

$F_{AC}=\frac{\mu_0 I_1 I_2}{2\pi}\ln\frac{d+a}{d}$，向下

$F_{BC}=\frac{\mu_0 I_1 I_2}{\sqrt{2}\pi}\ln\frac{d+a}{d}$，方向垂直 BC 向上

11-27 1.84×10^{-4} N，7.2×10^{-6} N·m

11-28 9.54×10^{-4} T

11-29 2.45 A

11-30 0.12 J

11-31 (1) 7.85×10^{-2} m·N；(2) 7.85×10^{-2} J

习 题 12

12-1 略

12-2 (1) 200 A • m^{-1}，2.5×10^{-4} T；
(2) 200 A • m^{-1}，1.05 T；
(3) 2.5×10^{-4} T，1.05 T

12-3 (1) 0.02 T；(2) 32 A • m^{-1}；(3) 4.77×10^{3} A；
(4) 6.25×10^{-4} H • m^{-1}，497，496；
(5) 1.59×10^{4} A • m^{-1}

12-4 (1) 2.0×10^{4} A • m^{-1}；(2) 7.76×10^{5} A • m^{-1}；
(3) 3.10×10^{5} A，39.8

12-5 当 $r < R_1$ 时，$B = \dfrac{\mu_1 Ir}{2\pi R_1^2}$；
当 $R_1 < r < R_2$ 时，$B = \dfrac{\mu_2 I}{2\pi r}$；
当 $R_2 < r < R_3$ 时，$B = \dfrac{\mu_1 I(R_3^2 - r^2)}{2\pi r(R_3^2 - R_2^2)}$；
当 $r > R_3$ 时，$B = 0$

习 题 13

13-1 $\mathscr{E}_i = -\dfrac{\mu_0 \omega a}{2\pi} I_0\left[\ln\dfrac{(r_1+b)(r_2+b)}{r_1 r_2}\right]\cos\omega t$，当 $\mathscr{E}_i > 0$ 时，回路中感应电动势为顺时针方向，当 $\mathscr{E}_i < 0$ 时，回路中感应电动势为逆时针方向

13-2 (1) $I_i = 0.99$ A；(2) $B_i = 6.22\times10^{-4}$ T，$\boldsymbol{B}_i$ 的方向与外磁场 $\boldsymbol{B}$ 的方向垂直

13-3 $\mathscr{E}_i = -3.68\times10^{-3}$ V, 电动势的方向沿 $ADBCA$ 绕向

13-4 (1) $\Phi = \dfrac{\mu_0 Il}{2\pi}\ln\dfrac{b+vt}{a+vt}$;
(2) $\mathscr{E}_i = \dfrac{\mu_0 Ilv(b-a)}{2\pi ab}$,
电动势的方向沿顺时针绕向

13-5 (1) $v_{\max} = \dfrac{\mathscr{E}_0}{Bl}$; (2) 通过电源的电流等于零

13-6 $U_a - U_b = -\dfrac{3}{10}B\omega L^2$，$b$ 端电势高于 a 端

13-7 $\dfrac{\mu_0 Iv}{2\pi}\ln\dfrac{a+b}{a-b}$，方向 $N \to M$，

$U_{MN} = \dfrac{\mu_0 Iv}{2\pi}\ln\dfrac{a+b}{a-b}$

13-8 $\dfrac{\mu_0 Ib}{2\pi a}\left(\ln\dfrac{a+d}{d} - \dfrac{a}{a+d}\right)$
方向：$ACBA$（顺时针）

13-9 $\dfrac{\mu_0 Iv}{2\pi}\ln\dfrac{2(a+b)}{2a+b}$，$D$ 端高

13-10 $a_A = 4.4\times10^{7}$ m • s^{-2}，方向为水平向右，
$a_B = 4.4\times10^{7}$ m • s^{-2}，方向为水平向左，
$a_0 = 0$

13-11 $L = \dfrac{\mu_0 N^2 h}{2\pi}\ln\dfrac{R_2}{R_1}$

13-12 (1) $L = \dfrac{\mu_0}{2\pi}\ln\dfrac{r_2}{r_1}$；(2) $W_m = \dfrac{\mu_0 I^2}{4\pi}\ln\dfrac{r_2}{r_1}$

13-13 (1) $M = \dfrac{\mu_0 a}{2\pi}\ln 3$；
(2) $\mathscr{E}_i = \dfrac{\mu_0 a\omega I_0 \ln 3}{2\pi}\cos\omega t$
当 $\mathscr{E}_i$ 为正时，电动势的方向沿顺时针绕向，
当 $\mathscr{E}_i$ 为负时，电动势的方向沿逆时针绕向

13-14 1.26A

13-15 $W_m = \dfrac{\mu_0 I^2}{16\pi}$

13-16 $I_d = 3$A

13-17 (1) $U = \dfrac{0.2}{c}(1 - e^{-t})$；
(2) $I_d = 0.2e^{-t}$

13-18 (1) $W_{e\max} = W_{\max} = 4.5\times10^{-4}$ J；
(2) $q = \pm4.3\times10^{-5}$ C

13-19 $H_y = -0.8\cos\left(2\pi\nu t + \dfrac{\pi}{3}\right)$ A • m^{-1}，用坡印亭矢量 $\boldsymbol{S}$ 的方向表示电磁波的传播方向 . 电场强度、磁场强度和电磁波的传播方向（坡印亭矢量）三者满足关系：$\boldsymbol{S} = \boldsymbol{E}\times\boldsymbol{H}$

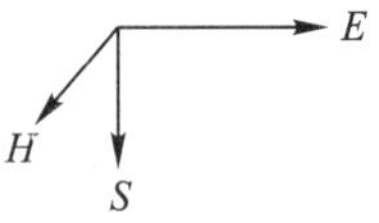

习 题 14

14-1 $d \leqslant 0.27$ mm

14-2 $\lambda_1 = 400$ nm, $\lambda_2 = 444.4$ nm, $\lambda_3 = 500$ nm,
$\lambda_4 = 571.4$ nm，$\lambda_5 = 666.7$ nm

14-3 $I/I_{\max} = 1/4$

14-4 (1) 0.11 m；(2) 第 7 级

14-5 $x_1 = 8.5\times10^{-2}$ mm

14-6 (1) $\dfrac{3D\lambda}{d}$；(2) $\dfrac{D\lambda}{d}$

14-7 99.6 nm

14-8 $e = 7.78 \times 10^{-4}$ mm

14-9 $\lambda = 480$ nm 在反射光中加强，$\lambda_1 = 600$ nm，$\lambda_2 = 400$ nm 在透射光中加强

14-10 (1) $e_5 = \dfrac{9}{4}\dfrac{\lambda}{n_2}$；(2) $\Delta e = \dfrac{\lambda}{2n_2}$

14-11 $\Delta h = 2.95 \times 10^{-5}$ m

14-12 $\lambda_2 = \left(\dfrac{l_2}{l_1}\right)^2 \lambda_1$

14-13 (1) 略；（2）$R_2 = 28.5$ m

14-14 $\lambda = 534.9$ nm

14-15 $\lambda = 500$ nm

14-16 (1) $\varphi = 90°$；(2) $\varphi = 5°44'$；(3) $\varphi = 34'$，说明 $\dfrac{\lambda}{a} \to 0$ 的极限时光直线传播

14-17 $\lambda = 428.6$ nm

14-18 $s = 8.94 \times 10^3$ m

14-19 $d = 13.9$ cm

14-20 $d = 3.05 \times 10^{-3}$ mm

14-21 (1) $(a+b) = 6\times10^{-4}$ cm；(2) $a = 1.5\times10^{-4}$ cm；(3) $k = 10$，即 $k = 0, \pm1, \pm2, \pm3, \pm5, \pm6, \pm7, \pm9$，$k = \pm10$ 在 $\theta = 90°$，实际不可见

14-22 (1) 第 3 级；（2）第 5 级；（3）0.21 m

14-23 (1) 0.276 nm；(2) 0.166 nm

14-24 (1) $I_1 = I_0/2, I_2 = I_0/4, I_3 = I_0/8$. 均为偏振光；(2) $I_1 = I_0/2$，$I_3 = 0$

14-25 (1) 0.375；(2) 0.304

14-26 (1) 只要两个偏振片，最后一个偏片与入射线偏振光夹角 90°；(2) 1/4

14-27 36.9°

14-28 $n = 1.60$

14-29 (1) $i = 55.03°$；(2) $n_3 = 1.00$

14-30 略

14-31 (1) 使晶体光轴与晶片表面平行；(2) $d = 8.565 \times 10^{-6}$ m

习 题 15

15-1 4.0×10^{-19} J

15-2 (1) 999 nm；(2) 略

15-3 $T = 290$ K

15-4 (1) 红外光源产生光子数多；(2) $n_{紫} = 4.02 \times 10^{20}$(个·s^{-1})，$n_{红} = 14.08 \times 10^{20}$(个·s^{-1})

15-5 $\mathscr{E} = 5.9 \times 10^{-6}$ eV

15-6 $\nu = 1.24 \times 10^{20}$ Hz，$\lambda = 2.42 \times 10^{-12}$ m，$p = 2.73 \times 10^{-22}$ kg·m·s^{-1}，属γ射线

15-7 2.26 eV

15-8 (1) 2 eV；(2) 2 V；(3) 295.2 nm；(4) 2.02×10^{18}

15-9 (1) $\Delta U = \dfrac{hc(\lambda_1 - \lambda_2)}{e\lambda_1\lambda_2}$；(2) $\Delta U = 0.476$ V

15-10 $E = 2.84 \times 10^{-19}$ J
$p = 9.47 \times 10^{-28}$ kg·m·s^{-1}
$m = 3.16 \times 10^{-36}$ kg

15-11 4λ

15-12 0.102nm；291 eV

15-13 4.3×10^{-3} nm；62°24′

15-14 (1) 2.8×10^{-15} J；(2) 7.596×10^{-11} m；2.62×10^{-15} J；(3) 1.8×10^{-16} J

15-15 $\lambda = 0.007\,86$ nm，$E = 158$ KeV

15-16 $1/R$

15-17 13.58 V，10.2 V

15-18 (1) 0.66 μm；(2) 0.37 μm

15-19 97.3 nm

15-20 656.3 nm，121.5 nm 和 102.6 nm

习 题 16

16-1 0.123 nm，0.012 3 nm

16-2 (1) 1.66×10^{-34}(m)；(2) 子弹的物质波数量级为 10^{-34} m，太小，故不显示波动性

16-3 3.32×10^{-24} kg·m·s^{-1}，8.30×10^{-14} J，9.95×10^{-16} J

16-4 $\lambda = \frac{h}{2eRB}$

16-5 (1) 0.6 m • s^{-1}；(2) 1.2×10^{6} m • s^{-1}

16-6 5.3×10^{-27} J；367 nm，3.59×10^{-6} nm

16-7 32 km

16-8 (1) 3.29×10^{-19} J；(2) 9.87×10^{-19} J

16-9 $E_{kn} = \frac{n^2h^2}{8ma^2}, n = 1, 2, 3, \cdots, E_{k1} = \frac{h^2}{8ma^2}$

16-10 $\lambda = 0.001\ 4$ nm

16-11 $\frac{\hbar^2\pi^2}{2ma^2}, \frac{9\hbar^2\pi^2}{2ma^2}$，概率均为$\frac{1}{2}$

16-12 0.091

16-13 2，$2(2l+1)$，$2n^2$

16-14 $m_l = 0$，±1，±2，±3，共 7 个值，m_s 的可能值为 $\pm\frac{1}{2}$

16-15 0，$\sqrt{2}\hbar$，$\sqrt{6}\hbar$

16-16 Fe:$1s^22s^22p^63s^23p^63d^64s^2$，
Cu:$1s^22s^22p^63s^23p^63d^{10}4s^1$

参考文献

1．王少杰，顾牡．新编基础物理学．北京：科学出版社，2009
2．王少杰，顾牡，王祖源．大学物理学．5版．北京：高等教育出版社，2017
3．奥莱尼克等．力学以外的世界．梁竹健，喀蔚波译．北京：北京大学出版社，2002
4．程守洙，江之永．普通物理学．6版．北京：高等教育出版社，2006
5．梁绍荣，管靖．基础物理学．北京：高等教育出版社，2002
6．陆果．基础物理学教程（上卷）．北京：高等教育出版社，1998
7．陆果．基础物理学教程（下卷）．北京：高等教育出版社，1998
8．赵凯华．英汉物理学词汇．北京：北京大学出版社，2002
9．全国科学技术名词审定委员会．物理学名词．3版．北京：科学出版社，2019
10．李晓彤，岑兆丰．几何光学、像差、光学设计．杭州：浙江大学出版社，2003
11．屠滋象，吕友昌，荆伯弘．开环磁流体发电．北京：北京工业大学出版社，1998
12．游璞，于国萍．光学．北京：高等教育出版社，2003
13．皮埃罗．半导体器件基础．黄如，王漪等译．北京：电子工业出版社，2010

名 词 索 引

E

F

G

H

J

K

L